案例精讲 015　使用球体工具制作围棋棋子

案例精讲 016　使用车削修改器制作酒杯

案例精讲 017　使用挤出修改器制作休闲石凳

案例精讲 018　使用车削修改器制作罗马柱

案例精讲 019　使用长方体制作画框

案例精讲 020　使用倒角修改器工具制作果篮

案例精讲 021　使用线工具制作花瓶

案例精讲 022　使用二维对象制作隔离墩

案例精讲 023　使用线工具制作餐具

案例精讲 024　使用可编辑多边形制作电池

案例精讲 025　使用放样工具制作柜式空调

U0260076

案例精讲 026　使用长方体制作笔记本

案例精讲 027　不锈钢质感的调试

案例精讲 028　室内效果图中的玻璃表现

案例精讲 029　室外效果图中的玻璃表现

案例精讲 030　为狮子添加青铜材质

案例精讲 031　为沙发添加皮革材质

案例精讲 032　为物体添加木料材质

案例精讲 033　为镜子添加镜面反射材质

案例欣赏

案例精讲 034 室外水面材质

案例精讲 035 为地面添加大理石质感

案例精讲 036 地面反射材质

案例精讲 037 为物体添加塑料材质

案例精讲 038 为装饰隔断添加装饰玻璃材质

案例精讲 039 为咖啡杯添加瓷器质感

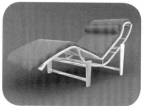
案例精讲 040 为躺椅添加布料材质

案例精讲 041 为礼盒添加多维次物体材质

实例精讲 042 使用长方体工具制作引导提示板

实例精讲 043 使用阵列制作支架式展板

实例精讲 044 使用扩展基本体制作办公桌

案例精讲 045 使用长方体和圆柱体制作会议桌

案例精讲 046 使用几何体制作吧椅

案例精讲 047 使用长方体制作文件柜

案例精讲 048 使用布尔制作的前台桌

案例精讲 049 使用几何体工具创建老板桌

案例精讲 050 使用管状体制作资料架

案例精讲 051 使用切角长方体制作垃圾箱

案例精讲 052 制作饮水机

案例精讲 053 使用矩形制作茶几

案例精讲 054　使用二维图形制作藤制桌椅　　案例精讲 055　使用放样工具制作摇椅　　案例精讲 056　使用挤出修改器制作造型椅　　实例精讲 057　使用挤出修改器制作床

实例精讲 058　使用【网格平滑】修改器制作床垫　　案例精讲 060　使用线工具制作现代桌椅　　案例精讲 061　使用切角圆柱体制作多人沙发

第 7 章　室内效果图精研　　案例精讲 079　修改渲染输出中的错误照射　　案例精讲 080　灯光照射的材质错误

案例精讲 081　色相与饱和度的调整　　案例精讲 082　图像亮度和对比度的调整　　案例精讲 083　窗外景色的添加　　案例精讲 084　水中倒影

案例精讲 085　倒影的制作　　案例精讲 086　光效　　案例精讲 087　室外建筑中的人物阴影　　案例精讲 088　植物倒影

案例精讲 089　使用挤出修改器制作户外休闲椅　　案例精讲 090　使用二维图形制作户外休闲座椅　　案例精讲 091　使用弯曲修改器制作户外躺椅　　案例精讲 092　使用编辑样条线修改器制作售货亭

案例精讲 093　使用编辑网格修改器制作户外秋千

案例精讲 094　使用车削修改器制作户外壁灯

案例精讲 095　使用挤出修改器制作户外健身器材

案例精讲 091　使用挤出修改器制作廊架

案例精讲 092　使用线工具制作景观墙

实例精讲 093　使用附加命令制作凉亭

案例精讲 094　使用样条线绘制木桥

案例精讲 100　灯光的模拟与设置

案例精讲 101　建筑日景灯光设置

案例精讲 102　建筑夜景灯光设置

案例精讲 103　室内摄影机

案例精讲 104　室外摄影机

实例精讲 105　室内日光灯的模拟

实例精讲 106　筒灯灯光的表现

第 12 章　室外日景效果图的后期处理

第 12 章　室外夜景效果图的后期处理

第 13 章　建筑雪景的制作

第 14 章　办公室效果图的表现

CG设计案例课堂

3ds Max 2016室内外效果图
制作案例课堂(第2版)

祝松田　编著

清华大学出版社
北　京

内 容 简 介

Autodesk 3ds Max 2016是Autodesk公司开发的基于PC系统的三维动画渲染和制作软件，广泛应用于工业设计、广告、影视、游戏、室内设计、建筑设计等领域。

本书通过130个具体案例，全面系统地介绍了3ds Max 2016的基本操作方法和室内外效果图的制作技巧。全书共分为14个章节，将3ds Max 2016枯燥的知识点融入精心挑选和制作的案例之中，并进行了简要而深刻的说明。读者通过对这些案例的学习，将起到举一反三的作用，并一定能够由此掌握动画设计的精髓。

本书内容按照软件功能以及实际应用进行划分，每一章的案例在编排上均循序渐进，其中既有打基础、筑根基的部分，又不乏综合创新的例子。读者从中可以学到3ds Max 2016的基本操作，基本模型的制作与表现，效果图中材质纹理的设置与表现，公共空间家具的制作与表现，居室家具，居室灯具、家电及饰物的制作与表现，室内效果图精研，效果图的后期处理，室外环境模型的表现，建筑外观的表现，灯光与摄影机设置技法与应用，室外日夜景效果图的后期处理，建筑雪景的制作，办公室效果图的表现等。

本书可以帮助读者更好地掌握3ds Max 2016的使用操作和室内外效果图的设计方法，提高读者的软件应用以及室内外效果图的制作水平。

本书内容丰富，语言通俗，结构清晰。适合于初、中级读者学习使用，也可以供从事室内外设计的人员阅读，同时还可以作为大中专院校相关专业、相关计算机培训机构的上机指导教材。

本书封面贴有清华大学出版社防伪标签，无标签者不得销售。

版权所有，侵权必究。侵权举报电话：010-62782989 13701121933

图书在版编目(CIP)数据

3ds Max 2016室内外效果图制作案例课堂 / 祝松田编著. —2版. —北京：清华大学出版社，2018
(CG设计案例课堂)
ISBN 978-7-302-48990-0

Ⅰ. ①3… Ⅱ. ①祝… Ⅲ. ①室内装饰设计－计算机辅助设计－三维动画软件 Ⅳ. ①TU238-39

中国版本图书馆CIP数据核字(2017)第293537号

责任编辑：	张彦青
装帧设计：	李　坤
责任校对：	王明明
责任印制：	杨　艳

出版发行： 清华大学出版社

　　　　　网　　　址：http://www.tup.com.cn，http://www.wqbook.com
　　　　　地　　　址：北京清华大学学研大厦A座　　邮　　编：100084
　　　　　社 总 机：010-62770175　　　　　邮　　购：010-62786544
　　　　　投稿与读者服务：010-62776969，c-service@tup.tsinghua.edu.cn
　　　　　质量反馈：010-62772015，zhiliang@tup.tsinghua.edu.cn

印 装 者： 北京亿浓世纪彩色印刷有限公司
经 　 销： 全国新华书店
开 　 本： 203mm×260mm　　**印　张：** 27.75　　**插　页：** 2　　**字　数：** 680千字
　　　　　(附DVD 1张)
版 　 次： 2015年1月第1版　2018年2月第2版　　**印　次：** 2018年2月第1次印刷
印 　 数： 1~3000
定 　 价： 98.00元

产品编号：074492-01

1．3ds Max 简介

Autodesk 3ds Max 2016 是 Autodesk 公司开发的基于 PC 系统的三维动画渲染和制作软件，广泛应用于工业设计、广告、影视、游戏、室内设计、建筑设计等领域。从用于自动生成群组的具有创新意义的新填充功能集到显著增强的粒子流工具集，再到现在支持 Microsoft DirectX 11 明暗器且性能得到了提升的视口，3ds Max 2016 融合了当今现代化工作流程所需的概念和技术，由此可见，3ds Max 2016 提供了可以帮助艺术家拓展其创新能力的新工作方式。

2．本书的特色以及编写特点

本书以 130 个制作室内外效果图的案例详细介绍了 Autodesk 3ds Max 2016 强大的三维模型制作和渲染等功能。本书注重理论与实践紧密结合，实用性和可操作性强。相对于同类 Autodesk 3ds Max 2016 实例书籍，本书具有以下特色：

● 信息量大：130 个案例为读者架起了一座快速掌握 3ds Max 2016 的使用与操作的"桥梁"；使初学者可以融会贯通、举一反三。

● 实用性强：130 个案例经过精心设计、选择、不仅效果精美，而且非常实用。

● 注重方法的讲解与技巧的总结：本书特别注重对各案例制作方法的讲解与技巧总结，特别对于一些重要而常用的案例的制作方法和操作技巧做了较为精辟的总结。

● 操作步骤详细：本书中各案例的操作步骤介绍非常详细，即使是初级入门的读者，只需一步一步按照书中介绍的步骤进行操作，也一定能做出相同的效果。

● 适用广泛：本书实用性和可操作性强，适用于室内外效果图制作行业的从业人员和广大的家装设计制作爱好者阅读参考，也可供各类电脑培训班作为教材使用。

3．本书检索说明

附录 1：包含 3ds Max 的快捷键索引以及
本书案例精讲的速查表

附录 2：包含常见物体的折射率、常见家具和
常见室内物体的尺寸速查表

4. 海量的学习资源和素材

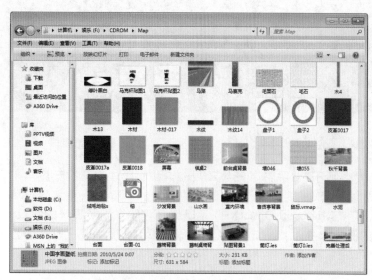

5. 本书 DVD 光盘说明

本书附带一张 DVD 教学光盘，内容包括本书所有案例文件、场景文件、贴图文件、多媒体有声视频教学录像，读者在读完本书内容以后，可以调用这些资源进行深入练习。

6. 场景贴图路径的设置

当 3ds Max 打开或者是渲染模型时，它读取图像文件在硬盘上的特定目录，寻找所需的贴图文件。如果没有找到贴图，则会弹出一个【缺少外部文件】对话框，如下图所示。该对话框中将罗列出没有找到的贴图文件名称。

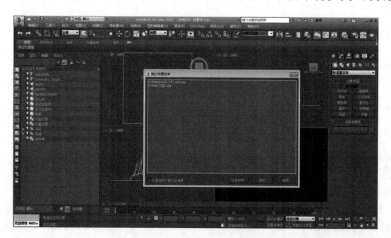

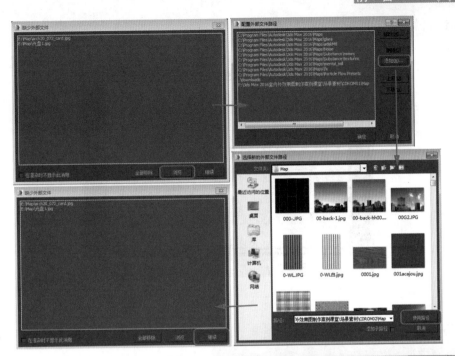

单击【浏览】按钮，在打开的【配置外部文件路径】对话框中单击【添加】按钮，打开【选择新的外部文件路径】对话框，在该对话框中选择存放贴图的文件夹，最后单击【使用路径】按钮确定。

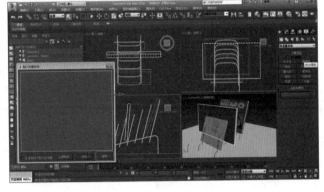

返回到【缺少外部文件】对话框，单击【继续】按钮，如右图所示。

7. 本书案例视频教学录像观看方法

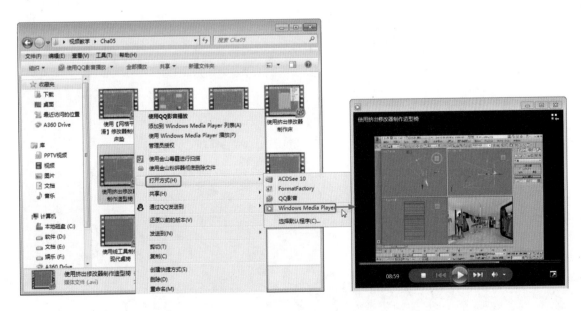

8．书中案例视频教学录像

9．其他说明

本书的出版可以说凝结了许多人的心血、凝聚了许多人的汗水和思想。在这里衷心感谢在本书出版过程中给予我帮助的编辑老师、光盘测试老师，感谢你们！

本书主要由祝松田、朱晓文、刘蒙蒙、刘涛、李向瑞、李少勇、王玉、李娜、刘晶、王海峰、孟智青、刘峥、罗冰、段晖、刘希林、黄健、刘希望、黄永生、田冰、徐昊编写，其他参与编写的还有德州职业技术学院的康金兵、王新颖和老师，感谢他们为本书提供了大量的图像素材以及场景素材，谢谢你们在书稿前期材料的组织、版式设计、校对、编排，以及大量图片的处理方面所做的工作。

本书总结了作者多年的实践经验，目的是帮助想从事室内外效果图行业的广大读者迅速入门并提高学习和工作效率，同时对有一定视频编辑经验的朋友也有很好的参考作用。由于时间仓促，疏漏之处在所难免，恳请读者和专家指教。如果您对书中的某些技术问题持有不同的意见，欢迎与作者联系，E—mail：190194081@qq.com。

编　者

书目名称：3ds Max 2016 室内外效果图制作案例课堂（第2版）

软件版本：3ds Max 2016

隶属系列：案例课堂

作者署名：视松田

案例数量：130

目 录

Contents

总 目 录

第 1 章
3ds Max 2016 的基本操作

第 2 章
基本模型的制作与表现

第 3 章
效果图中材质纹理的设置与表现

第1章

3ds Max 2016 的基本操作

本章重点

- 3ds Max 2016 的安装
- V-Ray 高级渲染器的安装
- 自定义快捷键
- 自定义快速访问工具栏
- 自定义菜单
- 加载 UI 用户界面
- 自定义 UI 方案
- 保存用户界面
- 自定义菜单图标
- 禁用小盒控件
- 创建新的视口布局
- 搜索 3ds Max 命令
- 查看当前场景属性信息
- 查看点面数

　　本章主要介绍有关 3ds Max 2016 中文版的基础知识,包括安装 3ds Max 2016 操作系统。3ds Max 属于单屏幕操作软件,它的所有的命令和操作都在一个屏幕上完成,不用进行切换,这样可以节省大量的时间,同时也使创作更加直观明了。作为一个 3ds Max 的初级用户,在没有正式使用和掌握这个软件之前,学习和适应软件的工作环境及基本的文件操作是非常重要的。

案例精讲 001　3ds Max 2016 的安装

　　本例介绍 3ds Max 2016 软件的安装。首先下载安装包并将其解压，双击安装包后提示解压位置，可更改到需要保存软件文件的文件夹（此位置为解压路径，非安装位置，以后重装可在此处找到安装文件）。

　　解压完成后即自动弹出安装界面（可选择语言，本教程安装包只有英文和日文，默认为英文，安装完成后运行软件时可选简体中文），单击 Install 按钮；在弹出的对话框中阅读许可协议后选择 I Accept 单选按钮，再单击 NEXT 按钮；然后输入序列号和产品密钥；选择要安装的内容（不选择默认为全部安装），安装请耐心等待（如果安装过程中在用其他软件，需要关闭后单击"确定"按钮），最后安装完成后单击 finish 按钮即可完成安装。

　　案例文件：无

　　视频文件：视频教学 \ Cha01 \ 3ds Max 2016 的安装 .avi

案例精讲 002　V-Ray 高级渲染器的安装

　　本例介绍 V-Ray 高级渲染器插件的安装。正常需安装 3ds Max/design 2016 64 位的中文或英文版，如果以前安装过 V-Ray 的其他版本，请将其先卸载，卸载后最好检查一下 3ds Max 文件夹下的 plugin.ini 文件，看其内是否含有 V-Ray 字样的内容，如果有，手动删除。

　　案例文件：无

　　视频文件：视频教学 \ Cha01 \ V-Ray 的安装 .avi

案例精讲 003　自定义快捷键

　　本例介绍如何自定义快捷键。使用自定义快捷键可以使用户快速便捷地找到功能的使用方法，从而节省时间，提高效率。下面具体讲解如何自定义快捷键。

　　案例文件：无

　　视频文件：视频教学 \ Cha01 \ 自定义快捷键 .avi

　　(1) 启动 3ds Max 2016，在菜单栏中选择【自定义】|【自定义用户界面】命令，如图 1-1 所示。

　　(2) 在弹出的【自定义用户界面】对话框中选择【键盘】选项卡，在左侧列表框中选择【CV 曲线】选项，在【热键】文本框中输入要设置的快捷键，如输入 Alt+Ctrl+A，如图 1-2 所示，再单击【指定】按钮，指定完成后，单击【保存】按钮即可。

图 1-1　选择【自定义用户界面】命令

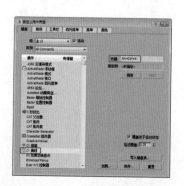

图 1-2　【自定义用户界面】对话框

在 3ds Max 2016 中，除了可以为选项设置快捷键外，还可以将设置的快捷键删除，在【键盘】选项卡中的左侧的列表框中选择要删除的快捷键，然后单击【移除】按钮即可。

案例精讲 004　自定义快速访问工具栏

本例介绍如何自定义快速访问工具栏。通过在 3ds Max 2016 软件中使用自定义用户界面命令对话框，设置工具栏中的快速访问工具栏选项，可以在访问工具栏中快速找到需要的命令按钮来执行操作，从而更加直观、便捷、快速，最重要的是提高了工作效率。

> 案例文件：无
>
> 视频文件：视频教学 \ Cha01 \ 自定义快速访问工具栏.avi

(1) 启动 3ds Max 2016，在菜单栏中选择【自定义】|【自定义用户界面】命令，在弹出的【自定义用户界面】对话框中选择【工具栏】选项卡，在左侧列表框中选择【3ds Max 帮助】选项，按住鼠标左键将其拖曳到【快速访问工具栏】列表框中，如图 1-3 所示。

(2) 添加完成后，将该对话框关闭，即可在快速访问工具栏中找到添加的按钮，如图 1-4 所示。

图 1-3　【自定义用户界面】对话框

图 1-4　快速访问工具栏中添加的快速访问

用户也可以将快速访问工具栏中的按钮删除，在要删除的按钮上右击鼠标，在弹出的快捷菜单中选择【从快速访问工具栏移除】命令，即可将该按钮删除。

案例精讲 005　自定义菜单

本例介绍自定义菜单。通过【自定义用户界面】对话框，在菜单栏中添加菜单命令，可以在工作界面中方便快速地找到需要的功能命令。

>
>
> 案例文件：无
>
> 视频文件：视频教学 \ Cha01 \ 自定义菜单.avi

(1) 启动 3ds Max 2016，在菜单栏中选择【自定义】|【自定义用户界面】命令，打开【自定义用户界面】对话框，在该对话框中选择【菜单】选项卡。

(2) 单击【新建】按钮，在弹出的对话框中将【名称】设置为"几何体"，如图 1-5 所示。

(3) 输入完成后，单击【确定】按钮，在左侧的【菜单】列表框中选择新添加的菜单，按住鼠标左键将其拖曳到右侧的列表框中，如图 1-6 所示。

(4) 在右侧列表框中单击【几何体】菜单左侧的加号，选择其下方的【菜单尾】选项，在左侧的【操作】列表框中选择【茶壶】选项，将其添加到【几何体】菜单中，如图 1-7 所示。

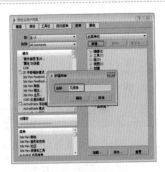

图 1-5　新建菜单

(5) 使用同样的方法添加其他菜单命令，添加完成后，将该对话框关闭，即可在菜单栏中查看添加的命令，如图 1-8 所示。

图 1-6 添加菜单命令

图 1-7 将命令拖至创建的菜单中

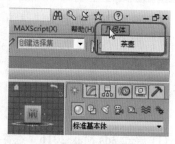
图 1-8 查看自定义的菜单效果

案例精讲 006 加载 UI 用户界面

本例介绍如何加载 UI 用户界面。使用【加载自定义用户界面方案】命令，可以选择已有的 UI 方案进行使用。

> 案例文件：无
>
> 视频文件：视频教学 \ Cha01 \ 加载 UI 用户界面 .avi

(1) 启动 3ds Max 2016，在菜单栏中选择【自定义】|【加载自定义用户界面方案】命令，如图 1-9 所示。

(2) 打开【加载自定义用户界面方案】对话框，选择所需的用户界面方案，如图 1-10 所示。

(3) DefaultUI.ui 用户界面方案为系统默认的用户界面，如图 1-11 所示。用户可以根据喜好更改其他的用户界面方案，其中 ame-light.ui 用户界面方案如图 1-12 所示。

图 1-9 选择【加载自定义用户界面方案】命令

图 1-10 打开【加载自定义用户界面方案】对话框

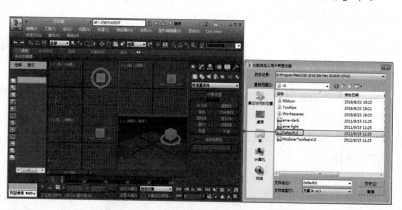
图 1-11 DefaultUI.ui 用户界面方案

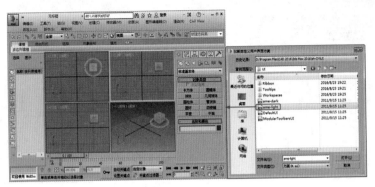

图 1-12　ame-light.ui 用户界面方案

案例精讲 007　自定义 UI 方案

本例介绍如何自定义 UI 方案。通过在软件中使用【自定义 UI 与默认设置切换器】命令，可以自行设计 UI 方案进行使用。

案例文件：无
视频文件：视频教学 \ Cha01 \ 自定义 UI 方案 .avi

(1) 启动 3ds Max 2016，在菜单栏中选择【自定义】|【自定义 UI 与默认设置切换器】命令，如图 1-13 所示。

(2) 执行该操作后，即可弹出【为工具选项和用户界面布局选择初始设置】对话框，如图 1-14 所示。选择需要的 UI 方案，单击【设置】按钮即可。

图 1-13　选择【自定义 UI 与默认设置切换器】命令

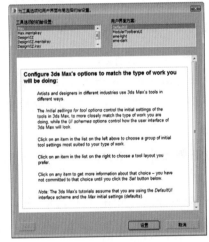

图 1-14　选择 UI 方案进行设置

案例精讲 008　保存用户界面

本例介绍如何保存用户界面。长时间习惯一种工作界面后，如果不想更换其他的工作界面，可以将其保存下来一直使用。通过在 3ds Max 2016 软件中使用【保存自定义用户界面方案】命令，保存自行设计的 UI 方案即可实现。

案例文件：无
视频文件：视频教学 \ Cha01 \ 保存用户界面 .avi

(1) 在菜单栏中选择【自定义】|【保存自定义用户界面方案】命令，即可打开【保存自定义用户界面方案】对话框，在该对话框中指定保存路径，并设置【文件名】及【保存类型】，如图 1-15 所示。

(2) 设置完成后，单击【保存】按钮，即可弹出如图 1-16 所示的对话框，在该对话框中保留默认设置，单击【确定】按钮，即可保存用户界面方案。

图 1-15 【保存自定义用户界面方案】对话框

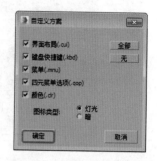

图 1-16 单击【确定】按钮

案例精讲 009 自定义菜单图标

本例介绍如何自定义菜单图标。有些用户习惯用不同的特定图标来识别功能命令，以便在工作过程中更加直观和快捷地操作，而【自定义用户界面】对话框可以满足用户的这一需求。具体操作步骤如下：

 案例文件：无

视频文件：视频教学 \ Cha01\ 自定义菜单图标 .avi

(1) 启动 3ds Max 2016，在菜单栏中选择【自定义】|【自定义用户界面】命令，如图 1-17 所示。

(2) 在弹出的对话框中选择【菜单】选项卡，然后选择【创建】|【创建 - 图形】|【星形图形】选项，在弹出的快捷菜单中选择【编辑菜单项图标】命令，如图 1-18 所示。

(3) 在弹出的对话框中，选择随书附带光盘中的 CDROM\Scenes\Cha01\ 1-5.png 素材文件，如图 1-19 所示。

图 1-17 选择【自定义用户界面】命令

(4) 选择完成后，单击【打开】按钮，打开完成后，将【自定义用户界面】对话框关闭，将工作区设置为【默认使用增强型菜单】命令。在菜单栏中选择【对象】|【图形】|【星形图形】命令，即可发现该选项的图标发生了变化，效果如图 1-20 所示。

图 1-18 选择【编辑菜单项图标】命令

图 1-19 选择要替换的图标

图 1-20 替换菜单图标后的效果

案例精讲 010　禁用小盒控件

本例介绍如何禁用小盒控件。有的用户不习惯使用小盒控件，感觉使用对话框更加直观，这时可以通过在软件中使用【自定义用户界面】命令对话框，自行设计菜单的图标，具体操作步骤如下：

案例文件：无

视频文件：视频教学 \ Cha01\ 禁用小盒控件 .avi

(1)打开一个素材文件，在视图中选择【楼梯】对象，切换至【修改】命令面板，选择【修改器列表】中的【可编辑多边形】修改器，将当前选择集设置为【可编辑多边形】，在【编辑几何体】卷展栏中单击【细化】右侧的【设置】按钮，即可弹出一个小盒控件，如图 1-21 所示。

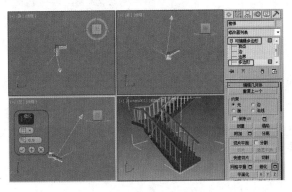

图 1-21　显示小盒控件

(2) 关闭小盒控件，即可取消小盒控件的显示，在菜单栏中选择【自定义】|【首选项】命令，如图 1-22 所示。

图 1-22　选择【首选项】命令

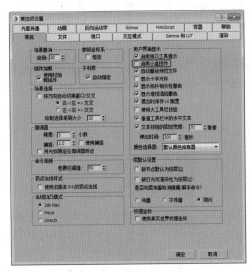

图 1-23　取消选中【启用小盒控件】复选框

(3) 在弹出的【首选项设置】对话框中选择【常规】选项卡，在【用户界面显示】选项组中取消选中【启用小盒控件】复选框，如图 1-23 所示。

(4) 设置完成后，单击【确定】按钮，再次在【编辑几何体】卷展栏中单击【细化】右侧的【设置】按钮，即可弹出【细化选择】对话框，再具体进行设置即可，如图 1-24 所示。

图 1-24　【细化选择】对话框

案例精讲 011　创建新的视口布局

本例介绍如何创建新的视口布局。在做不同的建模或简单地创建图形时，需要不同的视口布局用来观察、调整角度等，用户可以通过【创建新的视口布局选项卡】按钮更改适合自己的视口布局，具体操作步骤如下：

📖 **案例文件：无**

　　视频文件：视频教学 \ Cha01\ 创建新的视口布局.avi

(1) 继续上一实例的操作，在菜单栏中执行【视图】|【视口配置】命令，如图 1-25 所示。

(2) 在打开的【视口配置】对话框中选择【布局】选项卡，在【布局】选项卡中会出现 14 种布局可供选择，选择所需要的布局，然后单击【确定】按钮，如图 1-26 所示。

(3) 选择完成后，即可更改视口布局，更改后的效果如图 1-27 所示。

 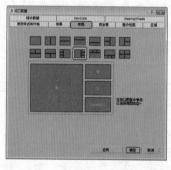 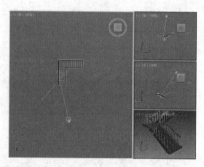

图 1-25　执行【视口配置】命令　　　　图 1-26　选择新的视口布局　　　　图 1-27　更改后的效果

案例精讲 012　搜索 3ds Max 命令

本例介绍如何使用搜索 3ds Max 命令功能。用户可以根据需要搜索 3ds Max 中的各项命令，可以以最快的速度找到自己需要的功能命令，更好地提高工作效率。

📖 **案例文件：无**

　　视频文件：视频教学 \ Cha01\ 搜索 3ds Max 命令.avi

(1) 继续上一实例的操作，在菜单栏中选择【帮助】|【搜索 3ds Max 命令】命令，如图 1-28 所示。

(2) 在弹出的文本框中输入要搜索的命令，即可弹出相应的命令，如图 1-29 所示。

图 1-28　选择【搜索 3ds Max】命令　　　　　　图 1-29　在搜索框中输入命令

案例精讲 013　查看当前场景属性信息

本例将介绍如何在【摘要信息】对话框中查看当前场景属性信息。

📖 **案例文件：无**

　　视频文件：视频教学 \ Cha01\ 查看当前场景属性信息.avi

(1) 打开任意场景文件，在菜单栏中选择 ▶ |【属性】|【摘要信息】命令，如图 1-30 所示。

(2) 在弹出的【摘要信息】对话框中即可显示场景文件的【场景总计】、【网格总计】、【内存使用情况】、【渲染】、【描述】、【摘要信息】等内容，如图 1-31 所示。

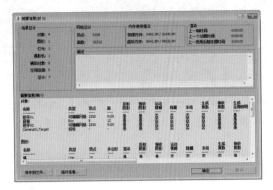

图 1-30 选择【摘要信息】命令　　　　　图 1-31 【摘要信息】对话框

知识链接

【摘要信息】对话框包含以下信息。

● 【场景总计】组：场景中按类型列出的对象数。

● 【网格总计】组：场景中顶点和面的总数。

● 【内存使用情况】组：已用的和可用的物理和虚拟内存。

● 【渲染】组：渲染最后一帧、动画和视频后期处理所花费的时间。

● 【描述】组：可以输入关于场景的注释。添加到【文件属性】对话框上的【注释】字段中的信息将显示在【描述】字段中，反之亦然。

● 【摘要信息】窗口：列出场景中的材质。这些信息按类别分类，包括对象名称、指定的材质名称、材质类型、对象顶点和面数等。材质列在列表的底部。材质使用的位图和材质一起列出，分别列出环境和大气贴图。其他贴图类别列出场景中使用的其他所有贴图，如位移贴图和第三方插件指定的任何贴图，但不包括 Video Post 贴图。

● 【保存到文件】：将对话框中的内容和说明文本保存到 .txt(文本)文件。

● 【插件信息】：显示带有场景中使用的插件信息的子对话框。默认情况下，该子对话框显示每个插件的名称和简要说明。

案例精讲 014　查看点面数

本例介绍如何通过快捷键，在视图中查看场景文件中模型对象的点面数。

 案例文件：无

视频文件：视频教学 \ Cha01\ 查看点面数 .avi

(1) 打开任意场景文件，如图 1-32 所示。

(2) 激活【前】视图，按数字 7 键，在【前】视图的左上角将显示【多边形】、【顶点】和 FPS 等点面数信息，如图 1-33 所示。

(3) 按 Alt+B 组合键，在弹出的【视口配置】对话框中切换至【统计数据】选项卡，选中【三角形计数】和【边计数】复选框，然后单击【确定】按钮，如图 1-34 所示。

(4) 在【前】视图中将增加显示【三角形计数】和【边计数】信息，如图 1-35 所示。

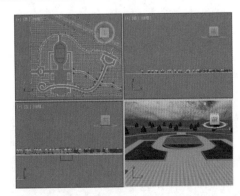

图 1-32 打开场景文件

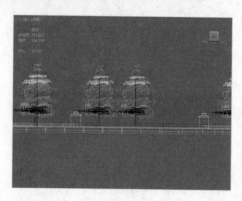

图1-33　显示点面数信息

图1-34　【统计数据】选项卡

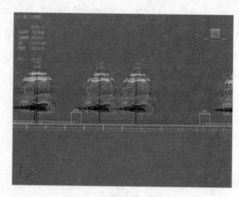

图1-35　显示点面数信息

知识链接

【视口配置】对话框中的选项介绍如下。

● 【多边形计数】：允许显示多边形数。

● 【三角形计数】：允许显示三角形数。

● 【边计数】：允许显示边数。

● 【顶点计数】：允许显示顶点数。

● 【每秒帧数】：允许显示 FPS 计数。

● 【总计】：仅显示整个场景的统计信息。

● 【选择】：仅显示当前选定场景的统计信息。

● 【总计 + 选择】：显示整个场景和当前选定场景的统计信息。

● 【在活动视口中显示统计】：允许显示统计信息。

● 【默认设置】：将所有的选项还原为其原始设置。

本章重点

- 使用球体工具制作围棋棋子
- 使用车削修改器制作酒杯
- 使用挤出修改器制作休闲石凳
- 使用车削修改器制作罗马柱【视频案例】
- 使用长方体工具制作画框
- 使用倒角修改器工具制作果篮

- 使用线工具制作花瓶
- 使用二维对象制作隔离墩【视频案例】
- 使用线工具制作餐具
- 使用可编辑多边形制作电池
- 使用放样工具制作柜式空调
- 使用长方体工具制作笔记本

在学习制作室内外效果图之前，需要了解一些常用基本模型的创建方法与技巧。通过学习创建基本模型可以进一步了解 3ds Max 的一些基本操作方法。本章将介绍多个基本模型的创建方法，使读者学习并掌握 3ds Max 中的一些基本建模工具与修改器的使用方法。

案例精讲 015 使用球体工具制作围棋棋子

本例将讲解如何制作围棋棋子。首先利用【球体】工具绘制球体，然后对其参数进行设置制作出棋子形状，并对其添加材质，具体操作方法如下，完成后的效果如图 2-1 所示。

> 案例文件：CDROM \ Scenes \ Cha02 \ 使用球体工具制作围棋棋子 OK.max
> 视频文件：视频教学 \ Cha02 \ 使用球体工具制作围棋棋子 .avi

图 2-1 制作围棋棋子

(1) 启动 3ds Max 软件后，打开随书附带光盘中的 CDROM \ Scenes \ Cha02 \ 围棋 .max 文件，如图 2-2 所示。

(2) 选择【创建】|【几何体】|【标准基本体】|【球体】命令，在【顶】视图中创建一个【半径】为 13、【半球】为 0.345 的半球，并将其重新命名为"围棋白"，如图 2-3 所示。

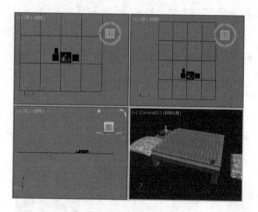

图 2-2 打开文件

图 2-3 创建球体

知识链接

【球体】：利用该工具既可以制作面状或光滑的球体，也可以制作局部球体(包括半球体)。该工具涉及的主要参数介绍如下。

1. 创建方法

【边】：在视图中拖动创建球体时，鼠标移动的距离是球的直径。

【中心】：以中心放射方式拉出球体模型(默认)，鼠标移动的距离是球体的半径。

2. 参数

【半径】：设置半径大小。

【分段】：设置表面划分的段数。值越高，表面越光滑，造型也越复杂。

【平滑】：是否对球体表面进行自动光滑处理(默认为开启)。

【半球】：值由 0 ~ 1 可调，默认为 0，表示建立完整的球体；增加数值，球体被逐渐削除；值为 0.5 时，制作出半球体；值为 1 时，什么都没有了。

【切除】/挤压：在进行半球参数调整时，这两个选项将发挥作用，主要用来确定球体被削除后，原来的网格划分数也随之删除或者仍保留部分球体。

【启用切片】：设置是否开启切片设置，打开它可以在下面的设置中调节柱体局部切片的大小。

【轴心在底部】：在建立球体时，球体重心默认设置在球体的正中央，选中此复选框会将重心设置在球体的底部，还可以在制作台球时把它们一个个准确地建立在桌面上。

(3) 在左视图中选中创建的【围棋白】对象，在工具栏中选择【选择并非均匀缩放】工具，在弹出的【移动变换输入】对话框中的【偏移：屏幕】区域下将 Y 轴参数设置为 30，如图 2-4 所示。

(4) 使用【选择并移动】工具，选择创建好的棋子，按住 Shift 键进行移动，在弹出的对话框中选中【复制】单选按钮，将【副本数】设置为 1，并将其【名称】设置为"围棋黑"，单击【确定】按钮，如图 2-5 所示。

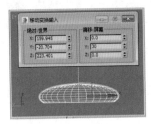

图 2-4 设置其缩放

图 2-5 进行复制

(5) 按 M 键，弹出【材质编辑器】，选择一个新的样本球并将其命名为"白棋"，将【明暗器的类型】设置为 (B)Blinn，在【Blinn 基本参数】卷展栏中将【环境光】和【漫反射】的 RGB 值设置为 255、255、255，在【反射高光】组中将【高光级别】和【光泽度】分别设置为 88、26，并将创建好的材质指定给【围棋白】对象，如图 2-6 所示。

||||▶提 示

材质主要用于描述对象如何反射和传播光线，材质中的贴图主要用于模拟对象质地，提供纹理图案、反射、折射等其他效果（贴图还可以用于环境和灯光投影）。依靠各种类型的贴图，可以创作出千变万化的材质。例如，在瓷瓶上贴上花纹就成了名贵的瓷器。高超的贴图技术是制作仿真材质的关键，也是决定最后渲染效果的关键。关于材质的调节和指定，系统提供了【材质编辑器】和【材质/贴图浏览器】。【材质编辑器】用于创建、调节材质，并最终将其指定到场景中；【材质/贴图浏览器】用于检查材质和贴图。

(6) 选择一个新的样本球，并将其命名为"黑棋"，将【明暗器的类型】设置为 (B)Blinn，在【Blinn 基本参数】卷展栏中将【环境光】和【漫反射】的 RGB 值设置为 0、0、0，在【反射高光】组中将【高光级别】和【光泽度】分别设置为 88、26，并将创建好的材质指定给【围棋黑】对象，如图 2-7 所示。

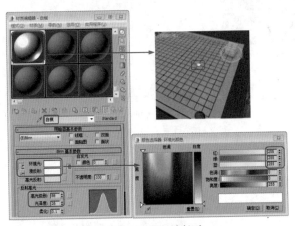

图 2-6 设置白棋材质

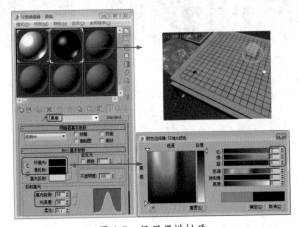

图 2-7 设置黑棋材质

(7) 分别选择【围棋黑】和【围棋白】对象，进行多次复制，并在【顶】视图中调整位置，如图 2-8 所示。

||||▶提 示

用户在对围棋子进行复制时可以根据自己的需求及审美观，对黑白子的个数进行设置，并调整位置。

(8) 激活【摄影机】视图，按 F9 键，打开【渲染帧】窗口，对其进行渲染查看效果，如图 2-9 所示。

知识链接

【渲染帧】窗口中的主要参数如下。

【要渲染的区域】：该下拉列表提供可用的【要渲染的区域】选项，主要有【视图】、【选定】、【区域】、【裁剪】和【放大】五项。当使用【区域】、【裁剪】或【放大】选项时，使用【编辑区域】控件来设置区域。或者，可以使用【选择的自动区域】选项，自动将区域设置到当前选择中。

【视口】：当单击【渲染】按钮时，将显示渲染的视口。要指定要渲染的不同视口，可从该列表中选择所需视口，或在主用户界面中将其激活。

【保存图像】：用于保存在【渲染帧】窗口中显示的渲染图像。

【复制图像】：将渲染图像可见部分的精确副本放置在 Windows 剪贴板上，以准备粘贴到绘制程序或位图编辑软件中。图像始终按当前显示状态复制，因此，如果启用了单色按钮，则复制的数据由 8 位灰度位图组成。

【克隆渲染帧窗口】：创建另一个包含所显示图像的窗口。这就允许将另一个图像渲染到渲染帧窗口，然后将其与上一个克隆的图像进行比较。可以多次克隆渲染帧窗口。克隆的窗口会使用与原始窗口相同的初始缩放级别。

【打印图像】：将渲染图像发送至 Windows 中定义的默认打印机。将背景打印为透明。

【清除】：清除渲染帧窗口中的图像。

【启用红色通道】：显示渲染图像的红色通道。禁用该选项后，红色通道将不会显示。

【启用绿色通道】：显示渲染图像的绿色通道。禁用该选项后，绿色通道将不会显示。

【启用蓝色通道】：显示渲染图像的蓝色通道。禁用该选项后，蓝色通道将不会显示。

【显示 Alpha 通道】：显示 Alpha 通道。

【单色】：显示渲染图像的 8 位灰度。

(9) 单击【保存图像】按钮，在弹出的【保存图像】对话框中选择保存位置，并设置【文件名】和【保存类型】，如将保存类型设置为 Tif，然后单击【保存】按钮，在弹出的对话框中保持默认选项，然后单击【确定】按钮，如图 2-10 所示，即可将效果图像保存。

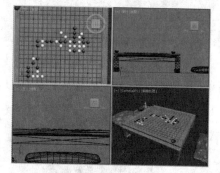

图 2-8　进行多次复制

图 2-9　查看渲染后的效果

图 2-10　保存图像

知识链接

TIFF格式直译为标签图像文件格式，是由 Aldus 为 Macintosh 机开发的文件格式。TIFF用于在应用程序之间和计算机平台之间交换文件，被称为标签图像格式，是 Macintosh和 PC机上使用最广泛的文件格式。它采用无损压缩方式，与图像像素无关。TIFF常被用于彩色图片色扫描，它以RGB的全彩色格式存储。TIFF格式支持带 Alpha通道的 CMYK、RGB和灰度文件，支持不带 Alpha通道的 Lab、索引色和位图文件，也支持 LZW压缩。

JPEG是 Macintosh机上常用的存储类型，但是，无论是在 Photoshop、Painter、FreeHand、Illustrator等平面软件中还是在 3ds或 3ds Max中都能够开启此类格式的文件。JPEG格式是所有压缩格式中最卓越的。在压缩前，可以从对话框中选择所需图像的最终质量，这样，就有效地控制了 JPEG在压缩时的损失数据量。并且可以在保持图像质量不变的前提下产生惊人的压缩比率，在没有明显质量损失的情况下，它的体积能降到原 BMP图片的1/10。

BMP全称为 Windows Bitmap。它是微软公司 Paint自身的格式，可以被多种 Windows和 OS/2应用程序所支持。在 Photoshop中，最多可以使用 16兆的色彩渲染 BMP图像。因此，BMP格式的图像可以具有极其丰富的色彩。

TGA格式 (Tagged Graphics)是由美国 Truevision公司为其显卡开发的一种图像文件格式，文件后缀为 .tga，已被国际上的图形、图像工业所接受。TGA的结构比较简单，属于一种图形、图像数据的通用格式，在多媒体领域有很大影响，是计算机生成图像向电视转换的一种首选格式。TGA图像格式最大的特点是可以做出不规则形状的图形、图像文件，一般图形、图像文件都为四方形，若需要有圆形、菱形甚至是镂空的图像文件时，TGA就派上用场了！TGA格式支持压缩，使用不失真的压缩算法。

案例精讲 016　　使用车削修改器制作酒杯

本例将介绍如何制作酒杯，玻璃器皿一般表现的是透明及反光效果。首先利用【线】工具绘制出酒杯的大体轮廓，然后使用【车削】修改器进行修改，最后对其赋予材质，具体操作方法如下，完成后的效果如图 2-11 所示。

 案例文件：CDROM \ Scenes \ Cha02 \ 使用车削修改器制作酒杯 OK.max
视频文件：视频教学 \ Cha02 \ 使用车削修改器制作酒杯.avi

图 2-11　制作酒杯

(1) 启动 3ds Max 软件，打开随书附带光盘中的 CDROM \ Scenes \ Cha02 \ 使用车削修改器制作酒杯 OK .max 文件，激活【摄影机】视图对其进行渲染查看效果。然后重置场景，选择【创建】|【图形】|【样条线】|【线】命令，在【左】视图中绘制线，如图 2-12 所示。

提示

【线】工具是现在最常用的一种基础建模工具，在制作一些简单的对象时，可以先使用【线】工具构建出轮廓，然后通过对其添加【挤出】或【倒角】修改器，而完成建模。

(2) 切换到【修改命令】面板中，将当前选择集定义为【样条线】，单击【轮廓】按钮，将其数值设置为 2cm，如图 2-13 所示。

(3) 将当前选择集定义为【顶点】，右击最上面的两个顶点，在弹出的快捷菜单中选择【平滑】命令，如图 2-14 所示。

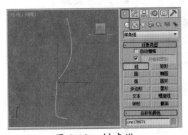

图 2-12　创建线

图 2-13　增加轮廓

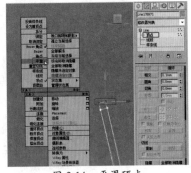

图 2-14　平滑顶点

注意

设置不同的【轮廓】数值，轮廓会有不同的变化，当设置为负值时轮廓会向内偏移，设置为正值时轮廓会向外偏移。在实际操作中设置的偏移方向不同，会使对象的总体设计出现偏差。

(4) 使用同样的方法，对最下面的两个顶点进行平滑，并适当调整顶点位置，如图 2-15 所示。

(5) 关闭当前选择集，对其添加【车削】修改器，在【参数】卷展栏中将【分段】设置为 40，单击【方向】组中的 Y 按钮，在【对齐】组中单击【最小】按钮，如图 2-16 所示。

(6) 按 M 键，打开【材质编辑器】，选择一个空的样本球，并将其命名为"酒杯"，单击 Standard 按钮，在弹出的对话框中选择【材质】| V-Ray | VRayMtl 命令，单击【确定】按钮，在【反射】组中将【反射】的 RGB 值设置为 100、100、100、【细分】设置为 50，选中【菲涅耳反射】复选框，在【折射】组中将【折射】颜色设置为白色，【细分】设置为 50，并选中【影响阴影】复选框，在【双面反射分布函数】卷展栏中将反

射类型设置为【多面】，在【选项】卷展栏中取消选中【雾系统单位比例】复选框。在【反射】组中将【最小速率】和【最大速率】分别设置为 -3、0，在【折射】组中将【最小速率】和【最大速率】分别设置为 -3、0，如图 2-17 所示。

图 2-15 调整顶点

图 2-16 添加【车削】修改器

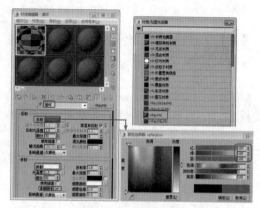

图 2-17 创建酒杯材质

(7) 单击系统图标，在弹出的快捷菜单中选择【导入】|【合并】命令，分别选择 CDROM \ Scenes \ Cha02 \ "红酒 .max" 文件和 "酒杯 - 素材 .max" 场景文件，弹出【合并】对话框，选择【红酒】对象，然后单击【确定】按钮，如图 2-18 所示。

(8) 选择导入的【红酒】对象，并调整位置，如图 2-19 所示。

(9) 激活【摄影机】视图，对其进行渲染，将场景文件保存。

图 2-18 导入素材

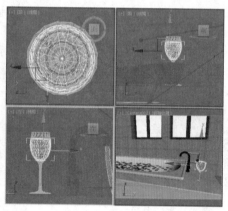

图 2-19 调整位置

案例精讲 017　使用挤出修改器制作休闲石凳

本例将介绍如何制作休闲石凳。首先利用【矩形】工具绘制矩形，通过【编辑样条线】、【挤出】修改器制作石架；然后通过【长方体】工具绘制木条，将设置好的材质指定给对象；最后为场景添加摄影机和灯光，将视图进行渲染输出，效果如图 2-20 所示。

 案例文件：CDROM \ Scenes \ Cha02 \ 使用挤出修改器制作休闲石凳 OK.max

　　视频文件：视频教学 \ Cha02 \ 使用挤出修改器制作休闲石凳 .avi

图 2-20 休闲石凳

(1) 重置一下场景，这样可以将所有设置恢复到默认设置，选择【创建】|【图形】|【矩形】命令，在【左】

视图中创建矩形，在【参数】卷展栏中将【长度】、【宽度】分别设置为500、600，将【角半径】设置为0，如图2-21所示。

(2) 使用同样的方法绘制一个【长度】、【宽度】分别为135、475的矩形，将【角半径】设置为50，效果如图2-22所示。

(3) 将创建的第一个矩形命名为"矩形001"，将刚刚创建的矩形命名为"矩形002"，选择【矩形001】对象，在【修改器列表】选择【编辑样条线】修改器，在【几何体】卷展栏中单击【附加】按钮，然后在场景中选择【矩形002】对象，如图2-23所示。

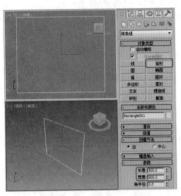 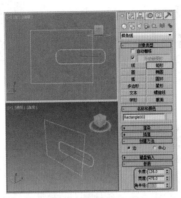 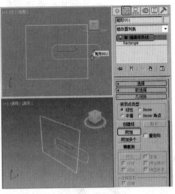

图 2-21　绘制矩形　　　　　　图 2-22　绘制圆角矩形　　　　　图 2-23　将矩形附加在一起

(4) 再次单击【附加】按钮，将矩形重命名为"石架001"，将当前选择集定义为【样条线】，在视图中选择大矩形样条线，再在【几何体】卷展栏中单击【布尔】按钮，并单击【差集】按钮，最后在视图中拾取小矩形的样条线进行布尔运算，完成后的效果如图2-24所示。

知识链接

【并集】: 将两个造型合并，相交的部分被删除，成为一个新的物体。

【相交】: 将两个造型相交的部分保留，不相交的部分删除。

【差集】: 将两个造型作相减处理，得到一种切割后的造型。

(5) 将当前选择集定义为【顶点】，在【几何体】卷展栏中单击【优化】按钮，在【左】视图中添加两个顶点，如图2-25所示。

(6) 再次单击【优化】按钮，右击左上角的三个顶点，在弹出的快捷菜单中选择【角点】命令，使用【选择并移动】工具在场景中调整顶点的位置，如图2-26所示。

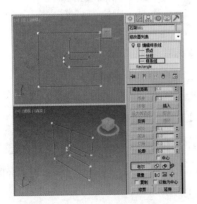 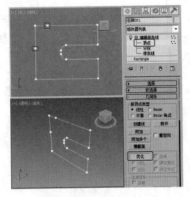 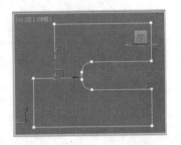

图 2-24　将图形进行布尔运算　　　图 2-25　优化顶点　　　　　图 2-26　调整顶点的位置

(7) 选择图形右上角的两个点，在【左】视图中沿 X 轴向左进行调整，完成后的效果如图 2-27 所示。

(8) 在【修改】命令面板的【修改器列表】中选择【挤出】修改器，在【参数】卷展栏中将【数量】设置为 170，如图 2-28 所示。

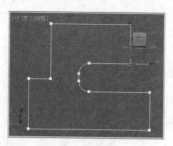

图 2-27　调整顶点

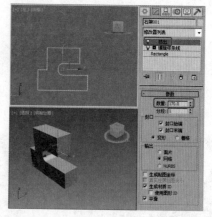

图 2-28　设置【数量】参数

知识链接

【挤出】修改器：将二维的样条线图形增加厚度，挤出成为三维实体。

【修改】命令面板：在该面板中，设置【挤出】修改器的参数。

【数量】：设置挤出的深度。

【分段】：设置挤出厚度上的片段划分数。

---

(9) 在【修改器列表】中选择【UVW 贴图】修改器，在【参数】卷展栏中将【贴图】设置为【长方体】，将【长度】、【宽度】、【高度】均设置为 170，如图 2-29 所示。

(10) 按 M 键，打开【材质编辑器】对话框，选择一个空白的材质样本球，将其命名为"石架"，取消【环境光】和【漫反射】颜色之间的锁定，将【环境光】RGB 值设置为 46、17、17，将【漫反射】RGB 值设置为 137、50、50，将【反射高光】选项组中的【高光级别】、【光泽度】分别设置为 5、25，如图 2-30 所示。

图 2-29　添加【UVW 贴图】修改器

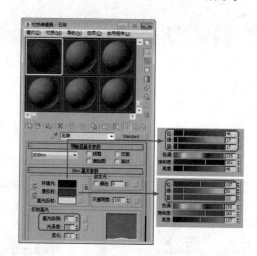

图 2-30　设置材质

(11) 展开【贴图】卷展栏，单击【漫反射颜色】右侧的【无】按钮，弹出【材质/贴图浏览器】对话框，在该对话框中选择【位图】选项，单击【确定】按钮，在弹出的【选择位图图像文件】对话框中选择随书附带光盘中的 CDROM\Map\毛面石 .jpg 文件，单击【打开】按钮，如图 2-31 所示。

知识链接

【材质 /贴图浏览器】对话框提供全方位的材质和贴图浏览选择功能,它会根据当前的情况而变化,如果允许选择材质和贴图,会将两者都显示在列表窗中,否则只显示材质或贴图。

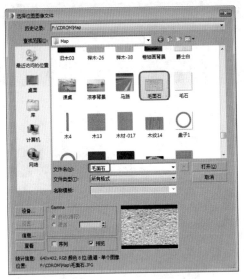

图 2-31　选择位图

(12) 单击【转到父对象】按钮,确定【石架 01】处于选择状态,然后单击【将材质指定给选定对象】按钮。将对话框关闭,对【透视】视图进行渲染观看效果,如图 2-32 所示。

图 2-32　赋予材质后的效果

(13) 在【前】视图中选择【石架 001】对象,按住 Shift 键的同时拖动对象沿 X 轴向右移动,松开鼠标,在弹出的对话框中选中【复制】单选按钮,将【副本数】设置为 1,将【名称】设置为"石架 002",如图 2-33 所示。

(14) 单击【确定】按钮,选择【创建】|【几何体】|【长方体】命令,在【顶】视图中创建长方体,在【参数】卷展栏中将【长度】、【宽度】、【高度】分别设置为 118、1726、257,如图 2-34 所示。

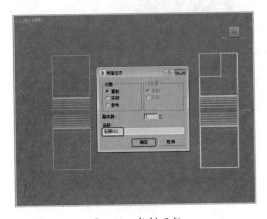

图 2-33　复制石架

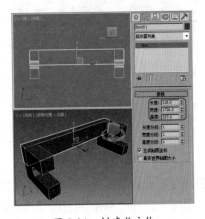

图 2-34　创建长方体

(15) 确定长方体处于选中状态,在【修改器列表】中选择【UVW 贴图】修改器,在【贴图】选项组中选中【长方体】单选按钮,将【长度】、【宽度】、【高度】均设置为 175,如图 2-35 所示。

(16) 按 M 键,打开【材质编辑器】对话框,将【石架】材质指定给长方体,选中长方体,将其重命名为"石条",激活【透视】视图,对该视图进行渲染观察效果,如图 2-36 所示。

(17) 继续使用【长方体】工具,在【顶】视图中创建长方体,将其命名为"木条",在【参数】卷展栏中将【长度】、【宽度】、【高度】分别设置为 100、1493、86,如图 2-37 所示。

(18) 按 M 键，打开【材质编辑器】对话框，取消【环境光】和【漫反射】颜色之间的锁定，将【环境光】颜色 RGB 值设置为 17、47、15，将【漫反射】颜色 RGB 值设置为 51、141、45，将【反射高光】选项组中的【高光】、【光泽度】分别设置为 5、25，如图 2-38 所示。

知识链接

【环境光】：控制对象表面阴影区的颜色。

【漫反射】：控制对象表面过渡区的颜色。

【高光反射】：控制对象表面高光区的颜色。

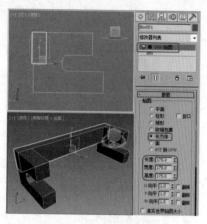

图 2-35　创建长方体

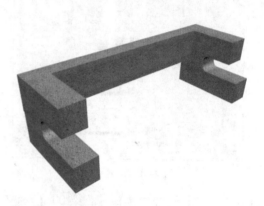

图 2-36　指定材质后的效果

图 2-37　创建长方体

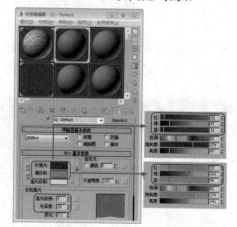

图 2-38　设置参数

(19) 展开【贴图】卷展栏，单击【漫反射颜色】右侧的【无】按钮，在弹出的对话框中选择【位图】选项，在弹出的对话框中选择随书附带光盘中的 CDROM \ Map \ muwen01.jpg 文件，单击【打开】按钮，再单击【转到父对象】按钮，确定【木条】对象处于选中状态，单击【将材质指定给选定对象】按钮，然后激活【透视】视图，对该视图进行渲染，效果如图 2-39 所示。

(20) 进入【修改】命令面板，在【修改器列表】中选择【UVW 贴图】修改器，在【参数】卷展栏中选中【长方体】单选按钮，将【长度】、【宽度】、【高度】均设置为 175，然后激活【透视】视图，对该视图进行渲染，如图 2-40 所示。

(21) 使用【选择并移动】工具在【顶】视图中按住 Shift 键拖动鼠标，松开鼠标后，在弹出的对话框中选中【实例】单选按钮，将【副本数】设置为 1，如图 2-41 所示。

(22) 选择【创建】|【图形】|【矩形】命令，在【左】视图中创建矩形，将【长度】、【宽度】分别设置为 187、107，将其重命名为"木条 03"，如图 2-42 所示。

图 2-39　赋予材质后的效果

图 2-40　为对象添加【UVW 贴图】修改器后的效果

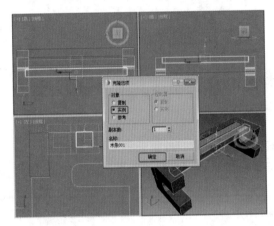

图 2-41　复制木条

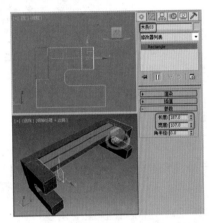

图 2-42　绘制矩形

(23) 进入【修改】命令面板，在【修改器列表】中选择【圆角/切角】修改器，将当前选择集定义为【顶点】，然后选择矩形上方的两个顶点，将【圆角】选项组中的【半径】设置为 15，并单击【应用】按钮，效果如图 2-43 所示。

(24) 关闭当前选择集，选择【挤出】修改器，在【参数】卷展栏中将【数量】设置为 -1726，然后使用【选择并移动】工具移动木条，效果如图 2-44 所示。

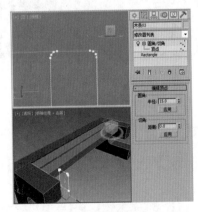

图 2-43　设置圆角

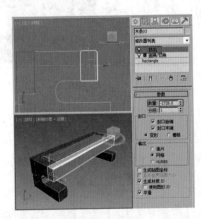

图 2-44　设置【挤出】

(25) 将木质材质指定给木条,按8键,打开【环境和效果】对话框,在该对话框中单击【环境贴图】下面的【无】按钮,在弹出的对话框中选择【位图】选项,再在弹出的对话框中选择 19384536.jpg 文件,单击【打开】按钮。按 M 键,打开【材质编辑器】对话框,将【环境贴图】拖曳至材质球上,在弹出的对话框中选中【实例】单选按钮,如图 2-45 所示。

(26) 单击【确定】按钮,在【坐标】卷展栏中将【贴图】设置为屏幕,将对话框关闭,激活【透视】视图,选择【视图】|【视口背景】|【环境背景】命令,此时【透视】视图将以环境贴图为背景,效果如图 2-46 所示。

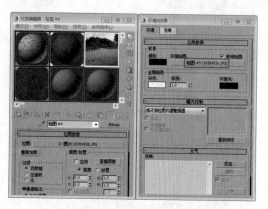

图 2-45　设置环境贴图

图 2-46　添加环境贴图后的效果

(27) 选择【创建】|【摄影机】|【目标】命令,在【顶】视图中创建目标摄影机,激活【透视】视图,按 C 键将其转换为【摄影机】视图,然后在其他视图中调整摄影机的位置,效果如图 2-47 所示。

(28) 选择【创建】|【灯光】|【标准】|【目标聚光灯】命令,在【顶】视图中创建目标聚光灯,展开【强度/颜色/衰减】卷展栏,将【倍增】设置为1.1,单击其后面的色块,在弹出的对话框中将 RGB 值设置为 200、212、215,然后在视图中调整灯光的位置,如图 2-48 所示。

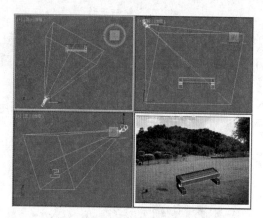

图 2-47　创建摄影机

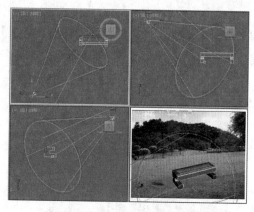

图 2-48　创建灯光并调整其位置

(29) 再创建一盏目标聚光灯,在【常规参数】卷展栏中选中【阴影】选项组中的【启用】复选框,将阴影类型设置为【光线跟踪阴影】,在【强度/颜色/衰减】卷展栏中将【倍增】设置为1.7,【颜色】RGB值设置为白色,在【阴影参数】卷展栏中将【密度】设置为0.7,然后在场景中调整灯光的位置,如图 2-49 所示。

(30) 将【摄影机】和【灯光】隐藏,选择【创建】|【几何体】|【标准基本体】|【平面】命令,在【顶】视图中创建平面,在【参数】卷展栏中将【长度】、【宽度】均设置为4000,如图 2-50 所示。

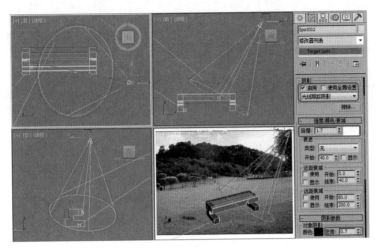

图 2-49　调整灯光的位置

图 2-50　创建平面

(31) 按 M 键，打开【材质编辑器】对话框，选择一个空白的材质样本球，单击 Standard 按钮，在弹出的对话框中选择【无光/投影】选项，单击【确定】按钮，如图 2-51 所示。

(32) 确定平面对象处于选择状态，单击【将材质指定给选定对象】按钮，然后对摄影机视图进行渲染，效果如图 2-52 所示。

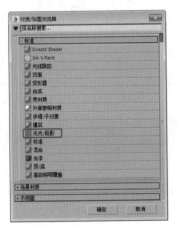

图 2-51　选择【无光/投影】选项

图 2-52　渲染效果

案例精讲 018　使用车削修改器制作罗马柱【视频案例】

罗马柱是由柱和檐构成的。柱可分为柱础、柱身、柱头（柱帽）三部分。由于各部分的尺寸、比例、形状不同，加上柱身处理和装饰花纹的各异，而形成各不相同的柱子样式。本例将介绍如何制作罗马柱，完成后的效果如图 2-53 所示。

案例文件：CDROM \ Scenes \ Cha02 \ 使用车削修改器制作罗马柱 OK.max

视频文件：视频教学 \ Cha02 \ 使用车削修改器制作罗马柱.avi

图 2-53　罗马柱

案例精讲 019　使用长方体工具制作画框

本例将介绍木质画框的制作。首先使用【线】工具绘制画框的截面图形，然后通过【车削】修改器并移动轴心点的位置来实现画框的造型，画面部分直接使用【长方体】工具创建，完成后的效果如图 2-54 所示。

图 2-54　画框效果

> 案例文件：CDROM ＼ Scenes ＼ Cha02 ＼ 使用长方体工具制作画框 OK.max
> 视频文件：视频教学 ＼ Cha02 ＼ 使用长方体工具制作画框.avi

（1）选择【创建】|【图形】|【样条线】|【线】命令，在【顶】视图中绘制一个闭合的样条曲线，并将其命名为"画框 1"，切换至【修改】命令面板，在【插值】卷展栏中将【步数】设置为 12，将当前选择集定义为【顶点】，然后在视图中调整样条线，效果如图 2-55 所示。

（2）关闭当前选择集，在工具栏中选择【选择并旋转】工具，在弹出的【旋转变换输入】对话框中将【绝对：世界】区域下的 Y 值设置为 45，旋转效果如图 2-56 所示。

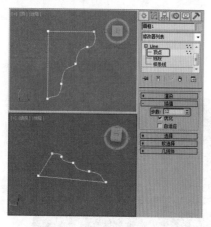

图 2-55　绘制画框

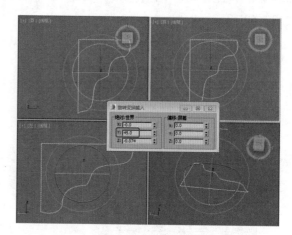

图 2-56　旋转对象

▷提示

所有样条线曲线划分为近似真实曲线的较小直线。样条线上的每个顶点之间的划分数量称为步数。步数越多，曲线越平滑。

（3）在【修改器下拉列表】中选择【车削】修改器，在【参数】卷展栏中将【分段】设置为 4，如图 2-57 所示。

（4）将当前选择集定义为【轴】，使用【选择并移动】工具，在【前】视图中沿 X 轴向右移动轴心点的位置，沿 Y 轴向下移动轴心点的位置，如图 2-58 所示。

（5）关闭当前选择集，确认【画框 1】对象处于选择状态，按 M 键打开【材质编辑器】对话框，选择一个新的材质样本球，将其命名为"画框"，在【明暗器基本参数】卷展栏中选择 Phong 选项，在【Phong 基本参数】卷展栏中将【环境光】和【漫反射】的颜色参数均设置为 255、255、255，将【自发光】区域的【颜色】设置为 0，在【反射高光】选项组中，将【高光级别】和【光泽度】分别设置为 60、50，然后单击【将材质指定给选定对象】按钮，将材质指定给【画框】对象，如图 2-59 所示。

(6) 选择【创建】|【几何体】|【长方体】命令，在【前】视图中创建一个长方体，将其命名为【画 1】，切换到【修改】命令面板，在【参数】卷展栏中将【长度】、【宽度】和【高度】分别设置为 1300、1300、1，如图 2-60 所示。

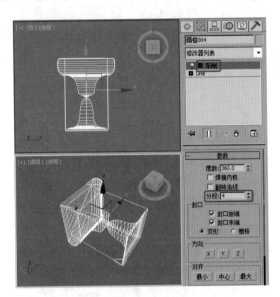

图 2-57　施加【车削】修改器

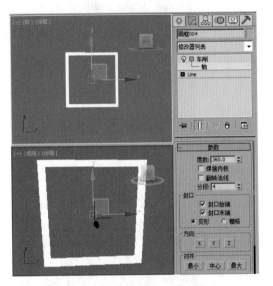

图 2-58　移动轴心点的位置

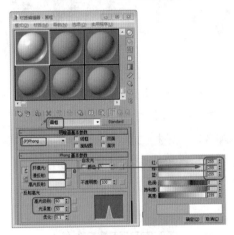

图 2-59　指定材质

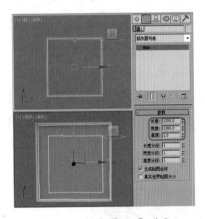

图 2-60　创建【画 1】对象

(7) 在场景中调整【画 1】对象的位置，调整完成后，按 M 键，打开【材质编辑器】对话框，选择一个新的材质样本球，将其命名为"画 1"，在【Blinn 基本参数】卷展栏中将【反射高光】选项组中的【高光级别】和【光泽度】分别设置为 14、24，如图 2-61 所示。

(8) 打开【贴图】卷展栏，单击【漫反射颜色】右侧的【无】按钮，在弹出的【材质 / 贴图浏览器】对话框中选择【位图】贴图，单击【确定】按钮，如图 2-62 所示。

(9) 在弹出的对话框中打开随书附带光盘中的"画框壁纸 1.jpg"素材文件，在【位图参数】卷展栏中选中【裁剪 / 放置】选项组中的【应用】复选框，并单击右侧的【查看图像】按钮，在弹出的对话框中通过调整控制柄来指定裁剪区域，如图 2-63 所示。

(10) 调整完成后，单击【转到父对象】按钮和【将材质指定给选定对象】按钮，将材质指定给【画】对象，指定材质后显示效果如图 2-64 所示。

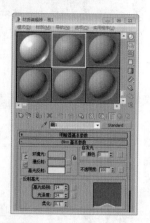

图 2-61　设置 Blinn 基本参数

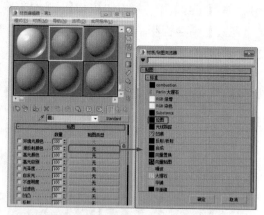

图 2-62　选择【位图】贴图

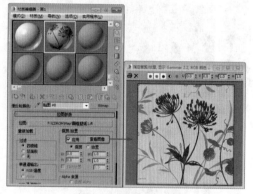

图 2-63　调整裁剪区域

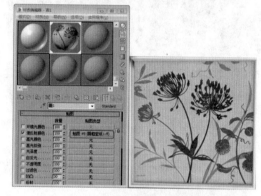

图 2-64　指定材质后的效果

(11) 按 Ctrl+A 组合键选择所有的对象，在【前】视图中按住 Shift 键的同时沿 X 轴移动复制对象，在弹出的对话框中选中【实例】单选按钮，将【副本数】设置为 2，单击【确定】按钮，如图 2-65 所示。

(12) 选择复制出的【画 2】对象，按 M 键，打开【材质编辑器】对话框，选择一个新的材质样本球，并将其命名为"画 2"，在【Blinn 基本参数】卷展栏中将【反射高光】选项组中的【高光级别】和【光泽度】分别设置为 14、24，如图 2-66 所示。

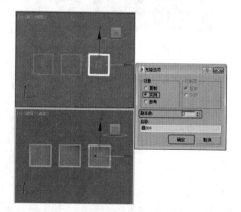

图 2-65　复制对象

图 2-66　设置 Blinn 基本参数

(13) 在【贴图】卷展栏中单击【漫反射颜色】右侧的【无】按钮，在弹出的【材质 / 贴图浏览器】对话框中选择【位图】贴图，再在弹出的对话框中打开随书附带光盘中的"画框壁纸 2.jpg"素材文件。在【位图参数】卷展栏中选中【裁剪 / 放置】选项组中的【应用】复选框，并单击右侧的【查看图像】按钮，在弹出的对话框中通过调整控制柄来指定裁剪区域，如图 2-67 所示。调整完成后，单击【转到父对象】按钮和【将材质指定给选定对象】按钮，将材质指定给【画 002】对象。

图 2-67　调整裁剪区域

(14) 使用同样的方法，为【画 003】对象设置材质，设置材质后的效果如图 2-68 所示。

图 2-68　设置材质后的效果

(15) 选择【创建】|【几何体】|【平面】命令，在【顶】视图中创建平面，切换到【修改】命令面板，在【参数】卷展栏中将【长度】设置为 2600、【宽度】设置为 4500，如图 2-69 所示。

(16) 右击平面对象，在弹出的快捷菜单中选择【对象属性】命令，弹出【对象属性】对话框，在【显示属性】选项组中选中【透明】复选框，单击【确定】按钮，如图 2-70 所示。

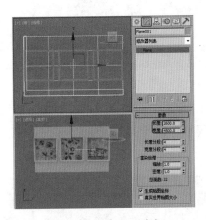

图 2-69　创建平面对象

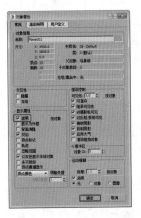

图 2-70　选中【透明】复选框

(17) 按 M 键，打开【材质编辑器】对话框，选择一个新的材质样本球，并单击 Standard 按钮，在弹出的【材质 / 贴图浏览器】对话框中选择【无光 / 投影】材质，单击【确定】按钮，如图 2-71 所示。在【无光 / 投影基本参数】卷展栏中使用默认设置，直接单击【将材质指定给选定对象】按钮即可。

(18) 按 8 键，弹出【环境和效果】对话框，在【公用参数】卷展栏中单击【无】按钮，在弹出的【材质 / 贴图浏览器】对话框中选择【位图】贴图，再在弹出的对话框中打开随书附带光盘中的 "画框背景图 .JPG" 素材文件，如图 2-72 所示。

(19) 在【环境和效果】对话框中，将环境贴图按钮拖曳至新的材质样本球上，在弹出的【实例 (副本) 贴图】对话框中选中【实例】单选按钮，并单击【确定】按钮，然后在【坐标】卷展栏中，将贴图设置为【屏幕】，如图 2-73 所示。

(20) 激活【透视】视图，按 Alt+B 组合键，弹出【视口配置】对话框，在【背景】选项卡中选中【使用环境背景】单选按钮，单击【确定】按钮，如图 2-74 所示。

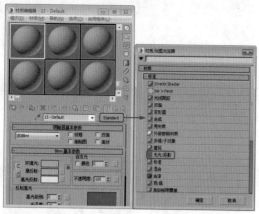

图 2-71 选择【无光/投影】材质

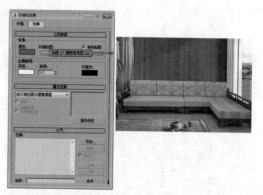

图 2-72 添加环境贴图

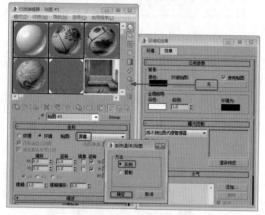

图 2-73 拖曳并设置贴图

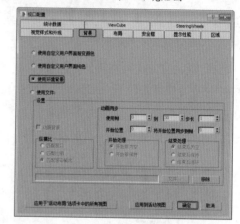

图 2-74 设置背景环境

(21) 选择【创建】|【摄影机】|【目标】命令，在视图中创建摄影机，激活【透视】视图，按 C 键将其转换为【摄影机】视图，切换到【修改】命令面板，在【参数】卷展栏中将【镜头】设置为 35，如图 2-75 所示。

(22) 在其他视图中调整摄影机的位置，调整后的效果如图 2-76 所示。

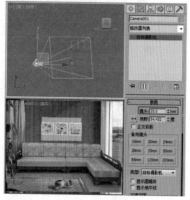

图 2-75 创建摄影机

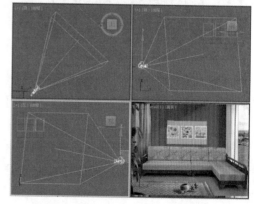

图 2-76 调整摄影机的效果

(23) 选择【创建】|【灯光】|【标准】|【天光】命令，在【顶】视图中创建天光，切换到【修改】命令面板，在【天光参数】卷展栏中选中【投射阴影】复选框，如图 2-77 所示。至此，画框就制作完成了，将场景文件保存即可。

(24) 激活【摄影机】视图，按 F9 键进行渲染，渲染效果如图 2-78 所示。

图 2-77 创建天光

图 2-78 渲染效果

案例精讲 020　使用倒角修改器工具制作果篮

　　本例介绍果篮效果的制作，如图 2-79 所示。使用【切角圆柱体】和【圆】工具创建圆，使用【编辑样条线】命令添加【轮廓】，最终制作出果篮的效果。

　　案例文件：CDROM \ Scenes \ Cha02 \ 使用倒角修改器工具制作果篮 OK.max

　　视频文件：视频教学 \ Cha02 \ 使用倒角修改器工具制作果篮 .avi

　　(1) 选择【创建】|【几何体】|【扩展基本体】|【切角圆柱体】命令，在【顶】视图中创建切角圆柱体，将其命名为″底″，在【参数】卷展栏中将【半径】设置为 110.0、【高度】设置为 18.0、【圆角】设置为 2.5、【高度分段】设置为 1、【圆角分段】设置为 3、【边数】设置为 30、【端面分段】设置为 1，如图 2-80 所示。

　　(2) 选择【创建】|【图形】|【圆】命令，在【顶】视图中创建圆，将其命名为″上圈″，在【参数】卷展栏中将【半径】设置为 160.0，如图 2-81 所示。

图 2-79 果篮

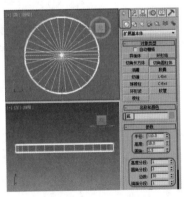

图 2-80 创建【底】

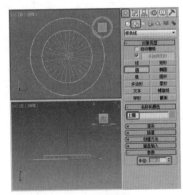

图 2-81 创建″上圈″

　　(3) 切换至【修改】命令面板，在【修改器列表】中选择【编辑样条线】修改器，将当前选择集定义为【样条线】，在场景中选择圆，在【几何】卷展栏中设置【轮廓】为 28，按回车键确定，如图 2-82 所示。

||||▶技巧

　　设置样条线的轮廓时，可以单击【轮廓】按钮，在场景中选择并拖曳出样条线的轮廓。

　　(4) 关闭选择集，在【修改器列表】中选择【倒角】修改器，在【倒角值】卷展栏中设置【级别 1】的【高度】为 2.0、【轮廓】为 2.0；选中【级别 2】复选框，设置其【高度】为 12；选中【级别 3】复选框，设置其【高度】为 2.0、【轮廓】为 -2.0，并在场景中调整模型的位置，如图 2-83 所示。

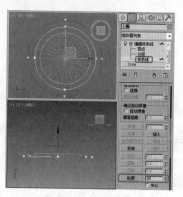

图 2-82　为圆设置轮廓

图 2-83　为【上圈】施加【倒角】修改器

(5) 选择【创建】|【图形】|【弧】命令，在【左】视图中创建弧，弧的大小及曲度合适即可，在【渲染】卷展栏中选中【在渲染中启用】和【在视口中启用】复选框，设置【厚度】值为 9.0，并在场景中调整模型的位置，如图 2-84 所示。

(6) 切换到【层次】命令面板，单击【轴】按钮，在【调整轴】卷展栏中单击【仅影响轴】按钮，在工具栏中单击【对齐】按钮。在【顶】视图中选择【底】对象，在弹出的对话框中分别选中【X 位置】、【Y 位置】和【Z 位置】复选框，选中【当前对象】选项组中的【轴点】单选按钮和选中【目标对象】选项组中的【轴点】单选按钮，单击【确定】按钮，如图 2-85 所示，关闭【仅影响轴】按钮。

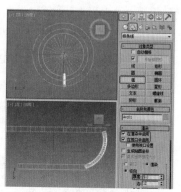

图 2-84　创建弧

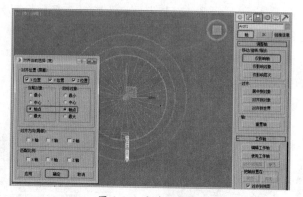

图 2-85　调整弧的轴

(7) 激活【顶】视图，在菜单栏中选择【工具】|【阵列】命令，在弹出的对话框中设置【增量】下的 Z 参数为 15，设置【阵列维度】选项组下的 1D 为 24，单击【确定】按钮，如图 2-86 和图 2-87 所示。

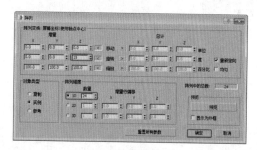

图 2-86　阵列模型

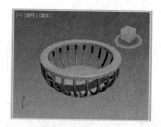

图 2-87　阵列出的模型

▶ 注 意

在编辑【阵列】命令前，先在【顶】视图中调整物体阵列复制的轴，然后再执行【阵列】命令。

在阵列围绕中心的模型时，只要使【阵列】命令中【增量】下【旋转】的参数与【阵列维度】选项组下【数量】的 1D 参数相乘等于 360° 即可。

(8) 按 M 键，打开【材质编辑器】面板，单击【获取材质】按钮，在弹出的【材质 / 贴图浏览器】对话框中选择【浏览自】选项组下的【材质库】选项，单击【打开】按钮，在弹出的对话框中选择随书附带光盘的 Scene \ Cha02 \ 果盘 02 材质 .mat 文件，单击【打开】按钮，如图 2-88 所示，将材质拖曳到材质样本球上。

(9) 选择【木纹】材质，将其指定给场景中的【底】和【上圈】模型，为 Arc 指定【金属】材质，如图 2-89 所示。

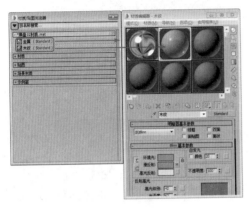

图 2-88　打开材质库中的文件

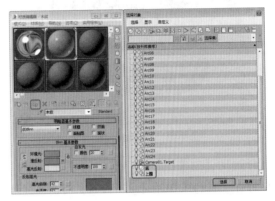

图 2-89　指定模型材质

(10) 在场景中创建长方体，在【参数】卷展栏中设置【长度】为 800、【宽度】为 1000、【高度】为 1，将它的颜色设置为白色，如图 2-90 所示。

(11) 在菜单栏中选择【文件】|【导入】|【合并】命令，在弹出的对话框中选择随书附带光盘中的 CDROM \ Scenes \ Ch02 \ 水果 .max 文件，单击【打开】按钮，再在弹出的对话框中单击【全部】按钮，然后单击【确定】按钮，如图 2-91 所示。

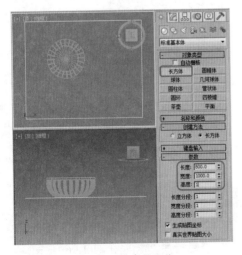

图 2-90　创建长方体

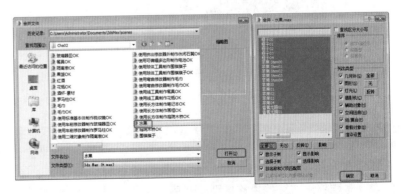

图 2-91　合并模型至场景

(12) 在场景中调整模型的位置、大小和角度，并调整好视图的角度，按 Ctrl+C 组合键创建摄影机，如图 2-92 所示。

||▶注 意

因为每个人创建的场景不同，所以合并到场景中的模型必须调整它们的大小和位置，必要时要重新调整各个模型的位置和角度。

(13) 选择【创建】|【灯光】|【泛光灯】命令，在【顶】视图中创建泛光灯，并在场景中调整灯光的位置，切换至【修改】命令面板，在【常规参数】卷展栏中取消选中【阴影】选项组下的【启用】复选框。在【强度/颜色/衰减】卷展栏中设置【倍增】参数为0.2，如图2-93所示。

图 2-92　创建摄影机

图 2-93　创建泛光灯

(14) 选择【创建】|【灯光】|【天光】命令，在【顶】视图中创建天光，如图2-94所示。

(15) 在工具栏中单击【渲染设置】按钮，在弹出的【渲染设置】对话框中选择【高级照明】选项卡，在【选择高级照明】卷展栏中选择【光跟踪器】选项，如图2-95所示。

设置渲染的尺寸，对场景进行渲染，最后将完成的场景进行保存。

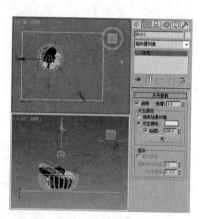

图 2-94　创建天光

图 2-95　选择高级照明

案例精讲 021　使用线工具制作花瓶

本例将介绍花瓶的具体制作方法。首先利用【线】工具绘制出花瓶的剖面图形，使用【修改器列表】中的【车削】修改器旋转出花瓶的最终造型，然后为其添加【UVW贴图】修改器并设置材质，效果如图2-96所示。

 案例文件：CDROM \ Scenes \ Cha02 \ 使用线工具制作花瓶 OK.max

　　视频文件：视频教学 \ Cha02 \ 使用线工具制作花瓶 .avi

(1) 打开 3ds Max 2016 软件，选择【创建】|【图形】|【线】命令，在【前】视图中绘制如图 2-97 所示的花瓶的截面轮廓线。

(2) 切换至【修改】命令面板，将当前选择集定义为【样条线】，并在【几何体】卷展栏中将【轮廓】设置为 -4，按 Enter 键确认，如图 2-98 所示。

IIII▶提 示

使用【线】工具可以绘制任何形状的封闭或开放型曲线（包括直线），这些线条的绘制可以通过直接点取画直线，也可以拖动鼠标绘制曲线，对曲线的弯曲方式有【角点】、【平滑】、【Bezier(贝塞尔)】三种。

图 2-96　花瓶

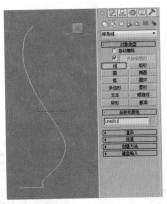

图 2-97　创建花瓶截面轮廓线

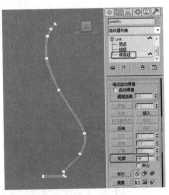

图 2-98　设置【轮廓】值

(3) 退出【样条线】选择集，在【修改列表】中选择【车削】修改器，在【参数】卷展栏中将【分段】设置为 100，单击【方向】区域中的 Y 按钮，在【对齐】区域中单击【最小】按钮，如图 2-99 所示。

IIII▶提 示

通过为一个二维图形添加【车削】修改器产生三维造型，是非常实用的造型方法，大多数的中心放射物体都可以用这种方法完成，它还可以将完成后的造型输出成面片造型或 NURBS 造型。

(4) 在【修改器列表】中选择【编辑网格】修改器，定义当前选择集为【多边形】，依照图 2-100 所示在视图中选择花瓶的瓶口与瓶底之间的区域，然后在【曲面属性】卷展栏中将【材质】区域中的【设置 ID】设置为 1，如图 2-100 所示。

(5) 在菜单中选择【编辑】|【反选】命令，将当前的选择范围进行反选，在【曲面属性】卷展栏中将【材质】区域中的【设置 ID】设置为 2，如图 2-101 所示。

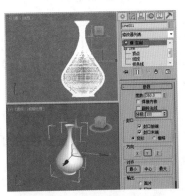

图 2-99　设置【车削】参数

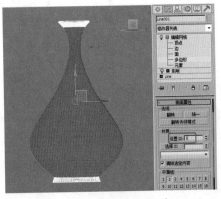

图 2-100　设置材质 ID 为 1

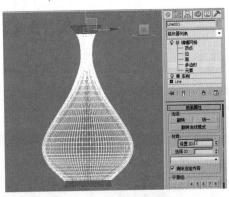

图 2-101　设置材质 ID 为 2

(6) 退出当前选择集，在【修改器列表】中选择【UVW 贴图】修改器，然后在【参数】卷展栏中将【贴图】设置为【柱形】，在【对齐】区域中选择 X 单选按钮并单击【适配】按钮，进行贴图适配，如图 2-102 所示。

(7) 选中【花瓶】对象，按 M 键，打开材质编辑器，选择第一个样本球，单击 Standard 按钮，在弹出的【材质 / 贴图浏览器】对话框中选择【标准】|【多维 / 子对象】命令，然后单击【确定】按钮。在弹出的【替换材质】对话框中选择【丢弃旧材质】选项，然后单击【确定】按钮。在【多维 / 子对象基本参数】卷展栏中单击【设置数量】按钮，在弹出的【设置材质数量】对话框中将【材质数量】设置为 2，单击【确定】按钮，然后单击材质【ID1】右侧的【无】按钮，在弹出的【材质 / 贴图浏览器】对话框中选择【标准】|【标准】命令，然后单击【确定】按钮，进入该子级材质面板中。在【明暗器基本参数】卷展栏中将明暗器设置为 Phong，在【Phong 基本参数】卷展栏中将【环境光】和【漫反射】的 RGB 值均设置为 255、255、255，将【自发光】中的【颜色】设置为 30，将【反射高光】中的【高光级别】设置为 50、【光泽度】设置为 42、【柔化】设置为 0.55，如图 2-103 所示。

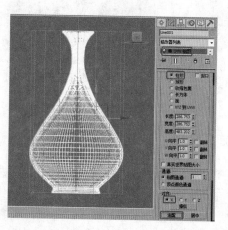

图 2-102　设置【UVW 贴图】修改器

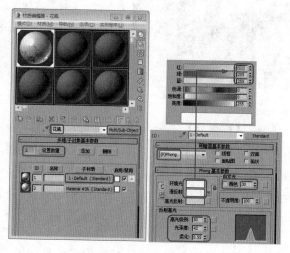

图 2-103　设置材质 ID1

(8) 打开【贴图】卷展栏，将【漫反射颜色】的【数量】设置为 85，单击【漫反射颜色】右侧的【无】按钮，在弹出的【材质 / 贴图浏览器】对话框中选择【标准】|【位图】命令，然后单击【确定】按钮，选择随书附带光盘中的 CDROM \ Map \ 2007101889629479_2.jpg 文件。在【坐标】卷展栏中，将【偏移】的 V 值设置为 -0.1，将【瓷砖】的 U、V 值都设置为 2.0，并取消选中【瓷砖】复选框，将【角度】的 U 值设置为 180.0，将 W 值设置为 180.0，如图 2-104 所示。

(9) 双击【转到父对象】按钮，返回至顶层面板，单击 ID2 右侧的【无】按钮，在弹出的【材质 / 贴图浏览器】对话框中选择【标准】|【标准】命令，然后单击【确定】按钮，进入该子级材质面板中。在【明暗器基本参数】卷展栏中，将明暗器设置为 Phong，在【Phong 基本参数】卷展栏中，将【环境光】和【漫反射】的 RGB 值均设置为 255、255、255，将【自发光】中的【颜色】设置为 30，将【反射高光】中的【高光级别】设置为 50，【光泽度】设置为 42，【柔化】设置为 0.55，如图 2-105 所示。双击【转到父对象】按钮，返回至顶层面板，单击【将材质指定给选定对象】按钮，将材质指定给场景中的花瓶对象。

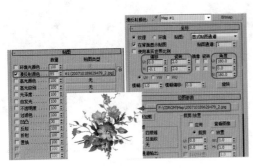

图 2-104　设置【漫反射颜色】贴图

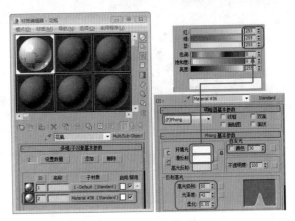

图 2-105　设置材质 ID2

(10) 关闭【材质编辑器】，选择【创建】|【几何体】|【平面】命令，在【顶】视图中创建一个【长度】和【宽度】都为 8000 的平面，然后在【前】视图中移动其位置，如图 2-106 所示。

(11) 选中平面对象，按 M 键，打开【材质编辑器】对话框，选择第二个样本球，将【环境光】和【漫反射】的 RGB 值均设置为 54、63、237。在【贴图】卷展栏中，将【反射】的【数量】设置为 30，然后单击【反射】右侧的【无】按钮，在弹出的【材质/贴图浏览器】对话框中选择【标准】|【平面镜】命令，单击【确定】按钮，如图 2-107 所示。单击【将材质指定给选定对象】按钮，将材质指定给场景中的平面对象。

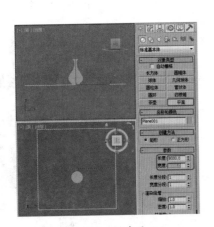

图 2-106　创建平面

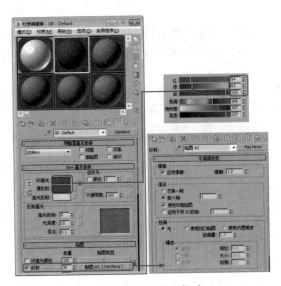

图 2-107　设置平面材质

(12) 关闭【材质编辑器】对话框，激活【顶】视图，选择【创建】|【摄像机】|【目标】命令，在【顶】视图中创建摄像机对象，将【透视】视图激活，然后按下键盘上的 C 键将当前激活视图转换为【摄像机】视图显示。按 8 键打开【环境和效果】对话框，添加环境贴图，在随书光盘里找到“花瓶背景.jpg”文件，添加到场景中，然后在其他视图中调整其位置，效果如图 2-108 所示。

(13) 选择【创建】|【灯光】|【标准】|【目标聚光灯】命令，然后依照图 2-109 所示在【顶】视图中创建聚光灯对象，在【顶】视图中创建灯光，在【强度/颜色/衰减】卷展栏中，将【倍增】设置为 0.8，然后在【前】视图和【左】视图中进行调整，之后再依照该方法并参照图 2-109 创建另一盏灯光。最后对场景进行渲染，并将场景文件保存。

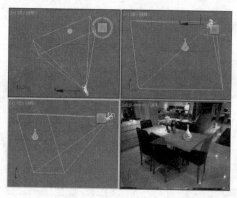

图 2-108　创建灯光摄像机

图 2-109　创建灯光

案例精讲 022　使用二维对象制作隔离墩【视频案例】

本例将介绍隔离墩的制作。首先使用【线】工具绘制隔离墩的截面图形，然后为其施加【车削】修改器，车削出三维模型。使用【圆】和【矩形】工具制作底座，并为其施加【挤出】修改器；使用 ProBoolea 和【附加】等功能来完善隔离墩，完成后的效果如图 2-110 所示。

 案例文件：CDROM \ Scenes \ Cha02 \ 使用二维对象制作隔离墩 OK.max

视频文件：视频教学 \ Cha02 \ 使用二维对象制作隔离墩 .avi

图 2-110　隔离墩效果

案例精讲 023　使用线工具制作餐具

本例将介绍餐具的制作。该例主要通过【线】工具绘制盘子的轮廓图形，并为其添加【车削】修改器，制作出盘子效果，然后使用【长方体】和【线】工具制作支架，完成后的效果如图 2-111 所示。

 案例文件：CDROM \ Scenes \ Cha02 \ 使用线工具制作餐具 OK.max

视频文件：视频教学 \ Cha02 \ 使用线工具制作餐具 .avi

图 2-111　餐具效果

(1) 选择【创建】|【图形】|【线】命令，在【左】视图中绘制样条线，切换到【修改】命令面板，在【插值】卷展栏中将【步数】设置为 20，将当前选择集定义为【顶点】，在场景中调整盘子截面的形状，可同时添加两个顶点，使用【优化】按钮进行调整，并将其命名为"盘子 001"，如图 2-112 所示。

||||▶提　示

在创建线形样条线时，可以使用鼠标平移和环绕视口。要平移视口，可按住鼠标中键或鼠标滚轮进行拖动。要环绕视口，可同时按住 Alt 键和鼠标中键（或鼠标滚轮）进行拖动。

(2) 在修改器列表中选择【车削】修改器，在【参数】卷展栏中选中【焊接内核】复选框，将【分段】设置为 50，在【方向】选项组中单击 Y 按钮，在【对齐】选项组中单击【最小】按钮，如图 2-113 所示。

【焊接内核】：通过将旋转轴中的顶点焊接来简化网格。如果要创建一个变形目标，需禁用此选项。

▶提 示

由于盘子的质感比较细腻，所以必须将【插值】卷展栏中的【步数】参数指定为一个比较高的值。

(3) 选择【创建】|【几何体】|【长方体】命令，在【顶】视图中创建长方体，将其命名为"支架001"，切换到【修改】命令面板，在【参数】卷展栏中将【长度】设置为600、【宽度】设置为30、【高度】设置为15，如图 2-114 所示。

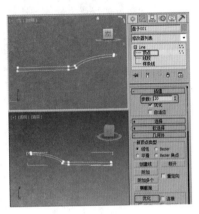

图 2-112　创建盘子的截面图形

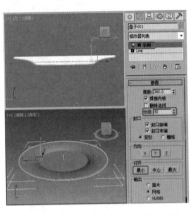

图 2-113　施加【车削】修改器

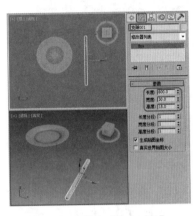

图 2-114　创建【支架 001】

(4) 在【顶】视图中按住 Shift 键沿 X 轴移动复制模型，在弹出的对话框中选中【实例】单选按钮，单击【确定】按钮，如图 2-115 所示。

(5) 调整支架位置，选择【创建】|【图形】|【线】命令，在【顶】视图中绘制样条线，将其命名为"支架 003"，切换到【修改】命令面板，在【渲染】卷展栏中选中【在渲染中启用】和【在视口中启用】复选框，设置【厚度】为 5，如图 2-116 所示。

(6) 在【顶】视图中按住 Shift 键沿 Y 轴移动复制【支架 003】对象，在弹出的对话框中选中【复制】单选按钮，将【副本数】设置为 10，单击【确定】按钮，如图 2-117 所示。

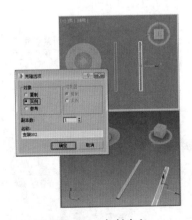

图 2-115　复制支架

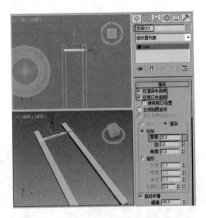

图 2-116　创建【支架 003】

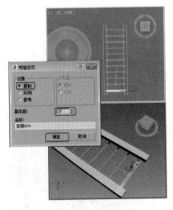

图 2-117　复制模型

(7) 选择【创建】|【图形】|【线】命令，在【前】视图中绘制样条线，将其命名为"竖支架 001"，切

换到【修改】命令面板，在【渲染】卷展栏中选中【在渲染中启用】和【在视口中启用】复选框，设置【厚度】为5，如图 2-118 所示。

(8) 在【顶】视图中按住 Shift 键沿 Y 轴移动复制【竖支架 001】对象，在弹出的对话框中选中【复制】单选按钮，将【副本数】设置为 10，单击【确定】按钮，如图 2-119 所示。

(9) 在场景中选择所有的竖支架对象，然后在【顶】视图中按住 Shift 键沿 X 轴移动复制模型，在弹出的对话框中选中【复制】单选按钮，单击【确定】按钮，如图 2-120 所示。

图 2-118　创建【竖支架 001】

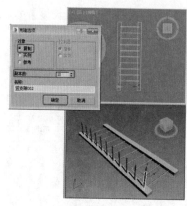
图 2-119　复制【竖支架 001】对象

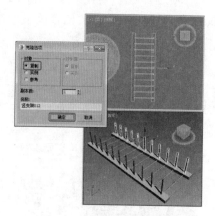
图 2-120　复制竖支架对象

(10) 选择所有的支架对象，在菜单栏中选择【组】|【组】命令，在弹出的对话框中设置【组名】为"支架"，单击【确定】按钮，如图 2-121 所示。

||||▶提 示

　　将对象成组后，可以将其视为场景中的单个对象。可以单击组中任一对象来选择组对象。可将组作为单个对象进行变换，也可为其应用修改器。组可以包含其他组，包含的层次不限。如果已选定某组，则其名称会在【名称和颜色】卷展栏中以【黑体】文本显示。

(11) 选择盘子对象，使用【选择并移动】工具和【选择并旋转】工具在视图中调整盘子，效果如图 2-122 所示。

(12) 在【左】视图中按住 Shift 键沿 X 轴移动复制盘子模型，在弹出的对话框中选中【实例】单选按钮，设置【副本数】为 4，单击【确定】按钮，并在视图中调整盘子的位置，效果如图 2-123 所示。

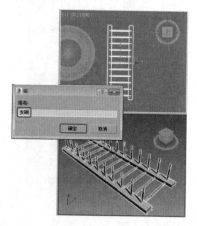
图 2-121　成组对象

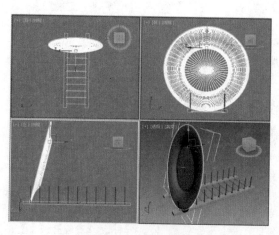
图 2-122　调整盘子

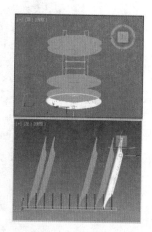
图 2-123　复制盘子

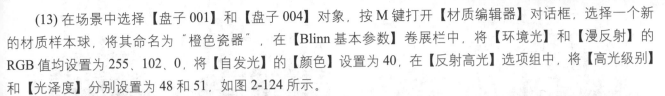

(13) 在场景中选择【盘子 001】和【盘子 004】对象，按 M 键打开【材质编辑器】对话框，选择一个新的材质样本球，将其命名为"橙色瓷器"，在【Blinn 基本参数】卷展栏中，将【环境光】和【漫反射】的 RGB 值均设置为 255、102、0，将【自发光】的【颜色】设置为 40，在【反射高光】选项组中，将【高光级别】和【光泽度】分别设置为 48 和 51，如图 2-124 所示。

知识链接

【自发光】：有两种方法可以指定自发光。可以启用复选框并设置自发光颜色，或者禁用复选框并使用单色微调器（这相当于使用灰度自发光颜色）。自发光材质不显示投射到它们上面的阴影，它们也不受场景中光线的影响。不管场景中的光线如何，亮度均保持不变。

(14) 打开【贴图】卷展栏，将【反射】后的【数量】设置为 8，并单击【无】按钮，在弹出的【材质 / 贴图浏览器】对话框中选择【光线跟踪】贴图，单击【确定】按钮，如图 2-125 所示。

知识链接

【光线跟踪】贴图：使用【光线跟踪】贴图可以提供全部光线跟踪反射和折射。生成的反射和折射比反射 / 折射贴图的更精确。渲染光线跟踪对象的速度比使用反射 / 折射的速度低。

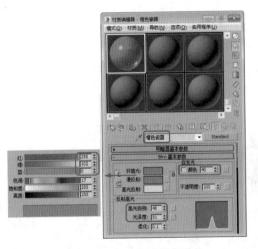

图 2-124　设置 Blinn 基本参数

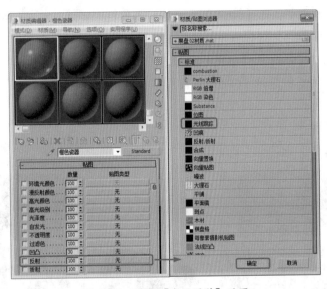

图 2-125　选择【光线跟踪】贴图

(15) 在【光线跟踪器参数】卷展栏中，单击【背景】选项组中的【无】贴图按钮，在弹出的【材质 / 贴图浏览器】对话框中选择【位图】贴图，单击【确定】按钮，如图 2-126 所示。

||||▶提　示

如果仅选中贴图按钮左侧的单选按钮，则会将场景的环境贴图作为整体进行覆盖，反射和折射也将使用场景范围的环境贴图。

(16) 在弹出的对话框中打开随书附带光盘中的"室内环境 .jpg"素材文件，然后在【位图参数】卷展栏中，选中【裁剪 / 放置】选项组中的【应用】复选框，并将 W 和 H 分别设置为 0.461 和 0.547，如图 2-127 所示。

(17) 双击【转到父对象】按钮，然后单击【将材质指定给选定对象】按钮，效果如图 2-128 所示。

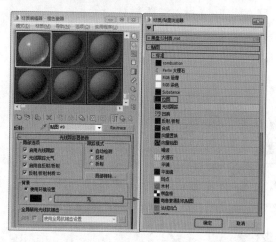
图 2-126　选择【位图】贴图

图 2-127　设置位图参数

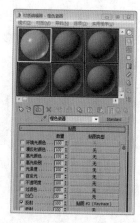
图 2-128　指定材质

(18) 使用同样的方法，为其他盘子设置材质，效果如图 2-129 所示。

(19) 在场景中选择【支架】对象，在【材质编辑器】对话框中选择一个新的材质样本球，将其命名为"支架材质"，在【Blinn 基本参数】卷展栏中将【自发光】的【颜色】设置为 20，在【反射高光】选项组中将【高光级别】、【光泽度】分别设置为 42、62，如图 2-130 所示。

(20) 打开【贴图】卷展栏，单击【漫反射颜色】右侧的【无】按钮，在弹出的【材质 / 贴图浏览器】对话框中选择【位图】贴图，再在弹出的对话框中打开随书附带光盘中的 009.jpg 素材文件，然后在【坐标】卷展栏中选中【使用真实世界比例】复选框，将【大小】下的【宽度】、【高度】都设置为 48，如图 2-131 所示。

图 2-129　为其他盘子设置材质

图 2-130　设置 Blinn 基本参数

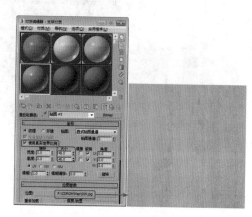
图 2-131　设置贴图

||||▶提　示

选中【使用真实世界比例】复选框后，将使用真实的【宽度】和【高度】值，而不是 UV 值将贴图应用于对象。对于 3ds Max，默认设置为禁用状态。

(21) 单击【转到父对象】按钮，在【贴图】卷展栏中将【反射】后的【数量】设置为 5，并单击【无】按钮，在弹出的【材质 / 贴图浏览器】对话框中选择【光线跟踪】贴图，然后在【光线跟踪器参数】卷展栏中，单击【背景】选项组中的【无】按钮，在弹出的【材质 / 贴图浏览器】对话框中选择【位图】贴图，单击【确定】按钮，如图 2-132 所示。

(22) 在弹出的对话框中打开随书附带光盘中的"室内环境.jpg"素材文件，然后在【位图参数】卷展栏中，选中【裁剪/放置】选项组中的【应用】复选框，并将 W 和 H 分别设置为 0.461 和 0.547，然后双击【转到父对象】按钮，并单击【将材质指定给选定对象】按钮，将材质指定给【支架】对象，效果如图 2-133 所示。

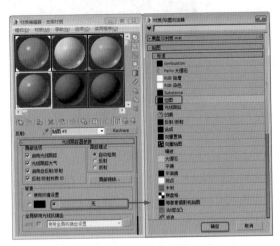

图 2-132　选择【位图】贴图

图 2-133　设置并指定材质

(23) 选择【创建】|【几何体】|【标准基本体】|【平面】命令，在【顶】视图中创建平面，切换到【修改】命令面板，在【参数】卷展栏中，将【长度】和【宽度】均设置为 1090，如图 2-134 所示。

(24) 右击创建的平面对象，在弹出的快捷菜单中选择【对象属性】命令，弹出【对象属性】对话框，在【显示属性】选项组中选中【透明】复选框，单击【确定】按钮，效果如图 2-135 所示。

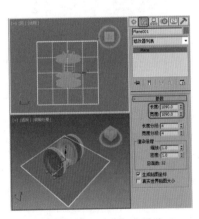

图 2-134　创建平面

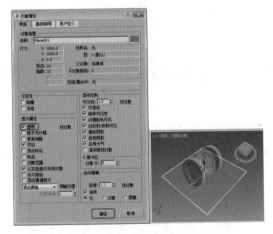

图 2-135　设置对象属性

(25) 确定创建的平面对象处于选中状态，按 M 键打开【材质编辑器】对话框，激活一个新的材质样本球，单击 Standard 按钮，在弹出的【材质/贴图浏览器】对话框中选择【无光/投影】材质，然后打开【无光/投影基本参数】卷展栏，在【阴影】选项组中，将【颜色】的 RGB 值设置为 176、176、176，如图 2-136 所示。单击【将材质指定给选定对象】按钮，将材质指定给平面对象。

(26) 按 8 键，弹出【环境和效果】对话框，在【公用参数】卷展栏中单击【无】按钮，在弹出的【材质/贴图浏览器】对话框中选择【位图】贴图，再在弹出的对话框中打开随书附带光盘中的"厨房和餐厅.JPG"素材文件，如图 2-137 所示。

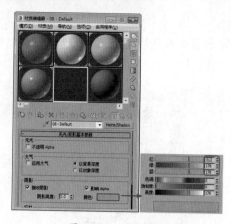

图 2-136　设置材质

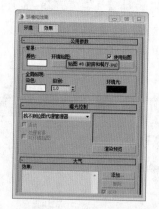

图 2-137　选择环境贴图

(27) 在【环境和效果】对话框中，将环境贴图按钮拖曳至新的材质样本球上，在弹出的【实例（副本）贴图】对话框中选中【实例】单选按钮，并单击【确定】按钮，如图 2-138 所示。

(28) 在【坐标】卷展栏中将贴图设置为【屏幕】，如图 2-139 所示。

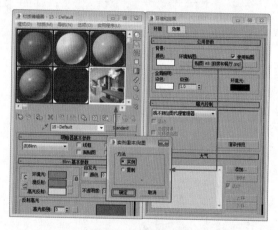

图 2-138　拖曳贴图

图 2-139　设置贴图

(29) 激活【透视】视图，在菜单栏中选择【视图】|【视口背景】|【环境背景】命令，如图 2-140 所示。

(30) 操作完成后即可在【透视】视图中显示环境背景，效果如图 2-141 所示。

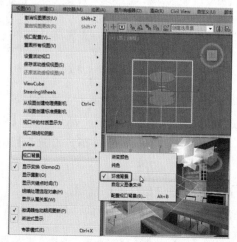

图 2-140　选择【环境背景】命令

图 2-141　显示环境背景

(31) 选择【创建】|【摄影机】|【目标】命令，在视图中创建摄影机，激活【透视】视图，按 C 键将其转换为摄影机视图，切换到【修改】命令面板，在【参数】卷展栏中将【镜头】设置为 29，并在其他视图中调整摄影机位置，如图 2-142 所示。

(32) 选择【创建】|【灯光】|【标准】|【泛光】命令，在【顶】视图中创建泛光灯，并在其他视图中调整灯光的位置，切换至【修改】命令面板，在【常规参数】卷展栏中，选中【阴影】选项组中的【启用】复选框，将阴影模式定义为【光线跟踪阴影】，在【强度 / 颜色 / 衰减】卷展栏中将【倍增】设置为 0.35，如图 2-143 所示。

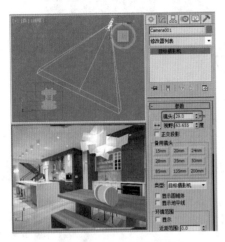

图 2-142　创建并调整摄影机

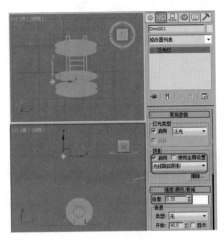

图 2-143　创建并调整泛光灯

(33) 选择【创建】|【灯光】|【标准】|【天光】命令，在【顶】视图中创建天光，效果如图 2-144 所示。

(34) 在工具栏中单击【渲染设置】按钮，弹出【渲染设置】对话框，选择【高级照明】选项卡，在【选择高级照明】卷展栏中选择【光跟踪器】选项，如图 2-145 所示。

知识链接

【光跟踪器】为明亮场景(比如室外场景)提供柔和边缘的阴影和映色。它通常与天光结合使用。

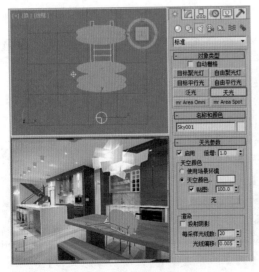

图 2-144　创建天光

图 2-145　选择高级照明

图 2-146　设置输出参数

（35）选择【公用】选项卡，在【公用参数】卷展栏中可以设置文件的输出大小和输出位置等，如图 2-146 所示。

（36）设置完成后，单击【渲染】按钮，即可渲染场景，渲染后的效果如图 2-147 所示。

图 2-147　渲染后的效果

案例精讲 024　使用可编辑多边形制作电池

本案例将介绍如何使用可编辑多边形制作电池。该案例主要利用可编辑多边形的【插入】、【挤出】等选项制作出电池效果，如图 2-148 所示。

图 2-148　使用可编辑多边形制作电池

（1）打开 3ds Max 2016 软件，选择【创建】|【几何体】|【标准基本体】|【圆柱体】命令，在【顶】视图中绘制一个圆柱体，在【参数】卷展栏中将【半径】和【高度】分别设置为 7、48，并将其命名为"电池"，如图 2-149 所示。

（2）继续选中该圆柱体，在视图中右击鼠标，在弹出的快捷菜单中选择【转换为】|【转换为可编辑多边形】命令，如图 2-150 所示。

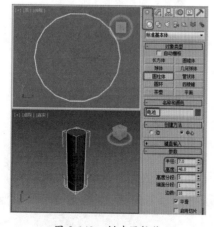

图 2-149　创建圆柱体

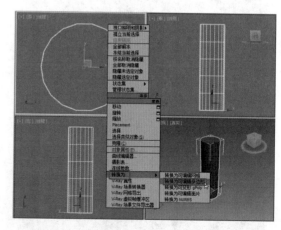

图 2-150　选择【转换为可编辑多边形】命令

(3) 切换至【修改】命令面板，将当前选择集定义为【多边形】，选择圆柱顶端的多边形，在【编辑多边形】卷展栏中单击【插入】按钮右侧的【设置】按钮，并将【数量】设置为 2，单击【确定】按钮，如图 2-151 所示。

(4) 在【编辑多边形】卷展栏中单击【倒角】右侧的【设置】按钮，将【高度】设置为 0.5，将【轮廓】设置为 -0.5，并单击【确定】按钮，如图 2-152 所示。

(5) 再次单击【倒角】右侧的【设置】按钮，将【高度】、【轮廓】分别设置为 0.5、-2，并单击【确定】按钮，如图 2-153 所示。

图 2-151　设置插入数量

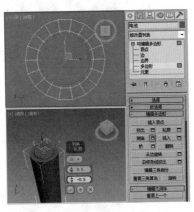

图 2-152　设置倒角参数 (1)

图 2-153　设置倒角参数 (2)

(6) 再次单击【倒角】右侧的【设置】按钮，将【高度】、【轮廓】分别设置为 1.2、-0.5，并单击【确定】按钮，如图 2-154 所示。

(7) 关闭当前选择集，激活【透视】视图，在视图的【真实】视图名称上单击鼠标，在弹出的快捷菜单中选择【边面】选项，如图 2-155 所示。

(8) 将当前选择集定义为【边】，选择如图 2-156 左图所示的边，并单击【选择】卷展栏中的【循环】按钮，效果如图 2-156 右图所示。

图 2-154　设置倒角参数 (3)

图 2-155　选择【边面】选项

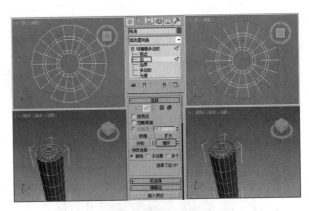

图 2-156　选择边

(9) 在【编辑边】卷展栏中单击【切角】按钮右侧的【设置】按钮，将【边切角量】设置为 0.2，并单击【确定】按钮，如图 2-157 所示。

(10) 在【顶】视图中选择如图 2-158 左图所示的边，在【选择】卷展栏中单击【循环】按钮，效果如图 2-158 所示。

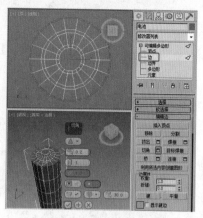
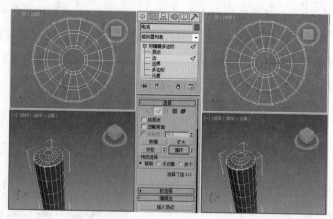

图 2-157　设置边切角量为 0.2　　　　　　　　　　图 2-158　选择边

(11) 在【编辑边】卷展栏中单击【切角】右侧的【设置】按钮，将【边切角量】设置为 0.15，并单击【确定】按钮，如图 2-159 所示。

(12) 在【顶】视图中选择如图 2-160 所示的边，在【选择】卷展栏中单击【循环】按钮，如图 2-160 所示。

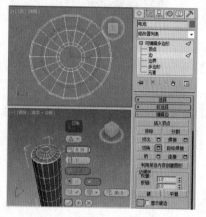
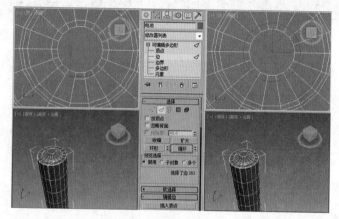

图 2-159　设置边切角量为 0.15　　　　　　　　　图 2-160　选择边

(13) 在【编辑边】卷展栏中单击【切角】右侧的【设置】按钮，将【边切角量】设置为 0.1，并单击【确定】按钮，如图 2-161 所示。

(14) 使用同样的方法将最内侧的边进行切角，并将其【边切角量】设置为 0.1，效果如图 2-162 所示。

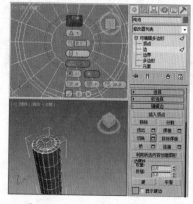
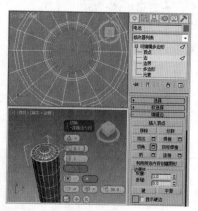

图 2-161　设置边切角量为 0.1　　　　　　　　　　图 2-162　设置边切角量为 0.1

(15) 将当前选择集定义为【多边形】，将【顶】视图更改为【底】视图，并将其以【线框】方式进行显示，选择如图 2-163 所示的多边形，在【编辑多边形】卷展栏中单击【插入】按钮右侧的【设置】按钮，将【数量】设置为 2，单击【确定】按钮。

(16) 单击【编辑多边形】卷展栏中【倒角】右侧的【设置】按钮，将【高度】、【轮廓】分别设置为 0.1、-0.3，单击【确定】按钮，如图 2-164 所示。

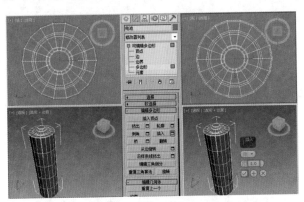

图 2-163　设置插入数量　　　　　　　　　　图 2-164　设置倒角参数

(17) 将当前选择集定义为【边】，并分别对两条边进行切角操作，将【边切角量】分别设置为 0.2、0.1，如图 2-165 所示。

(18) 将当前选择集定义为【多边形】，在视图中选择如图 2-166 所示的多边形，并在【多边形：材质 ID】卷展栏中将 ID 设置为 1。

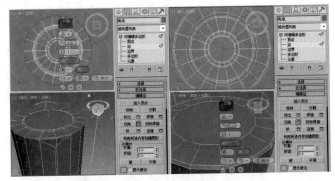
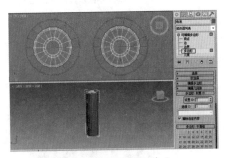

图 2-165　设置切角　　　　　　　　　　图 2-166　设置 ID 为 1

(19) 选择【编辑】|【反选】命令，在【多边形：材质 ID】卷展栏中将其 ID 设置为 2，如图 2-167 所示。

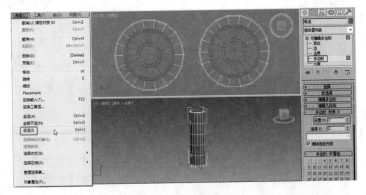

图 2-167　设置 ID 为 2

(20) 关闭当前选择集，在【细分曲面】卷展栏中选中【使用 NURMS 细分】复选框，将【迭代次数】设置为 2，如图 2-168 所示。

(21) 按 M 键，打开【材质编辑器】对话框，选择一个新的材质样本球，单击 Standard 按钮，在打开的对话框中双击【多维 / 子对象】材质，在弹出的对话框中使用默认设置，单击【确定】按钮进入【多维 / 子对象基本参数】面板，单击【设置数量】按钮，在打开的对话框中将【材质数量】设置为 2，并单击【确定】按钮，如图 2-169 所示。

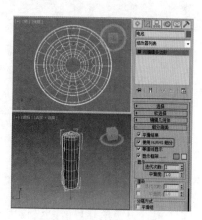

图 2-168　为对象设置细分

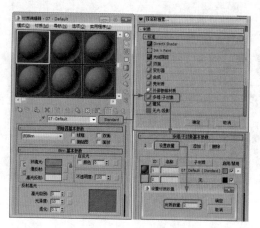

图 2-169　【多维 / 子对象基本参数】材质面板

(22) 单击 ID1 右侧的【子材质】按钮，进入【子材质】面板，将明暗器类型设置为 (P)Phong，将【自发光】的【颜色】设置为 20，将【高光级别】、【光泽度】分别设置为 80、50，如图 2-170 所示。

(23) 在【贴图】卷展栏中单击【漫反射颜色】右侧的【无】按钮，右打开的对话框中选择【位图】选项，再在打开的对话框中选择随书附带光盘中的 CDROM\Map\ 电池 .jpg 文件，单击【打开】按钮，并将【角度】下的 W 设置为 90，单击【转到父对象】按钮，返回上一层级面板。将【反射】设置为 8，并为其指定随书附带光盘中的 CDROM\Map\Glass.jpg 位图文件，如图 2-171 所示。

图 2-170　设置 Phong 参数

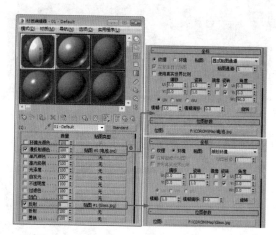

图 2-171　设置 ID1 的贴图

(24) 单击【在视口中显示标准贴图】按钮，单击【转到父对象】按钮，返回至【多维 / 子对象基本参数】面板，单击 ID2 右侧的【子材质】按钮，在打开的对话框中双击【标准】材质，进入【子材质】面板，将明暗器类型设置为【金属】，将【自发光】的【颜色】设置为 15，单击【环境光】左侧的解锁按钮，将【环境光】、【漫反射】的 RGB 值分别设置为 0、0、0 和 255、255、255，将【高光级别】、【光泽度】分别设置为 100、80，如图 2-172 所示。

(25) 在【贴图】卷展栏中将【反射】设置为 60，单击其右侧的【无】按钮，在打开的对话框中选择【位图】选项，再在打开的对话框中选择随书附带光盘中的 CDROM \ Map \ Metal01.jpg 文件，单击【打开】按钮，将【模糊偏移】设置为 0.06，如图 2-173 所示。

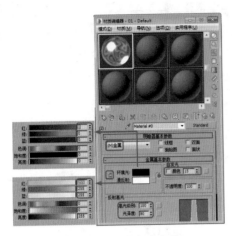

图 2-172　设置金属参数

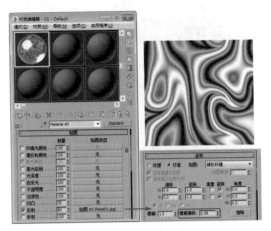

图 2-173　设置反射贴图

(26) 单击【转到父对象】按钮，返回至【多维/子对象基本参数】面板，将材质指定给场景中的对象，在【修改】命令面板中为对象添加【UVW 贴图】修改器，在【参数】卷展栏中选中【柱形】单选按钮，如图 2-174 所示。

(27) 在场景中将对象进行克隆，并对其进行旋转、移动等操作，效果如图 2-175 所示。

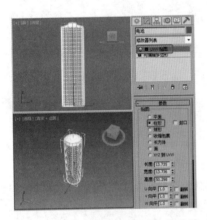

图 2-174　添加【UVW 贴图】修改器

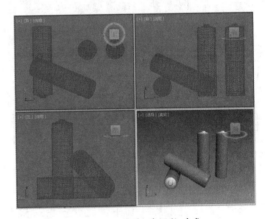

图 2-175　复制并调整对象

(28) 选择【创建】|【几何体】|【标准基本体】|【平面】命令，在【顶】视图中创建一个平面，在【参数】卷展栏中将【长度】、【宽度】、【长度分段】、【宽度分段】分别设置为 300、330、1、1，并在其他视图中调整平面位置，如图 2-176 所示。

(29) 在平面对象选中的情况下，按 M 键，打开【材质编辑器】对话框，选择一个新的材质样本球，将【高光级别】、【光泽度】分别设置为 60、40，在【贴图】卷展栏中单击【漫反射颜色】右侧的【无】按钮，在打开的对话框中选择【位图】选项，再在打开的对话框中选择随书附带光盘中的 CDROM\Map\WOOD28.jpg 文件，单击【打开】按钮，将【瓷砖】下的 U、V 都设置为 5，如图 2-177 所示。

(30) 单击【转到父对象】按钮，返回上一层级面板，将【反射】设置为 10，单击其右侧的【无】按钮，在打开的对话框中选择【平面镜】选项，在【平面镜参数】卷展栏中选中【应用于带 ID 的面】复选框，如图 2-178 所示。并将材质指定给场景中的平面对象。

(31) 选择【创建】|【摄影机】|【目标】命令，在【顶】视图中创建一架摄影机，在其他视图中调整摄影机的位置，如图 2-179 所示，并将【透视】视图转换为摄影机视图。

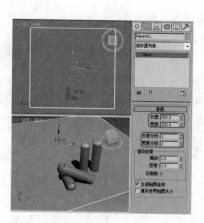

图 2-176 绘制平面

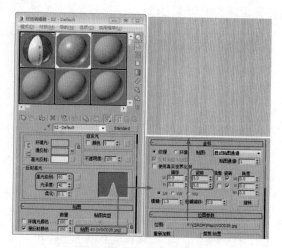

图 2-177 设置漫反射贴图

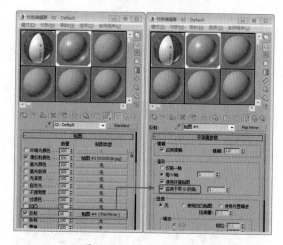

图 2-178 设置反射贴图

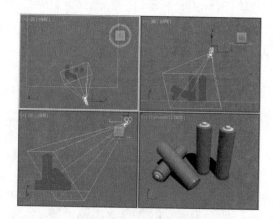

图 2-179 创建摄影机

(32) 选择【创建】|【灯光】|【标准】|【目标聚光灯】命令，在【顶】视图中创建一盏目标聚光灯，在【常规参数】卷展栏中选中【阴影】下的【启用】复选框，并将阴影类型设置为【光线跟踪阴影】，在【强度/颜色/衰减】卷展栏中将【倍增】设置为 0.73，在【聚光灯参数】卷展栏中将【聚光区/光束】、【衰减区/区域】分别设置为 83、86，并在其他视图中调整目标聚光灯位置，如图 2-180 所示。

(33) 选择【创建】|【灯光】|【标准】|【泛光】命令，在【顶】视图中创建一盏泛光灯，在【强度/颜色/衰减】卷展栏中将【倍增】设置为 0.5，在其他视图中调整泛光灯的位置，如图 2-181 所示。

(34) 设置完成后，激活摄影机视图，并按 F9 键进行渲染，效果如图 2-182 所示。

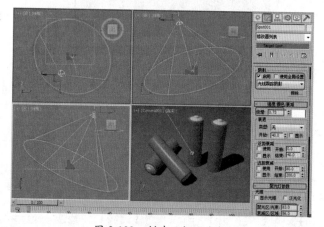

图 2-180 创建目标聚光灯

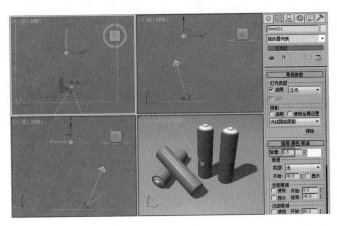

图 2-181　创建泛光灯

图 2-182　完成后的效果

案例精讲 025　使用放样工具制作柜式空调

本例介绍使用【放样】、ProBoolean 工具，【挤出】和【编辑多边形】修改器制作柜式空调，效果如图 2-183 所示。

> 案例文件：CDROM \ Scenes \ Cha02 \ 使用放样工具制作柜式空调 OK.max
>
> 视频文件：视频教学 \ Cha02 \ 使用放样工具制作柜式空调 .avi

(1) 启动 3ds Max 2016 软件，选择【创建】|【几何体】|【扩展基本体】|【切角长方体】命令，在【前】视图中创建【长度】为 200.0、【宽度】为 60.0、【高度】为 35.0、【圆角】为 2.0、【圆角分段】为 3 的切角长方体，将其命名为"空调立体 001"，如图 2-184 所示。

(2) 选择【创建】|【图形】|【矩形】命令，在【顶】视图中创建【长度】为 2.0、【宽度】为 53.0 的矩形，将其命名为"空调前面"，如图 2-185 所示。

图 2-183　柜式空调

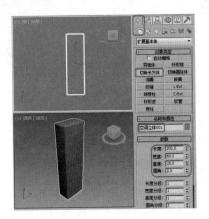

图 2-184　创建模型

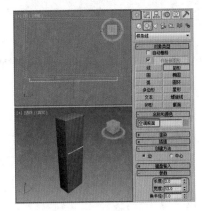

图 2-185　创建矩形

(3) 单击【修改】按钮，进入【修改】命令面板，在修改器列表中选择【编辑样条线】修改器，将当前选择集定义为【顶点】，在场景中调整图形的形状，如图 2-186 所示。

(4) 选择【创建】|【图形】|【线】命令，在【前】视图中创建样条线，将样条线命名为"放样路径"，如图 2-187 所示。

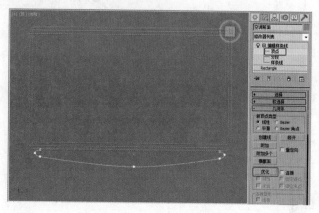

图 2-186　调整顶点位置

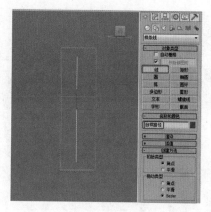

图 2-187　创建线

（5）在场景中选择【空调前面】对象，选择【创建】|【几何体】|【复合对象】|【放样】命令，在【创建方法】卷展栏中单击【获取路径】按钮，在场景中拾取用线制作的【放样路径】，如图 2-188 所示。

（6）单击【修改】按钮，进入【修改】命令面板，在【变形】卷展栏中单击【缩放】按钮，在弹出的对话框中单击【插入角点】按钮，在曲线上添加控制点，使用【移动控制点】工具调整控制点，如图 2-189 所示。

（7）在场景中调整模型的角度和位置，如图 2-190 所示。

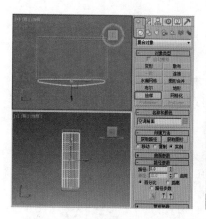

图 2-188　放样图形

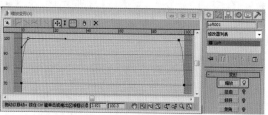

图 2-189　设置缩放变形模型

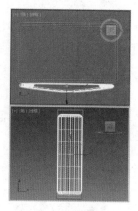

图 2-190　调整模型的角度和位置

（8）选择【创建】|【几何体】|【标准基本体】|【长方体】命令，在【顶】视图中创建【长度】为 38.0、【宽度】为 45.0、【高度】为 35.0 的长方体，在场景中调整模型的位置，如图 2-191 所示。

（9）复制一个长方体，修改其【高度】为 65，并在场景中调整模型的位置，如图 2-192 所示。

（10）选择【创建】|【几何体】|【扩展基本体】|【切角圆柱体】命令，在【前】视图中创建切角圆柱体，设置其【半径】为 8.0、【高度】为 5.0、【圆角】为 2.0，设置【高度分段】为 1、【圆角分段】为 3、【边数】为 25、【端面分段】为 1，如图 2-193 所示。

（11）选择【创建】|【几何体】|【标准基本体】|【长方体】命令，在【前】视图中创建【长度】为 10.0、【宽度】为 10.0、【高度】为 5.0 的长方体，并在【顶】视图中旋转模型，如图 2-194 所示。

（12）选择 Box001，右击该模型，在弹出的快捷菜单中选择【转换为】|【转换为可编辑多边形】命令，单击【修改】按钮，进入【修改】命令面板，在【编辑几何体】卷展栏中单击【附加】按钮，在场景中附加其他长方体和切角圆柱体，如图 2-195 所示。

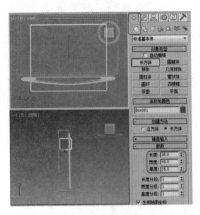

图 2-191　创建长方体

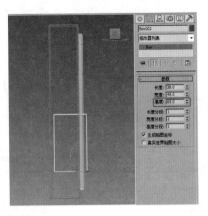

图 2-192　复制模型

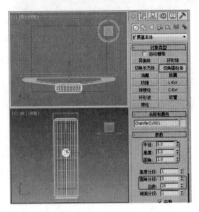

图 2-193　创建切角圆柱体

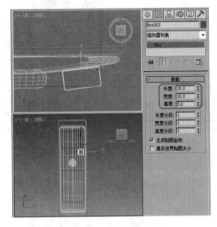

图 2-194　创建长方体

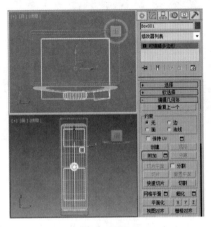

图 2-195　附加模型

(13) 在场景中单击放样出的模型，选择【创建】|【几何体】|【复合对象】|ProBoolean 命令，在【拾取布尔对象】卷展栏中单击【开始拾取】按钮，在场景中拾取 Box01 对象，如图 2-196 所示。

(14) 选择布尔后的放样模型，单击【修改】按钮，进入【修改】命令面板，在【参数】卷展栏中选择【子对象运算】选项组中的【复制】选项，选择运算对象列表中的 Box001 对象，单击【提取所选对象】按钮，提取模型。在场景中选择【空调立体 001】对象，选择【创建】|【几何体】|【复合对象】|ProBoolean 命令，在【拾取布尔对象】卷展栏中单击【开始拾取】按钮，在场景中拾取提取出的 Box001 对象，布尔后的效果如图 2-197 所示。

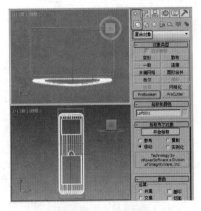

图 2-196　拾取模型

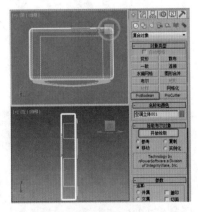

图 2-197　拾取模型

(15) 在场景中选择放样图形，按 Ctrl+V 组合键，在弹出的对话框中选中【复制】单选按钮，将复制的模型命名为"隔断001"，单击【确定】按钮，再单击【修改】按钮，进入【修改】命令面板，将当前选择集定义为【顶点】，在场景中调整图形的形状，如图 2-198 所示。

(16) 取消选中当前选择集【顶点】，在【修改器列表】中选择【挤出】修改器，在【参数】卷展栏中设置【数量】为 0.8，在场景中复制并调整模型，如图 2-199 所示。

(17) 复制隔断至空调上的长方体洞中，旋转模型的角度，并对其进行复制，如图 2-200 所示。

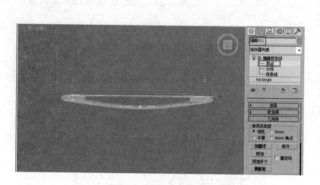

图 2-198　调整模型

图 2-199　挤出并复制模型

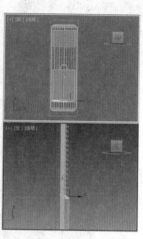

图 2-200　挤出文本模型

(18) 选择【创建】|【图形】|【文本】命令，在【前】视图中创建文本，设置文本的字体和大小，这里就不详细介绍了，如图 2-201 所示。

(19) 在【修改器列表】中选择【挤出】修改器，在【参数】卷展栏中设置【数量】参数为 0.8，并在场景中调整模型的位置，如图 2-202 所示。

(20) 在工具箱中单击【材质编辑器】按钮，在弹出的【材质编辑器】对话框中选择一个新的材质样本球，将其命名为"空调材质"，如图 2-203 所示。在【Blinn 基本参数】卷展栏中设置【环境光】和【漫反射】的 RGB 值均为 234、255、255，设置【自发光】选项组中的【颜色】为 30，在【反射高光】选项组中设置【高光级别】和【光泽度】分别为 56 和 57。将材质指定给场景中的空调和隔断模型。

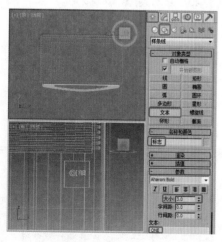

图 2-201　复制并缩放模型

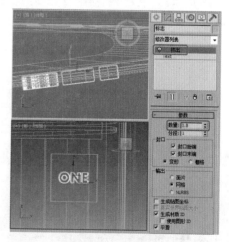

图 2-202　创建文本

(21) 在【材质编辑器】对话框中选择一个新的材质样本球,将其命名为"文本",如图 2-204 所示。在【Blinn 基本参数】卷展栏中设置【环境光】和【漫反射】的 RGB 值为 0、26、0,设置【自发光】选项组中的【颜色】为 30,在【反射高光】选项组中设置【高光级别】和【光泽度】分别为 56 和 57。将材质指定给场景中的文本对象,采取同样的方法为空调放样图形设置材质。

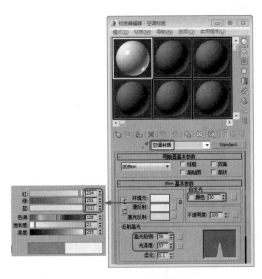

图 2-203　设置空调材质

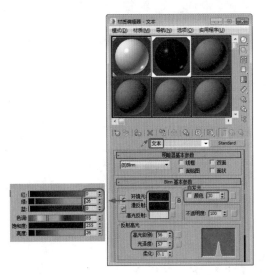

图 2-204　设置文本材质

(22) 在场景中创建白色的长方体底板,为场景创建摄影机和天光,选择【创建】|【灯光】|【泛光灯】命令,在场景中创建并调整泛光灯。在【强度 / 颜色 / 衰减】卷展栏中设置【倍增】为 0.2,最后按 8 键,导入 CDROM 中的环境贴图文件,生成环境背景,如图 2-205 所示。在【常规参数】卷展栏中单击【排除】按钮,在弹出的对话框中将白色的长方体底板指定到右侧的列表中,选中【包含】单选按钮,单击【确定】按钮,如图 2-206 所示。

(23) 参照前面实例中天光场景的设置来设置场景。对设置完成的场景进行渲染,并将场景进行存储。

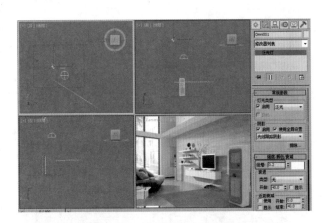

图 2-205　设置摄像机和灯光

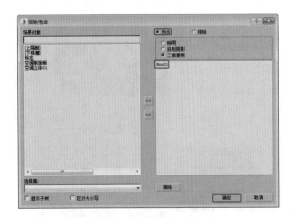

图 2-206　设置排除 / 包含

案例精讲 026　使用长方体工具制作笔记本

本案例主要通过为创建的长方体添加修改器及材质来体现笔记本的真实效果,如图 2-207 所示。

> 案例文件：CDROM \ Scenes \ Cha02 \ 使用长方体工具制作笔记本 OK.max
>
> 视频文件：视频教学 \ Cha02 \ 使用长方体工具制作笔记本.avi

（1）选择【创建】|【几何体】|【长方体】命令，在【顶】视图中创建长方体，并命名为"笔记本皮01"，在【参数】卷展栏中将【长度】设置为 220、【宽度】设置为 155、【高度】设置为 0.1，如图 2-208 所示。

（2）切换至【修改】命令面板，在【修改器列表】中选择【UVW 贴图】修改器，在【参数】卷展栏中选中【长方体】单选按钮，在【对齐】选项组下单击【适配】按钮，如图 2-209 所示。

图 2-207　使用长方体工具制作笔记本

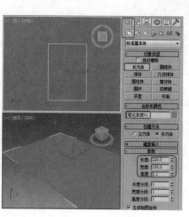

图 2-208　绘制长方体

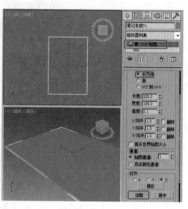

图 2-209　添加【UVW 贴图】修改器

（3）按 M 键，在弹出的【材质编辑器】对话框中选择一个材质样本球，将其命名为"书皮01"，在【Blinn 基本参数】卷展栏中将【环境光】的 RGB 值设置为 22、56、94，将【自发光】选项组中的【颜色】设置为 50，将【高光级别】和【光泽度】分别设置为 54、25，如图 2-210 所示。

（4）在【贴图】卷展栏中单击【漫反射颜色】右侧的【无】按钮，在弹出的对话框中选择【位图】选项，再在弹出的对话框中选择"书皮01.jpg"贴图文件，如图 2-211 所示。

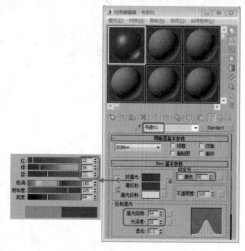

图 2-210　设置 Blinn 基本参数

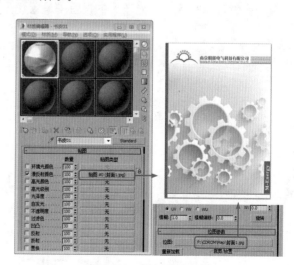

图 2-211　添加贴图文件

（5）在【贴图】卷展栏中单击【凹凸】右侧的【无】按钮，在弹出的对话框中选择【噪波】选项，在【坐标】卷展栏中将【瓷砖】下的 X、Y、Z 分别设置为 1.5、1.5、3，在【噪波参数】卷展栏中将【大小】设置为 1，如图 2-212 所示。

(6) 将设置完成后的材质指定给选定对象，激活【前】视图，在工具栏中单击【镜像】按钮，在弹出的对话框中选中 Y 单选按钮，将【偏移】设置为 -6，选中【复制】单选按钮，如图 2-213 所示。

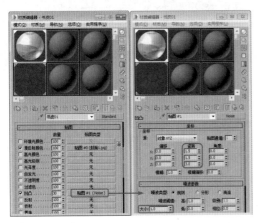

图 2-212　设置凹凸贴图

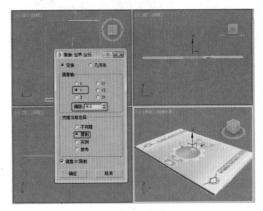

图 2-213　镜像对象

(7) 单击【确定】按钮，在【材质编辑器】对话框中将【书皮 01】拖曳至一个新的材质样本球上，将其命名为"书皮 02"，在【贴图】卷展栏中单击【漫反射颜色】右侧的子材质通道，在【位图参数】卷展栏中单击【位图】右侧的按钮，在弹出的对话框中选择【封面 02.jpg】贴图文件，在【坐标】卷展栏中将【角度】下的 U、W 分别设置为 -180、180，如图 2-214 所示。

(8) 将材质指定给选定的对象，选择【创建】|【几何体】|【标准基本体】|【长方体】命令，在【顶】视图中绘制一个【长度】、【宽度】、【高度】分别为 220、155、5 的长方体，并将其命名为"本"，如图 2-215 所示。

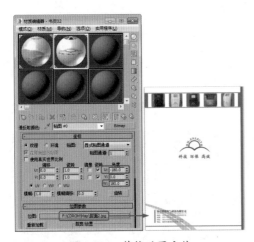

图 2-214　替换贴图文件

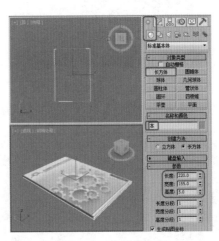

图 2-215　绘制长方体

(9) 绘制完成后，在视图中调整其位置。在【材质编辑器】对话框中选择一个材质样本球，将其命名为"本"，单击【高光反射】左侧的按钮，在弹出的对话框中单击【是】按钮，将【环境光】的 RGB 值设置为 255、255、255，将【自发光】选项组中的【颜色】设置为 30，如图 2-216 所示。

(10) 将设置完成后的材质指定给选定对象，选择【创建】|【图形】|【圆】命令，在【前】视图中绘制一个半径为 5.6 的圆，并将其命名为"圆环"，如图 2-217 所示。

(11) 切换至【修改】命令面板，在【渲染】卷展栏中选中【在渲染中启用】和【在视口中启用】复选框，如图 2-218 所示。

（12）在视图中调整圆环的位置，并对圆环进行复制，效果如图 2-219 所示。

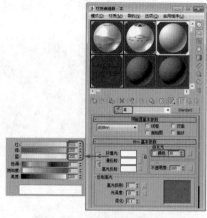

图 2-216　设置"本"材质

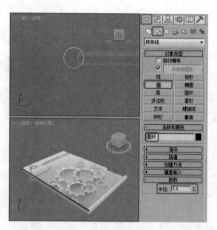

图 2-217　绘制圆

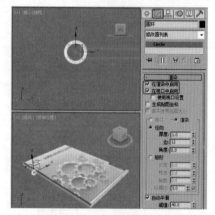

图 2-218　选中复选框

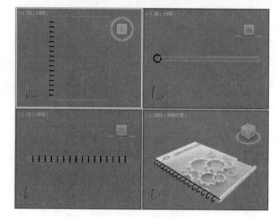

图 2-219　复制圆环

（13）选中所有的圆环，将其颜色设置为【黑色】，再在视图中选择所有对象，在菜单栏中选择【组】|【组】命令，在弹出的对话框中将【组名】设置为"笔记本"，单击【确定】按钮，如图 2-220 所示。

（14）使用【选择并旋转】和【选择并移动】工具对成组后的笔记本进行复制和调整，效果如图 2-221 所示。

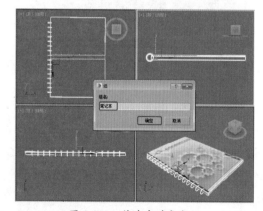

图 2-220　将选中对象成组

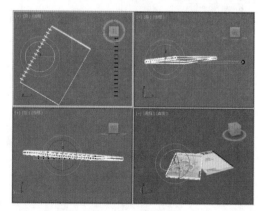

图 2-221　复制并调整对象

（15）选择【创建】|【几何体】|【标准基本体】|【平面】命令，在【顶】视图中创建平面，切换到【修改】命令面板，在【参数】卷展栏中将【长度】和【宽度】分别设置为 1987、2432，将【长度分段】、【宽度分段】都设置为 1，如图 2-222 所示。

(16) 在【修改器列表】中选择【壳】修改器，使用其默认参数即可，如图 2-223 所示。

图 2-222　绘制平面　　　　　　　　　　　　　　图 2-223　添加【壳】修改器

(17) 继续选中该对象，右击鼠标，在弹出的快捷菜单中选择【对象属性】命令，如图 2-224 所示。

(18) 执行该操作后，在打开的【对象属性】对话框中选中【透明】复选框，如图 2-225 所示。

(19) 单击【确定】按钮，继续选中该对象，在视图中调整其位置，按 M 键打开【材质编辑器】对话框，在该对话框中选择一个材质样本球，将其命名为"地面"，单击 Standard 按钮，在弹出的对话框中选择【无光 / 投影】选项，如图 2-226 所示。

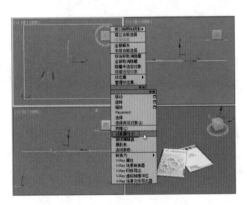

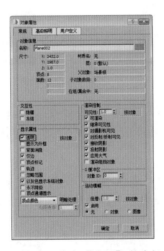

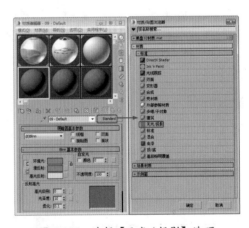

图 2-224　选择【对象属性】命令　　　　图 2-225　选中【透明】复选框　　　　图 2-226　选择【无光 / 投影】选项

(20) 单击【确定】按钮，将该材质指定给选定对象，按 8 键弹出【环境和效果】对话框，在【公用参数】卷展栏中单击【无】按钮，在弹出的【材质 / 贴图浏览器】对话框中选择【位图】贴图，再在弹出的对话框中打开随书附带光盘中的"笔记本 .JPG"素材文件，如图 2-227 所示。

(21) 在【环境和效果】对话框中将环境贴图拖曳至新的材质样本球上，在弹出的【实例 (副本) 贴图】对话框中选中【实例】单选按钮，并单击【确定】按钮，如图 2-228 所示。

(22) 在【坐标】卷展栏中，将贴图设置为【屏幕】，激活【透视】视图，按 Alt+B 组合键，在弹出的对话框中选中【使用环境背景】单选按钮，设置完成后，单击【确定】按钮，显示背景后的效果如图 2-229 所示。

(23) 选择【创建】|【摄影机】|【目标】命令，在视图中创建摄影机，激活【透视】视图，按 C 键将其转换为【摄影机】视图，在其他视图中调整摄影机的位置，效果如图 2-230 所示。

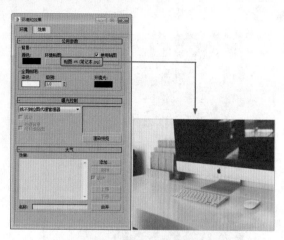

图 2-227　添加环境贴图

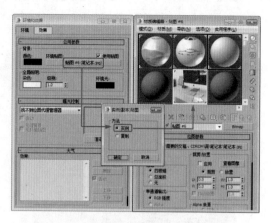

图 2-228　拖曳贴图

图 2-229　显示背景后的效果

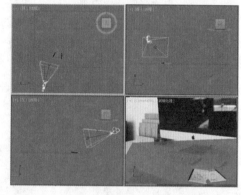

图 2-230　创建摄影机并调整其位置

(24) 选择【创建】|【灯光】|【标准】|【泛光】命令，在【顶】视图中创建泛光灯，并在其他视图中调整灯光的位置，切换至【修改】命令面板，在【强度 / 颜色 / 衰减】卷展栏中将【倍增】设置为 0.35，如图 2-231 所示。

(25) 选择【创建】|【灯光】|【标准】|【天光】命令，在【顶】视图中创建天光，切换到【修改】命令面板，在【天光参数】卷展栏中选中【投射阴影】复选框，如图 2-232 所示，至此，笔记本就制作完成了，对完成后的场景进行渲染保存即可。

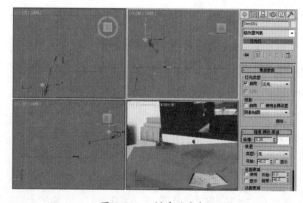

图 2-231　创建泛光灯

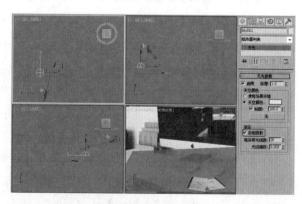

图 2-232　创建天光

第 3 章

效果图中材质纹理的设置与表现

本章重点

- 不锈钢质感的调试
- 室内效果图中的玻璃表现
- 室外效果图中的玻璃表现
- 为狮子添加青铜材质
- 为沙发添加皮革材质
- 为物体添加木纹质感
- 为镜子添加镜面反射材质
- 室外水面材质

- 为地面添加大理石质感
- 地面反射材质
- 为物体添加塑料材质
- 为装饰隔断添加装饰玻璃材质
- 为咖啡杯添加瓷器质感【视频案例】
- 为躺椅添加布料材质【视频案例】
- 为礼盒添加多维次物体材质

材质是 3D 最重要的组成部分之一，不同物体有不同的材质表现。本章主要介绍不锈钢材质、青铜材质、木纹材质、大理石材质等的调试。通过本章的学习，可以对材质的调试有一定的了解，为后面章节的学习奠定扎实的基础。

案例精讲 027 不锈钢质感的调试

本例将介绍不锈钢材质的调试。不锈钢材料是一种极光亮的金属，并且该材质的使用也非常广泛，无论是金色材质，还是本节所要讲述的银色材质，都是采用虚拟贴图反射的方法对贴图进行反射。本节将讲解如何制作不锈钢贴图，具体操作方法如下，完成后的效果如图 3-1 所示。

> 案例文件：CDROM \ Scenes\ Cha03 \ 不锈钢质感的调试 OK.max
> 视频文件：视频教学 \ Cha03 \ 不锈钢质感的调试.avi

(1) 启动 3ds Max 2016 软件后，打开随书附带光盘中的 CDROM \ Scenes \ Cha03 \ 不锈钢质感的调试 .max 文件，如图 3-2 所示。

(2) 按 M 键打开【材质编辑器】面板，选择一个新的样本球，并将其命名为"不锈钢"，将【明暗器的类型】设置为【金属】，取消【环境光】和【漫反射】的锁定，将【环境光】的颜色的 RGB 值设置为 0、0、0，将【漫反射】的颜色的 RGB 值设置为 255、255、255，将【高光级别】和【光泽度】分别设置为 100、68，如图 3-3 所示。

图 3-1 不锈钢质感

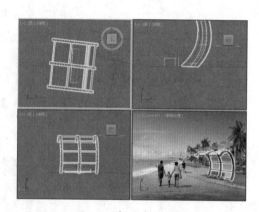

图 3-2 打开素材文件

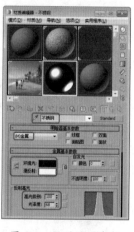

图 3-3 设置贴图参数

(3) 切换到【贴图】卷展栏，单击【反射】后面的【无】按钮，在弹出的【材质/贴图浏览器】对话框中选择【位图】选项，再单击【确定】按钮，在弹出的对话框中选择光盘中的 Gold04B.jpg 文件，单击【打开】按钮，在进入的子菜单贴图中保存默认值，单击【转到父对象】按钮，查看贴图效果，如图 3-4 所示。

(4) 选择一个新的样本球，并将其命名为"遮网"，将【明暗器的类型】设置为 Blinn，取消【环境光】和【漫反射】的锁定，将【环境光】的 RGB 值设置为 0、0、0，将【漫反射】的 RGB 值设置为 227、227、227，选中【自发光】选项组中的【颜色】复选框，并将其色块的颜色的 RGB 值设置为 61、61、61。将【高光级别】和【光泽度】分别设置为 5、25，如图 3-5 所示。

(5) 切换到【贴图】卷展栏，单击【不透明度】右侧的【无】按钮，在弹出的对话框中选择【位图】选项，选择随书光盘中的"不透明贴 1.jpg"文件，保存默认值，单击【转到父对象】按钮，查看贴图效果，如图 3-6 所示。

(6) 将创建好的对象，指定场景中【不锈钢】和【遮网】材质，进行渲染查看效果，如图 3-7 所示。

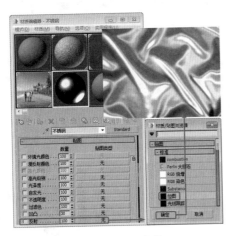

图 3-4　设置反射

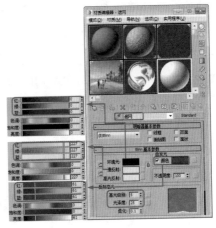

图 3-5　设置贴图参数

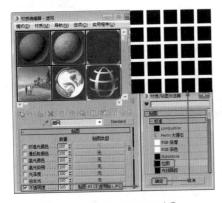

图 3-6　设置【不透明度】

图 3-7　完成后的效果

知识链接

工具栏的右侧提供了几个用于渲染的按钮，如图 3-8 所示。下面对经常用到的几个渲染按钮分别进行介绍。

(渲染设置) 按钮：其快捷键是 F10，3ds Max 中最为标准的渲染工具，单击它会弹出【渲染设置】面板，可进行各项渲染设置。菜单栏中的【渲染】|【渲染设置】命令与此工具的用途相同。一般对一个新场景进行渲染时，应使用该按钮，以便进行渲染设置，在此以后可以使用 (渲染迭代) 按钮，按照已完成的渲染设置再次进行渲染，从而可以跳过渲染设置环节，加快制作速度。

图 3-8　渲染的主要工具

(渲染帧窗口)：单击该按钮可以显示上次渲染的效果。

(渲染产品) 按钮：其快捷键是 F9，使用该按钮可以按照已完成的渲染设置再次进行渲染从而跳过设置环节，加快制作速度。快速执行渲染只需单击工具栏中的该按钮则自动以【渲染场景】所设定的参数执行渲染的工作。

(渲染迭代) 按钮：该命令可在迭代模式下渲染场景，而无须打开【渲染设置】对话框。【迭代渲染】会忽略文件输出、网络渲染、多帧渲染、导出到 MI 文件，以及电子邮件通知。在图像 (通常对各部分迭代) 上执行快速迭代时使用该选项。例如，处理最终聚集设置、反射或者场景的特定对象或区域。同时，在迭代模式下进行渲染时，渲染选定区域会使渲染帧窗口的其余部分保留完好。

(ActiveShade) 按钮：该按钮提供预览渲染，可帮助查看场景中更改照明或材质的效果。调整灯光和材质时，ActiveShade 窗口交互地更新渲染效果。

案例精讲 028　室内效果图中的玻璃表现

玻璃在日常生活中非常常见，但你知道如何利用 3d Max 制作出玻璃材质吗？下面将介绍室内玻璃效果材质的制作，具体操作方法如下，完成后的效果如图 3-9 所示。

> 案例文件：CDROM \ Scenes\ Cha03 \ 室内效果图中的玻璃表现 OK.max
> 视频文件：视频教学 \ Cha03 \ 室内效果图中的玻璃表现.avi

(1) 启动 3ds Max 2016 软件，打开随书附带光盘中的 CDROM \ Scenes \ Cha03 \ 室内效果图中的玻璃表现.max 文件，如图 3-10 所示。

(2) 按 M 键打开一个材质样本球，并将其命名为"玻璃"，将【明暗器的类型】设置为 Phong，取消【环境光】和【漫反射】的锁定，将【环境光】的颜色设置为黑色，将【漫反射】颜色的 RGB 值设置为 234、241、255，将【自发光】选项组中的【不透明度】设置为 20，将【高光级别】和【光泽度】分别设置为 0、73，将【柔化】设置为 0.6，如图 3-11 所示。

图 3-9　室内效果图中的玻璃表现

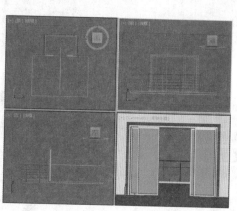

图 3-10　打开素材文件

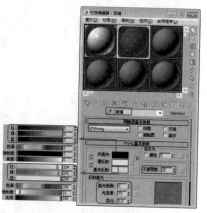

图 3-11　设置贴图参数

知识链接

一般室内设计应用中，设计师多半仍以玻璃的透光功能来区分其在室内空间里的用途，于是又分为透光效果可达 90% 以上的清玻璃、透光性在 50%～80% 之间的毛玻璃（俗称雾面玻璃）、目前最流行且具有书卷气息的棉布玻璃、透光性尚可但又保有隐秘性的玻璃砖，能反射的玻璃镜子，以及着重艺术的雕花玻璃等几类。

清玻璃、透明玻璃：清玻璃有百分之百的透视性，让人的视觉可以毫不受阻地穿透，间接产生舒服顺畅的感受。若要做成隔间墙，建议使用强化玻璃以增加使用的安全性，且玻璃厚度最好在 5 公分以上。

毛玻璃、雾面玻璃：雾面玻璃虽不似透明玻璃具有视觉的穿透性，但把它运用在隔间或是柜子的立面上，对空间仍有很好的放大效果。一来玻璃本身对光的折射性极佳，能够为空间创造出多层次的视觉观感，二来雾面玻璃对需要阻隔、避免干扰物体有很好的遮蔽作用。雾面玻璃的种类有许多种，但在决定要使用某一种雾面玻璃作为建材时，最好统一，以免使空间看起来太过凌乱。

(3) 切换到【贴图】卷展栏，单击【反射】贴图后面的【无】按钮，在弹出的【材质/贴图浏览器】对话框中选择【位图】选项，单击【确定】按钮，在打开的对话框中选择随书附带光盘中的 CDROM \ Map \ Ref_21.jpg 文件，保存默认值，单击【转到父对象】按钮，将【反射】值设置为 10，在右侧工具栏上单击【背景】按钮，如图 3-12 所示。

(4) 按 H 键，弹出【从场景中选择】对话框，选择所有的玻璃对象，并将创建的材质指定给玻璃对象，对【摄影机】视图进行渲染，如图 3-13 所示。

▶提示

当场景中有很多对象时，如果单纯地使用鼠标进行选择，有时很容易选择错误，因此可以按键盘上的 H 键，也可以在工具选项栏中单击【按名称选择】按钮，在弹出的对话框中根据对场景对象的命名选择相应的对象，从而大大提高工作效率和进度。

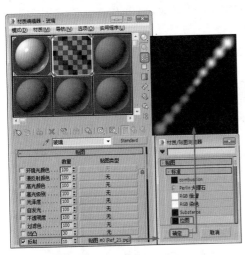

图 3-12　设置贴图

图 3-13　渲染查看效果

　　(5) 选择一个新的样本球，并将其命名为"背景"，将【明暗器的类型】设置为 Blinn，在【Blinn 基本参数】卷展栏中将【自发光】选项组中的【颜色】值设置为 100，在【贴图】卷展栏中，单击【漫反射颜色】右侧的【无】按钮，在弹出的【材质／贴图浏览器】对话框中，选择【位图】选项，单击【确定】按钮，在弹出的对话框中选择"别墅 024.JPG"文件，返回到【材质编辑器】中保持默认值，如图 3-14 所示。

　　(6) 单击【转到父对象】按钮，单击【将材质指定给选定对象】按钮，将创建好的贴图指定给【墙体 03】对象，激活【摄影机】视图进行渲染查看效果，如图 3-15 所示。

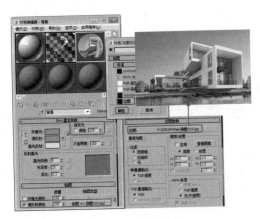

图 3-14　设置贴图

图 3-15　渲染查看效果

案例精讲 029　室外效果图中的玻璃表现

　　本节将讲解如何制作室外玻璃效果，关键是在【材质编辑器】中对【漫反射颜色】和【高光级别】贴图进行设置，具体操作方法如下，完成后的效果如图 3-16 所示。

　　案例文件：CDROM ＼ Scenes＼ Cha03 ＼ 室外效果图中的玻璃表现 OK.max
　　视频文件：视频教学 ＼ Cha03 ＼室外效果图中的玻璃表现 .avi

图 3-16　室外效果图中的玻璃表现

(1) 启动 3ds Max 2016 软件后，打开随书附带光盘中的 CDROM \ Scenes \ Cha03 \ 室外效果图中的玻璃表现 .max 文件，如图 3-17 所示。

(2) 按 M 键打开【材质编辑器】对话框，选择一个新的样本球，并将其命名为"玻璃"，在【明暗器基本参数】卷展栏中，选中【双面】复选框。在【Blinn 基本参数】卷展栏中，将【环境光】的 RGB 值设置为 0、47、0，将【漫反射】的 RGB 值设置为 185、214、185。将【反射高光】区域下的【高光级别】和【光泽度】分别设置为 77、12，在【自发光】区域下选中【颜色】复选框，并将【颜色】的 RGB 值设置为 0、71、3，将【不透明度】设置为 20，如图 3-18 所示。

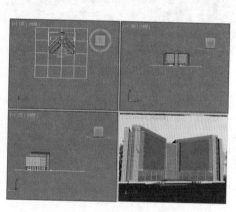

图 3-17　打开素材文件

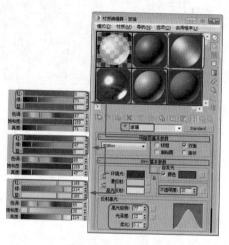

图 3-18　设置贴图

|||▶提　示

使用双面材质会使渲染变慢，最好的方法是对必须使用双面材质的物体使用双面材质，在最后渲染时不要打开渲染设置框中的【强制双面】渲染属性，这样既可以达到效果，又可以使渲染很快；也可以在材质中不管这项设置，仅在渲染设置中打开【强制双面】设置，它会对场景中所有物体都进行双面渲染，当然速度会很慢，不过对于由 Auto CAD 等其他软件中引入的造型，这种方法可以简单地解决不正确的表面法线问题。

知识链接

【双面】：在通常情况下系统只渲染物体表面法线的正方向，如果打开这个选项，渲染器将忽略物体表面的法线方向，对所有的面都进行双面渲染。

【环境光】：用来控制材质阴影区的颜色。

【漫反射】：用来控制材质漫反射区的颜色。

【自发光】：可以使材质具有自身发光的效果。如果选中【颜色】选项，通过右侧的颜色块可以调出颜色选择器，进行发光颜色的指定；如果不选中【颜色】选项，通过右侧的数值输入域，可以调节发光的强度。

【不透明度】：通过输入数值来设置材质的透明度，值为 100 时为不透明材质，值为 0 时为完全透明材质。

【高光级别】：用来调节材质表面反光区的强度，值越大反光的强度越高。

【光泽度】：确定材质表面反光面积的大小，值越高反光面积越小。

【柔化】：对高光区的反光作柔化处理，使其变得模糊、柔和。

(3) 打开【贴图】卷展栏，单击【漫反射颜色】贴图通道右侧的【无】贴图按钮，在打开的【材质/贴图浏览器】对话框中选择【位图】贴图，单击【确定】按钮。再在打开的对话框中选择随书附带光盘中的 CDROM \ Map \ 玻璃 098 COPY.JPG 文件，单击【打开】按钮，打开位图文件，进入位图通道，在【坐标】卷展栏中将【模糊偏移】参数设置为 0.2，如图 3-19 所示。

(4) 单击【转到父对象】按钮，返回到父材质层级。单击【漫反射颜色】通道右侧的贴图类型按钮并将其拖曳至【高光级别】贴图通道右侧的【无】贴图按钮上，并在打开的【复制 (实例) 贴图】对话框中选中【实例】单选按钮，单击【确定】按钮，最后将【高光级别】的【数量】设置为 20，如图 3-20 所示。

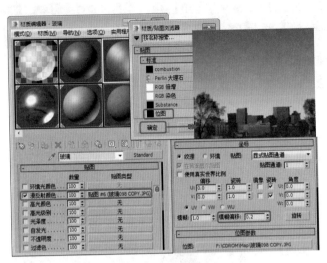

图 3-19　设置贴图参数

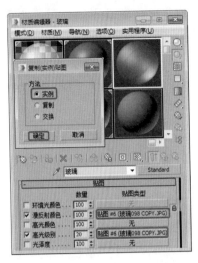

图 3-20　复制贴图

注意

用【贴图】卷展栏下的【无】按钮打开的【材质 / 贴图浏览器】对话框与用【获取材质】按钮打开的【材质 / 贴图浏览器】对话框都可以用来选择材质或贴图，但它们也有不同之处。如果当前处于材质层级，前者就只允许选择材质类型。如果处于贴图层级，前者就只允许选择贴图类型。后者没有这种限制。而且用按钮打开的浏览器是一个浮动性质的对话框，不影响场景中的其他操作。

(5) 按 H 键，打开【从场景选择】对话框，在该对话框中选择【玻璃】选项，单击【确定】按钮，如图 3-21 所示。

(6) 选择创建好的【玻璃】材质，单击【将材质指定给选定对象】按钮，指定给上一步选择的【玻璃】对象，激活【摄影机】视图，进行渲染查看效果，如图 3-22 所示。

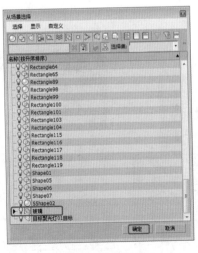

图 3-21　选择对象

图 3-22　渲染后的效果

案例精讲 030　为狮子添加青铜材质

本例将介绍如何制作青铜材质，首先设置好【环境光】、【漫反射】和【高光反射】，然后进行贴图设置，效果如图 3-23 所示，具体操作步骤如下。

图 3-23　青铜材质

> 案例文件：CDROM \ Scenes \Cha03\ 为狮子添加青铜材质 OK.max
> 视频文件：视频教学 \ Cha03 \ 为狮子添加青铜材质 .avi

（1）启动 3ds Max 软件后打开随书附带光盘中的 CDROM \ Scenes\为狮子添加青铜材质 .max 文件，如图 3-24 所示。

（2）在视图中选中【狮子】对象，按 M 键打开【材质编辑器】，选择一个新的材质样本球，并将其命名为"青铜"，在【Blinn 基本参数】卷展栏中取消【环境光】和【漫反射】的锁定，将【环境光】的 RGB 值设置为 166、47、15，将【漫反射】的 RGB 值设置为 51、141、45，将【高光反射】的 RGB 值设置为 255、242、188，将【自发光】区域的【颜色】设置为 14，在【反射高光】选项组中将【高光级别】设置为 65，将【光泽度】设置为 25，如图 3-25 所示。

图 3-24　打开素材文件

（3）切换到【贴图】卷展栏，将【漫反射颜色】的值设置为 75，单击其右侧的【无】按钮，弹出【材质/贴图浏览器】对话框，选择【位图】选项，弹出【选择位图图像文件】对话框，选择随书附带光盘中的 CDROM|Map|MAP03.JPG 文件，单击【打开】按钮，进入【位图】材质编辑器，保持默认值，单击【转到父对象】按钮，如图 3-26 所示。

（4）在【贴图】卷展栏中单击【漫反射颜色】右侧的材质按钮，按住鼠标将其拖曳至【凹凸】右侧的材质按钮上，在弹出的对话框中选中【复制】单选按钮，单击【确定】按钮，如图 3-27 所示，对完成后的场景进行渲染和保存即可。

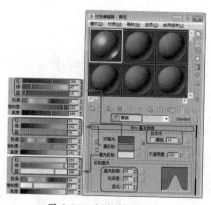

图 3-25　调整材质参数

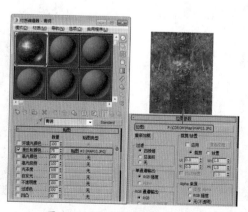

图 3-26　设置漫反射颜色贴图

图 3-27　复制贴图

案例精讲 031　为沙发添加皮革材质

本案例将为沙发添加皮革材质，该效果主要是通过设置材质的 VRayMtl

参数来实现的，效果如图 3-28 所示。

图 3-28　为沙发添加皮革材质

> 📖 **案例文件：** CDROM \ Scenes \ Cha03 \ 为沙发添加皮革材质 OK.max
> **视频文件：** 视频教学 \ Cha03 \ 为沙发添加皮革材质 .avi

（1）按 Ctrl+O 组合键，打开"为沙发添加皮革材质 .max"素材文件，如图 3-29 所示。

（2）在视图中选择【沙发】对象，按 M 键打开【材质编辑器】对话框，在该对话框中选择一个材质样本球，

将其命名为"沙发"，并单击其右侧的 Standard 按钮，在打开的【材质 / 贴图浏览器】对话框中选择 VRayMtl 材质，

单击【确定】按钮，如图 3-30 所示。

知识链接

VRayMtl：在 VRay 中使用它可以得到较好的物理上的正确照明（能源分布），较快的渲染速度，并且可以非常方便地设置反射、折射和置换等参数，还可以使用纹理贴图。

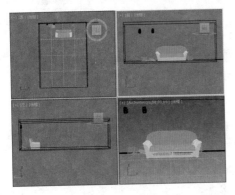

图 3-29　打开的素材文件

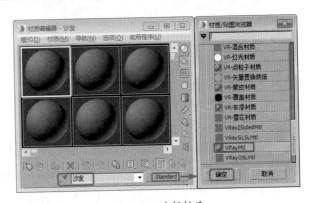

图 3-30　选择材质

知识链接

VRayHDRI：主要用于导入高动态范围图像（HDRI）作为环境贴图，支持大多数标准环境的贴图类型。

（3）在【基本参数】卷展栏中将【漫反射】的 RGB 值设置为 198、195、201，将【反射】的 RGB 值设置为【24、

19、10、】，将【反射光泽度】设置为 0.65、【细分】设置为 6，如图 3-31 所示。

（4）在【双向反射分布函数】卷展栏中将双向反射类型设置为【沃德】，【各向异性】设置为 0.2，单击 X 按钮，

如图 3-32 所示。

（5）在【选项】卷展栏中取消选中【雾系统单位比例】复选框，在【贴图】卷展栏中单击【漫反射】右侧

的【无】按钮，在弹出的对话框中选择【衰减】选项，如图 3-33 所示。

（6）单击【确定】按钮，将【前】色块的 RGB 值设置为 151、68、35，单击其右侧的【无】按钮，在弹

出的对话框中选择【RGB 倍增】选项，如图 3-34 所示。

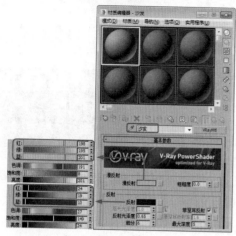

图 3-31　设置漫反射和反射参数

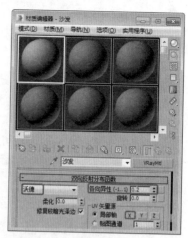

图 3-32　设置双向反射参数

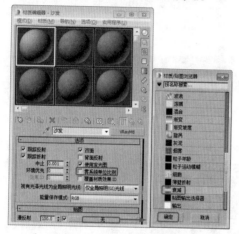

图 3-33　选择【衰减】贴图

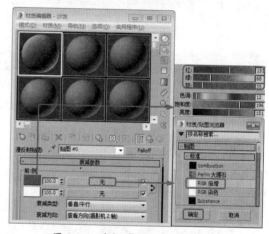

图 3-34　选择【RGB 倍增】选项

(7) 单击【确定】按钮，在【RGB 倍增参数】卷展栏中单击【颜色 #1】右侧的【无】按钮，在弹出的对话框中选择【位图】选项，在弹出的对话框中选择 Archinteriors_08_03_suede.jpg 贴图文件，单击【打开】按钮，在【坐标】卷展栏中将【瓷砖】下的 U、V 都设置为 2，如图 3-35 所示。

(8) 单击【转到父对象】按钮，返回到父级材质面板，在【RGB 倍增参数】卷展栏中将【颜色 #2】的 RGB 值设置为 201、100、50，如图 3-36 所示。设置完成后，单击【将材质指定给选定对象】按钮。

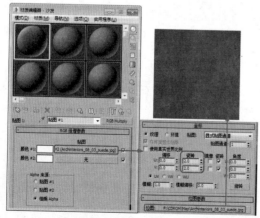

图 3-35　添加贴图文件

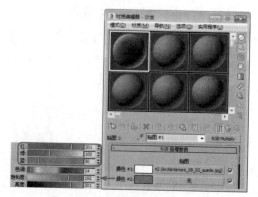

图 3-36　设置颜色 #2 的 RGB 值

(9) 单击【转到父对象】按钮，返回到父级材质面板，在【衰减参数】卷展栏中将【侧】色块的 RGB 值设置为 181、89、53，然后单击【前】右侧的材质按钮，按住鼠标将其拖曳至【侧】右侧的材质按钮上，在弹出的对话框中选中【复制】单选按钮，单击【确定】按钮，如图 3-37 所示。

(10) 在【衰减参数】卷展栏中单击【侧】右侧的材质按钮，在【RGB 倍增参数】卷展栏中将【颜色 #2】的 RGB 值设置为 223、76、37，如图 3-38 所示。

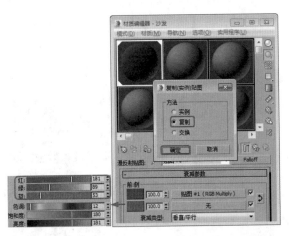

图 3-37　复制贴图

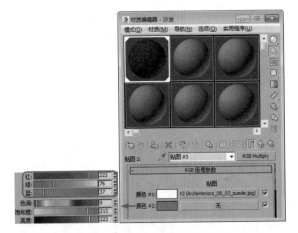

图 3-38　设置颜色 #2 的 RGB 值

(11) 双击【转到父对象】按钮 ，在【贴图】卷展栏中单击【凹凸】右侧的【无】按钮，在弹出的对话框中选择【位图】选项，在弹出的对话框中选择 Archinteriors_08_03_suede_B.jpg 贴图文件，在【坐标】卷展栏中将【瓷砖】下的 U、V 都设置为 2，如图 3-39 所示。

(12) 在【反射插值】卷展栏中将【最小速率】和【最大速率】分别设置为 -3、0，如图 3-40 所示。

(13) 设置完成后，为选中的对象指定材质即可，然后对完成后的场景进行渲染并保存。

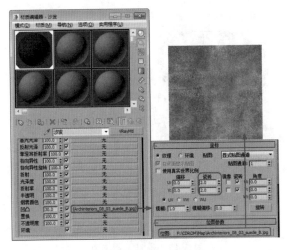

图 3-39　设置凹凸贴图

图 3-40　设置反射和折射参数

案例精讲 032　为物体添加木纹质感

本例主要通过为【材质编辑器】对话框中的【贴图】卷展栏中的【漫反射颜色】通道添加【位图】贴图来表现木纹质感，效果如图 3-41 所示。

案例文件：CDROM\Scenes\ Cha03 \ 为物体添加木纹质感 OK.max

视频文件：视频教学 \ Cha03\ 为物体添加木纹质感 .avi

(1) 打开随书附带光盘中的 CDROM \ Scenes \ Cha05 \ 为物体添加木纹质感 .max 素材文件，如图 3-42 所示。

(2) 按 M 键打开【材质编辑器】对话框，选择一个新的材质样本球，将其重命名为"木材质"，在【Binn 基本参数】卷展栏中将【环境光】的颜色参数设置为 255、255、255，将【高光级别】设置为 95，将【光泽度】设置为 54，如图 3-43 所示。

图 3-41　木纹质感

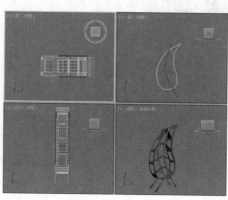

图 3-42　素材文件

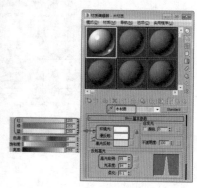

图 3-43　设置样本球参数

(3) 打开【贴图】卷展栏，单击【漫反射颜色】右侧的【无】按钮，在弹出的对话框中选择【位图】选项，然后单击【确定】按钮，如图 3-44 所示。

(4) 在弹出的对话框中选择随书附带光盘中的 CDROM \ Map \ mw1.jpg 贴图文件，在【坐标】卷展栏中将【瓷砖】的 U、V 均设置为 0.7，然后单击【转到父对象】按钮，如图 3-45 所示。

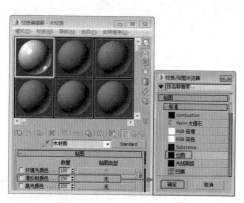

图 3-44　选择【位图】选项

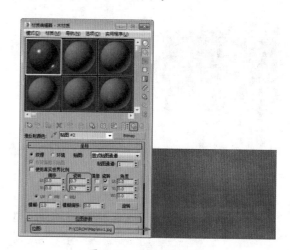

图 3-45　设置贴图参数

(5) 在【贴图】卷展栏中将【反射】设置为 10，然后单击其后面的【无】贴图按钮，在弹出的对话框中选择【光线跟踪】选项，单击【确定】按钮，如图 3-46 所示。

(6) 设置完成后单击【转到父对象】按钮，返回上一级，在视图中选中物体对象，然后单击【将材质指定给选定对象】按钮和【视口中显示明暗处理材质】按钮，将材质指定给选定对象，效果如图 3-47 所示。

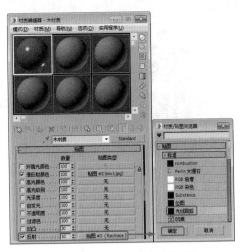

图 3-46 选择【光线跟踪】选项

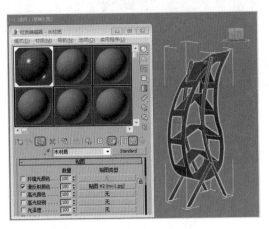

图 3-47 指定材质效果

(7) 选择【创建】|【几何体】【长方体】|命令，在顶视图中创建一个长方体对象，并将其重命名为"地面"，在【参数】卷展栏中将【长度】设置为 60、【宽度】设置为 130、【高度】设置为 0，如图 3-48 所示。

(8) 选中创建的长方体对象，单击鼠标左键，在弹出的快捷菜单中选择【对象属性】命令，弹出【对象属性】对话框，在【显示属性】选项组中选中【透明】复选框，然后单击【确定】按钮，适当地调整地面的位置，如图 3-49 所示。

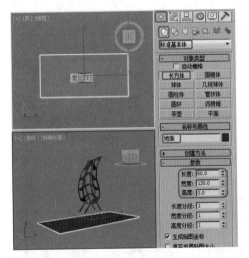

图 3-48 创建长方体

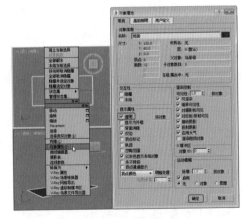

图 3-49 设置长方体参数

(9) 在【材质编辑器】对话框中选择一个新的样本球，单击 standard 按钮，在弹出的对话框中选择【无光 / 投影】选项，单击【确定】按钮，如图 3-50 所示。

(10) 确定长方体对象处于选中状态，将【无光 / 投影基本参数】卷展栏参数保持默认设置，单击【将材质指定给选定对象】按钮 ，将材质指定给长方体对象，如图 3-51 所示。

(11) 按 8 键弹出【环境和效果】对话框，单击【环境贴图】下面的【无】按钮，在弹出的对话框中选择随书附带光盘中的 CDROM \ Map \ 房间背景图 .jpg 贴图，如图 3-52 所示。

(12) 将添加的环境贴图拖曳至一个新的样本球上，在弹出的【实例 (副本) 贴图】对话框中选中【实例】单选按钮，再单击【确定】按钮，在【坐标】卷展栏中选中【环境】单选按钮，将贴图显示方式设置为【屏幕】，如图 3-53 所示。

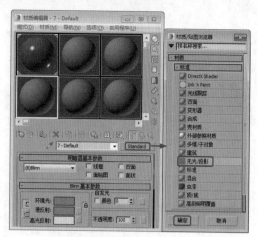

图 3-50　选择【无光/投影】选项

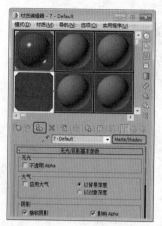

图 3-51　指定材质

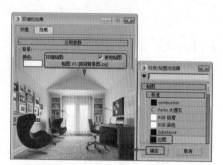

图 3-52　添加环境贴图

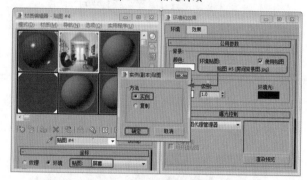

图 3-53　设置环境贴图参数

(13) 激活【透视】视图，按 Alt+B 组合键，弹出【视口配置】对话框，在【背景】选项卡中选中【使用环境背景】单选按钮，然后单击【确定】按钮，如图 3-54 所示。

(14) 使用环境背景后的显示效果如图 3-55 所示。

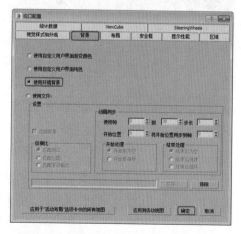

图 3-54　选中【使用环境背景】单选按钮

图 3-55　显示效果

(15) 选择【创建】|【摄影机】|【目标】命令，在顶视图中创建摄影机对象，激活【透视】视图，按 C 键将其转换为【摄影机】视图，使用【选择并移动】命令，在其他视图中调整摄影机的位置，如图 3-56 所示。

(16) 选择【创建】|【灯光】|【目标聚光灯】命令，在【顶】视图中创建一盏目标聚光灯，在【常规参数】卷展栏中选中【启用】复选框，将阴影模式定义为【光线跟踪阴影】，如图 3-57 所示。

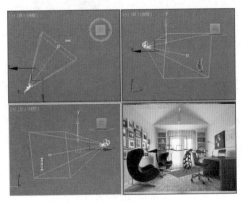

图 3-56　创建摄影机

图 3-57　创建目标聚光灯

(17) 切换至【修改】命令面板，在【聚光灯参数】卷展栏中将【聚光区 / 光束】和【衰减区 / 区域】分别设置为 0.5 和 80，在【阴影参数】卷展栏中将【颜色】设置为黑色、【密度】设置为 0.55，然后在场景中调整灯光的位置，如图 3-58 所示。

▌▌▌▶提　示

　　添加目标聚光灯时，3ds Max 将自动为该摄影机指定注视控制器，灯光目标对象指定为【注视】目标。可以使用【运动】面板上的控制器设置将场景中的任何其他对象指定为【注视】目标。

(18) 选择【泛光】工具，在【顶】视图中创建泛光灯，并在场景中调整灯光的位置，如图 3-59 所示。

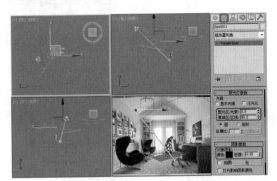

图 3-58　设置目标聚光灯参数

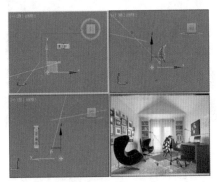

图 3-59　创建泛光灯

(19) 继续选择【泛光】工具，在【前】视图中创建泛光灯，并在场景中调整灯光的位置，切换至【修改】命令面板，在【常规参数】卷展栏中单击【排除】按钮，如图 3-60 所示。

(20) 弹出【排除】对话框，在左侧列表中选择【物体】选项并将其排除，如图 3-61 所示。最后按 F9 键渲染场景，将完成后的场景文件和效果进行存储即可。

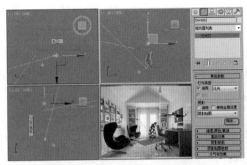

图 3-60　创建泛光灯并设置参数

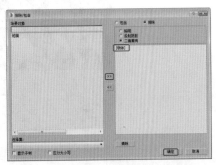

图 3-61　排除物体

案例精讲 033　为镜子添加镜面反射材质

本例将介绍如何制作镜面反射材质。主要是利用【反射】通道，为该通道添加【平面镜】材质，将【反射】的数量设置为 100，然后将材质指定给选定对象，效果如图 3-62 所示。

> 案例文件：CDROM\Scenes\ Cha03 \ 为镜子添加镜面反射材质 OK.max
>
> 视频文件：视频教学 \ Cha03\ 为镜子添加镜面反射材质 .avi

（1）打开随书附带光盘中的 CDROM\Scenes\Cha03\ 为镜子添加镜面反射材质 .max 文件，按 H 键打开【从场景选择】对话框，选择【镜子】对象，然后单击【确定】按钮选择对象，如图 3-63 所示。

（2）按 M 键打开【材质编辑器】，选择一个新的材质样本球，将其命名为"镜子"，在【明暗器基本参数】卷展栏中将明暗模式定义为 Blinn。在【Blinn 基本参数】卷展栏中首先将锁定的【环境光】和【漫反射】的 RGB 值设置为 202、195、255。然后将【反射高光】区域下的【高光级别】和【光泽度】均设置为 0，如图 3-64 所示。

图 3-62　镜面反射

图 3-63　选择【镜子】对象

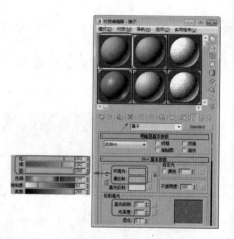

图 3-64　设置参数

（3）打开【贴图】卷展栏，单击【反射】右侧的【无】按钮，在打开的【材质 / 贴图浏览器】对话框中将贴图方式定义为【平面镜】，单击【确定】按钮。进入【平面镜】材质层级，在【平面镜参数】卷展栏中选中【应用于带 ID 的面】复选框，如图 3-65 所示。

（4）单击【转到父对象】按钮，然后单击【将材质指定给选定对象】按钮，将材质指定给选定的对象。

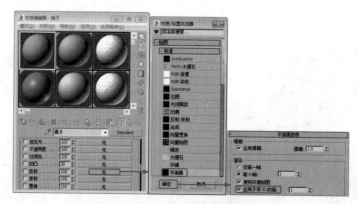

图 3-65　设置【反射】通道参数

案例精讲 034　室外水面材质

本例将介绍如何制作室外水面材质。在本例中主要会用到【凹凸】贴图通道和【反射】贴图通道。使用【凹凸】通道可以制作水波荡漾的效果，使用【反射】通道可以制作水面倒影的效果，效果如图3-66所示。

图3-66　室外水面材质

　案例文件：CDROM\Scenes\ Cha03 \ 室外水面材质.OK.max

　视频文件：视频教学 \ Cha03\ 室外水面材质.avi

(1)打开"室外水面材质.max"素材文件，按M键打开【材质编辑器】对话框，选择一个空白的材质样本球，将其命名为"水"，将明暗器类型设置为【各向异性】，选中【双面】复选框，取消【环境光】和【漫反射】之间的锁定，将【环境光】的RGB设置为43、43、43，【漫反射】的RGB设置为60、89、111，【高光反射】的RGB设置为139、154、165，选中【自发光】选项组中的【颜色】复选框，单击色块，在弹出的对话框中将RGB设置为36、36、36，如图3-67所示。

知识链接

【双面】：将对象法线相反的一面也进行渲染，通常计算机为了简化计算，只渲染对象法线为正方向的表面（即可视的外表面），这对大多数对象都适用，但有些敞开面的对象，其内壁会看不到任何材质效果，这时就必须打开双面设置。

【各向异性】：通过调节两个垂直正交方向上可见高光尺寸之间的差额，从而实现一种重折光的高光效果。这种渲染属性可以很好地表现毛发、玻璃和被擦拭过的金属等模型效果。它的基本参数大体上与Blinn相同，只在高光和漫反射部分有所不同。

(2)将【反射高光】选项组中的【高光级别】、【光泽度】、【各向异性】分别设置为160、50、50，展开【贴图】卷展栏，将【凹凸】的数值设置为5，单击其右侧的【无】按钮，在弹出的对话框中选择【噪波】选项，单击【确定】按钮，如图3-68所示。

知识链接

【各向异性】：控制高光部分的各向异性和形状。值为0时，高光形状呈椭圆形；值为100时，高光变形为极窄条状。反光曲线示意图中的一条曲线用来表示【各向异性】的变化。

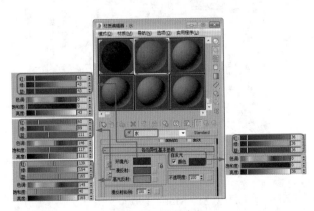

图3-67　设置参数

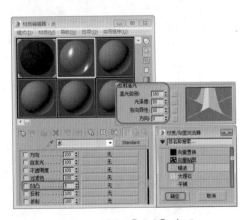

图3-68　选择【噪波】选项

(3)进入【噪波】层级，在【噪波参数】卷展栏中将【大小】设置为8，单击【转到父对象】按钮，再单击【反射】右侧的【无】按钮，在弹出的对话框中选择【遮罩】选项，单击【确定】按钮，在【遮罩参数】卷展栏中单击【贴图】

右侧的【无】按钮，在弹出的对话框中选择【光线跟踪】选项，单击【确定】按钮，保持默认设置，双击【转到父对象】按钮，如图 3-69 所示。

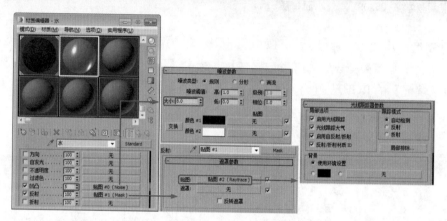

图 3-69　设置【凹凸】通道和【反射】通道

(4) 按 H 键打开【从场景选择】对话框，在该对话框中选择【水】、【水 02】对象，单击【确定】按钮，如图 3-70 所示。

(5) 单击【将材质指定给选定对象】按钮，按 8 键打开【环境和效果】对话框，选择【环境】选项卡，在【公用参数】卷展栏中单击【无】按钮，在弹出的对话框中选择【位图】选项，如图 3-71 所示。

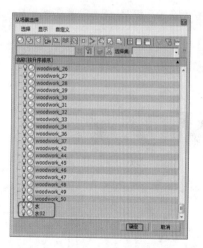

图 3-70　【从场景选择】对话框

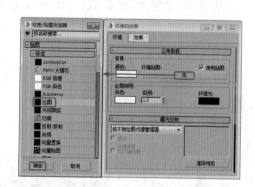

图 3-71　选择【位图】选项

(6) 单击【确定】按钮，在弹出的对话框中选择随书附带光盘中的 CDROM \ Map \ 1906624.jpg 文件，单击【打开】按钮，如图 3-72 所示。

(7) 将贴图拖曳至【材质编辑器】的一个空白的材质样本球上，在弹出的对话框中选中【实例】单选按钮，在【坐标】卷展栏中将【贴图】设置为【屏幕】，如图 3-73 所示。

图 3-72 选择位图

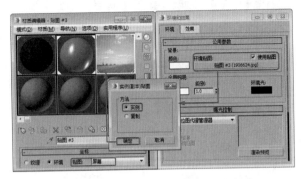

图 3-73 将环境贴图拖曳至【材质编辑器】上

(8) 激活【摄影机】视图，按 F9 键对其进行渲染，渲染完成后将场景进行保存即可。

案例精讲 035 为地面添加大理石质感

大理石主要用于加工成各种形材、板材，可以用作建筑物的墙面、地面、台、柱，还常用作纪念性建筑物如碑、塔、雕像等的材料。大理石可以雕刻成工艺美术品，文具、灯具、器皿等实用艺术品。大理石安装在居室里，可以把居室衬托得更加典雅大方。本例将介绍如何在 3ds Max 中表现大理石质感，效果如图 3-74 所示。

图 3-74 大理石质感

 案例文件：CDROM\Scenes\ Cha03 \ 为地面添加大理石质感.OK.max

视频文件：视频教学 \ Cha03\ 为地面添加大理石质感.avi

(1) 打开"为地面添加大理石质感.max"素材文件，按 M 键打开【材质编辑器】对话框，选择一个空白的材质样本球，将其重命名为"地面"，将【明暗器类型】设置为 (P)Phong，将【环境光】的 RGB 值设置为 0、0、0，【反射高光】选项组中的【高光级别】、【光泽度】分别设置为 45、25，如图 3-75 所示。

(2) 展开【贴图】卷展栏，单击【漫反射颜色】右侧的【无】按钮，弹出【材质/贴图浏览器】对话框，在该对话框选择【RGB 染色】选项，如图 3-76 所示。

图 3-75 设置【Phong 基本参数】

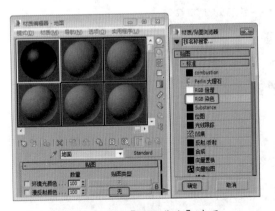

图 3-76 选择【RGB 染色】选项

(3) 单击【确定】按钮，再单击【贴图】下的【无】按钮，弹出【材质/贴图浏览器】对话框，在该对话框中选择【位图】选项，单击【确定】按钮，弹出【选择位图图像文件】对话框，在该对话框中选择随书附带光盘中的 CDROM\Map\Bms2.jpg 文件，如图 3-77 所示。

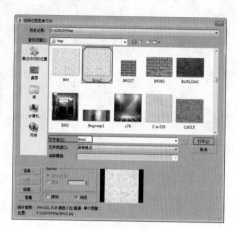

图 3-77 选择文件

(4) 进入【位图】层级，在【坐标】卷展栏中将【瓷砖】下的 U、均设置为 15，将【模糊】设置为 1.07，如图 3-78 所示。

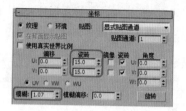

图 3-78 设置参数

(5) 双击【转到父对象】按钮，将【反射】设置为 15，单击其右侧的【无】按钮，弹出【材质/贴图浏览器】对话框，在该对话框中选择【平面镜】选项，单击【确定】按钮，在【平面镜参数】卷展栏中选中【应用于带 ID 的面】复选框，如图 3-79 所示。

知识链接

反射/折射贴图不适合用于平面曲面，因为每个面基于其面法线所指的地方反射部分环境。使用曲面反射，一个大平面只能反射环境的一小部分。【平面镜】自动生成包含大部分环境的反射，以更好地模拟类似镜子的曲面。

▶注意

平面镜贴图无法与 mental ray、iray 或 Quicksilver 渲染器一起使用。要在使用这些渲染器时生成镜子效果的反射，请使用 Autodesk 镜像材质。

(6) 单击【转到父对象】按钮，按 H 键打开【从场景选择】对话框，在该对话框中选择【地面】对象，然后单击【确定】按钮，如图 3-80 所示。

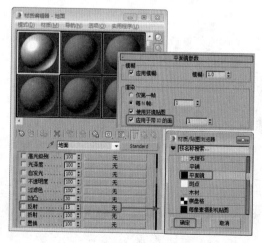

图 3-79 设置参数

图 3-80 选择【地面】对象

(7) 在【材质编辑器】对话框中单击【将材质指定给选定对象】按钮，然后激活【摄影机】视图将其渲染一次，效果如图 3-81 所示。

(8) 再选择一个空白的材质样本球，将其命名为"地板拼花"，将【明暗器类型】设置为 Phong，在【Phong 基本参数】卷展栏中将【环境光】设置为黑色，将【反射高光】选项组中的【高光级别】、【光泽度】分别设置为 43、24，如图 3-82 所示。

(9) 展开【贴图】卷展栏，单击【漫反射颜色】右侧的【无】按钮，在弹出对话框中选择【位图】选项，单击【确定】按钮，弹出【选择位图图像文件】对话框，在该对话框中选择随书附带光盘中的 CDROM \ Map \ FEIZUAN.jpg 素材文件，如图 3-83 所示。

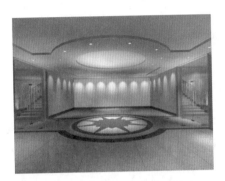

图 3-81　渲染完成后的效果

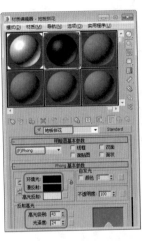

图 3-82　设置参数

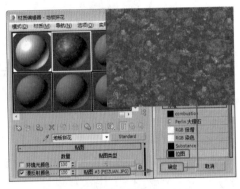

图 3-83　选择【位图】选项

(10) 单击【打开】按钮，进入【位图】层级，将【瓷砖】下的 U、V 均设置为 20，将【模糊】设置为 1.07，如图 3-84 所示。

(11) 单击【转到父对象】按钮，将【反射】设置为 20，然后单击该通道的【无】按钮，在弹出的对话框中选择【平面镜】选项，单击【确定】按钮。在【平面镜参数】卷展栏中选中【应用于带 ID 的面】复选框，如图 3-85 所示。

(12) 单击【转到父对象】按钮，按 H 键打开【从场景选择】对话框，在该对话框中选择 Box01、B0x02、Donut01、【地面拼花 01】、【地板拼花 02】、【踢脚线 01】～【踢脚线 09】对象，如图 3-86 所示。

图 3-84　设置参数

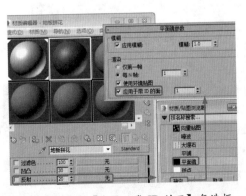

图 3-85　选中【应用于带 ID 的面】复选框

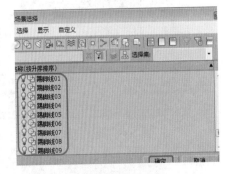

图 3-86　选择对象

（13）单击【确定】按钮，在【材质编辑器】对话框中单击【将材质指定给选定对象】按钮，激活【摄影机】视图，将该视图渲染一次，效果如图 3-87 所示。

（14）选择一个空白的材质样本球，将其重命名为"地板拼花02"，将【明暗器类型】设置为 (P)Phong，在【Phong 基本参数】卷展栏中将【环境光】的 RGB 值设置为 255、209、175，在【反射高光】选项组中将【高光级别】和【光泽度】分别设置为 24、53，如图 3-88 所示。

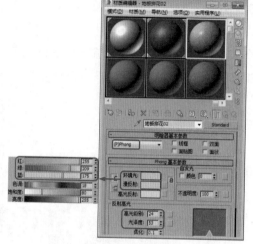

图 3-87　渲染一次的效果

图 3-88　设置参数

（15）展开【贴图】卷展栏，将【漫反射颜色】的数量设置为 70，单击其右侧的【无】按钮，在弹出的对话框选择【RGB 染色】选项，单击【确定】按钮，再单击【贴图】下的【无】按钮，在弹出的对话框中选择【位图】选项，如图 3-89 所示。

（16）单击【确定】按钮，打开【选择位图图像文件】对话框，在该对话框选择随书附带光盘中的 CDROM\Map\BM.jpg 素材文件，如图 3-90 所示。

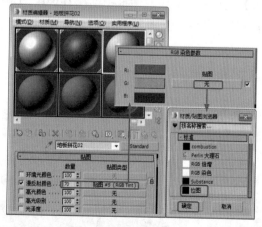

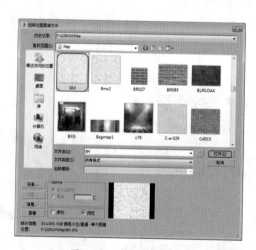

图 3-89　设置【漫反射颜色】通道

图 3-90　选择素材文件

（17）单击【打开】按钮，将【模糊】设置为 1.07，双击【转到父对象】按钮，将【反射】设置为 19，单击【无】按钮，在弹出的对话框中选择【平面镜】选项，单击【确定】按钮，如图 3-91 所示。

(18) 在【平面镜参数】卷展栏中选中【应用于带 ID 的面】复选框，单击【转到父对象】按钮，在场景中选择 Star01 对象，单击【将材质指定给选定对象】按钮，然后将摄影机视图渲染一次，观看效果如图 3-92 所示。

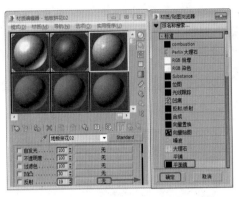

图 3-91　选择【平面镜】选项　　　　　　　　　　　　图 3-92　渲染效果

案例精讲 036　地面反射材质

　　地面反射是室内很有特色的一个效果，所以，很多时候需要为光滑的木地板和瓷砖地制作反射效果。本例将介绍如何制作地面反射材质，效果如图 3-93 所示。

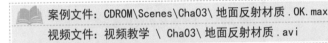

案例文件：CDROM\Scenes\Cha03\ 地面反射材质 .OK.max

视频文件：视频教学 \ Cha03\ 地面反射材质 .avi

　　(1) 打开【地面反射材质 .max】素材文件，按 M 键打开【材质编辑器】对话框，在该对话框中选择一个空白的材质样本球，将其重命名为"地板"，在【Blinn 基本参数】卷展栏中将【自发光】选项组中的【颜色】设置为 10，展开【贴图】卷展栏，单击【漫反射颜色】右侧的【无】按钮，在弹出的对话框选择【位图】选项，如图 3-94 所示。

　　(2) 打开【选择位图图像文件】对话框，在该对话框中选择随书附带光盘中的 CDROM\Map\B0000570.jpg 文件，单击【打开】按钮，如图 3-95 所示。

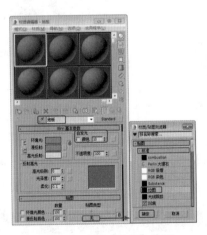

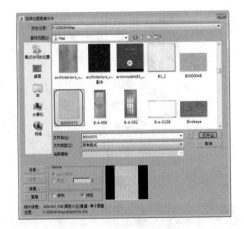

图 3-93　地面反射材质　　　　图 3-94　选择【位图】选项　　　　图 3-95　【选择位图图像文件】对话框

　　(3) 在【坐标】卷展栏中将【瓷砖】下的 U、V 分别设置为 5、10，在【位图参数】卷展栏中选中【裁剪 / 放置】选项组中的【应用】复选框，将 U、V、W、H 分别设置为 0、0、1.0、0.884，如图 3-96 所示。

（4）单击【转到父对象】按钮，将【反射】通道的【数量】设置为20，单击【无】按钮，在弹出的对话框中选择【平面镜】选项，单击【确定】按钮，在【平面镜参数】卷展栏中选中【应用于带ID的面】复选框，如图3-97所示。

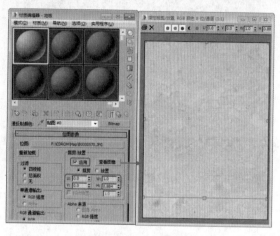

图 3-96　裁剪位图

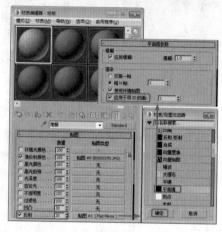

图 3-97　【平面镜参数】卷展栏

（5）单击【转到父对象】按钮，在场景中选择【地板】对象，单击【将材质指定给选定对象】按钮，然后激活【摄影机】视图，对该视图进行渲染，效果如图3-98所示。

（6）再选择一个空白的材质样本球，将其命名为"地板线"，在【明暗器基本参数】卷展栏中选中【线框】复选框，将【环境光】的RGB值设置为0、0、0，将【反射高光】选项组中的【光泽度】设置为0，展开【扩展参数】卷展栏，将【线框】选项组中的【大小】设置为0.3，如图3-99所示。

图 3-98　渲染效果

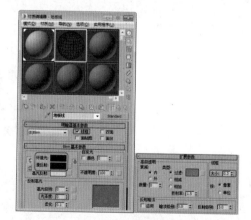

图 3-99　设置参数

(7) 将材质指定给地板线，激活【摄影机】视图，按 F9 键对该视图进行渲染，效果如图 3-100 所示。发现效果图的下方不完美，可以在 Photoshop 中使用【裁剪】工具对效果图的下方进行裁剪，然后在菜单栏中选择【图像】|【调整】|【亮度 / 对比度】命令，弹出【亮度 / 对比度】对话框，将【亮度】、【对比度】分别设置为 36、20，再单击【确定】按钮，如图 3-101 所示。

图 3-100　渲染后的效果

图 3-101　在 PS 中调整【亮度 / 对比度】

案例精讲 037　为物体添加塑料材质

　　本例将介绍塑料材质的调试，该材质的制作比较简单。首先将材质类型设置为【各向异性】，然后调整【各向异性基本参数】卷展栏下的参数，并通过【环境光】和【漫反射】的颜色来决定塑料的颜色，完成后的效果如图 3-102 所示。

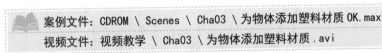

案例文件：CDROM \ Scenes \ Cha03 \ 为物体添加塑料材质 OK.max
视频文件：视频教学 \ Cha03 \ 为物体添加塑料材质 .avi

图 3-102　为物体添加塑料材质

　　(1) 打开随书附带光盘中的 CDROM \ Scene \ Cha03 \ 为物体添加塑料材质 .max 文件，如图 3-103 所示。

　　(2) 按 H 键打开【从场景选择】对话框，在打开的对话框中，选择【笔杆 01】、【笔尖 01】和【底座 01】对象，然后单击【确定】按钮，如图 3-104 所示。

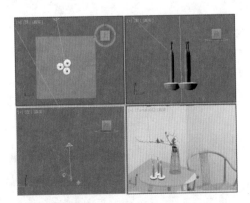

图 3-103　打开的场景文件

图 3-104　选择对象

　　(3) 按 M 键打开【材质编辑器】对话框，选择一个材质样本球，将其命名为"蓝色塑料"。在【明暗器基本参数】卷展栏中将阴影模式定义为【各向异性】。在【各向异性基本参数】卷展栏中将锁定的【环境光】

和【漫反射】的 RGB 值设置为 0、33、199，【高光反射】的 RGB 值设置为 255、255、255，【漫反射级别】设置为 119；将【自发光】区域下的【颜色】设置为 20，【反射高光】区域下的【高光级别】、【光泽度】和【各向异性】分别设置为 96、58 和 86，单击工具栏右侧的【背景】按钮▓▓，如图 3-105 所示。

(4) 设置完蓝色塑料材质后，单击 按钮将制作好的材质指定给场景中选择的对象。

(5) 按 H 键打开【从场景选择】对话框，在打开的对话框中，选择【笔杆 02】、【笔头 02】和【底座 02】对象，然后单击【确定】按钮，如图 3-106 所示。

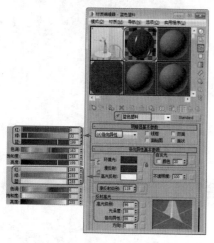

图 3-105　设置蓝色塑料材质

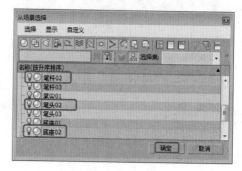

图 3-106　选择对象

(6) 按 M 键打开【材质编辑器】对话框，选择一个材质样本球，将其命名为"绿色塑料"。在【明暗器基本参数】卷展栏中将阴影模式定义为【各向异性】。在【各向异性基本参数】卷展栏中将锁定的【环境光】和【漫反射】的 RGB 值设置为 0、199、47，【高光反射】的 RGB 值设置为 255、255、255，【漫反射级别】设置为 100；将【自发光】区域下的【颜色】设置为 20，【反射高光】区域下的【高光级别】、【光泽度】和【各向异性】分别设置为 96、58 和 86，单击工具栏右侧的【背景】按钮▓▓，如图 3-107 所示。

(7) 设置完绿色塑料材质后，单击 按钮将制作好的材质指定给场景中选择的对象。

(8) 按 H 键，打开【从场景选择】对话框，在打开的对话框中，选择【笔杆 03】、【笔头 03】和【底座 03】对象，单击【确定】按钮，如图 3-108 所示。

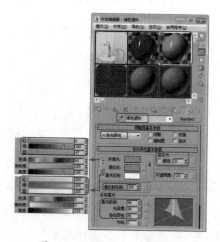

图 3-107　设置绿色塑料材质

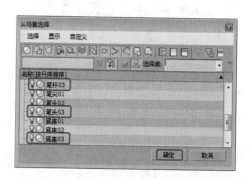

图 3-108　选择对象

(9) 按 M 键打开【材质编辑器】对话框，选择一个材质样本球，将其命名为"黑色塑料"。在【明暗器基本参数】卷展栏中将阴影模式定义为【各向异性】。在【各向异性基本参数】卷展栏中将锁定的【环境光】和【漫反射】的 RGB 值设置为 0、0、0，【高光反射】的 RGB 值设置为 255、255、255，【漫反射级别】设置为 119；将【自发光】区域下的【颜色】设置为 20，【反射高光】区域下的【高光级别】、【光泽度】和【各向异性】分别设置为 96、58 和 86，单击工具栏右侧的【背景】按钮▦，如图 3-109 所示。

(10) 设置完黑色塑料材质后，单击▧按钮将制作好的材质指定给场景中选择的对象。至此，塑料材质就设置完成了，渲染【摄影机】视图查看效果，如图 3-110 所示。最后将制作完成的场景进行存储。

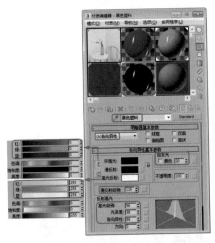

图 3-109　设置黑色塑料材质

图 3-110　渲染效果

案例精讲 038　为装饰隔断添加装饰玻璃材质

本案例将为装饰隔断添加装饰玻璃材质，该效果主要通过设置【明暗器基本参数】、添加【漫反射颜色】贴图等来完成，效果如图 3-111 所示。

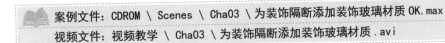

案例文件：CDROM ＼ Scenes ＼ Cha03 ＼ 为装饰隔断添加装饰玻璃材质 OK.max
视频文件：视频教学 ＼ Cha03 ＼ 为装饰隔断添加装饰玻璃材质.avi

图 3-111　为装饰隔断添加装饰玻璃材质

(1) 按 Ctrl+O 组合键，打开"为装饰隔断添加装饰玻璃材质.max"素材文件，如图 3-112 所示。

(2) 在场景文件中选择"Box001"长方体对象，按 M 键打开【材质编辑器】对话框，在该对话框中选择一个材质样本球，将其命名为"玻璃"，在【Blinn 基本参数】卷展栏中，将【环境光】和【漫反射】的 RGB 值均设置为 180、219、255，【不透明度】设置为 70，【高光级别】设置为 125，【光泽度】设置为 50，如图 3-113 所示。

(3) 在【贴图】卷展栏中单击【漫反射颜色】右侧的【无】按钮，在弹出的对话框中选择【位图】选项，单击【确定】按钮，在弹出的对话框中选择随书附带光盘中的 CDROM＼Map＼41.jpg 文件，单击【打开】按钮，如图 3-114 所示。单击【将材质指定给选定对象】按钮▧，将材质指定给场景中的长方体对象，按 F9 键对摄像机视图进行渲染，如图 3-115 所示。最后将场景文件保存。

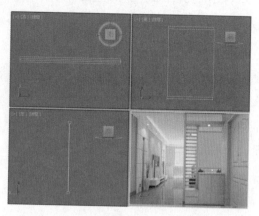

图 3-112 打开的素材文件

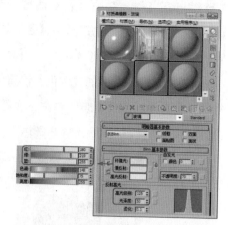

图 3-113 设置玻璃材质

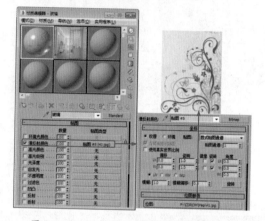

图 3-114 设置【漫反射颜色】贴图通道

图 3-115 查看渲染效果

 案例精讲 039 为咖啡杯添加瓷器质感【视频案例】

本例将介绍瓷器质感效果的制作。在日常生活中，瓷制用品比比皆是，瓷器质感在效果图中也被广泛应用。完成后的效果如图 3-116 所示。

> 案例文件：CDROM \ Scenes \ Cha03 \ 为咖啡杯添加瓷器质感 OK.max
> 视频文件：视频教学 \ Cha03 \ 为咖啡杯添加瓷器质感.avi

图 3-116 瓷器质感

 案例精讲 040 为躺椅添加布料材质【视频案例】

本例将介绍如何为躺椅添加布料材质，主要是利用【材质编辑器】对话框中的【贴图】卷展栏中的【漫反射颜色】通道，通过为该通道添加【衰减】贴图来表现布料质感，效果如图 3-117 所示。

> 案例文件：CDROM \ Scenes \ Cha03 \ 为躺椅添加布料材质 OK.max
> 视频文件：视频教学 \ Cha03 \ 为躺椅添加布料材质.avi

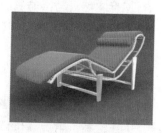

图 3-117 布料材质

案例精讲 041　为礼盒添加多维次物体材质

　　本例将介绍多维次物体材质的制作。首先设置模型的 ID 面，再通过多维 / 子对象材质来表现其效果，完成后的效果如图 3-118 所示。

　　案例文件：CDROM \ Scenes \ Cha03 \ 为礼盒添加多维次物体材质 OK.max

　　视频文件：视频教学 \ Cha03 \ 为礼盒添加多维次物体材质 .avi

图 3-118　多维次物体材质的设置

　　(1) 按 Ctrl+O 组合键，打开 "为礼盒添加多维次物体材质 .max" 素材文件，如图 3-119 所示。

　　(2) 在场景中选择【礼盒】对象，切换到【修改】命令面板，在修改器下拉列表中选择【编辑多边形】修改器，将当前选择集定义为【多边形】，在视图中选择正面和背面，在【多边形：材质 ID】卷展栏中的【设置 ID】文本框中输入 1，按 Enter 键确认，如图 3-120 所示。

知识链接

　　【设置 ID】:用于向选定的多边形分配特殊的材质 ID 编号，以供与多维/子对象材质和其他应用一同使用。可以使用微调器或键盘输入数字。可用的 ID 总数是 65535。

　　【选择 ID】:选择与相邻 ID 字段中指定的材质ID对应的多边形。键入或使用该微调器指定 ID，然后单击【选择 ID】按钮。

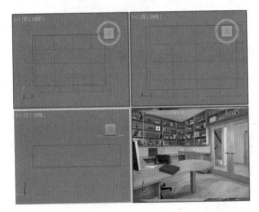

图 3-119　打开的素材文件

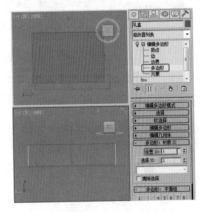

图 3-120　设置 ID 为 1

　　(3) 在视图中选择如图 3-121 所示的面，在【多边形：材质 ID】卷展栏中的【设置 ID】文本框中输入 2，按 Enter 键确认。

　　(4) 在视图中选择如图 3-122 所示的面，在【多边形：材质 ID】卷展栏中的【设置 ID】文本框中输入 3，按 Enter 键确认。

　　(5) 关闭当前选择集，按 M 键打开【材质编辑器】对话框，选择一个新的材质样本球，并单击 Standard 按钮，在弹出的【材质 / 贴图浏览器】对话框中选择【多维 / 子对象】材质，如图 3-123 所示。

知识链接

　　【多维 /子对象】材质用于将多种材质赋予物体的各个次对象，在物体表面的不同位置显示不同的材质。该材质是根据次对象的 ID号进行设置的，使用该材质前，要给物体的各个次对象分配ID号。

　　(6) 单击【确定】按钮，在弹出的【替换材质】对话框中选中【将旧材质保存为子材质】单选按钮，单击【确定】按钮，如图 3-124 所示。

图 3-121　设置 ID 为 2

图 3-122　设置 ID 为 3

图 3-123　选择【多维/子对象】材质

图 3-124　替换材质

(7) 在【多维/子对象基本参数】卷展栏中单击【设置数量】按钮，在弹出的对话框中将【材质数量】设置为3，单击【确定】按钮，如图 3-125 所示。

(8) 在【多维/子对象基本参数】卷展栏中单击 ID1 右侧的【子材质】按钮，在【Blinn 基本参数】卷展栏中将【环境光】和【漫反射】的 RGB 值均设置为 255、187、80，将【自发光】区域的【颜色】设置为 80，在【反射高光】选项组中将【高光级别】和【光泽度】分别设置为 20、10，如图 3-126 所示。

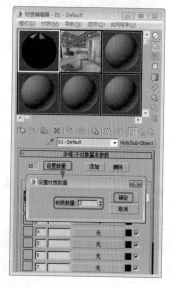

图 3-125　设置材质数量

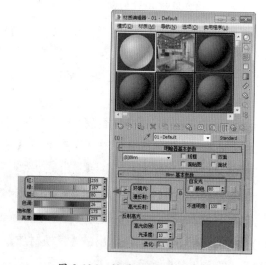

图 3-126　设置 Blinn 基本参数

(9) 在【贴图】卷展栏中，单击【漫反射颜色】右侧的【无】按钮，在弹出的【材质 / 贴图浏览器】对话框中选择【位图】贴图，单击【确定】按钮，如图 3-127 所示。

(10) 在弹出的对话框中打开随书附带光盘中的"1 副本 .tif"文件，在【坐标】卷展栏中使用默认参数，如图 3-128 所示。

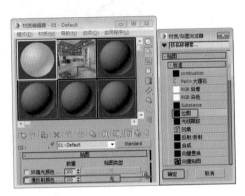

图 3-127　选择【位图】贴图

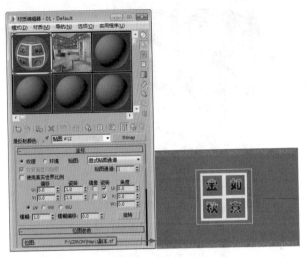

图 3-128　打开素材文件

(11) 单击【转到父对象】按钮，在【贴图】卷展栏中将【漫反射颜色】右侧的材质按钮拖曳到【凹凸】右侧的材质按钮上，在弹出的对话框中选中【复制】单选按钮，并单击【确定】按钮，如图 3-129 所示。

(12) 单击【在视口中显示标准贴图】按钮和【将材质指定给选定对象】按钮，指定材质后的效果如图 3-130 所示。

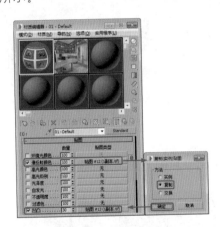

图 3-129　复制材质

图 3-130　指定材质后的效果

(13) 单击【转到父对象】按钮，在【多维 / 子对象基本参数】卷展栏中单击 ID2 右侧的【子材质】按钮，在弹出的【材质 / 贴图浏览器】对话框中选择【标准】材质，单击【确定】按钮，如图 3-131 所示。

(14) 在【Blinn 基本参数】卷展栏中将【环境光】和【漫反射】的 RGB 值均设置为 255、186、0，将【自发光】选项组的【颜色】设置为 80，在【反射高光】选项组中将【高光级别】和【光泽度】分别设置为 20、10，如图 3-132 所示。

(15) 在【贴图】卷展栏中单击【漫反射颜色】右侧的【无】按钮，在弹出的对话框中选择【位图】贴图，再在弹出的对话框中打开随书附带光盘中的"2 副本 .tif"文件，在【坐标】卷展栏中将【角度】下的 W 设置为 180，如图 3-133 所示。

(16) 单击【转到父对象】按钮 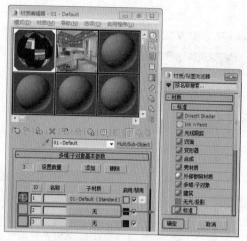，在【贴图】卷展栏中将【漫反射颜色】右侧的材质按钮拖曳到【凹凸】右侧的材质按钮上，在弹出的对话框中选中【复制】单选按钮，并单击【确定】按钮，指定材质后的效果如图 3-134 所示。

图 3-131　选择【标准】材质

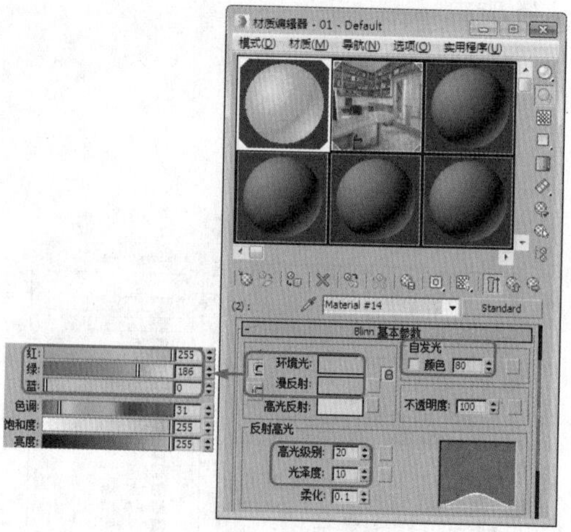

图 3-132　设置参数

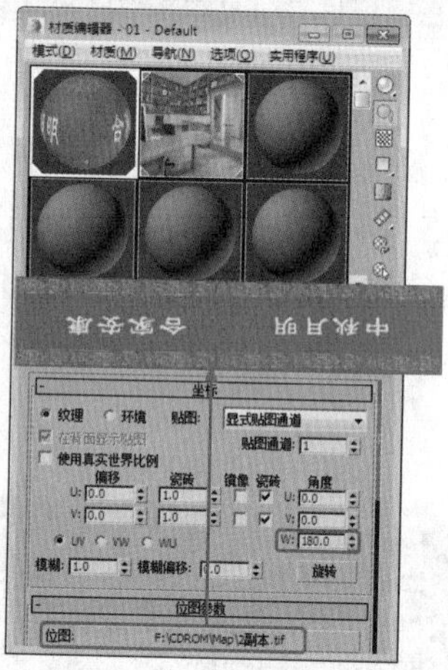

图 3-133　设置贴图参数

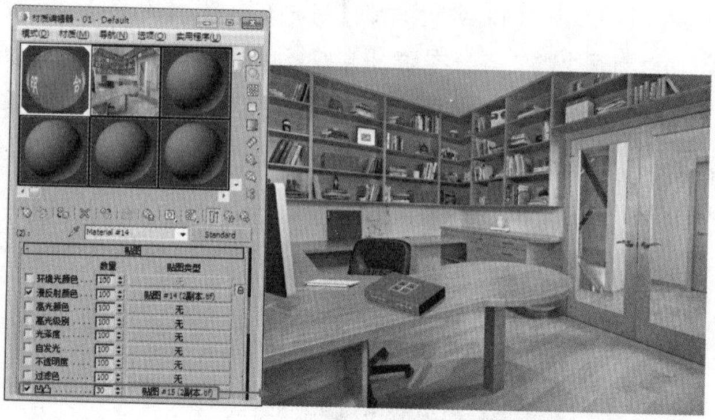

图 3-134　设置材质后的效果

(17) 使用前面介绍的方法设置 ID3 的材质，如图 3-135 所示。

(18) 设置材质后，激活【摄影机】视图，按 F9 键进行渲染，渲染后的效果如图 3-136 所示。

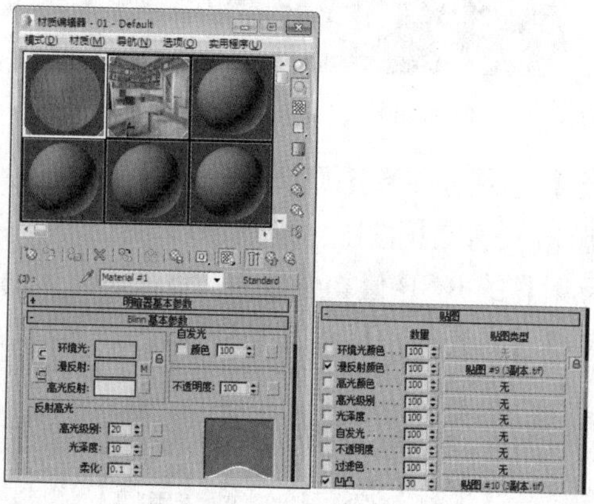

图 3-135　设置 ID3 材质

图 3-136　完成后的效果

第4章

公共空间家具的制作与表现

本章重点

- 使用长方体工具制作引导提示板
- 使用阵列制作支架式展板
- 制作办公桌
- 使用长方体和圆柱体工具制作会议桌
- 使用几何体制作吧椅
- 使用长方体工具制作文件柜【视频案例】

- 使用布尔制作前台桌
- 使用几何体工具创建老板桌
- 使用管状体制作资料架
- 使用切角长方体工具制作垃圾箱
- 使用布尔运算制作饮水机

　　本章将介绍公共空间家具的制作，在制作过程中可以掌握一般家具模型的制作思路。通过编辑多边形等修改器的应用，可以使模型更具真实性。

案例精讲 042　使用长方体工具制作引导提示板

本例将介绍引导提示板的制作。首先使用【长方体】工具和【编辑多边形】修改器来制作提示板，使用【圆柱体】、【星形】、【线】和【长方体】等工具制作提示板支架，然后添加背景贴图，完成后的效果如图 4-1 所示。

> 案例文件：CDROM \ Scenes \ Cha04 \ 使用长方体工具制作引导提示板 OK.max
> 视频文件：视频教学 \ Cha04 \ 使用长方体工具制作引导提示板 .avi

图 4-1　引导提示板效果

(1) 选择【创建】 |【几何体】|【长方体】命令，在【前】视图中创建长方体，将其命名为"提示板"，切换到【修改】命令面板，在【参数】卷展栏中设置【长度】为100、【宽度】为150、【高度】为8；设置【长度分段】为3、【宽度分段】为3、【高度分段】为1，如图 4-2 所示。

(2) 在修改器下拉列表中选择【编辑多边形】修改器，将当前选择集定义为【顶点】，在【前】视图中调整顶点的位置，如图 4-3 所示。

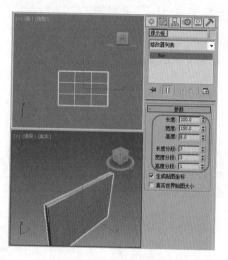

图 4-2　创建提示板

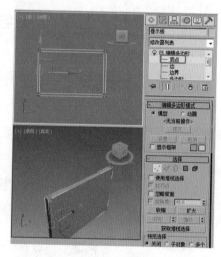

图 4-3　调整顶点

(3) 将当前选择集定义为【多边形】，在【前】视图中选择多边形，在【编辑多边形】卷展栏中单击【挤出】右侧的【设置】按钮，在弹出的【挤出多边形】对话框中将【挤出高度】设置为 −5.25，单击【确定】按钮，如图 4-4 所示。

知识链接

【挤出】：直接在视口中操纵时，可以执行手动挤出操作。单击此按钮，然后垂直拖动任何多边形，即可将其挤出。挤出多边形时，这些多边形将会沿着法线方向移动，然后创建形成挤出边的新多边形，从而将选择与对象相连。

下面是多边形挤出的几个重要方面。

① 如果鼠标光标位于选定多边形上，将会更改为【挤出】光标。

② 垂直拖动时，可以指定挤出的范围，水平拖动时，可以设置基本多边形的大小。

③ 选定多个多边形时，如果拖动任何一个多边形，将会均匀地挤出所有选定的多边形。

④ 激活【挤出】按钮时，可以依次拖动其他多边形，使其挤出。再次单击【挤出】按钮或在活动视口中右击，可以结束操作。

(4) 确定多边形处于选择状态，在【多边形：材质 ID】卷展栏中将【设置 ID】设置为1，如图 4-5 所示。

(5) 在菜单栏中选中【编辑】|【反选】命令, 反选多边形, 在【多边形: 材质 ID】卷展栏中将【设置 ID】设置为 2, 如图 4-6 所示。

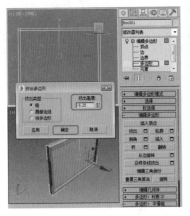
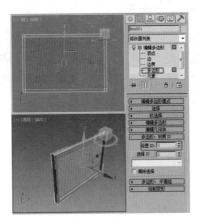
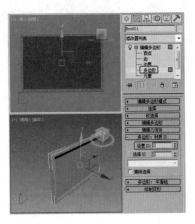

图 4-4　设置挤出高度　　　　　图 4-5　设置多边形的材质 ID 为 1　　　图 4-6　设置多边形的材质 ID 为 2

(6) 关闭当前选择集, 按 M 键, 打开【材质编辑器】对话框, 选择一个新的材质样本球, 将其命名为 "提示板", 单击 Standard 按钮, 在弹出的【材质 / 贴图浏览器】对话框中选择【多维 / 子对象】材质, 单击【确定】按钮, 如图 4-7 所示。

(7) 弹出【替换材质】对话框, 在该对话框中选中【将旧材质保存为子材质】单选按钮, 单击【确定】按钮, 如图 4-8 所示。

(8) 在【多维 / 子对象基本参数】卷展栏中单击【设置数量】按钮, 在弹出的对话框中设置【材质数量】为 2, 单击【确定】按钮, 如图 4-9 所示。

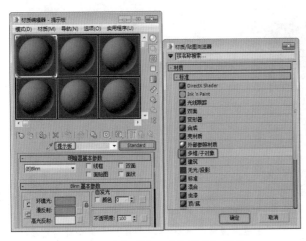

图 4-7　选择【多维 / 子对象】材质　　　　图 4-8　替换材质　　　　图 4-9　设置材质数量

(9) 在【多维 / 子对象基本参数】卷展栏中单击 ID1 右侧的子材质按钮, 进入 ID1 材质的设置面板, 在【贴图】卷展栏中, 单击【漫反射颜色】右侧的【无】按钮, 在弹出的【材质 / 贴图浏览器】对话框中选择【位图】贴图, 单击【确定】按钮, 如图 4-10 所示。

(10) 在弹出的对话框中打开随书附带光盘中的 "引导图 .jpg" 素材文件, 在【坐标】卷展栏中, 将【瓷砖】下的 U、V 均设置为 3, 如图 4-11 所示。

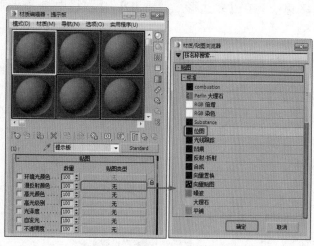

图 4-10　选择【位图】贴图

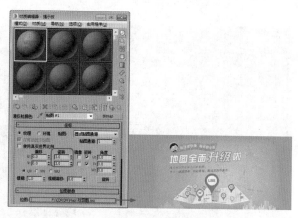

图 4-11　设置参数

(11) 双击【转到父对象】按钮，在【多维／子对象基本参数】卷展栏中单击 ID2 右侧的子材质按钮，在弹出的【材质／贴图浏览器】对话框中选择【标准】材质，单击【确定】按钮，如图 4-12 所示。

(12) 进入 ID2 材质的设置面板，在【Blinn 基本参数】卷展栏中，将【环境光】和【漫反射】的 RGB 值均设置为 240、255、255，将【自发光】选项组中的【颜色】设置为 20，在【反射高光】选项组中，将【高光级别】和【光泽度】均设置为 0，如图 4-13 所示。单击【转到父对象】按钮返回到主材质面板，并单击【将材质指定给选定对象】按钮，将材质指定给场景中的【提示板】对象。

(13) 在工具栏中单击【选择并旋转】按钮，在【左】视图中调整模型的角度，如图 4-14 所示。

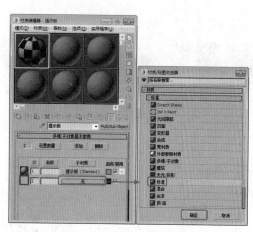

图 4-12　选择【标准】材质

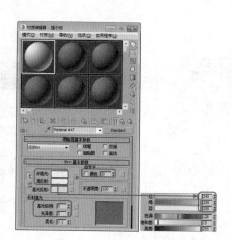

图 4-13　设置 ID2 材质

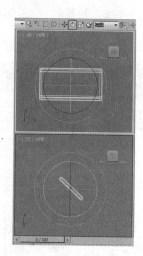

图 4-14　调整旋转角度

(14) 选择【创建】｜【几何体】｜【圆柱体】命令，在【顶】视图中创建圆柱体，将其命名为"支架001"，切换到【修改】命令面板，在【参数】卷展栏中将【半径】设置为 3、【高度】设置为 200、【高度分段】设置为 1、【端面分段】设置为 1、【边数】设置为 18，如图 4-15 所示。

(15) 按 M 键打开【材质编辑器】对话框，选择一个新的材质样本球，将其命名为"塑料"，在【Blinn基本参数】卷展栏中，将【环境光】和【漫反射】的 RGB 值均设置为 240、255、255，将【自发光】选项组中的【颜色】设置为 20，在【反射高光】选项组中将【高光级别】和【光泽度】均设置为 0，并单击【将材质指定给选定对象】按钮，将材质指定给【支架 001】对象，如图 4-16 所示。

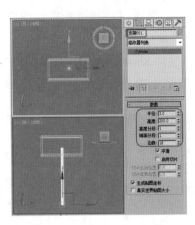

图 4-15　创建【支架 001】

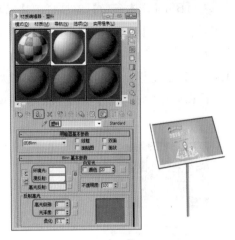

图 4-16　设置【塑料】材质

(16) 选择【创建】 ![] |【几何体】 ![] |【扩展基本体】|【切角圆柱体】命令，在【顶】视图中创建切角圆柱体，将其命名为"支架塑料 001"，切换到【修改】命令面板，在【参数】卷展栏中设置【半径】为 3.5、【高度】为 10、【圆角】为 0.5；设置【高度分段】为 1、【圆角分段】为 2、【边数】为 18、【端面分段】为 1，如图 4-17 所示。

<table>
<tr><td colspan="2" align="center">**知识链接**</td></tr>
</table>

【半径】：设置切角圆柱体的半径。

【高度】：设置沿着中心轴的维度。设置为负数将在构造平面下面创建切角圆柱体。

【圆角】：斜切切角圆柱体的顶部和底部封口边。数量越多将使沿着封口边的圆角更加精细。

【高度分段】：设置沿着相应轴的分段数量。

【圆角分段】：设置圆柱体圆角边时的分段数。添加圆角分段曲线边缘从而生成圆角圆柱体。

【边数】：设置切角圆柱体周围的边数。选中【平滑】复选框时，数值较大时将着色和渲染为真正的圆。禁用【平滑】复选框时，较小的数值将创建规则的多边形对象。

【端面分段】：设置沿着切角圆柱体顶部和底部的中心，同心分段的数量。

(17) 在修改器下拉列表中选择 FFD 2×2×2 修改器，将当前选择集定义为【控制点】，在【左】视图中调整模型的形状，如图 4-18 所示。

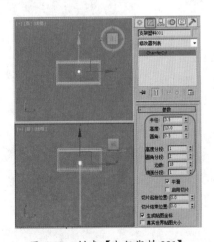

图 4-17　创建【支架塑料 001】

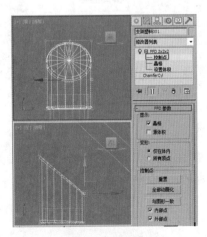

图 4-18　调整模型

(18) 关闭当前选择集，按 M 键打开【材质编辑器】对话框，选择一个新的材质样本球，将其命名为"黑色塑料″，在【Blinn 基本参数】卷展栏中将【环境光】和【漫反射】的 RGB 值均设置为 37、37、37，在【反射高光】选项组中将【高光级别】设置为 57、【光泽度】设置为 23。单击【将材质指定给选定对象】按钮，将设置的材质指定给【支架塑料 001】对象，如图 4-19 所示。

(19) 确定【支架塑料 001】对象处于选中状态，在【前】视图中按住 Shift 键的同时沿 Y 轴向下移动对象，在弹出的对话框中选中【复制】单选按钮，并单击【确定】按钮，如图 4-20 所示。

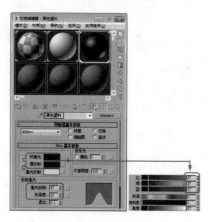

图 4-19　设置材质

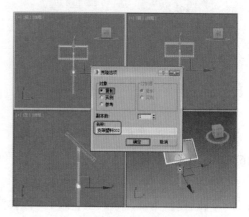

图 4-20　复制对象

(20) 确定【支架塑料 002】对象处于选中状态，然后在【修改】命令面板中删除 FFD 2×2×2 修改器，如图 4-21 所示。

(21) 选择【创建】｜【几何体】｜【标准基本体】｜【圆柱体】命令，在【前】视图中创建圆柱体，将其命名为″支架塑料 003″，切换到【修改】命令面板，在【参数】卷展栏中设置【半径】为 2.8、【高度】为 5、【高度分段】为 1、【端面分段】为 1、【边数】为 18，如图 4-22 所示。

(22) 选择【创建】｜【图形】｜【星形】命令，在【前】视图中创建星形，切换到【修改】命令面板，在【参数】卷展栏中设置【半径 1】为 4.2、【半径 2】为 3.8、【点】为 15、【圆角半径 1】为 0.3，如图 4-23 所示。

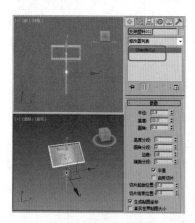

图 4-21　删除修改器

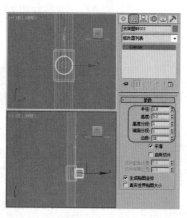

图 4-22　创建″支架塑料 003″

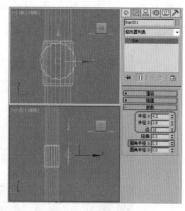

图 4-23　创建星形

|||▶提 示

在创建星形样条线时，可以使用鼠标在步长之间平移和环绕视口。要平移视口，需按住鼠标中键或鼠标滚轮进行拖动。要环绕视口，需同时按住 Alt 键和鼠标中键（或鼠标滚轮）进行拖动。

(23) 在修改器下拉列表中选择【挤出】修改器，在【参数】卷展栏中设置【数量】参数为2，如图4-24所示。然后为【支架塑料003】对象和星形对象指定【黑色塑料】材质。

(24) 选择【创建】 | 【几何体】 | 【长方体】命令，在【顶】视图中创建长方体，将其命名为"底座001"，切换到【修改】命令面板，在【参数】卷展栏中设置【长度】为20、【宽度】为120、【高度】为6、【长度分段】为1、【宽度分段】为1、【高度分段】为1，如图4-25所示。

(25) 在【顶】视图中复制【底座001】对象，然后在【参数】卷展栏中设置【长度】为65、【宽度】为6、【高度】为6，并在场景中调整对象的位置，如图4-26所示。然后为【底座001】和【底座002】对象指定【塑料】材质。

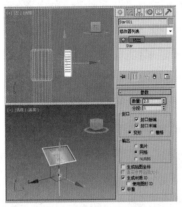
图4-24　为星形施加【挤出】修改器

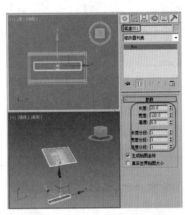
图4-25　创建【底座001】对象

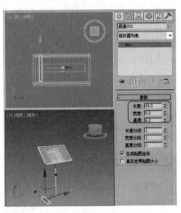
图4-26　复制并调整对象位置

(26) 在场景中复制【底座002】对象，并将其命名为"底座塑料001"，在【参数】卷展栏中修改【长度】为8、【宽度】为7、【高度】为7，并在场景中调整模型的位置，如图4-27所示。

(27) 在场景中复制【底座塑料001】，并在【顶】视图中将其调整至【底座002】的另一端，如图4-28所示。然后为【底座塑料001】和【底座塑料002】对象指定【黑色塑料】材质。

(28) 同时选择【底座002】、【底座塑料001】和【底座塑料002】对象，并对其进行复制，然后在场景中调整其位置，效果如图4-29所示。

图4-27　复制并调整模型的参数

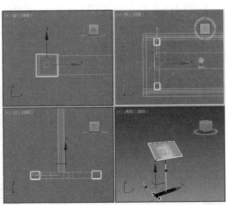
图4-28　复制并调整模型

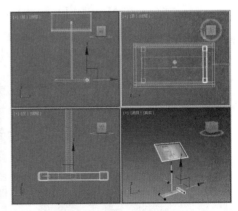
图4-29　复制并调整位置

(29) 选择【创建】 | 【图形】 | 【线】命令，在【左】视图中创建截面图形，将其命名为"轮子001"，切换到【修改】命令面板，将当前选择集定义为【顶点】，在场景中调整截面的形状，如图4-30所示。

(30) 关闭当前选择集，在修改器下拉列表中选择【车削】修改器，在【参数】卷展栏中单击【方向】选项组中的X按钮，并将当前选择集定义为【轴】，在场景中调整轴，如图4-31所示。

（31）关闭当前选择集，选择【创建】 | 【图形】 | 【弧】命令，在【前】视图中创建弧，如图4-32所示。

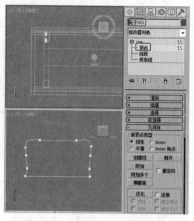

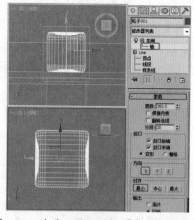

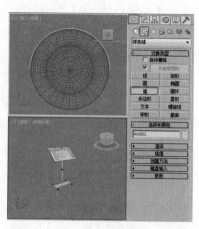

图4-30 创建并调整截面形状   图4-31 为截面图形施加【车削】修改器   图4-32 创建弧

（32）切换到【修改】命令面板，在修改器下拉列表中选择【编辑样条线】修改器，将当前选择集定义为【样条线】，在场景中选择弧，在【几何体】卷展栏中设置【轮廓】为 -0.5，按 Enter 键设置出轮廓，如图4-33所示。

（33）关闭当前选择集，在修改器下拉列表中选择【倒角】修改器，在【倒角值】卷展栏中设置【级别1】选项组中的【高度】为0.1、【轮廓】为0.1；选中【级别2】复选框，设置【高度】为5；选中【级别3】复选框，设置【高度】为0.1、【轮廓】为-0.1，如图4-34所示。

（34）选择【创建】 | 【几何体】 | 【圆柱体】命令，在【顶】视图中创建圆柱体，将其命名为"轱辘支架001"，切换到【修改】命令面板，在【参数】卷展栏中设置【半径】为1.4、【高度】为3、【边数】为12，如图4-35所示。然后为【轮子001】、【轱辘支架001】和圆弧对象指定【黑色塑料】材质。

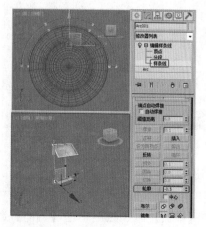

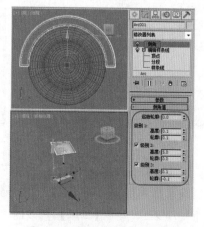

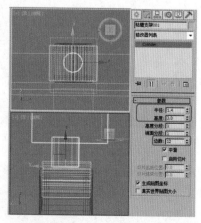

图4-33 设置样条线的轮廓   图4-34 施加【倒角】修改器   图4-35 创建【轱辘支架001】对象

(35) 在场景中同时选择【轮子 001】、【轴辘支架 001】和【圆弧】对象，并对其进行复制，然后调整其位置，效果如图 4-36 所示。

(36) 选择【创建】 ※ |【几何体】 ◎ |【平面】命令，在【顶】视图中创建平面，切换到【修改】命令面板，在【参数】卷展栏中将【长度】设置为 122，【宽度】设置为 179，如图 4-37 所示。

(37) 右击平面对象，在弹出的快捷菜单中选择【对象属性】命令，弹出【对象属性】对话框，在【显示属性】选项组中选中【透明】复选框，单击【确定】按钮，如图 4-38 所示。

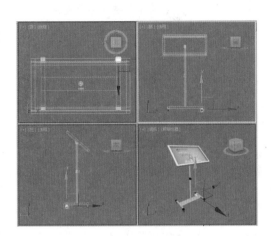

图 4-36　复制并调整对象位置

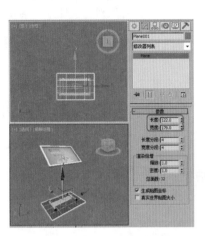

图 4-37　创建平面对象

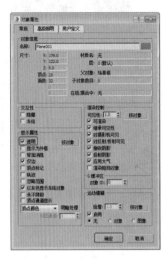

图 4-38　设置对象属性

(38) 按 M 键打开【材质编辑器】对话框，选择一个新的材质样本球，并单击 Standard 按钮，在弹出的【材质/贴图浏览器】对话框中选择【无光/投影】材质，单击【确定】按钮，如图 4-39 所示。

(39) 在【无光/投影基本参数】卷展栏中，单击【反射】选项组中【贴图】右侧的【无】按钮，在弹出的【材质/贴图浏览器】对话框中选择【平面镜】材质，单击【确定】按钮，如图 4-40 所示。

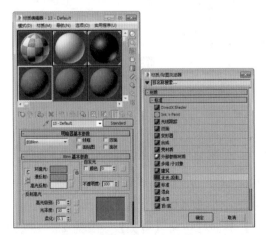

图 4-39　选择【无光/投影】材质

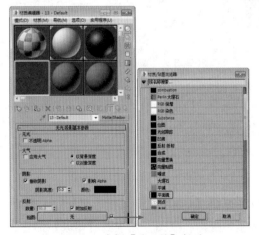

图 4-40　选择【平面镜】材质

(40) 在【平面镜参数】卷展栏中选中【应用于带 ID 的面】复选框，如图 4-41 所示。

(41) 单击【转到父对象】按钮 ◎，在【无光/投影基本参数】卷展栏中将【反射】选项组中的【数量】设置为 10，然后单击【将材质指定给选定对象】按钮 ◎，将材质指定给平面对象，如图 4-42 所示。

(42) 按 8 键弹出【环境和效果】对话框，在【公用参数】卷展栏中单击【无】按钮，在弹出的【材质/

贴图浏览器】对话框中选择【位图】贴图，再在弹出的对话框中打开随书附带光盘中的"引导提示板背景.JPG"素材文件，如图4-43所示。

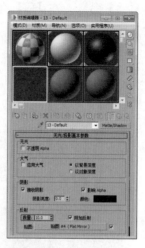

图 4-41　选中【应用于带ID的面】复选框　　　图 4-42　设置反射数量　　　图 4-43　选择环境贴图

(43) 在【环境和效果】对话框中，将环境贴图按钮拖曳至新的材质样本球上，在弹出的【实例(副本)贴图】对话框中选中【实例】单选按钮，单击【确定】按钮，然后在【坐标】卷展栏中将贴图设置为【屏幕】，如图4-44所示。

(44) 激活【透视】视图，按 Alt+B 组合键，弹出【视口配置】对话框，在【背景】选项卡中选中【使用环境背景】单选按钮，然后单击【确定】按钮，如图4-45所示。

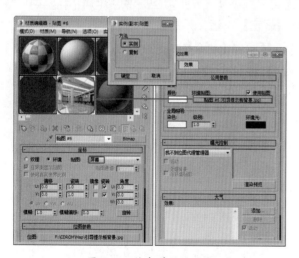
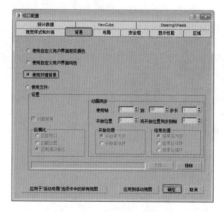

图 4-44　拖曳并设置贴图　　　　　　　图 4-45　显示环境背景

(45) 选择【创建】 |【摄影机】 |【目标】命令，在视图中创建摄影机，激活【透视】视图，按C键将其转换为摄影机视图，切换到【修改】命令面板，在【参数】卷展栏中将【镜头】设置为25，并在其他视图中调整摄影机的位置，效果如图4-46所示。

(46) 选择【创建】 |【灯光】 |【标准】|【泛光】命令，在【顶】视图中创建泛光灯，并在其他视图中调整灯光的位置，切换至【修改】命令面板，在【常规参数】卷展栏中，选中【阴影】选项组中的【启用】复选框，将阴影模式定义为【阴影贴图】，在【强度/颜色/衰减】卷展栏中将【倍增】设置为0.2，如图4-47所示。

阴影贴图是渲染器在预渲染场景通道时生成的一种位图。阴影贴图不会显示透明或半透明对象投射的颜色。阴影贴图可以拥有边缘模糊的阴影，但光线跟踪阴影无法做到这一点。阴影贴图从灯光的方向进行投影。与光线跟踪阴影相比，阴影贴图所需的计算时间较少，但精确性较低。

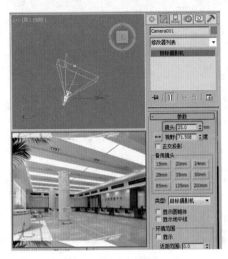

图 4-46　创建并调整摄影机

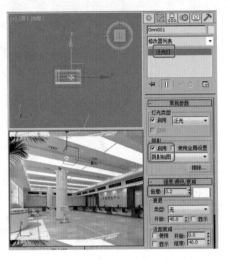

图 4-47　创建并调整泛光灯

(47) 选择【创建】　|【灯光】　|【标准】|【天光】命令，在【顶】视图中创建天光，切换到【修改】命令面板，在【天光参数】卷展栏中选中【投射阴影】复选框，如图 4-48 所示。

(48) 至此，引导提示板就制作完成了，在【渲染设置】对话框中设置渲染参数，渲染后的效果如图 4-49 所示。

图 4-48　创建天光

图 4-49　渲染后的效果

案例精讲 043　使用阵列制作支架式展板

本例将介绍支架式展板的制作。首先使用【长方体】工具制作展示板，然后使用【弧】、【球体】和【圆柱体】等工具制作展板支架，最后添加背景贴图，完成后的效果如图 4-50 所示。

案例文件：CDROM \ Scenes \ Cha04 \使用阵列制作支架式展板 OK.max

视频文件：视频教学 \ Cha04 \使用阵列制作支架式展板 .avi

（1）选择【创建】 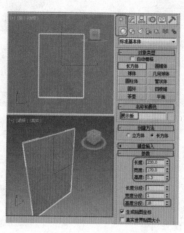|【几何体】 ○ |【长方体】命令，在【前】视图中创建长方体，并将其命名为"展示板"，切换到【修改】命令面板，在【参数】卷展栏中设置【长度】为230、【宽度】为170、【高度】为0.3、【高度分段】为18，如图4-51所示。

（2）在修改器下拉列表中选择【UVW贴图】修改器，在【参数】卷展栏中选中【贴图】选项组中的【平面】单选按钮，然后在【对齐】选项组中单击【适配】按钮，如图4-52所示。

图4-50 支架式展板

图4-51 创建【展示板】对象

图4-52 施加【UVW贴图】修改器

（3）确认【展示板】对象处于选中状态，按M键打开【材质编辑器】对话框，选择一个新的材质样本球，并将其命名为"展示板"，在【Blinn基本参数】卷展栏中将【高光反射】的RGB值设置为255、255、255，将【自发光】选项组中的【颜色】设置为30，如图4-53所示。

（4）在【贴图】卷展栏中单击【漫反射颜色】右侧的【无】按钮，在弹出的【材质/贴图浏览器】对话框中选择【位图】贴图，单击【确定】按钮，如图4-54所示。

图4-53 设置Blinn基本参数

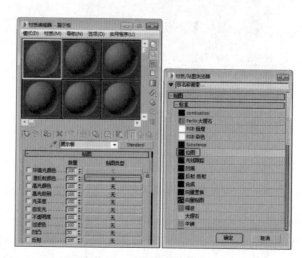

图4-54 选择【位图】贴图

（5）在弹出的对话框中打开随书附带光盘中的"背景图1.jpg"素材文件，在【坐标】卷展栏中使用默认参数，然后单击【转到父对象】按钮 和【将材质指定给选定对象】按钮 ，将材质指定给【展示板】对象，指定材质后的效果如图4-55所示。

(6) 选择【创建】| 【图形】| 【样条线】|【弧】命令，在【左】视图中创建弧，切换到【修改】命令面板，在【参数】卷展栏中设置【半径】为 1、【从】为 278、【到】为 260，并在场景中调整其位置，如图 4-56 所示。

(7) 在修改器下拉列表中选择【挤出】修改器，在【参数】卷展栏中设置【数量】为 180，如图 4-57 所示。

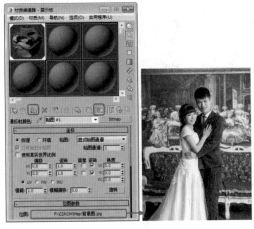

图 4-55　指定材质后的效果

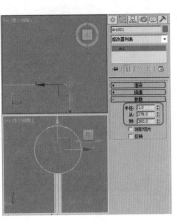

图 4-56　创建弧对象

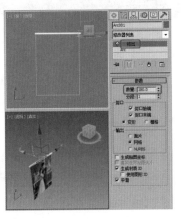

图 4-57　施加【挤出】修改器

(8) 选择【创建】| 【几何体】| 【球体】命令，在【左】视图中创建球体，切换到【修改】命令面板，在【参数】卷展栏中设置【半径】为 1.3、【分段】为 16，并在场景中调整其位置，如图 4-58 所示。

(9) 在【前】视图中按住 Shift 键的同时沿 X 轴移动复制球体，在弹出的【克隆选项】对话框中选中【复制】单选按钮，单击【确定】按钮，如图 4-59 所示。

(10) 在场景中选择创建的弧和两个球体对象，在菜单栏中选择【组】|【组】命令，在弹出的对话框中设置【组名】为"支架 001"，单击【确定】按钮，如图 4-60 所示。

图 4-58　创建球体

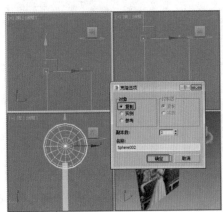

图 4-59　复制模型

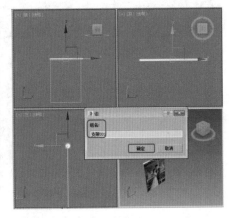

图 4-60　成组对象

(11) 确定【支架 001】对象处于选中状态，按 M 键打开【材质编辑器】对话框，选择一个新的材质样本球，将其命名为"塑料"，在【Blinn 基本参数】卷展栏中将【环境光】和【漫反射】的 RGB 值均设置为 50、50、50，在【反射高光】选项组中将【高光级别】和【光泽度】分别设置为 51 和 53，然后单击【将材质指定给选定对象】按钮，将材质指定给【支架 001】对象，指定材质后的效果如图 4-61 所示。

(12) 在【前】视图中按住 Shift 键的同时沿 Y 轴移动复制模型【支架 001】，在弹出的对话框中选中【复制】单选按钮，单击【确定】按钮，如图 4-62 所示。

(13) 在【前】视图中按住 Shift 键的同时沿 Y 轴移动复制模型【支架003】，然后选择复制出的【支架004】对象，切换到【修改】命令面板，在【参数】卷展栏中修改【半径】为 3、【高度】为 5，并在视图中调整其位置，效果如图 4-63 所示。为【支架004】对象指定【塑料】材质。

图 4-61　设置并指定材质

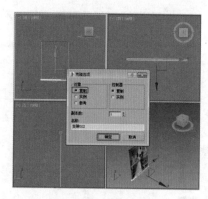

图 4-62　复制模型

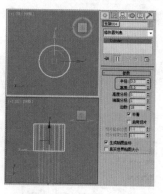

图 4-63　复制并修改对象参数

(14) 选择【创建】 |【图形】 |【样条线】|【线】命令，在【前】视图中创建样条线，将其命名为"线"，切换到【修改】命令面板，将当前选择集定义为【顶点】，在视图中调整样条线，如图 4-64 所示。

(15) 关闭当前选择集，在【渲染】卷展栏中选中【在渲染中启用】和【在视图中启用】复选框，将【厚度】设置为 0.3，并将其颜色更改为【黑色】，如图 4-65 所示。

(16) 选择【创建】 |【图形】 |【样条线】|【线】命令，在【前】视图中创建样条线，将其命名为"支架座001"，如图 4-66 所示。

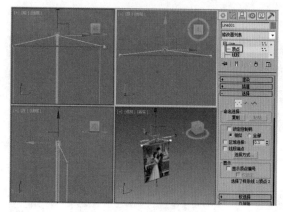

图 4-64　创建并调整样条线

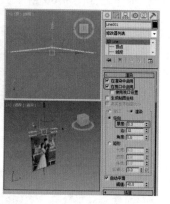

图 4-65　设置渲染参数并更改颜色

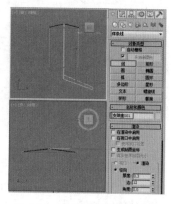

图 4-66　创建"支架座001"

(17) 切换到【修改】命令面板，在修改器下拉列表中选择【倒角】修改器，在【倒角值】卷展栏中，将【级别1】下的【高度】和【轮廓】均设置为 0.5，选中【级别2】复选框，将【高度】设置为 1，选中【级别3】复选框，将【高度】设置为 0.5，【轮廓】设置为 -0.5，如图 4-67 所示。

(18) 选择【创建】 |【几何体】 |【圆柱体】命令，在【顶】视图中创建圆柱体，将其命名为"支架座002"，切换到【修改】命令面板，在【参数】卷展栏中设置【半径】为 2、【高度】为 1、【边数】为15，如图 4-68 所示。

(19) 结合前面介绍的方法，使用【线】工具创建"支架座003"对象，并为其施加【倒角】修改器，效果如图 4-69 所示。

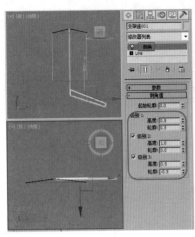

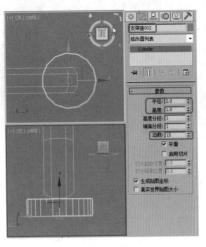

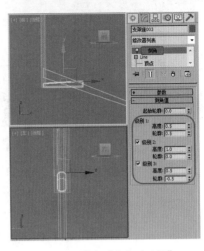

图 4-67　施加【倒角】修改器　　　　图 4-68　创建"支架座 002"　　　　图 4-69　创建"支架座 003"

(20) 在场景中选择所有的支架座对象，在菜单栏中选择【组】|【组】命令，在弹出的对话框中设置【组名】为"支架座"，单击【确定】按钮，如图 4-70 所示。

(21) 在场景中选择【支架 003】和【支架座】对象，按 M 键打开【材质编辑器】对话框，选择一个新的材质样本球，将其命名为"金属"，在【明暗器基本参数】卷展栏中选择【金属】选项，在【金属基本参数】卷展栏中将【环境光】的 RGB 值设置为 0、0、0，将【漫反射】的 RGB 值设置为 255、255、255，在【反射高光】选项组中，将【高光级别】和【光泽度】分别设置为 100 和 86，如图 4-71 所示。

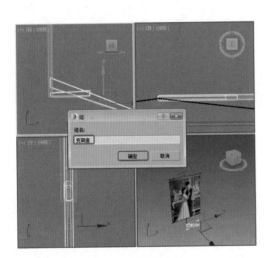

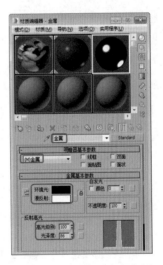

图 4-70　成组对象　　　　　　　图 4-71　设置金属基本参数

(22) 在【贴图】卷展栏中，单击【反射】右侧的【无】按钮，在弹出的【材质/贴图浏览器】对话框中选择【位图】贴图，单击【确定】按钮，如图 4-72 所示。

(23) 在弹出的对话框中打开随书附带光盘中的 Metal01.tif 素材文件，在【坐标】卷展栏中，将【瓷砖】下的 U、V 均设置为 0.5，将【模糊偏移】设置为 0.09，如图 4-73 所示。单击【转到父对象】按钮和【将材质指定给选定对象】按钮，将材质指定给选定对象。

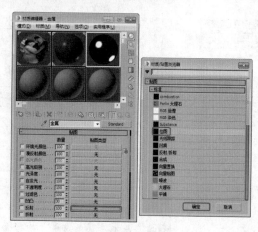

图 4-72　选择【位图】贴图

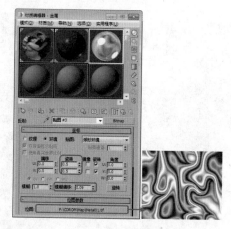

图 4-73　设置位图参数

(24) 在场景中选择【支架座】对象，切换到【层次】命令面板，在【调整轴】卷展栏中单击【仅影响轴】按钮，然后在视图中调整轴的位置，效果如图 4-74 所示。

(25) 调整完成后再次单击【仅影响轴】按钮将其关闭，激活【顶】视图，在菜单栏中选择【工具】|【阵列】命令，弹出【阵列】对话框，将 Z 轴下的【旋转】设置为 120，在【对象类型】选项组中选中【复制】单选按钮，在【阵列维度】选项组中将 1D 数量设置为 3，单击【确定】按钮，如图 4-75 所示。

图 4-74　调整轴

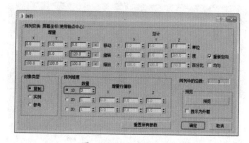

图 4-75　设置阵列

知识链接

【阵列】对话框提供了两个主要的控制区域，用于设置两个重要参数：【阵列变换】和【阵列维度】。

【阵列变换】组用于指定三个变换的哪一种组合用于创建阵列。也可以为每个变换指定沿三个轴方向的范围。在每个对象之间，可以按增量指定变换范围；对于所有对象，可以按总计指定变换范围。使用当前变换设置可以生成阵列，因此该组标题会随变换设置的更改而改变。单击【移动】、【旋转】或【缩放】的左或右箭头按钮，可以指示是否要设置【增量】或【总计】阵列参数。

【对象类型】组用于确定由【阵列】功能创建的副本的类型。

【复制】：将选定对象的副本排列到指定位置。

【实例】：将选定对象的实例阵列化到指定位置。

【参考】：将选定对象的参考阵列化到指定位置。

【阵列维度】可以确定阵列中使用的维数和维数之间的间隔。

【数量】：每一维的对象、行或层数。

1D：一维阵列可以形成 3D 空间中的一行对象，如一行列。1D 计数是一行中的对象数。这些对象的间隔是在【阵列变换】区域中定义的。

2D：二维阵列可以按照两维方式形成对象的层。2D 计数是阵列中的行数。

3D：三维阵列可以在 3D 空间中形成多层对象。3D 计数是阵列中的层数。

(26) 阵列后的效果如图 4-76 所示。

(27) 选择【创建】 ❖ |【几何体】 ◯ |【平面】命令，在【顶】视图中创建平面，切换到【修改】命令面板，在【参数】卷展栏中将【长度】设置为 1600、【宽度】设置为 3500，如图 4-77 所示。

(28) 右击平面对象，在弹出的快捷菜单中选择【对象属性】命令，弹出【对象属性】对话框，在【显示属性】选项组中选中【透明】复选框，单击【确定】按钮，如图 4-78 所示。

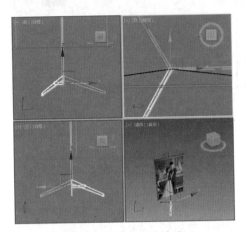

图 4-76　阵列后的效果

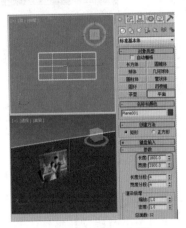

图 4-77　创建平面对象

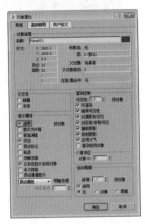

图 4-78　设置对象属性

(29) 按 M 键打开【材质编辑器】对话框，选择一个新的材质样本球，单击 Standard 按钮，在弹出的【材质 / 贴图浏览器】对话框中选择【无光 / 投影】材质，单击【确定】按钮，如图 4-79 所示。

(30) 然后在【无光 / 投影基本参数】卷展栏中，单击【反射】选项组中【贴图】右侧的【无】按钮，在弹出的【材质 / 贴图浏览器】对话框中选择【平面镜】材质，单击【确定】按钮，如图 4-80 所示。

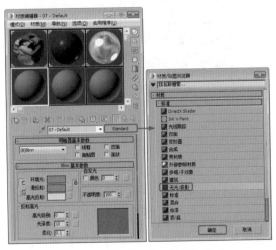

图 4-79　选择【无光 / 投影】材质

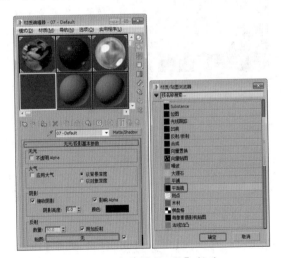

图 4-80　选择【平面镜】材质

(31) 在【平面镜参数】卷展栏中选中【应用于带 ID 的面】复选框，如图 4-81 所示。

(32) 单击【转到父对象】按钮 ❖，在【无光 / 投影基本参数】卷展栏中，将【反射】选项组中的【数量】设置为 5，然后单击【将材质指定给选定对象】按钮 ❖，将材质指定给平面对象，如图 4-82 所示。

(33) 按 8 键弹出【环境和效果】对话框，在【公用参数】卷展栏中单击【无】按钮，在弹出的【材质 / 贴图浏览器】对话框中选择【位图】贴图，再在弹出的对话框中打开随书附带光盘中的 "支架式展板背景 .JPG" 素材文件，如图 4-83 所示。

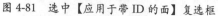

图 4-81 选中【应用于带 ID 的面】复选框

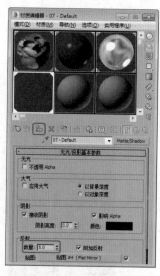

图 4-82 设置反射数量

图 4-83 选择环境贴图

(34) 在【环境和效果】对话框中，将环境贴图按钮拖曳至新的材质样本球上，在弹出的【实例（副本）贴图】对话框中选中【实例】单选按钮，单击【确定】按钮，然后在【坐标】卷展栏中将贴图设置为【屏幕】，如图 4-84 所示。

(35) 激活【透视】视图，按 Alt+B 组合键，弹出【视口配置】对话框，在【背景】选项卡中选中【使用环境背景】单选按钮，然后单击【确定】按钮，如图 4-85 所示。

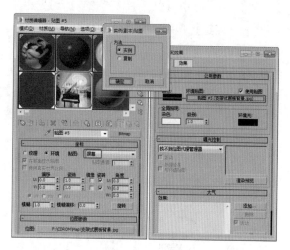

图 4-84 拖曳并设置贴图

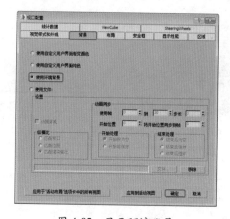

图 4-85 显示环境背景

(36) 选择【创建】 ⬥|【摄影机】 🎥|【目标】命令，在视图中创建摄影机，激活【透视】视图，按 C 键将其转换为摄影机视图，切换到【修改】命令面板，在【参数】卷展栏中将【镜头】设置为 57，并在其他视图中调整摄影机的位置，效果如图 4-86 所示。

(37) 选择【创建】 ⬥|【灯光】 💡|【标准】|【泛光】命令，在【顶】视图中创建泛光灯，并在其他视图中调整灯光的位置，切换至【修改】命令面板，在【常规参数】卷展栏中，选中【阴影】选项组中的【启用】复选框，将阴影模式定义为【阴影贴图】，在【强度/颜色/衰减】卷展栏中将【倍增】设置为 0.3，如图 4-87 所示。

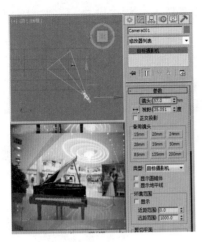

图 4-86　创建并调整摄影机

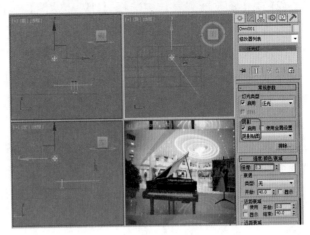

图 4-87　创建并调整泛光灯

(38) 选择【创建】|【灯光】|【标准】|【天光】命令，在【顶】视图中创建天光，切换到【修改】命令面板，在【天光参数】卷展栏中选中【投射阴影】复选框，如图 4-88 所示。

(39) 至此，支架式展板就制作完成了。在【渲染设置】对话框中设置渲染参数，渲染后的效果如图 4-89 所示。

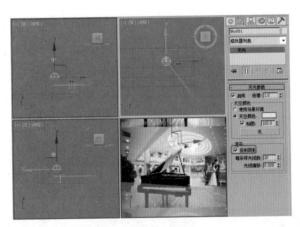

图 4-88　创建天光

图 4-89　渲染后的效果

案例精讲 044　制作办公桌

本例将介绍办公桌的制作，主要是通过使用【切角长方体】和【切角圆柱体】工具来创建桌面，使用【圆柱体】工具创建桌腿，完成后的效果如图 4-90 所示。

> 案例文件：CDROM \ Scenes \ Cha04\ 制作办公桌 OK.max
>
> 视频文件：视频教学 \ Cha04 \ 制作办公桌.avi

图 4-90　办公桌效果

(1) 选择【创建】|【几何体】|【扩展基本体】|【切角长方体】命令，在【顶】视图中创建切角长方体，将其命名为"木 - 桌面 001"，切换到【修改】命令面板，在【参数】卷展栏中设置【长度】为 150、【宽度】为 420、【高度】为 8、【圆角】为 1.2、【圆角分段】为 3，如图 4-91 所示。

（2）在【修改器列表】中选择【UVW 贴图】修改器，在【参数】卷展栏中选中【长方体】单选按钮，在【对齐】选项组中选中 Z 单选按钮，然后单击【适配】按钮，如图 4-92 所示。

（3）选择【创建】 ⚹ |【几何体】 ◯ |【扩展基本体】|【切角圆柱体】命令，在【顶】视图中创建切角圆柱体，将其命名为"木-桌面002"，切换到【修改】命令面板，在【参数】卷展栏中设置【半径】为 100、【高度】为 8、【圆角】为 1.5，设置【圆角分段】为 3、【边数】为 36，如图 4-93 所示。

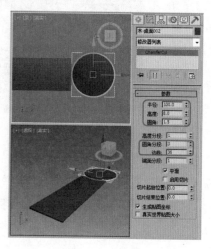

图 4-91 创建【木-桌面 001】对象　　　图 4-92 设置 UVW 贴图　　　图 4-93 创建【木-桌面 002】对象

（4）在【修改器列表】中选择【UVW 贴图】修改器，在【参数】卷展栏中选中【柱形】单选按钮，在【对齐】选项组中选中 Z 单选按钮，然后单击【适配】按钮，如图 4-94 所示。

（5）选择【创建】 ⚹ |【几何体】 ◯ |【标准基本体】|【长方体】命令，在【顶】视图中创建一个长方体，切换到【修改】命令面板，将【长度】设置为 130、【宽度】设置为 15、【高度】设置为 10，然后在视图中调整其位置，如图 4-95 所示。

（6）选择【创建】 ⚹ |【几何体】 ◯ |【圆柱体】命令，在【顶】视图中创建圆柱体，将其命名为"金属-腿001"，切换到【修改】命令面板，在【参数】卷展栏中设置【半径】为 7、【高度】为 152，如图 4-96 所示。

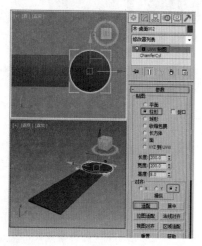

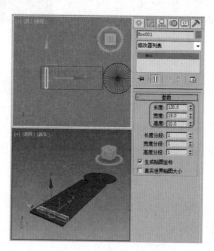

图 4-94 施加【UVW 贴图】修改器　　　图 4-95 创建长方体　　　图 4-96 创建【金属-腿 001】对象

（7）在场景中选择【金属-腿 001】对象，按 Ctrl+V 组合键，在弹出的【克隆选项】对话框中选中【复制】单选按钮，并单击【确定】按钮，如图 4-97 所示。

(8) 将复制出的对象重命名为"黑色塑料 - 腿 001"，在【参数】卷展栏中设置【半径】为 8、【高度】为 3.5、【高度分段】为 1，并在场景中调整其位置，如图 4-98 所示。

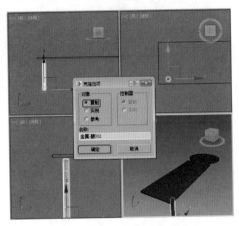

图 4-97　复制对象

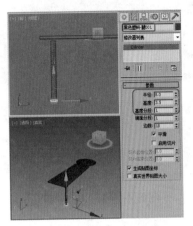

图 4-98　调整复制后的对象

(9) 在【顶】视图中选择【金属 - 腿 001】和【黑色塑料 - 腿 001】对象，按住 Shift 键的同时沿 Y 轴移动复制模型，在弹出的【克隆选项】对话框中选中【实例】单选按钮，单击【确定】按钮，如图 4-99 所示。

(10) 继续在场景中复制【金属 - 腿 001】和【黑色塑料 - 腿 001】对象，并在视图中调整其位置，效果如图 4-100 所示。

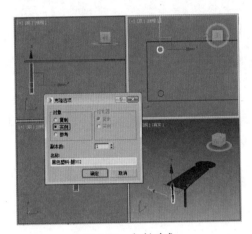

图 4-99　复制对象

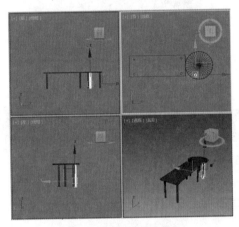

图 4-100　复制多个对象

(11) 在【顶】视图中选择创建的长方体对象，然后按住 Shift 键沿 X 轴移动复制模型，在弹出的对话框中选中【实例】单选按钮，单击【确定】按钮，如图 4-101 所示。

(12) 选择【创建】　|【几何体】　|【长方体】命令，在【顶】视图中创建长方体，将其命名为"木 - 柜子 001"，切换到【修改】命令面板，在【参数】卷展栏中设置【长度】为 115、【宽度】为 84、【高度】为 120，并在场景中调整其位置，如图 4-102 所示。

(13) 在【修改器列表】中选择【UVW 贴图】修改器，在【参数】卷展栏中选中【长方体】单选按钮，在【对齐】选项组中选中 Z 单选按钮，然后单击【适配】按钮，如图 4-103 所示。

(14) 确认【木 - 柜子 001】对象处于选中状态，按 Ctrl+V 组合键，在弹出的对话框中选中【复制】单选按钮，单击【确定】按钮，复制【木 - 柜子 002】对象，然后在【参数】卷展栏中，设置【木 - 柜子 002】对象的【长度】为 120、【宽度】为 88、【高度】为 3.5，并在场景中调整其位置，如图 4-104 所示。

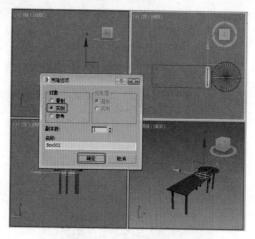

图 4-101　复制长方体对象

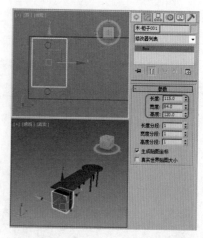

图 4-102　创建【木-柜子001】

图 4-103　施加【UVW贴图】修改器

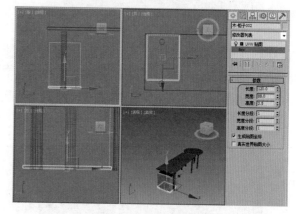

图 4-104　复制对象并调整参数

(15) 再在场景中复制【木-柜子003】对象，并在场景中调整其位置，然后调整【木-柜子002】和【木-柜子003】对象的 UVW 贴图为适配，效果如图 4-105 所示。

(16) 选择【创建】 | 【几何体】 | 【长方体】命令，在【前】视图中创建长方体，将其命名为"镂空板子"，切换到【修改】命令面板，在【参数】卷展栏中设置【长度】为 111、【宽度】为 310、【高度】为 1，并在视图中调整其位置，如图 4-106 所示。

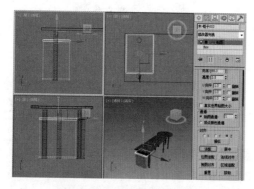

图 4-105　复制并调整对象

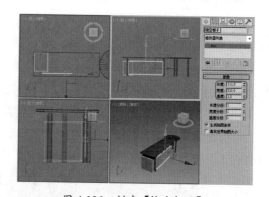

图 4-106　创建【镂空板子】

(17) 在场景中选择所有的【金属-腿】对象，在菜单栏中选择【组】 | 【组】命令，在弹出的【组】对话框中设置【组名】为"金属"，单击【确定】按钮，如图 4-107 所示。

(18) 在场景中选择所有的【黑色塑料】对象，在菜单栏中选择【组】|【组】命令，在弹出的对话框中设置【组名】为"黑色塑料"，单击【确定】按钮，如图 4-108 所示。

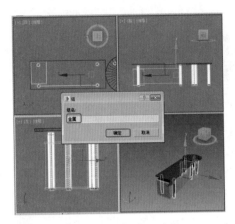

图 4-107　成组金属对象

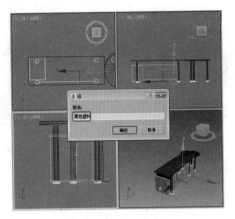

图 4-108　成组黑色塑料对象

(19) 在场景中选择除【黑色塑料】、【金属】和【镂空板子】以外的所有对象，在菜单栏中选择【组】|【组】命令，在弹出的对话框中设置【组名】为"木纹"，单击【确定】按钮，如图 4-109 所示。

(20) 在场景中选择【木纹】对象，按 M 键打开【材质编辑器】对话框，选择一个新的材质样本球，将其命名为"木纹"，在【Blinn 基本参数】卷展栏中将【自发光】区域的【颜色】设置为 30，将【反射高光】选项组中的【高光级别】和【光泽度】均设置为 0，如图 4-110 所示。

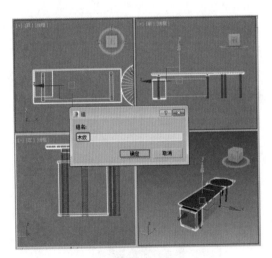

图 4-109　成组对象

图 4-110　设置 Blinn 基本参数

(21) 在【贴图】卷展栏中单击【漫反射颜色】右侧的【无】按钮，在弹出的【材质 / 贴图浏览器】对话框中选择【位图】贴图，再在弹出的对话框中打开随书附带光盘中的 009.jpg 素材文件，进入贴图层级面板，在【坐标】卷展栏中使用默认参数，直接单击【转到父对象】按钮 🔙 和【将材质指定给选定对象】按钮 🎯，将材质指定给木纹对象，如图 4-111 所示。

(22) 在场景中选择【金属】对象，在【材质编辑器】对话框中选择一个新的材质样本球，将其命名为"金属"，在【明暗器基本参数】卷展栏中选择【金属】选项，在【金属基本参数】卷展栏中将【反射高光】选项组中的【高光级别】和【光泽度】分别设置为 61 和 80，如图 4-112 所示。

(23) 在【贴图】卷展栏中单击【反射】右侧的【无】按钮，在弹出的【材质 / 贴图浏览器】对话框中选择【位图】贴图，再在弹出的对话框中打开随书附带光盘中的 Bxgmap1.jpg 素材文件，进入贴图层级面板，在【坐标】卷展栏中设置贴图为【收缩包裹环境】，如图 4-113 所示，然后单击【转到父对象】按钮🐾和【将材质指定给选定对象】按钮🐾，将材质指定给金属对象。

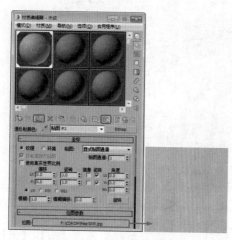

图 4-111　设置并指定材质

图 4-112　设置金属基本参数

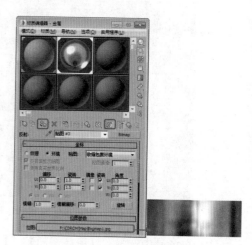

图 4-113　设置金属材质

(24) 在场景中选择【黑色塑料】对象，在【材质编辑器】对话框中选择一个新的材质样本球，将其命名为"黑色塑料"，在【Blinn 基本参数】卷展栏中将【环境光】和【漫反射】的 RGB 值均设置为 20、20、20，在【反射高光】选项组中设置【高光级别】为 51、【光泽度】为 50，如图 4-114 所示，然后单击【将材质指定给选定对象】按钮🐾，将材质指定给【黑色塑料】对象。

(25) 在场景中选择【镂空板子】对象，在【材质编辑器】对话框中选择一个新的材质样本球，将其命名为"镂空"，在【明暗器基本参数】卷展栏中选择【金属】选项，在【金属基本参数】卷展栏中将【环境光】和【漫反射】的 RGB 值均设置为 168、168、168，将【自发光】区域的【颜色】设置为 60，将【不透明度】设置为 50，在【反射高光】选项组中将【高光级别】和【光泽度】分别设置为 61、80，如图 4-115 所示。

(26) 在【贴图】卷展栏中单击【不透明度】右侧的【无】按钮，在弹出的【材质/贴图浏览器】对话框中选择【位图】贴图，再在弹出的对话框中打开随书附带光盘中的"金属-镂空.jpg"素材文件，在【坐标】卷展栏中使用默认参数，直接单击【转到父对象】按钮🐾和【将材质指定给选定对象】按钮🐾，将材质指定给【镂空板子】对象，如图 4-116 所示。

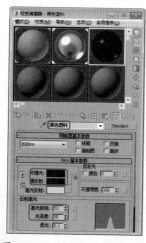

图 4-114　设置黑色塑料材质

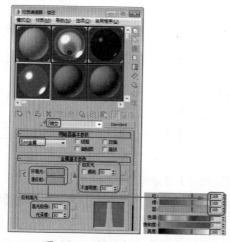

图 4-115　设置金属基本参数

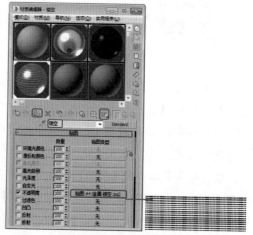

图 4-116　设置镂空材质

【不透明度】：可以通过在【不透明度】材质组件中使用位图文件或程序贴图来生成部分透明的对象。贴图的浅色（较高的值）区域渲染为不透明，深色区域渲染为透明，之间的值渲染为半透明。将不透明度贴图的【数量】设置为 100 可应用所有贴图，透明区域将完全透明。将【数量】设置为 0 相当于禁用贴图。中间的【数量】值将与原始【不透明度值】混合，贴图的透明区域将变得更加不透明。

||||▶注 意

对于标准材质，反射高光将应用于不透明度贴图的透明区域以及不透明区域，用于创建玻璃效果。如果希望透明区域具有孔洞效果，也可以将贴图应用到高光反射级别。

(27) 选择【创建】 ※ |【几何体】 ○ |【平面】命令，在【顶】视图中创建平面，切换到【修改】命令面板，在【参数】卷展栏中将【长度】设置为 1400、【宽度】设置为 1600，如图 4-117 所示。

(28) 右击平面对象，在弹出的快捷菜单中选择【对象属性】命令，弹出【对象属性】对话框，在【显示属性】选项组中选中【透明】复选框，单击【确定】按钮，如图 4-118 所示。

图 4-117　创建平面对象

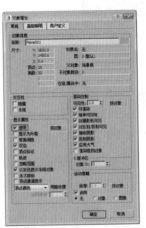

图 4-118　设置对象属性

(29) 按 M 键打开【材质编辑器】对话框，选择一个新的材质样本球，并单击 Standard 按钮，在弹出的【材质 / 贴图浏览器】对话框中选择【无光 / 投影】材质，单击【确定】按钮，如图 4-119 所示。

(30) 在【无光 / 投影基本参数】卷展栏中，单击【反射】选项组中贴图右侧的【无】按钮，在弹出的【材质 / 贴图浏览器】对话框中选择【平面镜】材质，单击【确定】按钮，如图 4-120 所示。

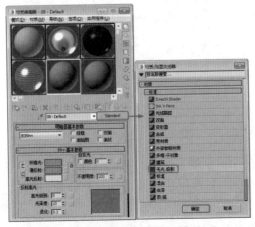

图 4-119　选择【无光 / 投影】材质

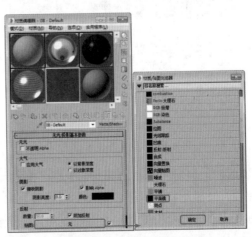

图 4-120　选择【平面镜】材质

(31) 在【平面镜参数】卷展栏中选中【应用于带 ID 的面】复选框，如图 4-121 所示。

(32) 单击【转到父对象】按钮 ，在【无光 / 投影基本参数】卷展栏中，将【反射】选项组中的【数量】设置为 5，然后单击【将材质指定给选定对象】按钮 ，将材质指定给平面对象，如图 4-122 所示。

(33) 按 8 键，弹出【环境和效果】对话框，在【公用参数】卷展栏中单击【无】按钮，在弹出的【材质 / 贴图浏览器】对话框中选择【位图】贴图，再在弹出的对话框中打开随书附带光盘中的【办公桌背景图 .tif】素材文件，如图 4-123 所示。

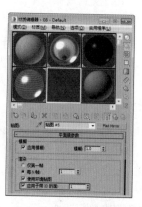

图 4-121　选中【应用于带 ID 的面】复选框

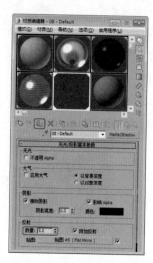

图 4-122　设置反射数量

图 4-123　选择环境贴图

(34) 在【环境和效果】对话框中，将环境贴图按钮拖曳至新的材质样本球上，在弹出的【实例（副本）贴图】对话框中选中【实例】单选按钮，并单击【确定】按钮，然后在【坐标】卷展栏中，将贴图设置为【屏幕】，如图 4-124 所示。

(35) 激活【透视】视图，按 Alt+B 组合键，弹出【视口配置】对话框，在【背景】选项卡中选中【使用环境背景】单选按钮，然后单击【确定】按钮，如图 4-125 所示。

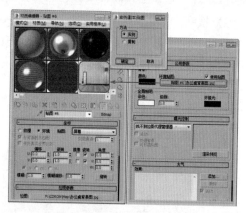

图 4-124　拖曳并设置贴图

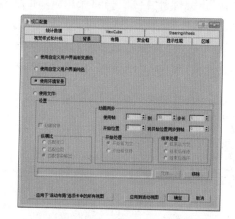

图 4-125　显示环境背景

(36) 选择【创建】 |【摄影机】 |【目标】命令，在视图中创建摄影机，激活【透视】视图，按 C 键将其转换为【摄影机】视图，切换到【修改】命令面板，在【参数】卷展栏中将【镜头】设置为 39，并在其他视图中调整摄影机的位置，效果如图 4-126 所示。

(37) 单击 按钮，在弹出的下拉列表中选择【导入】|【合并】命令，如图 4-127 所示。

(38) 在弹出的【合并】对话框中打开随书附带光盘中的 "办公椅.max" 素材文件，再在弹出的对话框中单击底部的【全部】按钮，并单击【确定】按钮，如图 4-128 所示。

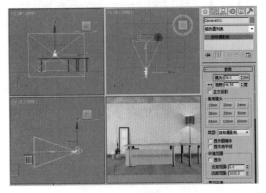

图 4-126　创建摄影机

图 4-127　选择【合并】命令

图 4-128　选择文件

(39) 将办公椅导入场景中后，在场景中调整其位置，效果如图 4-129 所示。

(40) 选择【创建】 |【灯光】 |【标准】 |【泛光】命令，在【顶】视图中创建泛光灯，并在其他视图中调整灯光的位置，切换至【修改】命令面板，在【强度/颜色/衰减】卷展栏中将【倍增】设置为 0.3，如图 4-130 所示。

(41) 选择【创建】 |【灯光】 |【标准】 |【天光】命令，在【顶】视图中创建天光，切换到【修改】命令面板，在【天光参数】卷展栏中选中【投射阴影】复选框，如图 4-131 所示。至此，办公桌就制作完成了，按 F9 键渲染效果，渲染完成后将场景文件保存。

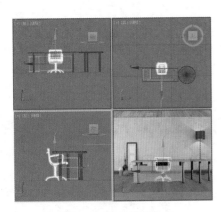

图 4-129　调整模型位置

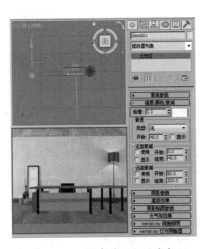

图 4-130　创建并调整泛光灯

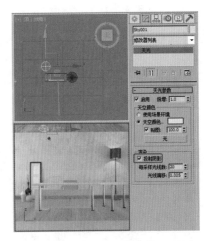

图 4-131　创建天光

案例精讲 045　使用长方体和圆柱体工具制作会议桌

　　本例介绍会议桌的制作。该例的制作比较简单，主要是通过【长方体】工具创建桌面对象，通过【圆柱体】工具创建桌腿对象，完成后的效果如图 4-132 所示。

案例文件：CDROM \ Scenes \ Cha04 \ 使用长方体和圆柱体制作会议桌 OK.max

视频文件：视频教学 \ Cha04 \ 使用长方体和圆柱体制作会议桌.avi

(1) 选择【创建】|【几何体】|【长方体】命令，在【顶】视图中创建长方体，在【参数】卷展栏中将【长度】、【宽度】、【高度】、【高度分段】分别设置为900、300、10、2，将其命名为"桌面"，如图4-133所示。

(2) 切换到【修改】命令面板，在【修改器列表】中选择【编辑多边形】修改器，将当前选择集定义为【顶点】，在【前】视图中选择下面一组点，并在工具栏中右击【选择并均匀缩放】工具，在弹出的对话框中将【偏移：屏幕】选项组中的%设置为90，如图4-134所示。

图 4-132　使用长方体和圆柱体制作会议桌

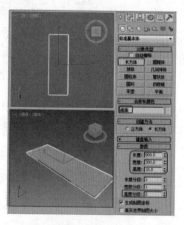

图 4-133　创建长方体

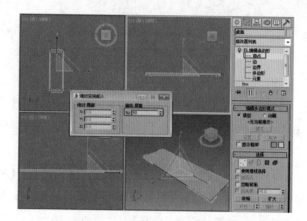

图 4-134　添加【编辑多边形】修改器

(3) 选择【创建】|【几何体】|【长方体】命令，在【顶】视图中创建长方体，在【参数】卷展栏中将【长度】、【宽度】、【高度】、【高度分段】分别设置为816.5、69、5、1，将其命名为"桌面-下"，如图4-135所示。

(4) 选择【创建】|【图形】|【弧】命令，在【前】视图中创建弧，将其命名为"桌子支架001"，在【参数】卷展栏中设置【半径】为710、【从】为79.4、【到】为100，在【渲染】卷展栏中选中【在渲染中启用】和【在视口中启用】复选框，将【厚度】设置为7，如图4-136所示。

知识链接

创建【弧】之后，可以使用以下参数进行更改。

- 【半径】：弧形半径。
- 【从】：从局部正 X 轴测量角度时起点的位置。
- 【到】：从局部正 X 轴测量角度时结束点的位置。
- 【饼形切片】：启用此选项后，添加从端点到半径圆心的直线段，从而创建一个闭合样条线。
- 【反转】：启用此选项后，反转弧形样条线的方向，并将第一个顶点放置在打开弧形的相反末端。只要该形状保持原始形状（不是可编辑的样条线），可以通过【反转】复选框来切换其方向。如果弧形已转化为可编辑的样条线，可以使用【样条线】子对象层级上的【反转】来反转方向。

(5) 在视图中调整弧对象的位置，选择【创建】|【几何体】|【圆柱体】命令，在【顶】视图中创建圆柱体，将其命名为"桌垫001"，在【参数】卷展栏中设置【半径】为6、【高度】为3、【高度分段】为1，并在场景中调整模型的位置，如图4-137所示。

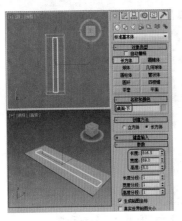

图 4-135　创建长方体

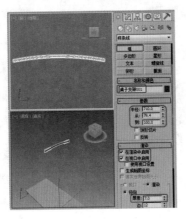

图 4-136　创建弧

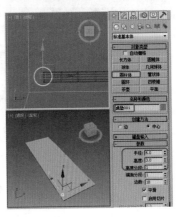

图 4-137　创建桌垫

(6) 在场景中选择【桌垫 001】，按 Ctrl+V 组合键，在弹出的对话框中选中【复制】单选按钮，单击【确定】按钮，将其命名为"桌腿 001"，在【参数】卷展栏中设置【半径】为 5.8、【高度】为 120，并在场景中调整模型的位置，如图 4-138 所示。

(7) 在场景中复制【桌腿 001】对象，将其命名为"桌垫 - 下"，在【参数】卷展栏中设置【半径】为 4、【高度】为 3，并在场景中调整模型的位置，如图 4-139 所示。

(8) 继续复制该对象，使用其默认名称即可，在【参数】卷展栏中设置【半径】为 6、【高度】为 3，并在场景中调整模型的位置，如图 4-140 所示。

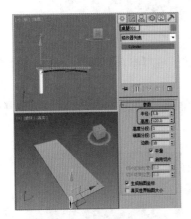

图 4-138　复制并调整模型

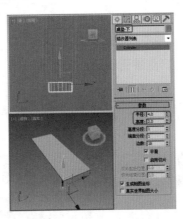

图 4-139　复制对象并调整其参数

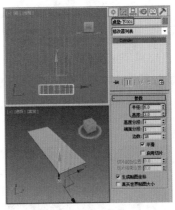

图 4-140　继续复制圆柱体

(9) 在视图中选中所有的桌腿、桌垫以及桌子支架 001 对象，在【顶】视图中按住 Shift 键沿 X 轴向右拖动，在弹出的对话框中选中【实例】单选按钮，将【副本数】设置为 1，如图 4-141 所示。

(10) 单击【确定】按钮，再在视图中选中所有的对象，选择【层次】命令面板，在【调整轴】卷展栏中单击【仅影响轴】按钮，在工具栏中单击【对齐】按钮，在【顶】视图中单击【桌面】，在弹出的对话框中选中【X 位置】、【Y 位置】、【Z 位置】复选框，在【当前对象】和【目标对象】选项组中选中【轴点】单选按钮，如图 4-142 所示。

(11) 单击【确定】按钮，再在【调整轴】卷展栏中单击【仅影响轴】按钮，完成轴的调整，继续激活【顶】视图，在工具栏中单击【镜像】按钮，在弹出的对话框中选中 Y 和【实例】单选按钮，如图 4-143 所示。

(12) 单击【确定】按钮，即可完成镜像。选择【创建】|【图形】|【圆】命令，在【前】视图中绘制一个半径为 4 的圆形，将其命名为"桌子支架 - 横"，如图 4-144 所示。

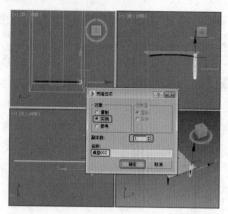

图 4-141　复制对象

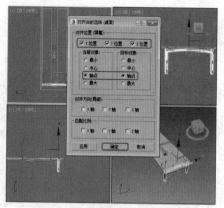

图 4-142　【对齐当前选择】对话框

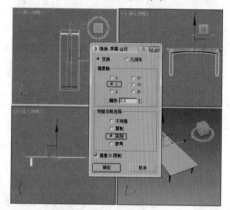

图 4-143　镜像对话框

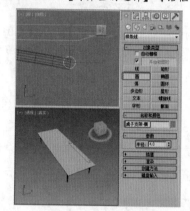

图 4-144　绘制圆形

(13) 切换至【修改】命令面板，在【修改器列表】中选择【挤出】修改器，在【参数】卷展栏中将【数量】设置为 820，并在视图中调整该对象的位置，效果如图 4-145 所示。

(14) 继续选中挤出后的对象，在【顶】视图中按住 Shift 键沿 X 轴向左拖动，在弹出的对话框中选中【实例】单选按钮，如图 4-146 所示。

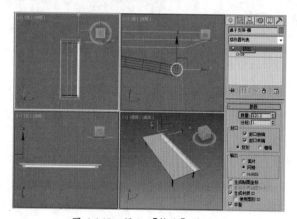

图 4-145　添加【挤出】修改器

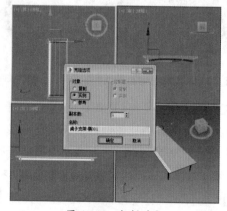

图 4-146　复制对象

(15) 单击【确定】按钮，在视图中选择【桌面】对象，按 M 键，在弹出的对话框中选择一个材质样本球，将其命名为“桌面”，在【Blinn 基本参数】卷展栏中将【环境光】的 RGB 值设置为 230、230、230，将【高光反射】的 RGB 值设置为 255、255、255，在【反射高光】选项组中将【高光级别】和【光泽度】分别设置为 64、29，如图 4-147 所示。

(16) 将设置完成后的材质指定给选定对象，在菜单栏中选择【编辑】|【反选】命令，选中其他对象，在【材质编辑器】对话框中选择一个新的材质样本球，将其命名为"金属"，在【明暗器基本参数】卷展栏中选择明暗器类型为【(M) 金属】。在【金属基本参数】卷展栏中设置【反射高光】选项组中的【高光级别】为 61、【光泽度】为 80，如图 4-148 所示。

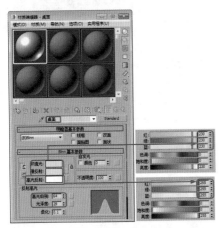

图 4-147　设置桌面材质

图 4-148　设置金属参数

(17) 在【贴图】卷展栏中单击【反射】后面的【无】按钮，在弹出的【材质 / 贴图 浏览器】对话框中选择【位图】选项，再在弹出的对话框中选择 Bxgmap1.jpg 文件，单击【打开】按钮，在【坐标】卷展栏中选中【环境】单选按钮，选择【贴图】文件为【收缩包裹环境】，如图 4-149 所示。

(18) 将设置完成后的材质指定给选定对象，在视图中选中全部对象，在菜单栏中选择【组】|【组】命令，在弹出的对话框中将【组名】设置为"桌子"，如图 4-150 所示。

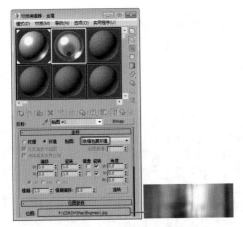

图 4-149　添加贴图文件

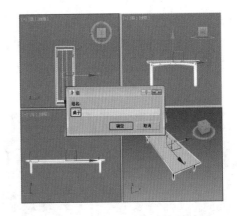

图 4-150　将对象成组

(19) 单击 按钮，在弹出的下拉列表中选择【导入】|【合并】命令，如图 4-151 所示。

(20) 在弹出的【合并】对话框中打开随书附带光盘中的"办公椅 .max"素材文件，再在弹出的对话框中单击底部的【全部】按钮，并单击【确定】按钮，如图 4-152 所示。

(21) 在视图中调整办公椅的位置，并调整其大小，效果如图 4-153 所示。

(22) 继续选择导入的办公椅对象，在菜单栏中执行【工具】|【阵列】命令，弹出【阵列】对话框，在【增量】选项组中将【移动】的 Y 值设置为 160，在【阵列维度】选项组中将 ID 设置为 5，然后单击【确定】按钮，如图 4-154 所示。

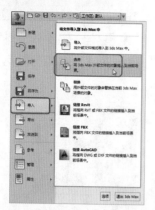

图 4-151　选择【合并】命令

图 4-152　单击【全部】按钮

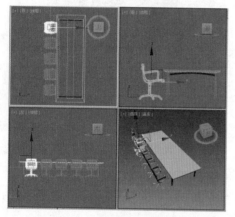

图 4-153　调整大小和位置

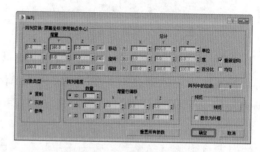

图 4-154　设置阵列参数

(23) 选择阵列后的所有对象，在工具栏中单击【镜像】按钮，弹出【镜像：屏幕 坐标】对话框，将【镜像轴】设置为 X，然后选中【实例】单选按钮，效果如图 4-155 所示。

(24) 阵列完成后，使用【移动】工具在顶视图中沿 X 轴将其移动到合适的位置，调整位置后的效果如图 4-156 所示。

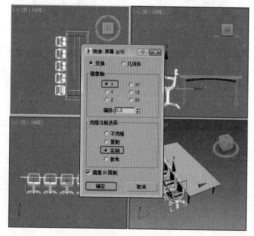

图 4-155　镜像对象

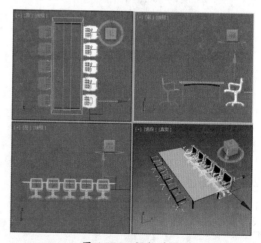

图 4-156　调整效果

(25) 选择【创建】 |【几何体】 |【平面】命令，在【顶】视图中创建平面，切换到【修改】命令面板，在【参数】卷展栏中将【长度】设置为 1160，【宽度】设置为 1160，如图 4-157 所示。

(26) 右击平面对象，在弹出的快捷菜单中选择【对象属性】命令，弹出【对象属性】对话框，在【显示属性】选项组中选中【透明】复选框，单击【确定】按钮，如图 4-158 所示。

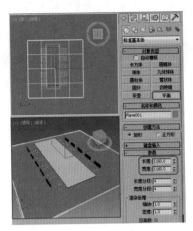

图 4-157　创建平面

图 4-158　选中【透明】复选框

(27) 按 M 键打开【材质编辑器】对话框，选择一个新的材质样本球，单击 Standard 按钮，在弹出的【材质 / 贴图浏览器】对话框中选择【无光 / 投影】材质，单击【确定】按钮，如图 4-159 所示。

(28) 单击【将材质指定给选定对象】按钮，将材质指定给平面对象，如图 4-160 所示。

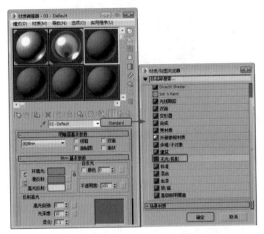

图 4-159　选择【无光 / 投影】材质

图 4-160　指定材质

(29) 按 8 键弹出【环境和效果】对话框，在【公用参数】卷展栏中单击【无】按钮，在弹出的【材质 / 贴图浏览器】对话框中选择【位图】贴图，再在弹出的对话框中打开随书附带光盘中的"会议室背景图 .tif"素材文件，如图 4-161 所示。

(30) 在【环境和效果】对话框中，将环境贴图按钮拖曳至新的材质样本球上，在弹出的【实例 (副本) 贴图】对话框中选中【实例】单选按钮，并单击【确定】按钮，然后在【坐标】卷展栏中将贴图设置为【屏幕】，如图 4-162 所示。

(31) 激活【透视】视图，按 Alt+B 组合键，弹出【视口配置】对话框，在【背景】选项卡中选中【使用环境背景】单选按钮，然后单击【确定】按钮，如图 4-163 所示。

(32) 选择【创建】 ※ |【摄影机】 ■ |【目标】命令，在视图中创建摄影机，激活【透视】视图，按 C 键将其转换为摄影机视图，切换到【修改】命令面板，在【参数】卷展栏中将【镜头】设置为 56，并在其他视图中调整摄影机的位置，效果如图 4-164 所示。

图 4-161 添加环境贴图

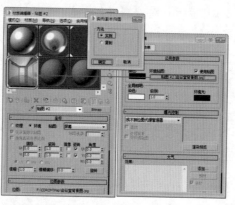

图 4-162 拖曳并设置贴图

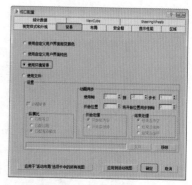

图 4-163 显示环境背景

(33) 选择【创建】 ▓ |【灯光】 ◢ |【标准】|【泛光】命令，在【顶】视图中创建泛光灯，并在其他视图中调整灯光的位置，切换至【修改】命令面板，在【常规参数】卷展栏中选中【阴影】选项组中的【启用】复选框，选择【阴影贴图】选项。在【强度/颜色/衰减】卷展栏中将【倍增】设置为 0.1，如图 4-165 所示。

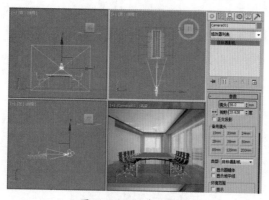

图 4-164 创建摄影机

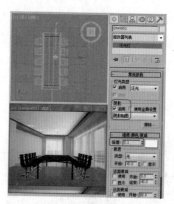

图 4-165 创建并调整泛光灯

(34) 选择【创建】 ▓ |【灯光】 ◢ |【标准】|【天光】命令，在【顶】视图中创建天光，切换到【修改】命令面板，在【天光参数】卷展栏中选中【投射阴影】复选框，效果如图 4-166 所示。

(35) 至此，办公桌就制作完成了。按 F9 键渲染效果，渲染完成后将场景文件保存即可，渲染效果如图 4-167 所示。

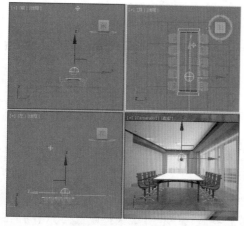

图 4-166 创建天光

图 4-167 渲染效果

案例精讲 046　使用几何体制作吧椅

本案例将介绍如何制作吧椅，本案例主要通过【长方体】、【切角圆柱体】
工具制作吧椅座，然后使用【线】工具和【车削】修改器制作吧椅底座，从而
完成吧椅的制作，效果 4-168 所示。

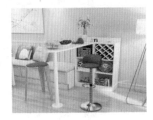

> 案例文件: CDROM \ Scenes \ Cha04 \ 使用几何体制作吧椅 OK.max
>
> 视频文件: 视频教学 \ Cha04 \ 使用几何体制作吧椅.avi

图 4-168　使用几何体制作吧椅

(1) 选择【创建】|【几何体】|【长方体】命令，在【前】视图中创建长方体，在【参数】卷展栏中将【长度】、
【宽度】、【高度】、【长度分度】、【宽度分段】、【高度分段】分别设置为 100、300、25、3、12、3，
将其命名为"靠背"，如图 4-169 所示。

(2) 切换到【修改】命令面板，在【修改器列表】中选择【编辑网格】修改器，将当前选择集定义为【顶
点】，在视图中对顶点进行调整，效果如图 4-170 所示。

(3) 在修改器列表中选择【松弛】修改器，在【参数】卷展栏中将【松弛值】和【迭代次数】分别设置为
0.88、21，如图 4-171 所示。

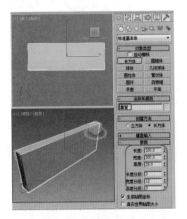

图 4-169　创建长方体

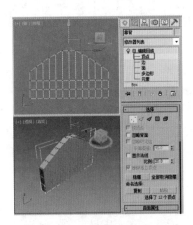

图 4-170　添加【编辑网格】修改器

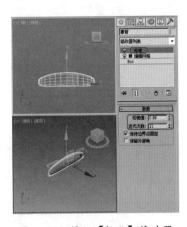

图 4-171　添加【松弛】修改器

知识链接

【松弛】修改器通过将顶点移近和移远其相邻顶点来更改网格中的外观曲面张力。当顶点朝平均中点移动时，典型的结果是对象变得更平滑，
更小一些。可以在具有锐角转角和边的对象上看到显著的效果。

● 【松弛值】：控制移动每个迭代次数的顶点程度。该值指定从顶点原始位置到其相邻顶点平均位置的距离的百分比。范围为 −1.0 至 1.0，
默认为 0.5。正的【松弛】值将每一个顶点向其相邻顶点移近，对象变得更平滑、更小了。当【松弛】值为 0.0 时，顶点不再移动，【松弛】不
会影响对象。负的【松弛】值将每一个顶点向远离其相邻顶点移动，对象变得更不规则、更大了。

● 【迭代次数】：设置重复此过程的次数。对每次迭代来说，需要重新计算平均位置，重新将【松弛值】应用到每一个顶点。默认值为 1。
当迭代次数为 0 时，没有应用松弛。增加正的【松弛】值设置的迭代次数将平滑和缩小对象。迭代次数值非常大时，对象会缩小到一个点。增
加负的【松弛】值设置的迭代次数将夸大和扩展对象。使用相对较少的迭代次数，对象会变得混乱，几乎无法使用。

● 【保持边界点固定】：控制是否移动打开网格边上的顶点。默认设置为启用。当启用【保持边界点固定】时，边界顶点不再移动，其他对
象处于松弛状态。当使用共享开放边的多个对象或者一个对象内的多个元素时，此选项特别有用。

● 【保留外部角】：将顶点的原始位置保持为距对象中心的最远距离。

(4) 在【修改器列表】中选择【弯曲】修改器，在【参数】卷展栏中将【角度】设置为 -200，选中 X 单选按钮，如图 4-172 所示。

知识链接

【弯曲】修改器允许将当前选中对象围绕单独轴弯曲 360°，在对象几何体中产生均匀弯曲。可以在任意三个轴上控制弯曲的角度和方向。也可以对几何体的一段限制弯曲。

- 【角度】：从顶点平面设置要弯曲的角度。
- 【方向】：设置弯曲相对于水平面的方向。
- X/Y/Z：指定要弯曲的轴。默认值为 Z 轴。
- 【限制效果】：将限制约束应用于弯曲效果。默认设置为禁用状态。
- 【上限】：以世界单位设置上部边界，此边界位于弯曲中心点上方，超出此边界弯曲不再影响几何体。默认值为 0。
- 【下限】：以世界单位设置下部边界，此边界位于弯曲中心点下方，超出此边界弯曲不再影响几何体。默认值为 0。

---

(5) 再在【修改器列表】中选择【网格平滑】修改器，使用其默认参数即可，如图 4-173 所示。

知识链接

【网格平滑】修改器可以通过多种不同方法平滑场景中的几何体。它可以细分几何体，同时在角和边插补新面的角度以及将单个平滑组应用于对象中的所有面。【网格平滑】的效果是使角和边变圆，就像它们被锉平或刨平一样。使用【网格平滑】参数可以控制新面的大小和数量，以及它们如何影响对象曲面。

为更好地了解【网格平滑】，可以创建一个球体和一个立方体，然后对二者应用【网格平滑】。立方体的锐角变得圆滑，而球体的几何体变得更复杂而不是明显改变图形。

||||▶注 意

网格平滑的效果在锐角上最明显，而在弧形曲面上最不明显。尽量在长方体和具有尖锐角度的几何体上使用【网格平滑】，避免在球体和与其相似的对象上使用。

(6) 选择【创建】|【几何体】|【扩展基本体】|【切角圆柱体】命令，在【顶】视图中创建一个切角圆柱体，将其命名为"坐垫 001"，在【参数】卷展栏中将【半径】、【高度】、【圆角】、【高度分段】、【圆角分段】、【边数】分别设置为 50、10、4.53、1、3、36，如图 4-174 所示。

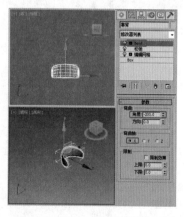
图 4-172　添加【弯曲】修改器

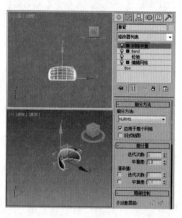
图 4-173　添加【网格平滑】修改器

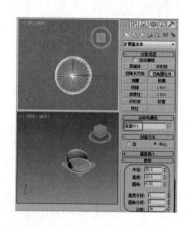
图 4-174　创建切角圆柱体

(7) 继续选中该对象，按 Ctrl+V 组合键，在弹出的对话框中选中【复制】单选按钮，如图 4-175 所示。

(8) 单击【确定】按钮，切换至【修改】命令面板，在【参数】卷展栏中将【半径】、【高度】、【圆角】分别设置为 47、10、5，并在视图中调整该对象的位置，如图 4-176 所示。

（9）在视图中选中所有对象，按 M 键，在弹出的对话框中选择一个材质样本球，将其命名为 "红色坐垫"。在【明暗器基本参数】卷展栏中将明暗器类型设置为【(A) 各向异性】，在【各向异性基本参数】卷展栏中将【环境光】的 RGB 值设置为 255、0、0，将【自发光】选项组中的【颜色】设置为 15，在【反射高光】选项组中将【高光级别】、【光泽度】、【各向异性】分别设置为 202、60、82，如图 4-177 所示。

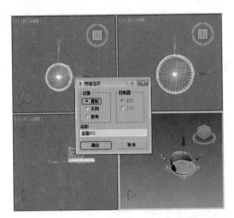

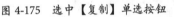

图 4-175　选中【复制】单选按钮

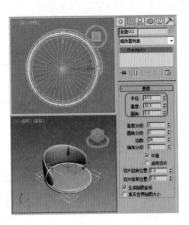

图 4-176　修改参数并调整位置

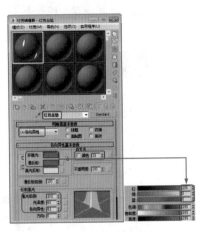

图 4-177　设置坐垫参数

（10）将设置完成的材质指定给选定对象，选择【创建】|【图形】|【线】命令，在【前】视图中绘制一个如图 4-178 所示的图形。切换至【修改】命令面板，将当前选择集定义为【顶点】，在视图中对顶点进行调整。

（11）关闭当前选择集，在【修改器列表】中选择【车削】修改器，在【参数】卷展栏中将【度数】和【分段】分别设置为 360、200，在【方向】选项组中单击 Y 按钮，再单击【对齐】选项组中的【最小】按钮，如图 4-179 所示。

（12）选中该对象，按 M 键，在弹出的对话框中选择一个材质样本球，将其命名为 "金属"，在【明暗器基本参数】卷展栏中将明暗器类型设置为【(M) 金属】，在【金属基本参数】卷展栏中单击 C 按钮，取消【环境光】和【漫反射】的锁定，将【环境光】的 RGB 值设置为 64、64、64，【漫反射】的 RGB 值设置为 255、255、255，在【反射高光】选项组中将【高光级别】和【光泽度】分别设置为 100、80，如图 4-180 所示。

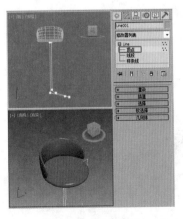

图 4-178　创建图形

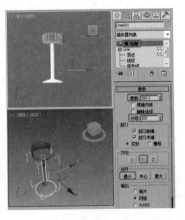

图 4-179　添加【车削】修改器

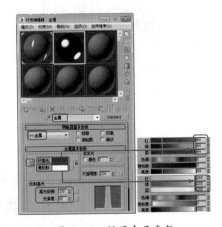

图 4-180　设置金属参数

（13）在【贴图】卷展栏中单击【反射】右侧的【无】按钮，在弹出的对话框中选择【位图】选项，再在弹出的对话框中选择 Chromic.JPG 贴图文件，单击【打开】按钮，在【坐标】卷展栏中将【瓷砖】下的 U、V

分别设置为 3.8、0.2，在【位图参数】卷展栏中选中【裁剪／放置】选项组中的【应用】复选框，将 U、W 分别设置为 0.225、0.256，如图 4-181 所示。

(14) 将设置完成的材质指定给选定对象，选择【创建】|【几何体】|【标准基本体】|【圆柱体】命令，创建圆柱体，将其命名为"接头"，在【参数】卷展栏中将【半径】、【高度】、【高度分段】、【端面分段】、【边数】分别设置为 7、12、1、1、69，如图 4-182 所示。

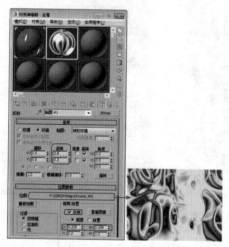

图 4-181 添加贴图文件

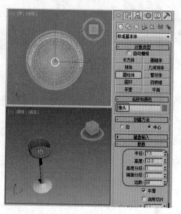

图 4-182 创建圆柱体

(15) 选中该对象，按 M 键，在弹出的对话框中选择一个新的材质样本球，将其命名为"黑色塑料"，在【明暗器基本参数】卷展栏中将明暗器类型设置为 (P)Phong，在【Phong 基本参数】卷展栏中将【环境光】的 RGB 值设置为 35、35、35，在【反射高光】卷展栏中将【高光反射】和【光泽度】分别设置为 80、39，设置完成后将材质指定给选定的对象，如图 4-183 所示。

(16) 选择【创建】|【几何体】|【标准基本体】|【圆环】命令，在【顶】视图中创建一个圆环，将其命名为"脚架环"，在【参数】卷展栏中将【半径1】、【半径2】、【旋转】、【扭曲】、【分段】、【边数】分别设置为 35、3、0、0、200、12，如图 4-184 所示。

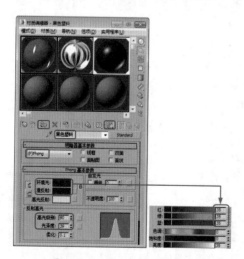

图 4-183 设置黑色塑料材质

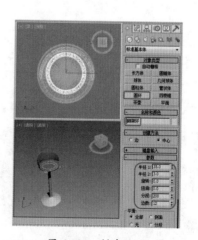

图 4-184 创建圆环

(17) 选中该对象，在工具栏中选择【缩放】工具，在弹出的对话框中将【绝对：局部】选项组中的 Y 设置为 64.6，如图 4-185 所示。

(18) 缩放完成后，将该对话框关闭，在视图中调整该对象的位置，并为其指定【金属】材质，如图 4-186 所示。

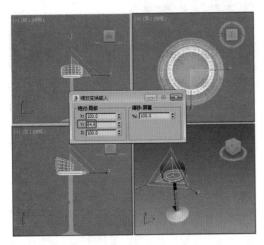

图 4-185　设置 Y 缩放参数

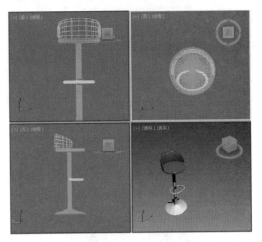

图 4-186　调整对象的位置

(19) 选中视图中的所有对象，在菜单栏中选择【组】|【组】命令，在弹出的对话框中将【组名】设置为"吧椅"，如图 4-187 所示。

(20) 选择【创建】|【几何体】|【平面】命令，在【顶】视图中创建平面，切换到【修改】命令面板，在【参数】卷展栏中将【长度】设置为3700、【宽度】设置为4500，如图 4-188 所示。

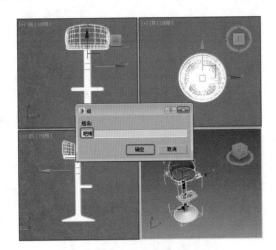

图 4-187　成组

图 4-188　创建地面

(21) 右击平面对象，在弹出的快捷菜单中选择【对象属性】命令，弹出【对象属性】对话框，在【显示属性】选项组中选中【透明】复选框，单击【确定】按钮，如图 4-189 所示。

(22) 按 M 键打开【材质编辑器】对话框，选择一个新的材质样本球，并单击 Standard 按钮，在弹出的【材质／贴图浏览器】对话框中选择【无光／投影】材质，单击【确定】按钮，如图 4-190 所示。

(23) 单击【将材质指定给选定对象】按钮，将材质指定给平面对象，如图 4-191 所示。

(24) 根据前面介绍的方法添加"吧椅背景 .jpg"作为背景图，然后选择【创建】|【摄影机】|【目标】命令，在视图中创建摄影机，激活【透视】视图，按 C 键将其转换为【摄影机】视图，在其他视图中调整摄影机的位置，效果如图 4-192 所示。

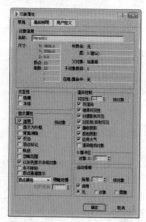

图 4-189 选中【透明】复选框

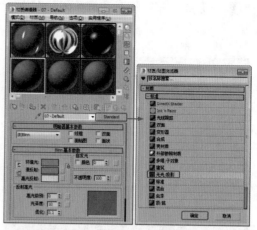

图 4-190 选择【无光/投影】材质

图 4-191 指定材质

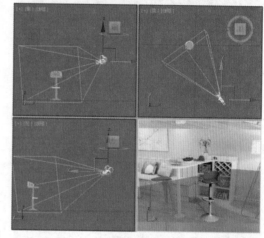

图 4-192 添加环境贴图并创建摄影机

(25) 选择【创建】 | 【灯光】 | 【标准】 | 【天光】命令，在【顶】视图中创建天光，切换到【修改】命令面板，在【天光参数】卷展栏中选中【投射阴影】复选框，如图 4-193 所示。

(26) 选择【创建】 | 【灯光】 | 【标准】 | 【泛光】命令，在【顶】视图中创建泛光灯，并在其他视图中调整灯光的位置，切换至【修改】命令面板，在【强度/颜色/衰减】卷展栏中将【倍增】设置为 0.35，如图 4-194 所示。

图 4-193 创建天光

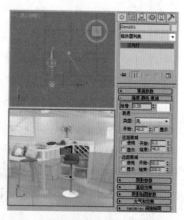

图 4-194 创建泛光灯

(27) 至此，吧椅就制作完成了。按 F9 键查看渲染效果如图 4-195 所示，渲染完成后将场景文件保存即可。

图 4-195　渲染效果

　　文件柜在日常工作生活中随处可见，但你知道它是如何用 **3d Max** 软件制作的吗？本例将详细讲解制作方法，主要应用了长方体工具，完成后的效果如图 4-196 所示。

 案例文件：CDROM ＼ Scenes＼ Cha04 ＼ 文件柜 .max
　　　　　 视频文件：视频教学 ＼ Cha04 ＼ 使用长方体制作文件柜 .avi

图 4-196　文件柜

案例精讲 048　使用布尔制作前台桌

　　前台桌是一个公司必不可少的，本例将详细讲解如何制作前台桌，主要应用【长方体】和【布尔】工具进行创建，具体操作步骤如下，完成后的效果如图 4-197 所示。

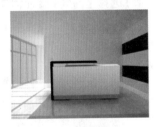

 案例文件：CDROM ＼ Scenes＼ Cha04 ＼ 前台桌 OK. max
　　　　　 视频文件：视频教学 ＼ Cha05 ＼ 前台桌的制作 .avi

图 4-197　前台桌

　　(1) 启动 3ds Max 软件后选择【创建】|【几何体】|【标准基本体】|【长方体】命令，在【顶】视图中创建长方体，将【长度】、【宽度】和【高度】分别设置为 2716、7528、76，名称设置为"桌面"，如图 4-198 所示。

　　(2) 选择【创建】|【图形】|【样条线】|【矩形】命令，在【顶】视图中创建矩形，将【长度】和【宽度】分别设置为 2716、1800，如图 4-199 所示。

　　(3) 切换到【修改】命令面板，选择【挤出】修改器，将【数量】设置为 -2348，并将其命名为"柜 1"，如图 4-200 所示。

　　(4) 选择【柜 1】对象进行复制，并调整位置，如图 4-201 所示。

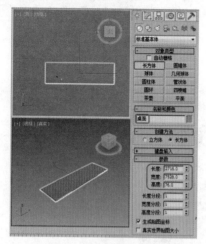

图 4-198　创建长方体

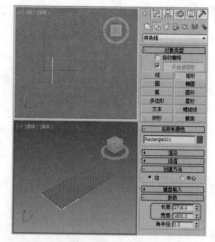

图 4-199　创建矩形

图 4-200　添加【挤出】修改器

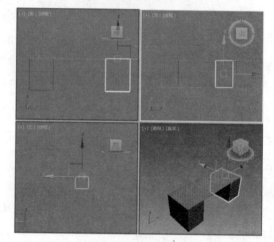

图 4-201　进行复制

（5）选择【创建】|【几何体】|【标准基本体】|【长方体】命令，在【顶】视图中创建长方体，并将其命名为"中柜"，将【长度】、【宽度】和【高度】分别设置为 2716、3920、100，并调整位置，如图 4-202 所示。

（6）选择【创建】|【图形】|【样条线】|【线】命令，在【左】视图中创建线，如图 4-203 所示。

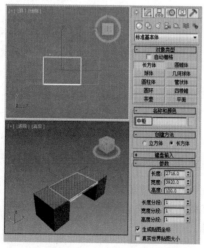

图 4-202　创建长方体

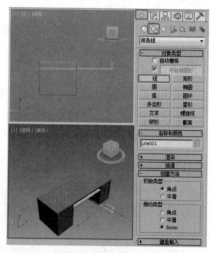

图 4-203　绘制线

(7) 切换到【修改】命令面板，将当前选择集定义为【样条线】，将【轮廓】设置为 -100，如图 4-204 所示。

▌▶提 示

当设置的轮廓数值为正值时，会以当前样条线为基础向外创建轮廓，当为负值时则向内创建轮廓。

(8) 关闭当前选择集，添加【挤出】修改器，将【数量】设置为 1960，并调整位置，如图 4-205 所示。

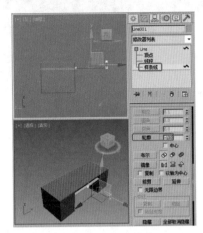

图 4-204　设置轮廓

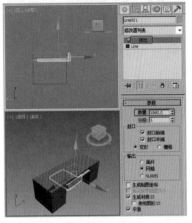

图 4-205　添加挤出修改器

(9) 选择上一步创建的对象，并进行复制，调整位置，如图 4-206 所示。

(10) 选择【创建】|【几何体】|【标准基本体】|【长方体】命令，在【前】视图中创建长方体，将【长度】、【宽度】和【高度】分别设置为 528、1422、2638，并将其命名为"抽屉1"，调整位置，如图 4-207 所示。

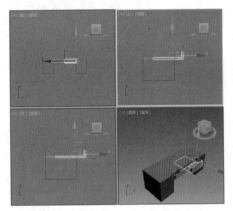

图 4-206　复制对象并调整位置

图 4-207　创建长方体

(11) 选择上一步创建的【抽屉1】对象，然后选择【创建】|【复合对象】|【布尔】命令，单击【拾取操作对象 B】按钮，在场景中拾取【柜 002】对象，在【操作】组中选中【差集 (B-A)】单选按钮，如图 4-208 所示。

(12) 使用同样方法创建其他布尔对象，如图 4-209 所示。

知识链接

布尔型对象包含从中减去相交体积的原始对象的体积。

指定两个原始对象为操作对象 A 和 B。

可以采用堆栈显示的方式对布尔操作进行分层，以便在单个对象中包含多个布尔操作。通过在堆栈显示中进行导航，可以重新访问每个布尔操作的组件，并对它们进行更改。

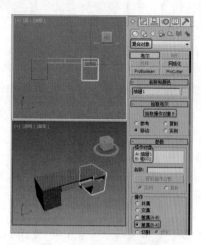

图 4-208　创建布尔对象

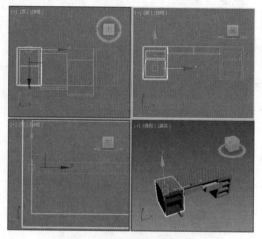

图 4-209　完成后的效果

(13) 选择【创建】|【图形】|【样条线】|【矩形】命令，在【前】视图中创建【矩形】，将【长度】和【宽度】分别设置为 528、1422，如图 4-210 所示。

(14) 选择上一步创建的矩形，对其添加【编辑样条线】修改器，将当前选择集定义为【分段】，将多余的边删除，如图 4-211 所示。

(15) 将当前选择集定义为【样条线】，并将【轮廓】值设置为 50，如图 4-212 所示。

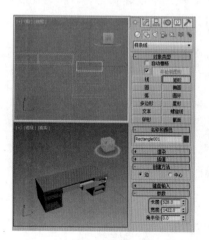

图 4-210　创建矩形

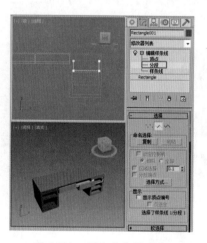

图 4-211　删除多余的分段

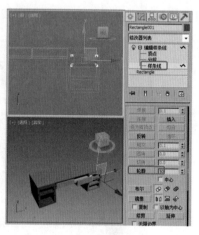

图 4-212　设置轮廓

(16) 关闭当前选择集，对其添加【挤出】修改器，将【数量】设置为 2500mm，如图 4-213 所示。

(17) 在【前】视图中继续绘制长方体，将【长度】、【宽度】和【高度】分别设置为 528mm、1422mm、10mm，并调整位置，如图 4-214 所示。

(18) 继续在【前】视图中绘制长方体，将【长度】、【宽度】和【高度】分别设置为 50mm、372mm、50mm，并调整位置，如图 4-215 所示。

(19) 选择创建的所有抽屉对象，并将其成组，将组名设置为"抽屉内"，如图 4-216 所示。

(20) 选择创建的【抽屉组】并进行复制，调整到其他抽屉内，完成后的效果如图 4-217 所示。

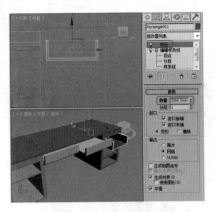

图 4-213 添加挤出修改器

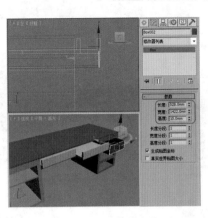

图 4-214 创建长方体

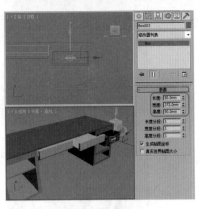

图 4-215 再次创建长方体

图 4-216 新建抽屉组

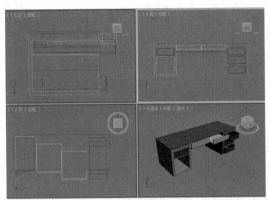

图 4-217 复制抽屉

(21) 继续在【前】视图中创建长方体，将【长度】、【宽度】和【高度】分别设置为1375mm、1435mm和100mm，并调整位置，如图 4-218 所示。

(22) 在【左】视图中创建长方体，将【长度】、【宽度】和【高度】分别设置为50mm、372mm、50mm，并调整位置，如图 4-219 所示。

(23) 在【前】视图中绘制长方体，将【长度】、【宽度】和【高度】分别设置为3172mm、7518mm、125mm，然后调整位置，并将其命名为"背板"，如图 4-220 所示。

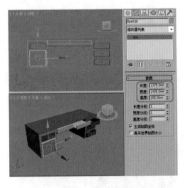

图 4-218 创建长方体

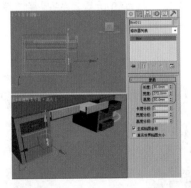

图 4-219 创建长方体

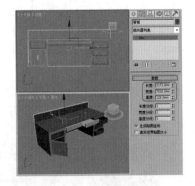

图 4-220 绘制长方体

(24) 在【左】视图中创建长方体，将【长度】、【宽度】和【高度】分别设置为738mm、1270mm、76mm，并调整位置，如图 4-221 所示。

(25) 复制三个上一步创建的长方体，并调整位置，如图 4-222 所示。

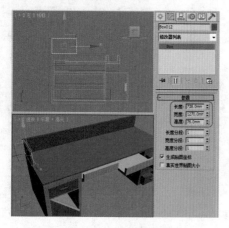

图 4-221　创建长方体

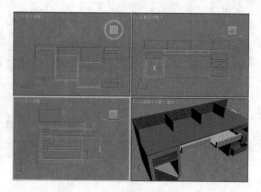

图 4-222　复制对象

(26) 在【顶】视图中创建长方体，将【长度】、【宽度】和【高度】分别设置为 1415mm、6155mm、100mm，并调整位置，如图 4-223 所示。

(27) 在【顶】视图创建长方体，作为桌子的底部，将【长度】、【宽度】和【高度】分别设置为 2462mm、1702mm、450mm，将其命名为"底座 1"并调整位置，如图 4-224 所示。

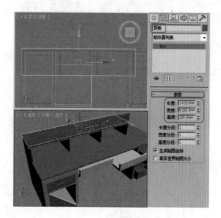

图 4-223　创建长方体

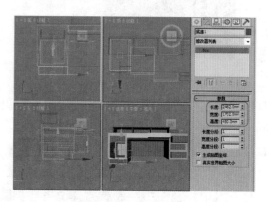

图 4-224　创建底座

(28) 选择上一步创建的【底座 1】对象，对其进行复制并调整位置，如图 4-225 所示。

(29) 继续在【顶】视图中创建长方体，将【长度】、【宽度】和【高度】分别设置为 132mm、7326mm、450mm，并调整位置，如图 4-226 所示。

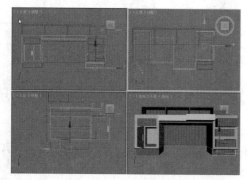

图 4-225　复制对象

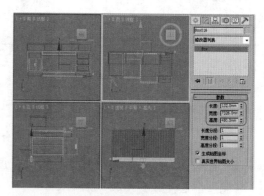

图 4-226　绘制长方体

(30) 将底座隐藏，选择所有的对象，并对其进行编组，将其命名为"台桌主体"，如图 4-227 所示。

(31) 切换到【右】视图中绘制长方体，将【长度】、【宽度】和【高度】分别设置为 4000mm、1000mm、200mm，并调整位置，如图 4-228 所示。

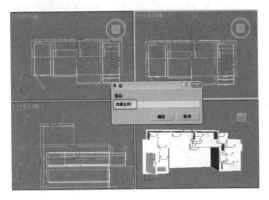

图 4-227　编组

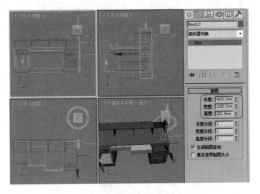

图 4-228　创建长方体

(32) 在【前】视图中绘制长方体，将【长度】、【宽度】和【高度】分别设置为 995mm、5192mm、150mm，并调整位置，如图 4-229 所示。

(33) 选择创建的隔板对象，并对其成组，将其命名为"隔板"，如图 4-230 所示。

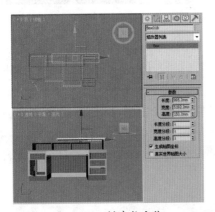

图 4-229　创建长方体

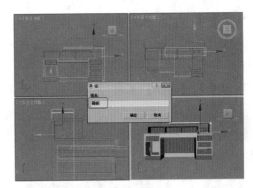

图 4-230　编组

(34) 在【顶】视图中创建【圆柱体】，将【半径】和【高度】分别设置为 100、262，然后复制一个并调整位置，如图 4-231 所示。

(35) 选择创建的两个圆柱体，并对其成组，然后命名为"金属支柱"，如图 4-232 所示。

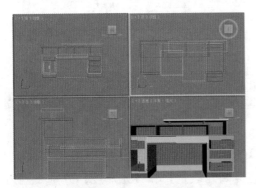

图 4-231　创建圆柱体

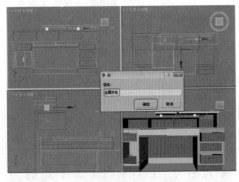

图 4-232　编组

(36) 按 M 键打开【材质编辑器】对话框，选择一个新的样本球，将其命名为"台桌主体"，将明暗器的类型设置为 (P)Phong，将【环境光】和【漫反射】的颜色设置为白色，在【自发光】选项组中将【颜色】设置为20，将【高光级别】和【光泽度】分别设置为98、87，将设定好的材质指定给【台桌主体】组，如图 4-233 所示。

(37) 选择一个样本球，将其命名"底座"，将明暗器的类型设置为 phong，将【自发光】选项组中的颜色设置为50，将【高光级别】和【光泽度】分别设置为100、64，将创建的材质指定给场景中的底座对象，如图 4-234 所示。

图 4-233　创建材质

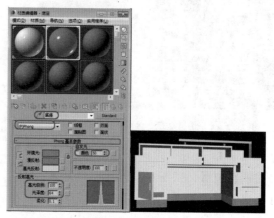

图 4-234　创建材质

(38) 选择一个新的样本球，将其命名为"金属支柱"，将明暗器的类型设置为【(M)金属】，将【环境光】的颜色设置为黑色，将【漫反射】的颜色设置为白色，将【高光级别】和【光泽度】分别设置为100、80，如图 4-235 所示。

(39) 切换到【贴图】卷展栏，单击【反射】后面的【无】按钮，在弹出的【材质/贴图浏览器】对话框中选择【位图】选项，单击【确定】按钮，在弹出的对话框中选择 Map 文件中的 Gold04B.jpg 文件。在【坐标】卷展栏中将【模糊偏移】设置为 0.086，单击【转到父对象】按钮，将制作好的材质指定给金属支柱对象，如图 4-236 所示。

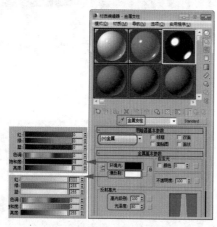

图 4-235　设置材质参数

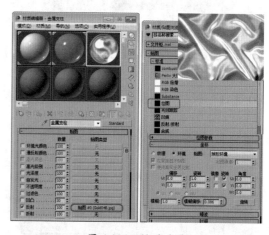

图 4-236　设置贴图

(40) 选择一个空的样本球，将其命名为"隔板"，将【环境光】和【漫反射】的 RGB 值都设置为20、20、20，将【自发光】选项组中的【颜色】值设置为68，将【高光级别】和【光泽度】分别设置为100、50，设置完成后将对象指定为【隔板】对象，如图 4-237 所示。

(41) 在场景中选择所有的对象，进行编组，命名为"前台桌"，如图 4-238 所示。

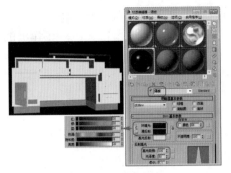

图 4-237　创建材质

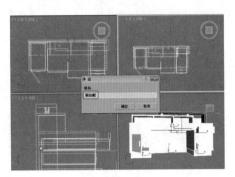

图 4-238　编组

(42) 选择【创建】 |【几何体】 |【平面】命令，在顶视图创建一个【长度】和【宽度】分别为 12000、24000 的长方体，如图 4-239 所示。

(43) 继续选中该对象，右击鼠标，在弹出的快捷菜单中选择【对象属性】命令，在弹出的对话框中选中【透明】复选框，如图 4-240 所示。

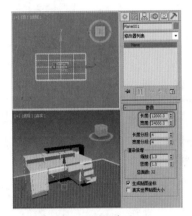

图 4-239　创建平面

图 4-240　选中【透明】复选框

(44) 单击【确定】按钮，继续选中该对象，按 M 键打开【材质编辑器】对话框，在该对话框中选择一个材质样本球，将其命名为"地面"，单击 Standard 按钮，在弹出的对话框中选择【无光 / 投影】选项，如图 4-241 所示。

(45) 展开【无光 / 投影基本参数】卷展栏，单击【反射】选项组中【贴图】右侧的【无】按钮，弹出【材质 / 贴图浏览器】对话框，选择【平面镜】选项，单击【确定】按钮，如图 4-242 所示。

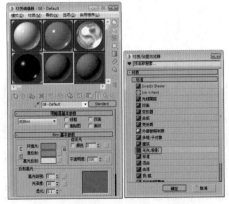

图 4-241　选择【无光 / 投影】选项

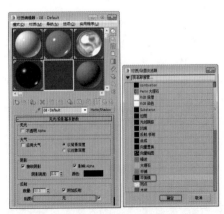

图 4-242　选择【平面镜】选项

(46) 在【平面镜参数】卷展栏中选中【应用于带 ID 的面】复选框，如图 4-243 所示。

(47) 单击【转到父对象】按钮，将【反射】选项组中的【数量】设置为 20，如图 4-244 所示。

(48) 按 8 键弹出【环境和效果】对话框，在【公用参数】卷展栏中单击【无】按钮，在弹出的【材质/贴图浏览器】对话框中选择【位图】贴图，再在弹出的对话框中打开随书附带光盘中的"前台桌背景.jpg"素材文件，如图 4-245 所示。

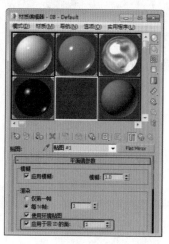

图 4-243　选中【应用于带 ID 的面】复选框

图 4-244　设置【数量】

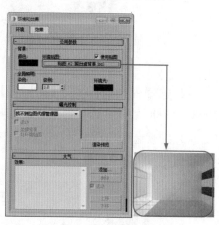

图 4-245　添加环境贴图

(49) 在【环境和效果】对话框中将环境贴图拖曳至新的材质样本球上，在弹出的【实例(副本)贴图】对话框中选中【实例】单选按钮，并单击【确定】按钮，然后在【坐标】卷展栏中将贴图设置为【屏幕】，如图 4-246 所示。

(50) 激活【透视】视图，按 Alt+B 组合键，在弹出的对话框中选中【使用环境背景】单选按钮，如图 4-247 所示。

(51) 单击【确定】按钮，选择【创建】 |【摄影机】 |【目标】命令，在视图中创建摄影机，激活【透视】视图，按 C 键将其转换为【摄影机】视图，在其他视图中调整摄影机的位置，如图 4-248 所示。

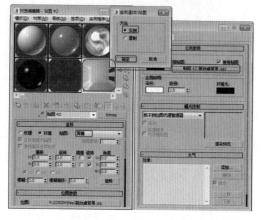

图 4-246　设置贴图

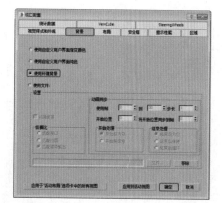

图 4-247　选中【使用环境背景】单选按钮

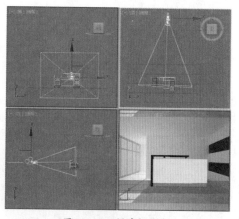

图 4-248　创建摄影机

(52) 选择【创建】 ※ |【灯光】 ◢ |【标准】|【天光】命令，在【顶】视图中单击，创建一盏泛光灯并调整其在场景中的位置，在【渲染】选项组中选中【投射阴影】复选框，如图 4-249 所示。

(53) 激活【摄影机】视图，对其进行渲染，查看效果如图 4-250 所示。最后对场景文件另行保存。

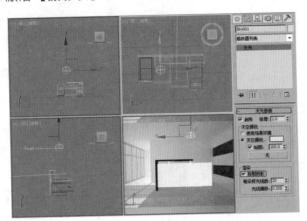

图 4-249　创建天光

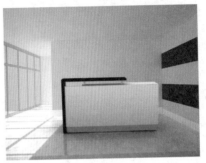

图 4-250　渲染效果

案例精讲 049　使用几何体工具创建老板桌

本例介绍如何制作老板桌。首先使用【矩形】工具绘制桌面的截面，然后为其添加【挤出】修改器，使其具有三维效果，再利用【切角长方体】和【切角圆柱体】工具绘制桌子的其他部位，完成后的效果如图 4-251 所示。

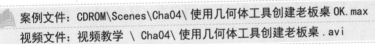

案例文件：CDROM\Scenes\Cha04\ 使用几何体工具创建老板桌 OK.max

视频文件：视频教学 \ Cha04\ 使用几何体工具创建老板桌 .avi

(1) 启动 3ds Max 软件后，选择【创建】|【图形】|【样条线】|【矩形】命令，在【顶】视图中绘制矩形，在【参数】卷展栏中将【长度】、【宽度】、【角半径】设置为 133、378、4，然后命名为"桌面"，如图 4-252 所示。

(2) 进入【修改】命令面板，为矩形添加【编辑样条线】修改器，将当前选择集定义为【顶点】，在【几何体】卷展栏中单击【优化】按钮，在矩形上添加两个顶点，再次单击【顶点】按钮，然后调整顶点的位置，如图 4-253 所示。

图 4-251　老板桌

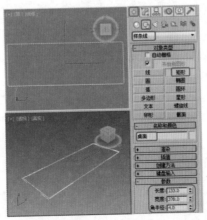

图 4-252　创建矩形

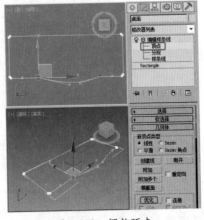

图 4-253　调整顶点

（3）关闭当前选择集，在【修改器列表】中选择【挤出】修改器，在【参数】卷展栏中将【数量】设置为8，如图4-254所示。

（4）在【修改器列表】中选择【平滑】修改器，单击【参数】卷展栏中【平滑组】中的1按钮，如图4-255所示。

（5）选择【创建】|【图形】|【样条线】|【矩形】命令，在【顶】视图中创建矩形，效果如图4-256所示。

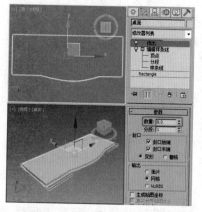
图 4-254 添加【挤出】修改器

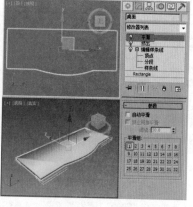
图 4-255 添加【平滑】修改器

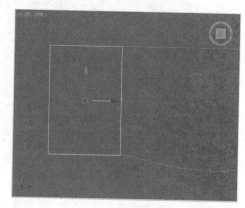
图 4-256 绘制矩形

（6）进入【修改】命令面板，在【修改器列表】中选择【编辑样条线】修改器，将当前选择集定义为【顶点】，在【几何体】卷展栏中单击【优化】按钮，然后在矩形左侧的边上添加两个顶点，再次单击【优化】按钮，使用【选择并移动】工具调整顶点的位置，如图4-257所示。

（7）将当前选择集关闭，为矩形添加【挤出】修改器，在【参数】卷展栏中将【数量】设置为3，然后调整矩形的位置，效果如图4-258所示。

（8）将其命名为"桌面装饰01"，选择【创建】|【图形】|【样条线】|【矩形】命令，创建【矩形】，然后为其添加【编辑样条线】修改器，将当前选择集定义为【顶点】，调整顶点的位置，效果如图4-259所示。

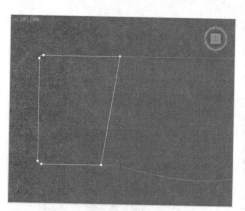
图 4-257 调整顶点的位置

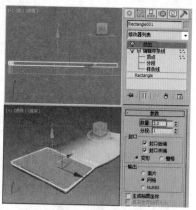
图 4-258 为对象添加【挤出】修改器

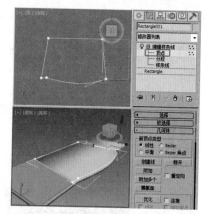
图 4-259 绘制矩形并进行调整

（9）将当前选择集关闭，为其添加【挤出】修改器，在【参数】卷展栏中将【数量】设置为3，如图4-260所示。

（10）调整图形的位置，将其命名为"桌面装饰02"，使用同样的方法创建"桌面装饰03"，完成后的效果如图4-261所示。

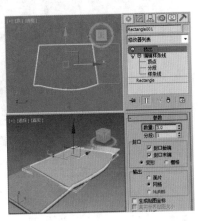

图 4-260　绘制矩形并调整顶点的位置

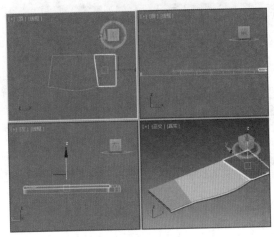

图 4-261　绘制"桌面装饰03"

(11) 选择【创建】|【图形】|【矩形】命令，在【顶】视图中创建矩形，进入【修改】命令面板，选择【编辑样条线】修改器，将当前选择集定义为【顶点】，如图 4-262 所示。

(12) 选择矩形的所有顶点，右击鼠标，在弹出的快捷菜单中选择【角点】命令，调整【顶点】的位置。在【顶】视图中选择矩形下方的两个顶点，右击鼠标，在弹出的快捷菜单中选择【Bazier 角点】命令，然后调整顶点，完成后的效果如图 4-263 所示。

(13) 关闭当前选择集，使用【选择并移动】工具调整图形的位置，然后在【修改器列表】中选择【挤出】修改器，将【数量】设置为1，将其颜色设置为黑色，如图 4-264 所示。

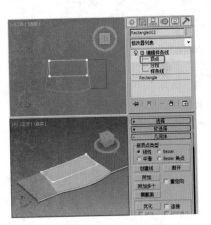

图 4-262　创建矩形

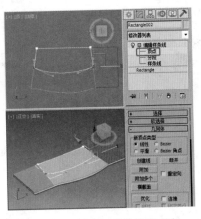

图 4-263　创建矩形并进行调整

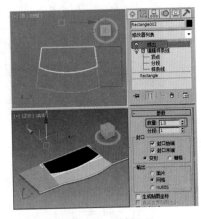

图 4-264　创建图形

(14) 选择【创建】|【几何体】|【扩展基本体】|【切角长方体】命令，在【顶】视图中创建几何体，在【参数】卷展栏中将【长度】、【宽度】、【高度】、【圆角】分别设置为120、80、-84、3.7，将【长度分段】、【宽度分段】、【高度分段】、【圆角分段】设置为9、6、4、6，将其重命名为"左箱"，如图 4-265 所示。

(15) 选择【创建】|【几何体】|【切角圆柱体】命令，在【顶】视图中创建切角圆柱体，在【参数】卷展栏中将【半径】、【高度】分别设置为10、-13.5，将【边数】设置为16，将其命名为"支架01"，调整"支架01"和"左箱"的位置，如图 4-266 所示。

(16) 对【支架01】进行复制，并调整对象在视图中的位置，完成后的效果如图 4-267 所示。

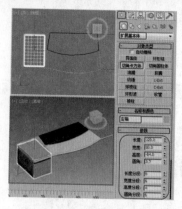
图 4-265 创建切角长方体

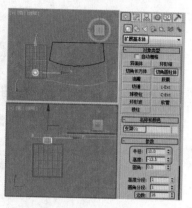
图 4-266 创建切角圆柱体

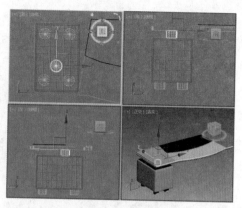
图 4-267 复制切角圆柱体并调整位置

(17) 选择【左箱】和【支架01】~【支架005】对象，使用【选择并移动】工具，按住 Shift 键将其向右拖曳，松开鼠标弹出【克隆选项】对话框，在该对话框中选中【复制】单选按钮，将【名称】设置为"右箱01"，单击【确定】按钮，如图 4-268 所示。

(18) 选择【创建】|【图形】|【线】命令，在【顶】视图中绘制图形，将其命名为"前面装饰"，完成后的效果如图 4-269 所示。

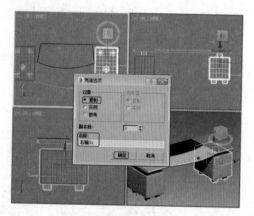
图 4-268 克隆复制对象

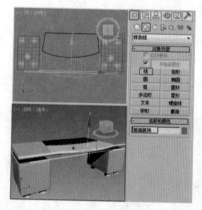
图 4-269 绘制图形

(19) 进入【修改】命令面板，添加【编辑样条线】修改器，将当前选择集定义为【顶点】，调整顶点，效果如图 4-270 所示。

(20) 将当前选择集关闭，选择【挤出】修改器，将【数量】设置为 -210，然后调整其位置，如图 4-271 所示。

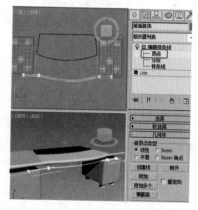
图 4-270 调整顶点

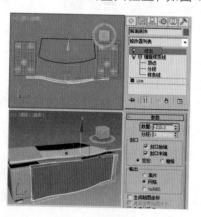
图 4-271 添加【挤出】修改器

(21) 在【修改器列表】中选择【UVW 贴图】修改器，在【贴图】选项组中选中【长方体】单选按钮，在【对齐】选项组中单击【适配】按钮，如图 4-272 所示。

(22) 选择【创建】|【几何体】|【切角圆柱体】命令，在【前】视图中创建切角圆柱体，在【参数】卷展栏中将【半径】、【高度】、【圆角】分别设置为 2、29、0.4，将其命名为"装饰钉 01"，如图 4-273 所示。

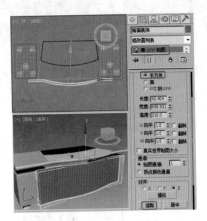

图 4-272　添加【UVW 贴图】修改器

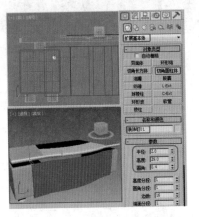

图 4-273　创建【切角圆柱体】

(23) 对圆柱体进行复制，并在视图中调整其位置，效果如图 4-274 所示。

(24) 选择【创建】|【几何体】|【标准基本体】|【长方体】命令，在【左】视图中创建长方体，在【参数】卷展栏中将【长度】、【宽度】、【高度】分别设置为 86、260、3，将其命名为"右装饰板"，如图 4-275 所示。

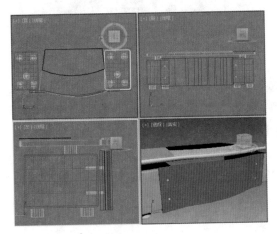

图 4-274　创建【切角圆柱体】

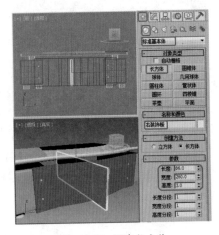

图 4-275　创建长方体

(25) 调整长方体的位置，在场景中选择装饰钉进行旋转复制，然后调整装饰钉的位置，将其调整至右装饰板上，如图 4-276 所示。

(26) 在【顶】视图中选择如图 4-277 所示的对象，对其进行复制，并调整位置，如图 4-277 所示。

(27) 选择【右箱 002】对象，在【修改】命令面板中将【长度】设置为 137，然后调整其位置，效果如图 4-278 所示。

(28) 按 M 键打开【材质编辑器】对话框，在该对话框中选择一个空白的材质样本球，将其命名为"桌箱"，将【明暗器类型】设置为【各向异性】，将【环境光】的 RGB 值设置为 20、0、0，【高光反射】的 RGB 值设置为 178、172、172，【高光级别】、【光泽度】、【各向异性】、【方向】分别设置为 63、34、63、992，如图 4-279 所示。

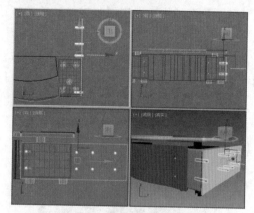

图 4-276　调整装饰钉

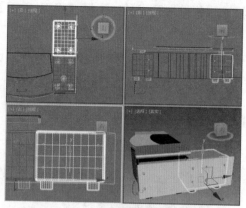

图 4-277　调整位置

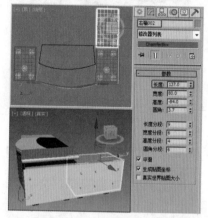

图 4-278　调整右箱 002

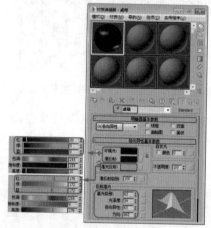

图 4-279　设置材质

　　(29) 按 H 键，打开【从场景选择】对话框，在该对话框中选择【左箱】、【右箱 01】、【右箱 002】对象，单击【确定】按钮，再单击【将材质指定给选定对象】按钮，激活【透视】视图，对该视图进行渲染，效果如图 4-280 所示。

　　(30) 选择一个空白的材质样本球，将其命名为"木"，将【明暗器类型】设置为【各向异性】，将【反射高光】选项组中的【高光级别】、【光泽度】、【各向异性】分别设置为 52、25、30，如图 4-281 所示。

　　(31) 展开【贴图】卷展栏，单击【漫反射颜色】右侧的【无】按钮，在弹出的对话框中选择【位图】选项，如图 4-282 所示。

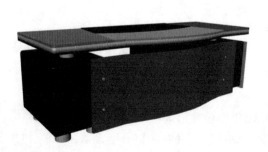

图 4-280　渲染一次效果

图 4-281　设置材质

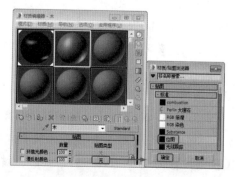

图 4-282　选择【位图】选项

(32) 单击【确定】按钮，打开【选择位图图像文件】对话框，在该对话框中选择 WW-006.jpg 素材文件，单击【打开】按钮，如图 4-283 所示。

(33) 进入【位图】层级，保持默认设置，单击【转到父对象】按钮，在场景中选择【桌面装饰 01】、【桌面装饰 02】、【桌面装饰 03】对象。在菜单栏中选择【组】|【组】命令，弹出【组】对话框，在该对话框中将【组名】设置为"桌面装饰"，单击【确定】按钮，如图 4-284 所示。

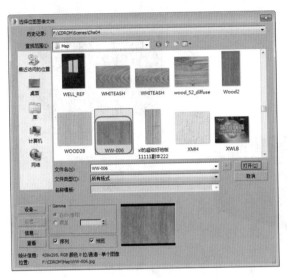

图 4-283　选择位图

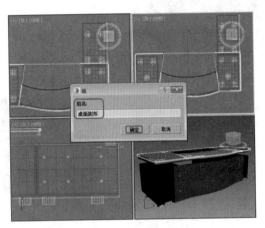

图 4-284　将对象成组

(34) 进入【修改】命令面板，在【修改器列表】中选择【UVW 贴图】修改器，在【贴图】选项组中选中【长方体】单选按钮，将【长度】、【宽度】、【高度】分别设置为 147、379、4，如图 4-285 所示。

(35) 选择【右装饰板】对象，在【修改器列表】中选择【UVW 贴图】修改器，在【贴图】选项组中选中【长方体】单选按钮，将【长度】、【宽度】、【高度】分别设置为 87、261、3，如图 4-286 所示。

(36) 在场景中选择【桌面装饰】、【右装饰板】、【前面装饰】、【桌面】对象，将【木】材质指定给选定对象，激活【透视】视图，对该视图渲染一次，效果如图 4-287 所示。

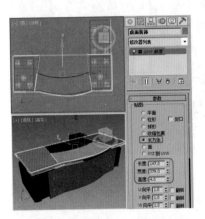

图 4-285　为对象添加【UVW 贴图】

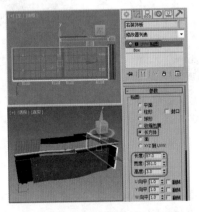

图 4-286　添加【UVW 贴图】修改器

图 4-287　渲染效果

(37) 选择一个空白的材质样本球，将其命名为"支架"，将【明暗器类型】设置为【(M) 金属】，取消【环境光】和【漫反射】之间的颜色锁定，将【环境光】设置为黑色，【漫反射】设置为白色，将【反射高光】选项组中的【高光级别】、【光泽度】分别设置为 91、62，如图 4-288 所示。

(38) 在场景中选择所有的支架和装饰钉，然后单击【将材质指定给选定对象】按钮，将材质指定给所有的支架，对【透视】视图渲染一次，效果如图 4-289 所示。

(39) 选择空白的材质样本球，将其命名为"垫"，将【环境光】设置为黑色，将【高光级别】、【光泽度】分别设置为 40、25，在场景中选择 Rectangle01 对象，单击【将材质指定给选定对象】按钮，如图 4-290 所示。

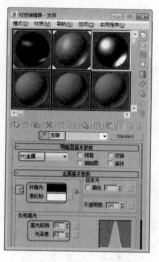

图 4-288　设置金属材质

图 4-289　渲染效果

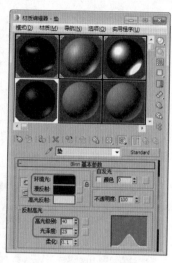

图 4-290　创建垫材质

(40) 选择所有的图形对象，对图形进行编组，将【组名】设置为"老板桌"，如图 4-291 所示，然后将图形保存，命名为"老板桌"。

(41) 打开随书附带光盘中的 CDROM \ Scenes \ Cha04 \ 老板桌背景 .max 素材文件，如图 4-292 所示。

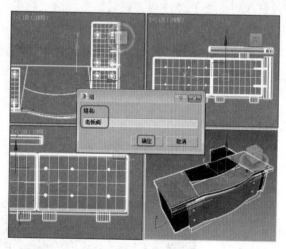

图 4-291　创建老板桌

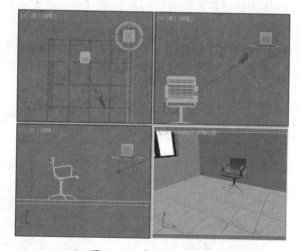

图 4-292　打开素材文件

(42) 单击 按钮，在弹出的下拉列表中选择【导入】|【合并】命令，如图 4-293 所示。

(43) 在弹出的【合并】对话框中打开随书附带光盘中的"老板桌 .max"素材文件，再在弹出的对话框中单击底部的【全部】按钮，并单击【确定】按钮，如图 4-294 所示。

(44) 将办公椅导入场景中，右击【选择并均匀缩放】工具，在弹出的对话框中将【偏移：世界】的 % 设置为 250，并在场景中调整其位置，效果如图 4-295 所示。

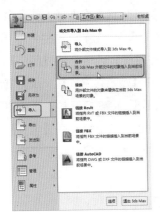

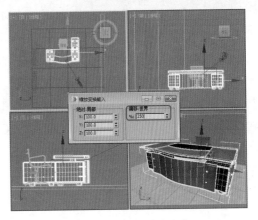

图 4-293　选择【合并】命令　　　图 4-294　选择文件　　　图 4-295　调整模型位置

案例精讲 050　使用管状体制作资料架

　　本例将介绍组合书架的制作，主要使用【管状体】、【圆柱体】工具来创建组合书架的底座、中心柱，通过【线】、【长方体】工具创建脚架，通过【阵列】命令进行调整，通过对【线】工具进行挤出制作文件皮，然后进行旋转复制，最后再为其指定材质，完成后的效果如图4-296所示。

> 案例文件：CDROM ＼ Scenes ＼ Cha04 ＼ 使用管状体制作资料架 OK.max
> 　　视频文件：视频教学 ＼ Cha04 ＼ 使用管状体制作资料架.avi

图 4-296　资料架

　　(1) 激活【顶】视图，选择【创建】  |【几何体】 |【管状体】命令，在【顶】视图中创建一个管状体，在【参数】卷展栏中将【半径1】、【半径2】、【高度】、【边数】分别设置为30、40、10、32，如图4-297所示。

　　(2) 选择【创建】 |【几何体】 |【圆柱体】命令，再在【顶】视图中管状体的中央创建一个圆柱体，在【参数】卷展栏中将【半径】、【高度】、【边数】分别设置为30、13、30，然后在【左】视图中调整它的位置，完成后的效果如图4-298所示。

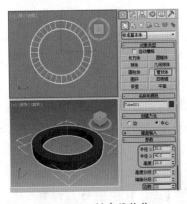

图 4-297　创建管状体

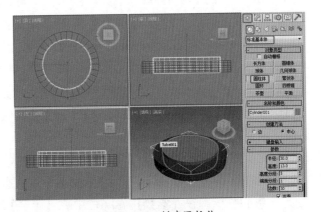

图 4-298　创建圆柱体

　　(3) 按 Ctrl+A 组合键，将场景中的物体全部选中，选择菜单栏中的【组】|【组】命令，在弹出的【组】对话框中将【组名】命名为"底座"，然后单击【确定】按钮，如图4-299所示。

（4）确定【底座】对象处于选中状态，按 M 键打开【材质编辑器】对话框，选择第一个材质样本球，将其命名为"金属"。在【明暗器基本参数】卷展栏中将明暗器类型设置为【(M) 金属】。在【金属基本参数】卷展栏中将【环境光】的 RGB 值设置为 0、0、0，【漫反射】的 RGB 值设置为 255、255、255；将【自发光】区域下的【颜色】设置为 20。将【反射高光】区域下的【高光级别】和【光泽度】分别设置为 100、80。打开【贴图】卷展栏，单击【反射】通道后的【无】贴图按钮，在打开的对话框中选择【位图】贴图，单击【确定】按钮。再在打开的对话框中选择随书附带光盘中的 CDROM \ Map \ HOUSE.JPG 文件，单击【打开】按钮。进入【反射】材质层级，在【坐标】卷展栏中将【模糊偏移】的值设置为 0.086，如图 4-300 所示。单击【转到父对象】按钮，返回到父级材质层级，然后单击【将材质指定给选定对象】按钮，将材质指定给场景中的【底座】对象。

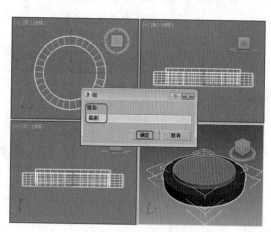

图 4-299　成组为【底座】

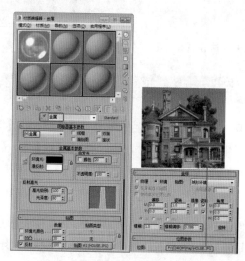

图 4-300　设置【金属】材质

（5）关闭【材质编辑器】对话框，激活【顶】视图，选择【创建】|【几何体】|【管状体】命令，在【顶】视图中创建一个管状体，将其命名为"书架 001"，在【参数】卷展栏中将【半径 1】、【半径 2】、【高度】、【边数】的值分别设置为 6、153、6、50，然后在【前】视图中将其调整至【底座】对象的上方，如图 4-301 所示。

（6）在场景中选择刚创建的【书架 001】对象，按 M 键打开【材质编辑器】对话框，选择第二个材质样本球，将其命名为"书架"。在【明暗器基本参数】卷展栏中，选中【双面】复选框。在【Blinn 基本参数】卷展栏中，将【环境光】、【漫反射】、【高光反射】的 RGB 值均设置为 255、255、255；将【自发光】区域下的【颜色】设置为 30。将【反射高光】区域下的【高光级别】、【光泽度】均设置为 0。打开【贴图】卷展栏，单击【漫反射颜色】通道后的【无】贴图按钮，在打开的对话框中选择【位图】贴图，单击【确定】按钮。再在打开的对话框中选择随书附带光盘的 CDROM \ Map \ 枫木 -13.jpg 文件，单击【打开】按钮。进入【反射】材质层级，单击【位图参数】卷展栏，在【裁减放置】区域下单击【查看图像】按钮，在弹出的对话框中调整图像的有效区域，调整完成后选择【应用】选项，如图 4-302 所示。单击【转到父对象】按钮，返回父级材质层级，然后单击【将材质指定给选定对象】按钮，将材质指定给场景中的【书架 001】对象。

（7）选择【创建】|【几何体】|【圆柱体】命令，在【顶】视图中【书架 001】的中央创建一个圆柱体，将其命名为"中心柱"，在【参数】卷展栏中将【半径】、【高度】、【边数】的值分别设置为 6、400、30，然后在【前】视图中将其调整至【书架 001】的上方，如图 4-303 所示。

（8）确认新创建的【中心柱】处于选中状态，按 M 键打开【材质编辑器】对话框，选择第一个材质样本球，将【金属】材质指定给场景中的【中心柱】对象，如图 4-304 所示。

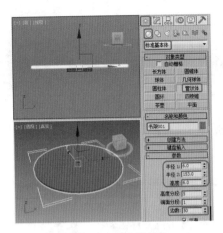

图 4-301　创建管状体

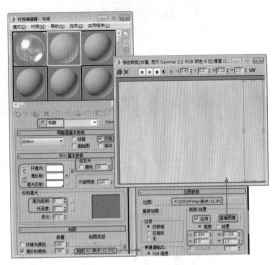

图 4-302　设置【书架】材质

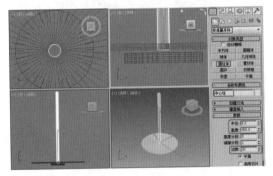

图 4-303　创建圆柱体

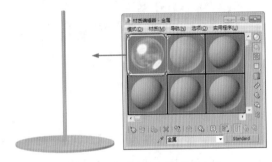

图 4-304　为【中心轴】指定材质

　　(9) 激活【前】视图，在场景中选择【书架 001】对象，使用【选择并移动】工具✛，配合 Shift 键，将其向上移动复制，在弹出的【克隆选项】对话框中选中【对象】区域下的【实例】单选按钮，将【副本数】设置为 3，最后单击【确定】按钮，然后调整复制得到的模型位置，如图 4-305 所示。

　　(10) 激活【左】视图，按 Alt+W 组合键将其最大化显示。选择【创建】❋|【几何体】◎|【长方体】命令，在【左】视图中创建一个【长度】、【宽度】、【高度】分别为 10、115、5 的长方体来制作脚架腿，如图 4-306 所示。

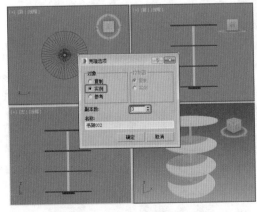

图 4-305　复制【书架 001】对象

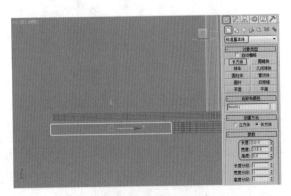

图 4-306　创建长方体

（11）在【前】视图中将长方体的左侧放大显示，选择【创建】 ❄ |【图形】 ❂ |【线】命令，在【前】视图中绘制一个如图 4-307 所示的闭合图形作为脚架轴的截面图形。

▌▌▌▶注 意

在绘制脚架轴的截面图形时，不必一步到位，先绘制出它的大体形状，再通过调整顶点的位置来调整截面图形的形状。

（12）切换至【修改】命令面板，在【修改器列表】中选择【车削】修改器，在【参数】卷展栏中将【分段】值设置为 50，单击【方向】区域下的 Y 按钮，并单击【对齐】区域下的【最小】按钮，然后在其他视图中调整模型的位置，如图 4-308 所示。

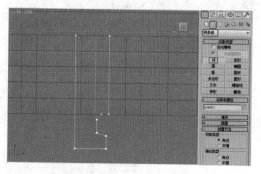

图 4-307　绘制脚架轴的截面图形

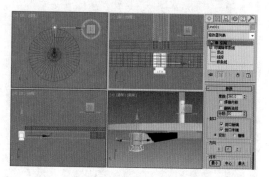

图 4-308　设置【车削】并调整模型位置

（13）选择 Line001 和 Box 对象，单击【选择】按钮，再在菜单栏中选择【组】|【组】命令，将组名命名为"脚架 001"，最后单击【确定】按钮，如图 4-309 所示。

（14）在场景中选择【脚架 001】对象，激活【顶】视图，切换至【层次】面板。单击【轴】按钮，在【调整轴】卷展栏中单击【仅影响轴】按钮，选择工具栏中的【对齐】工具 🝙，在场景中选择【书架 004】对象，在弹出的对话框中将【对齐位置】区域下的三个复选框全部选中，再选中【当前对象】和【目标对象】区域下的【中心】单选按钮，最后单击【确定】按钮，将【脚架 001】对象与【书架 004】的中心对齐，如图 4-310 所示。

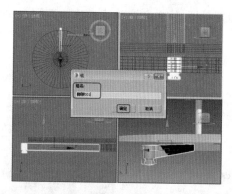

图 4-309　成组为【脚架 001】

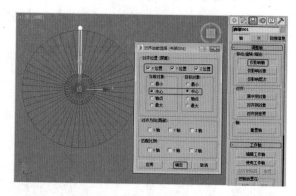

图 4-310　对齐轴心点

（15）再次单击【仅影响轴】按钮，调整完轴心点后，在菜单栏中选择【工具】|【阵列】命令，弹出【阵列】对话框，在该对话框中将【增量】选项组中【旋转】的 Z 轴参数设置为 90，然后将【阵列维度】选项组中【数量】的 1D 值设置为 4，最后单击【确定】按钮进行阵列复制，如图 4-311 所示。

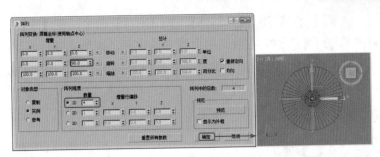

图 4-311　设置【阵列】

(16) 阵列完【脚架】对象后，选择这 4 个脚架，按 M 键打开【材质编辑器】对话框，选择第一个材质样本球，将【金属】材质指定给场景中选择的对象，如图 4-312 所示。

(17) 激活【顶】视图，将【书架】的左侧进行放大显示，选择【创建】 ┃【图形】 ┃【线】命令，在【顶】视图中绘制一个如图 4-313 所示的图形，并将其命名为"文件夹 001"，如图 4-313 所示。

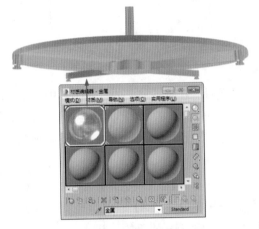

图 4-312　为脚架指定材质

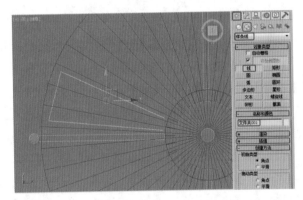

图 4-313　绘制线段

(18) 切换至【修改】命令面板，将当前选择集定义为【样条线】，将【几何体】卷展栏中的【轮廓】设置为 1，然后按 Enter 键确定，如图 4-314 所示。

(19) 退出当前选择集，在【修改器列表】中选择【挤出】修改器，在【参数】卷展栏中将【数量】设置为 115，然后调整其位置，如图 4-315 所示。

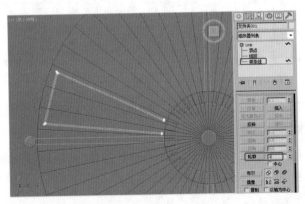

图 4-314　设置【轮廓】

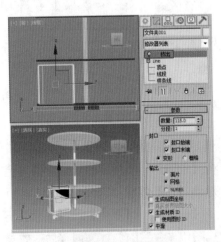

图 4-315　设置【挤出】

(20) 激活【顶】视图，选择【创建】 ※ |【几何体】 ◎ |【球体】命令，在【顶】视图中创建一个【半径】为 5 的球体作为布尔运算的拾取对象，然后在视图中调整它的位置，调整完成后的效果如图 4-316 所示。

(21) 在场景中选择【文件夹 001】对象，然后选择【创建】 ※ |【几何体】 ◎ |【复合对象】|【布尔】命令，在【拾取布尔】卷展栏中单击【拾取操作对象 B】按钮，然后选择场景中的球体对象进行布尔运算，如图 4-317 所示。

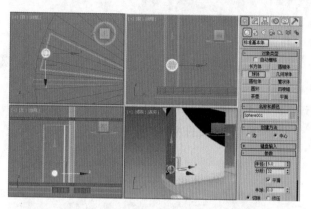

图 4-316　创建球体

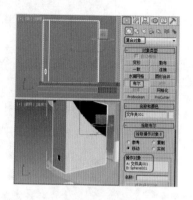

图 4-317　设置布尔运算

(22) 按 M 键打开【材质编辑器】对话框，选择一个新的材质样本球，并将其命名为"文件夹 01"。在【Blinn 基本参数】卷展栏中，将【环境光】和【漫反射】的 RGB 值均设置为 54、54、54，将【自发光】区域的【颜色】设置为 50。单击【将材质指定给选定对象】按钮，将设置好的材质指定给场景中的【文件夹 001】对象，如图 4-318 所示。

(23) 激活【左】视图，选择【创建】 ※ |【几何体】 ◎ |【标准基本体】|【管状体】命令，在【左】视图中创建一个管状体，将其命名为"金属环 001"，在【参数】卷展栏中将【半径 1】、【半径 2】、【高度】、【边数】的值分别设置为 4、5、2、50，然后在视图中将其调整至如图 4-319 所示的位置。

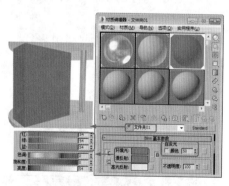

图 4-318　设置文件夹材质

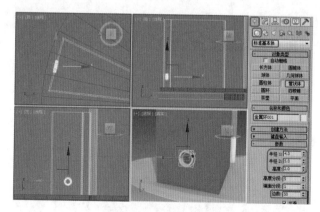

图 4-319　创建金属环

(24) 确定刚创建的【金属环】对象处于选中状态，按 M 键打开【材质编辑器】对话框，选择第一个材质样本球，将【金属】材质指定给场景中的【金属环 001】对象，如图 4-320 所示。

(25) 激活【左】视图，选择【创建】 ※ |【几何体】 ◎ |【标准基本体】|【长方体】命令，在【左】视图中创建一个【长度】、【宽度】、【高度】分别为 60、18、0.5 的长方体，并将其命名为"标签 001"，然后在【前】视图中调整它的位置，调整后的效果如图 4-321 所示。

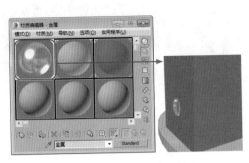

图 4-320 为金属环添加材质

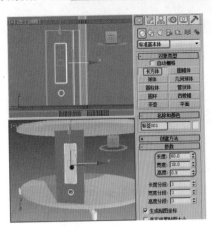

图 4-321 创建标签

(26) 在场景中选择刚创建的【标签 001】对象，打开【材质编辑器】对话框，选择一个新的材质样本球，将其命名为"标签"。在【Blinn 基本参数】卷展栏中，将【环境光】和【漫反射】的 RGB 值均设置为 255、255、255，将【自发光】区域下的【颜色】值设置为 50。打开【贴图】卷展栏，单击【漫反射颜色】通道后的【无】贴图按钮，在打开的对话框中选择【位图】贴图，单击【确定】按钮。再在打开的对话框中选择随书附带光盘中的 CDROM \ Map \ acrch20_box_file_label.jpg 文件，单击【打开】按钮。单击【转到父对象】按钮，返回父级材质层级，然后单击【将材质指定给选定对象】按钮，将设置好的材质指定给场景中的【标签 001】对象，如图 4-322 所示。

(27) 关闭【材质编辑器】对话框，选择【文件夹 001】、【标签 001】和【金属环 001】对象，在菜单栏中选择【组】|【组】命令，在弹出的菜单栏中将【组名】重命名为"文件夹 001"，最后单击【确定】按钮，如图 4-323 所示。

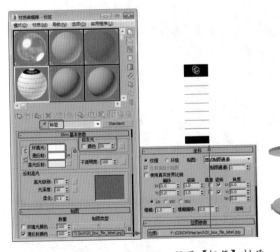

图 4-322 设置【标签】材质

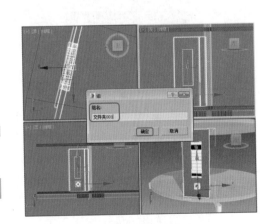

图 4-323 成组文件夹

(28) 选择成组后的【文件夹 001】对象，切换至【层次】面板。单击【轴】按钮，在【调整轴】卷展栏中单击【仅影响轴】按钮，将轴心点调整至书架的中央，如图 4-324 所示。

(29) 再次单击【仅影响轴】按钮，调整完轴心点后，在菜单栏中选择【工具】|【阵列】命令，弹出【阵列】对话框，在该对话框中将【增量】选项组中【旋转】的 Z 轴参数设置为 20，然后将【阵列维度】选项组中【数量】的 1D 值设置为 20，最后单击【确定】按钮进行阵列复制，如图 4-325 所示。

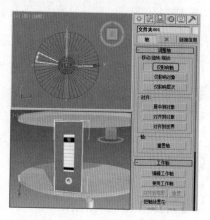

图 4-324　调整轴点位置

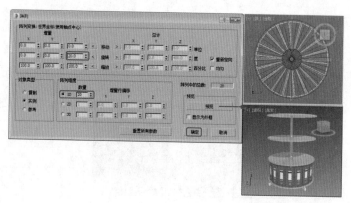

图 4-325　设置【阵列】

(30) 在场景中选择所有的文件夹对象，使用【选择并移动】工具 ✥，配合 Shift 键，将其向上移动复制，将部分文件夹删除并更改文件夹颜色，然后继续复制文件并更改其颜色，如图 4-326 所示。

(31) 保存场景文件。选择随书附带光盘中的 CDROM \ Scences \ Cha04 \ 使用管状体制作资料架 .max 文件，单击 ，选择 |【导入】|【合并】命令，选择保存的场景文件，在弹出的对话框中，单击【打开】按钮。在弹出的【合并】对话框中选择所有对象，然后单击【确定】按钮，将场景文件合并，调整模型和摄影机的位置，如图 4-327 所示。最后将场景进行渲染，并将渲染满意的效果和场景进行存储。

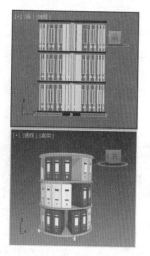

图 4-326　复制文件夹并更改颜色

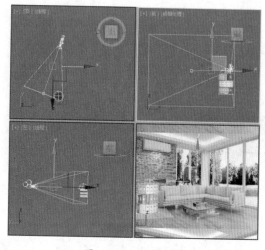

图 4-327　合并场景

案例精讲 051　使用切角长方体工具制作垃圾箱

本例将介绍使用切角长方体工具制作垃圾箱。首先使用【切角长方体】工具创建垃圾箱的主体，再使用【线】工具绘制垃圾箱的顶盖轮廓，然后将【线】设置【轮廓】、【挤出】效果并添加【编辑多边形】修改器，通过设置【挤出】和【多边形】调整出顶盖模型。创建一个切角长方体，通过【布尔】工具创建垃圾箱的洞口。最后为垃圾箱设置材质并进行场景合并。完成后的效果如图 4-328 所示。

图 4-328　垃圾箱

案例文件：CDROM \ Scenes \ Cha04 \ 使用切角长方体工具制作垃圾箱 OK.max

视频文件：视频教学 \ Cha04 \ 使用切角长方体工具制作垃圾箱 .avi

(1) 激活【顶】视图，选择【创建】|【几何体】|【扩展基本体】|【切角长方体】命令，在【顶】视图中创建一个切角长方体，将其命名为"垃圾箱"，在【参数】卷展栏中将【长度】、【宽度】、【高度】、【圆角】的值分别设置为 305、204、711、20，如图 4-329 所示。

(2) 选择【创建】|【图形】|【线】命令，将【捕捉开关】按钮打开，右击【捕捉开关】按钮，在弹出的对话框中选中【顶点】复选框。然后在【顶】视图中，通过捕捉顶点沿逆时针方向绘制如图 4-330 所示的闭合轮廓线。

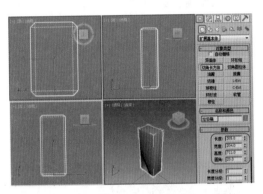
图 4-329　创建切角长方体

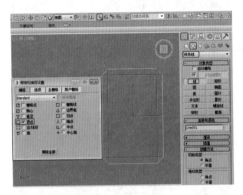
图 4-330　绘制直线

(3) 切换至【修改】命令面板，将当前选择集定义为【样条线】，在【几何体】卷展栏中将【轮廓】的数值设置为 -20，按 Enter 键确定，如图 4-331 所示。

(4) 退出当前选择集，在修改器列表中添加【挤出】修改器，在【参数】卷展栏中将【数量】设置为 40，如图 4-332 所示。

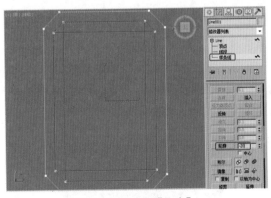
图 4-331　设置【轮廓】

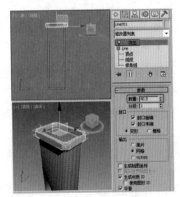
图 4-332　设置【挤出】

(5) 将【捕捉开关】按钮关闭，激活【前】视图，在场景中选择 Line001 对象，使用【选择并移动】工具，配合 Shift 键，将其向下移动复制，在弹出的【克隆选项】对话框中选中【对象】区域下的【复制】单选按钮，将【副本数】设置为 1，最后单击【确定】按钮，然后调整复制得到的模型位置，如图 4-333 所示。

(6) 选中 Line001 对象，为其添加【编辑多边形】修改器，然后将当前选择集定义为【多边形】，选择如图 4-334 所示的多边形。在【编辑多边形】卷展栏中，单击【挤出】右侧的【设置】按钮，在弹出的对话框中将【挤出高度】设置为 10.0。

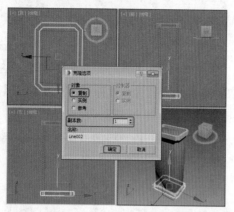

图 4-333　复制 Line001 对象

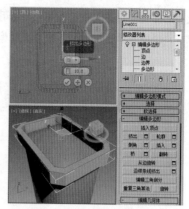

图 4-334　设置【挤出】

(7) 使用【选择并均匀缩放】工具 📐，在【顶】视图中将如图 4-335 所示的多边形适当缩放。

(8) 使用【选择并移动】工具 ✛，在【前】视图中向下调整多边形的位置，如图 4-336 所示。

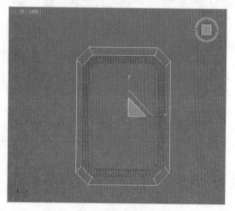

图 4-335　均匀缩放多边形

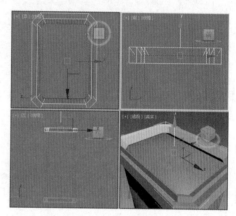

图 4-336　调整多边形的位置

(9) 选择【创建】 ✱ |【几何体】 ◯ |【扩展基本体】|【切角长方体】命令，在【左】视图中创建一个切角长方体，在【参数】卷展栏中将【长度】、【宽度】、【高度】、【圆角】的值分别设置为 150、220、30、5，然后调整其位置，如图 4-337 所示。

(10) 选中【垃圾箱】对象，选择【创建】 ✱ |【几何体】 ◯ |【复合对象】|【布尔】命令，在【拾取布尔】卷展栏中单击【拾取操作对象 B】按钮，然后选择创建的切角长方体对象，如图 4-338 所示。

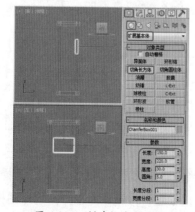

图 4-337　创建切角长方体

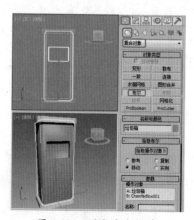

图 4-338　进行布尔操作

(11) 选择【垃圾箱】对象，切换至【修改】命令面板，为其添加【编辑多边形】修改器，将当前选择集定义为【多边形】，在【右】视图中选择如图 4-339 所示的多边形，按 Delete 键将其删除。

(12) 将选择集关闭，选择【创建】|【图形】|【线】命令，将【捕捉开关】按钮打开，然后在【右】视图中，通过捕捉顶点沿逆时针方向绘制如图 4-340 所示的闭合轮廓线。

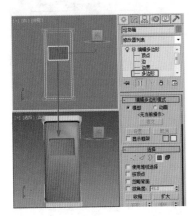

图 4-339　删除多边形

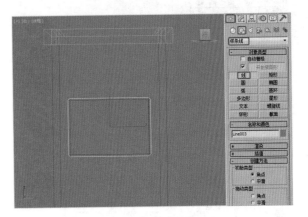

图 4-340　绘制轮廓线

(13) 切换至【修改】命令面板，将当前选择集定义为【样条线】，在【几何体】卷展栏中将【轮廓】的数值设置为 8，按 Enter 键确定，如图 4-341 所示。

(14) 关闭选择集，为其添加【挤出】修改器，在【参数】卷展栏中将【数量】设置为 30，在视图中适当调整对象的位置，如图 4-342 所示。

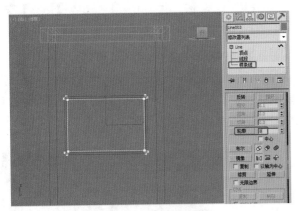

图 4-341　设置【轮廓】

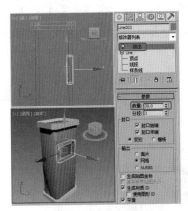

图 4-342　设置【挤出】

(15) 选中【垃圾箱】对象，打开【材质编辑器】对话框，选择一个材质样本球，将其命名为"垃圾箱"。在【明暗器基本参数】卷展栏中，将明暗器类型设置为 (P)Phong，并选中【双面】复选框。在【Phong 基本参数】卷展栏中，将【环境光】和【漫反射】的颜色值均设置为 17、17、17，将【反射高光】区域中的【高光级别】和【光泽度】分别设置为 80、40。在【贴图】卷展栏中单击【漫反射颜色】通道右侧的【无】按钮，在弹出的【材质/贴图浏览器】对话框中选择【噪波】贴图，单击【确定】按钮。进入【漫反射颜色】通道后，在【噪波参数】区域中将【噪波类型】设置为湍流、【大小】设置为 1.0。在【坐标】卷展栏中，将【模糊】设置为 1.21、【模糊偏移】设置为 5.2，如图 4-343 所示。然后单击【将材质指定给选定对象】按钮，将设置好的材质指定给场景中的对象。

(16) 按 Ctrl+I 组合键，反选场景中的对象。选择一个新的材质样本球，将其命名为"金属"。在【明暗器基本参数】卷展栏中，将明暗器类型设置为【(M) 金属】。在【金属基本参数】卷展栏中，将【环境光】的 RGB 值设置为 64、64、64，【漫反射】的 RGB 值设置为 255、255、255，【反射高光】区域中的【高光级别】和【光泽度】均设置为 80，如图 4-344 所示。

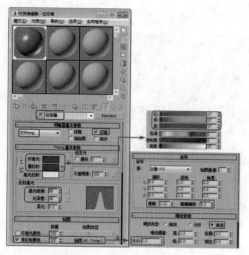

图 4-343　设置【垃圾桶】材质

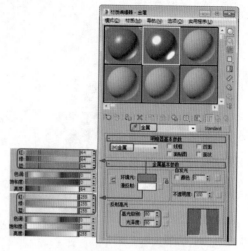

图 4-344　设置【金属】材质

(17) 在【贴图】卷展栏中单击【反射】通道右侧的【无】按钮，在弹出的【材质 / 贴图浏览器】对话框中选择【位图】贴图，单击【确定】按钮，再在打开的对话框中选择随书附带光盘中的 CDROM \ Map \ Chromic.JPG 文件，单击【打开】按钮。进入【反射】通道后，在【坐标】区域中将【瓷砖】的 U、V 值分别设置为 0.8、0.2，在【位图参数】卷展栏中，将【裁剪 / 放置】中的 W 值设置为 0.481，选中【应用】复选框，如图 4-345 所示。然后单击【将材质指定给选定对象】按钮，将设置好的材质指定给场景中的对象。

(18) 保存场景文件。选择随书附带光盘中的 CDROM \ Scences \ Cha04 \ 使用切角长方体工具制作垃圾箱 .max 文件，单击，选择 |【导入】|【合并】命令，选择保存的场景文件，在弹出的对话框中单击【打开】按钮。在弹出的【合并】对话框中选择所有对象，然后单击【确定】按钮，将场景文件合并，调整模型的位置，如图 4-346 所示。最后将场景进行渲染，并将渲染满意的效果和场景进行存储。

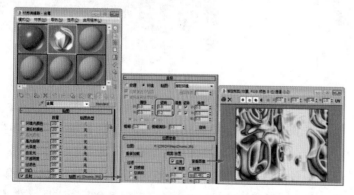

图 4-345　设置【反射】贴图

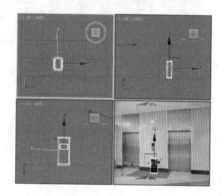

图 4-346　合并场景

案例精讲 052　使用布尔运算制作饮水机

本例介绍公共空间饮水机的制作。该例主要是通过布尔运算来制作，之后合并水桶模型，完成的效果如图 4-347 所示。

案例文件：CDROM \ Scenes\ Cha04 \ 制作饮水机 OK.max

视频文件：视频教学 \ Cha04 \ 制作饮水机.avi

（1）选择【创建】 |【几何体】 |【扩展基本体】|【切角长方体】命令，在【顶】视图中创建切角长方体，在【参数】卷展栏中设置【长度】为70、【宽度】为100、【高度】为260、【圆角】为5、【圆角分段】为3，如图 4-348 所示。

（2）选择【创建】 |【几何体】 |【标准基本体】|【圆柱体】命令，在【顶】视图中创建圆柱体，在【参数】卷展栏中设置【半径】为26、【高度】为20、【边数】为50，如图 4-349 所示。

图 4-347　制作饮水机

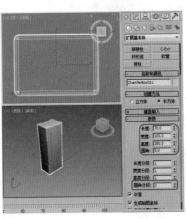

图 4-348　创建切角长方体

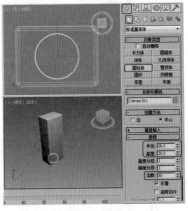

图 4-349　创建圆柱体

（3）在场景中调整圆柱体的位置，选择切角长方体，选择【创建】 |【几何体】 |【复合对象】|【布尔】命令，如图 4-350 所示。

（4）在【拾取布尔】卷展栏中单击【拾取操作对象 B】按钮，在场景中选择圆柱体，如图 4-351 所示。

（5）在场景中选择布尔后的切角长方体，右击该模型，在弹出的快捷菜单中选择【转换为】|【转换为可编辑多边形】命令，如图 4-352 所示。

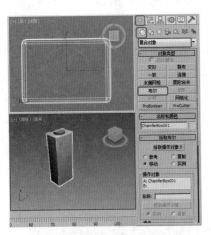

图 4-350　选择切角长方体

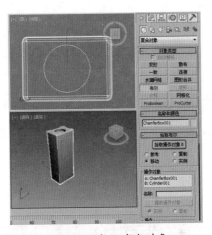

图 4-351　拾取布尔对象

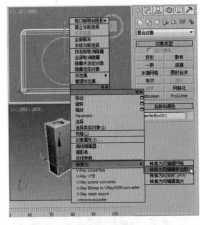

图 4-352　将模型转换为可编辑多边形

（6）切换到【修改】命令面板，将当前选择集定义为【多边形】，选择如图 4-353 所示的多边形，按 Delete 键将其删除。

（7）将当前选择集定义为【边】，在场景中选择如图 4-354 所示的边。

（8）选择【选择并旋转】工具 ，在【前】视图中按 Shift 键沿 Y 轴移动复制边，如图 4-355 所示。

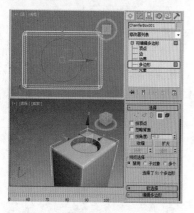

图 4-353　选择多边形并删除

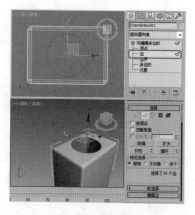

图 4-354　选择边

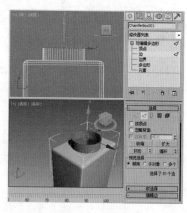

图 4-355　移动复制边

(9) 移动复制边后，在工具栏中选择【旋转并缩放】工具，在弹出的对话框中的【偏移：屏幕】选项组中设置缩放参数为 78.3，如图 4-356 所示。

(10) 按住 Shift 键缩放复制边，连续复制缩放两次，如图 4-357 所示。

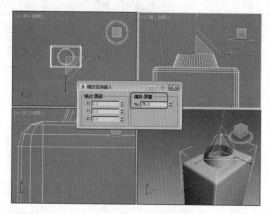

图 4-356　缩放边

图 4-357　缩放复制边

(11) 确定所移动边处于选中状态，在【前】视图中将所选择的边向下移动，如图 4-358 所示。

(12) 在【透视】视图中旋转模型至如图 4-359 所示的角度，将当前选择集定义为【顶点】，在视图中选择相应的顶点。

(13) 在【编辑顶点】卷展栏中单击【焊接】按钮，将所选择的点进行焊接，焊接后的效果如图 4-360 所示。

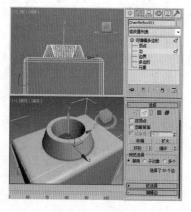

图 4-358　移动边

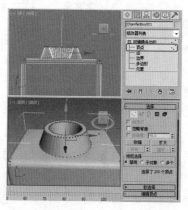

图 4-359　定义选择集

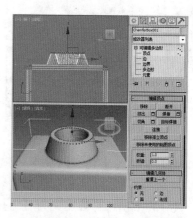

图 4-360　焊接顶点后的模型

(14) 将当前选择集定义为【边】，在场景中选择如图 4-361 所示的边。

(15) 选择边后，在【编辑边】卷展栏中单击【切角】后面的 ◻ 按钮，设置【边切角量】为 2、【连接边分段】为 5，如图 4-362 所示，单击【确定】按钮。

(16) 选择饮水机上面的一组环形边，单击【编辑边】卷展栏中【切角】后的 ◻ 按钮，设置【边切角量】为 2、【连接边分段】为 5，单击【确定】按钮，如图 4-363 所示。

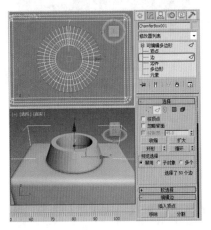

图 4-361　选择边

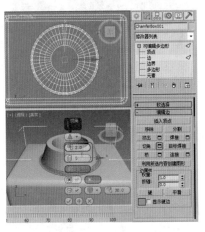

图 4-362　设置边的切角

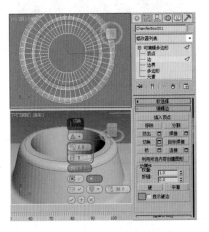

图 4-363　设置环形边的切角

(17) 选择饮水机顶端内侧的边，为其设置合适的切角，如图 4-364 所示。

(18) 将当前选择集定义为【多边形】，在场景中选择如图 4-365 所示的多边形。

(19) 在【多边形：平滑组】卷展栏中单击【自动平滑】按钮，如图 4-366 所示，关闭当前选择集。

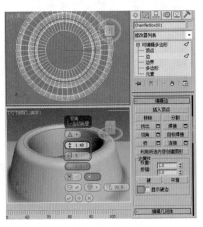

图 4-364　设置内侧边的切角

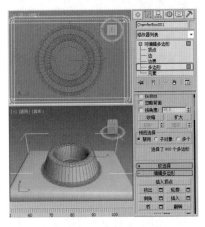

图 4-365　选择多边形

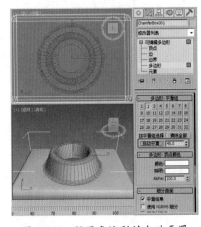

图 4-366　设置多边形的自动平滑

(20) 选择【创建】｜【几何体】｜【扩展基本体】｜【切角长方体】命令，在【前】视图中创建切角长方体，在【参数】卷展栏中设置其【长度】为 75、【宽度】为 60、【高度】为 30、【圆角】为 3、【圆角分段】为 3，如图 4-367 所示。

(21) 在视图中调整切角长方体的位置，在视图中选择饮水机，选择【创建】｜【几何体】｜【复合对象】｜ProBoolean 命令，如图 4-368 所示。

(22) 在【拾取布尔对象】卷展栏中选择【开始拾取】工具，在场景中拾取创建的切角长方体，如图 4-369 所示。

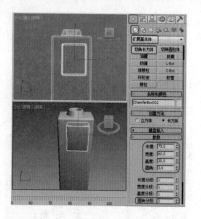

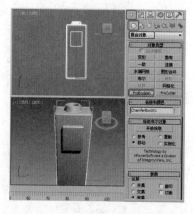

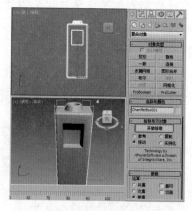

图 4-367　创建切角长方体　　　　图 4-368　创建切角长方体　　　　图 4-369　创建布尔对象

(23) 选中布尔后的对象，右击鼠标，在弹出的快捷菜单中选择【转换为】|【转换为可编辑多边形】命令，如图 4-370 所示。

(24) 将当前选择集定义为【边】，在场景中选择如图 4-371 所示的边。

(25) 在【编辑边】卷展栏中单击【切角】右侧的□按钮，在弹出的对话框中设置【边切角量】为 4、【连接边分段】为 4，单击【确定】按钮，如图 4-372 所示，关闭当前选择集。

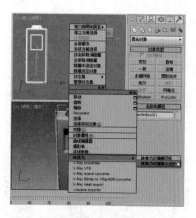

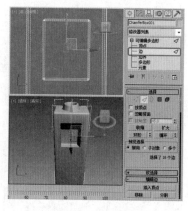

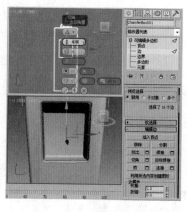

图 4-370　将模型转换为可编辑多边形　　　图 4-371　选择边　　　　图 4-372　设置切角参数

(26) 选择【创建】 ⬚ |【几何体】 ◯ |【长方体】命令，在【左】视图中创建长方体，在【参数】卷展栏中设置【长度】为 77、【宽度】为 12、【高度】为 120，如图 4-373 所示。

(27) 在场景中复制并调整长方体的位置，如图 4-374 所示。

(28) 在场景中选择饮水机模型，选择【创建】 ⬚ |【几何体】 ◯ |【复合对象】|【布尔】命令，单击【拾取布尔对象】按钮，依次在场景中拾取两个长方体，如图 4-375 所示。

(29) 选中布尔后的对象，右击鼠标，在弹出的快捷菜单中选择【转换为】|【转换为可编辑多边形】命令，如图 4-376 所示。

(30) 在【左】视图中创建长方体，将其命名为"模型 01"，在【参数】卷展栏中设置【长度】为 2、【宽度】为 12.4、【高度】为 0.5，如图 4-377 所示。

(31) 在场景中旋转模型的角度，如图 4-378 所示。

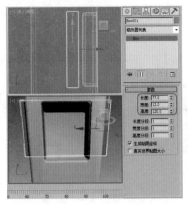
图 4-373 创建长方体

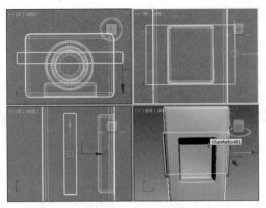
图 4-374 复制长方体

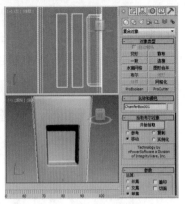
图 4-375 创建布尔对象

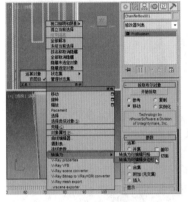
图 4-376 转换为可编辑多边形

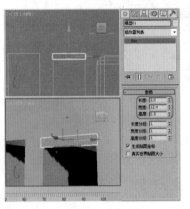
图 4-377 创建长方体

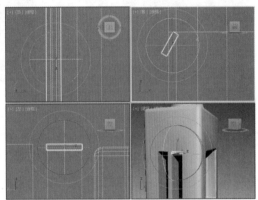
图 4-378 旋转模型

(32) 在场景中复制模型，如图 4-379 所示。

(33) 在场景中复制并调整模型，如图 4-380 所示。

(34) 选择【创建】 ✷ |【几何体】 ◯ |【扩展基本体】|【切角圆柱体】命令，在【前】视图中创建切角圆柱体，在【参数】卷展栏中设置【半径】为 4.5、【高度】为 2、【圆角】为 0.3，设置【高度分段】为 1、【圆角分段】为 3、【边数】为 18，将其命名为"开关模型 01"，在场景中调整模型的位置，如图 4-381 所示。

图 4-379 复制模型

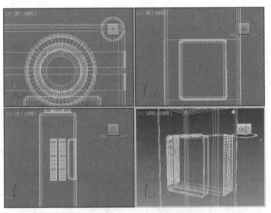
图 4-380 复制并调整模型

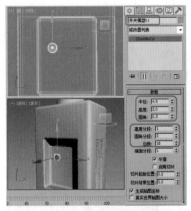
图 4-381 创建切角圆柱体

(35) 在场景中复制【开关模型 01】，将复制的模型命名为"开关模型 02"，切换到【修改】命令面板，在【参数】卷展栏中设置【半径】为 1.5、【高度】为 5、【圆角】为 0、【圆角分段】为 1，如图 4-382 所示，在场景中调整【开关模型 02】的位置。

(36) 在场景中旋转复制【开关模型02】模型，将其命名为"开关模型03"，在【参数】卷展栏中设置【半径】为2、【高度】为12，并在场景中调整模型的位置，如图4-383所示。

(37) 将【开关模型03】转换为【可编辑多边形】，将当前选择集定义为【边】，在场景中选择如图4-384所示的边。

图4-382　复制并调整模型

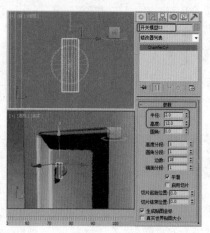

图4-383　旋转并复制模型

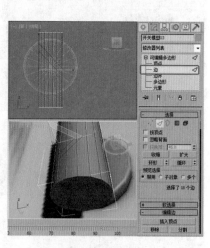

图4-384　选择边

(38) 在【编辑边】卷展栏中单击【连接】右侧的【设置】按钮，将【分段】设置为1，如图4-385所示，单击【确定】按钮。

(39) 将当前选择集定义为【多边形】，在视图中选择如图4-386所示的多边形。

(40) 将选择的多边形删除，将当前选择集定义为【边】，在视图中选择如图4-387所示的边，对其进行缩放复制，关闭当前选择集。

(41) 使用相同的方法制作其他对象，并为其指定相应的材质，然后为其添加灯光与摄影机，效果如图4-388所示。

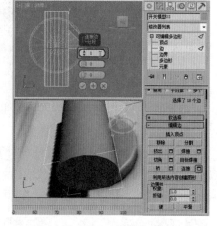

图4-385　设置分段

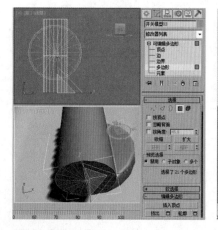

图4-386　选择多边形

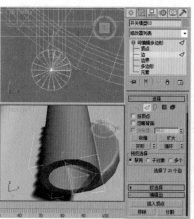

图4-387　选择并缩放复制边

图4-388　饮水机效果

第 5 章

居室家具

本章重点

- 使用矩形工具制作茶几
- 使用二维图形制作藤制桌椅
- 使用放样工具制作摇椅
- 使用挤出修改器制作造型椅【视频案例】
- 使用挤出修改器制作双人床

- 使用网格平滑修改器制作床垫
- 使用矩形工具制作床头柜
- 使用线工具制作现代桌椅【视频案例】
- 使用切角圆柱体制作多人沙发

　　在我们的居室装饰中，家具的色彩具有举足轻重的作用。经常以家具织物的调配来构成室内色彩的调和或对比色调来取得整个房间的和谐氛围，用于创造宁静、舒适的色彩环境。本章将介绍如何制作居室家具，其中包括茶几、藤椅、床头柜、现代桌椅等的制作。

案例精讲 053　使用矩形工具制作茶几

本例介绍如何使用矩形工具制作茶几，该案例主要通过创建圆角矩形、

添加【挤出】修改器等操作进行制作，效果如图 5-1 所示。

> 案例文件：CDROM \ Scenes \Cha05\ 使用矩形工具制作茶几 OK.max
>
> 视频文件：视频教学 \ Cha05 \ 使用矩形工具制作茶几 .avi

图 5-1　使用矩形工具制作茶几

（1）新建一个空白场景文件，将单位设置为厘米，选择【创建】|【图形】|【矩形】命令，在【左】视图中绘制一个矩形，将其命名为"茶几框"，在【参数】卷展栏中将【长度】、【宽度】、【角半径】分别设置为 40cm、130cm、3cm，如图 5-2 所示。

（2）选中该矩形，切换至【修改】命令面板中，在修改器列表中选择【编辑样条线】修改器，将当前选择集定义为【样条线】，在视图中选中绘制的矩形，在【几何体】卷展栏中将【轮廓】设置为 2.5，如图 5-3 所示。

（3）添加完轮廓后，关闭当前选择集，在修改器列表中选择【挤出】修改器，在【参数】卷展栏中将【数量】设置为 70cm，如图 5-4 所示。

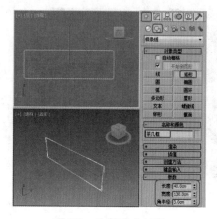

图 5-2　绘制圆角矩形

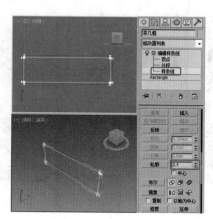

图 5-3　添加轮廓

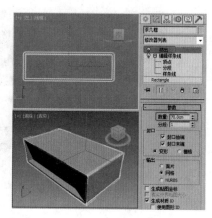

图 5-4　添加【挤出】修改器

（4）选择【创建】|【图形】|【矩形】命令，在【左】视图中绘制一个矩形，将其命名为"抽屉 001"，在【参数】卷展栏中将【长度】、【宽度】、【角半径】分别设置为 14cm、61.5cm、0.5cm，如图 5-5 所示。

（5）切换至【修改】命令面板，在【修改器列表】中选择【挤出】修改器，在【参数】卷展栏中将【数量】设置为 34cm，并在视图中调整该对象的位置，效果如图 5-6 所示。

（6）选择【创建】|【图形】|【矩形】命令，在【左】视图中绘制一个矩形，将其命名为【抽屉 - 挡板 001】，在【参数】卷展栏中将【长度】、【宽度】、【角半径】分别设置为 14cm、28cm、0.5cm，如图 5-7 所示。

（7）切换至【修改】命令面板，在【修改器列表】中选择【编辑样条线】修改器，将当前选择集定义为【顶点】，对圆角矩形右上角的顶点进行调整，效果如图 5-8 所示。

（8）继续选中右上角的顶点，在【几何体】卷展栏中将【圆角】设置为 7，如图 5-9 所示。

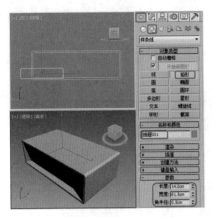

图 5-5　创建矩形

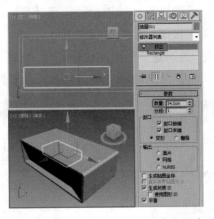

图 5-6　添加【挤出】修改器并调整对
象的位置

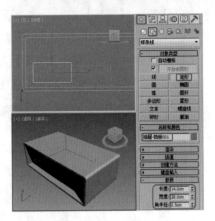

图 5-7　创建圆角矩形

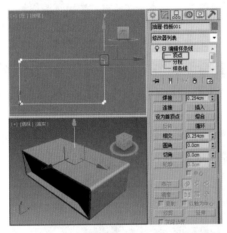

图 5-8　添加【编辑样条线】修改器并调整顶点

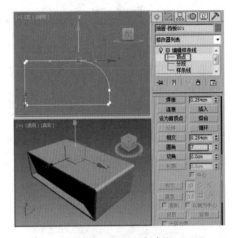

图 5-9　设置圆角参数

(9) 设置完成后，关闭当前选择集，在【修改器列表】中选择【挤出】修改器，在【参数】卷展栏中将【数量】设置为 0.5cm，并在视图中调整该对象的位置，如图 5-10 所示。

(10) 继续选中该对象并激活【左】视图，在工具栏中单击【镜像】按钮，在弹出的对话框中选中【实例】单选按钮，将【偏移】设置为 33.5cm，如图 5-11 所示。

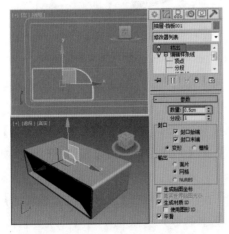

图 5-10　添加【挤出】修改器

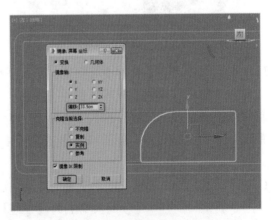

图 5-11　对选中的对象进行镜像

(11) 单击【确定】按钮，在视图中选中抽屉和抽屉挡板，在【左】视图中按住 Shift 键沿 X 轴向右进行拖动，在弹出的对话框中选中【实例】单选按钮，如图 5-12 所示。

(12) 设置完成后，单击【确定】按钮，再次选中所有的抽屉和抽屉挡板，激活【顶】视图，在工具栏中单击【镜像】按钮，在弹出的对话框中选中【实例】单选按钮，将【偏移】设置为 -57.5cm，如图 5-13 所示。

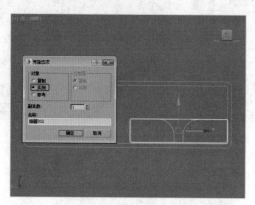

图 5-12　复制对象

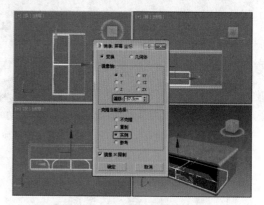

图 5-13　镜像选中的对象

(13) 单击【确定】按钮，选择【创建】|【图形】|【矩形】命令，在【顶】视图中绘制一个矩形，将其命名为"茶几 - 横板"，在【参数】卷展栏中将【长度】、【宽度】、【角半径】分别设置为 120cm、70cm、1cm，如图 5-14 所示。

(14) 切换至【修改】命令面板，在【修改器列表】中选择【挤出】修改器，在【参数】卷展栏中将【数量】设置为 1cm，并在视图中调整该对象的位置，效果如图 5-15 所示。

图 5-14　创建圆角矩形

图 5-15　添加【挤出】修改器

(15) 在视图中选中所有的抽屉挡板、茶几横板、茶几框对象，按 M 键，在弹出的【材质编辑器】对话框中选择一个材质样本球，将其命名为"白色"，在【明暗器基本参数】卷展栏中将明暗器类型设置为 (P) Phong，在【Phong 基本参数】卷展栏中将【环境光】的 RGB 值设置为 251、248、234，将【自发光】选项组中的【颜色】设置为 60，将【反射高光】选项组中的【高光级别】、【光泽度】分别设置为 98、87，如图 5-16 所示。

(16) 将设置完成后的材质指定给选定对象，再在视图中选择所有的抽屉对象，在【材质编辑器】对话框中选择一个新的材质样本球，将其命名为【抽屉】，在【Blinn 基本参数】卷展栏中将【环境光】的 RGB 值设置为 187、76、115，如图 5-17 所示。

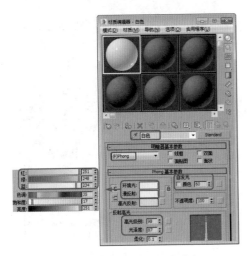

图 5-16 设置 Phong 基本参数

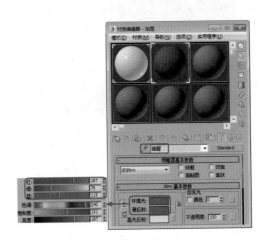

图 5-17 设置 Blinn 基本参数

(17) 设置完成后，将材质指定给选定对象，然后选择【创建】 ▓ |【几何体】 ◎ |【圆柱体】命令，在【顶】视图中创建圆柱体，将其命名为 "支架001"，切换到【修改】命令面板，在【参数】卷展栏中设置【半径】为 1.65cm，【高度】为 6cm，【高度分段】为 2，并在视图中调整其位置，如图 5-18 所示。

(18) 在【修改器列表】中选择【编辑多边形】修改器，将当前选择集定义为【顶点】，在【前】视图中选择如图 5-19 所示的顶点，并向下调整其位置。

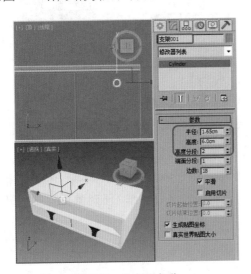

图 5-18 绘制圆柱体

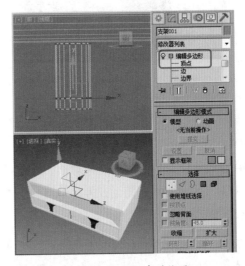

图 5-19 调整顶点的位置

(19) 将当前选择集定义为【多边形】，在视图中选择如图 5-20 所示的多边形。

(20) 在【编辑多边形】卷展栏中单击【挤出】右侧的【设置】按钮，单击【挤出类型】选项组中的【本地法线】按钮，将【挤出高度】设置为 0.455cm，单击【确定】按钮，挤出后的效果如图 5-21 所示。

(21) 设置完成后，单击【确定】按钮，在视图中选中如图 5-22 所示的多边形，在【多边形：材质 ID】卷展栏中将【设置 ID】设置为 1。

(22) 在菜单栏中选择【编辑】|【反选】命令，反选多边形，然后在【多边形：材质 ID】卷展栏中将【设置 ID】设置为 2，如图 5-23 所示。

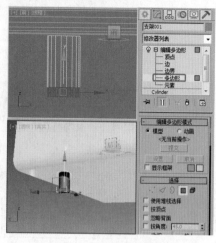

图 5-20　选择多边形

图 5-21　设置挤出多边形

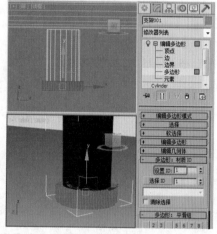

图 5-22　设置 ID1

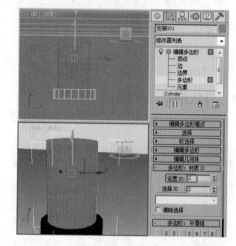

图 5-23　设置 ID2

(23) 关闭当前选择集，在视图中移动复制 3 个【支架 001】对象，并调整支架的位置，如图 5-24 所示。

(24) 在场景中选择所有的支架对象，在【材质编辑器】对话框中选择一个新的材质样本球，将其命名为"支架"，并单击 Standard 按钮，在弹出的【材质 / 贴图浏览器】对话框中选择【多维 / 子对象】材质，单击【确定】按钮，如图 5-25 所示。

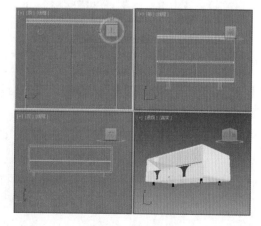

图 5-24　复制对象

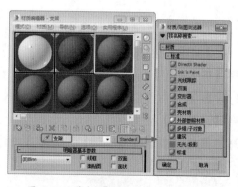

图 5-25　选择【多维 / 子对象】材质

(25) 在弹出的【替换材质】对话框中选中【将旧材质保存为子材质】单选按钮，单击【确定】按钮，如图 5-26 所示。

(26) 在【多维/子对象基本参数】卷展栏中单击【设置数量】按钮，在弹出的【设置材质数量】对话框中将【材质数量】设置为 2，单击【确定】按钮，如图 5-27 所示。

(27) 在【多维/子对象基本参数】卷展栏中单击 ID1 右侧的【子材质】按钮，在【明暗器基本参数】卷展栏中选择【(M)金属】选项，取消【环境光】和【漫反射】的锁定，在【金属基本参数】卷展栏中将【环境光】的 RGB 值设置为 0、0、0，将【漫反射】的 RGB 值设置为 255、255、255，在【反射高光】选项组中将【高光级别】和【光泽度】分别设置为 100、86，如图 5-28 所示。

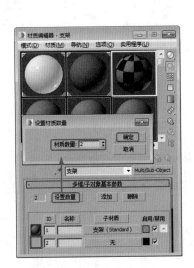
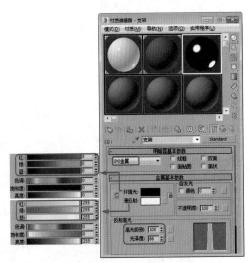

图 5-26 选中【将旧材质保存为子材质】单选按钮

图 5-27 设置材质数量

图 5-28 设置金属基本参数

(28) 在【贴图】卷展栏中将【反射】后的数量设置为 70，并单击右侧的【无】按钮，在弹出的【材质/贴图浏览器】对话框中选择【位图】贴图，单击【确定】按钮，如图 5-29 所示。

(29) 在弹出的对话框中打开随书附带光盘中的 Metal01jpg 文件，在【坐标】卷展栏中将【瓷砖】下的 U、V 分别设置为 0.4、0.1，将【模糊偏移】设置为 0.05，在【输出】卷展栏中将【输出量】设置为 1.15，如图 5-30 所示。

(30) 双击【转到父对象】按钮，在【多维/子对象基本参数】卷展栏中单击 ID2 右侧的子材质按钮，在弹出的【材质/贴图浏览器】对话框中双击【标准】材质，然后在【Blinn 基本参数】卷展栏中将【环境光】和【漫反射】的 RGB 值均设置为 20、20、20，在【反射高光】选项组中将【高光级别】和【光泽度】分别设置为 51、50，如图 5-31 所示。然后单击【转到父对象】按钮和【将材质指定给选定对象】按钮，将材质指定给选定对象。

(31) 使用前面所介绍的方法创建桌面、地面并添加背景，然后为桌面添加材质，选择【创建】|【摄影机】|【目标】命令，在视图中创建一个摄影机，激活【透视】视图，按 C 键将其转换为摄影机，在其他视图中调整摄影机，如图 5-32 所示。

(32) 选择【创建】|【灯光】|【标准】|【天光】命令，在【顶】视图中创建天光，切换到【修改】命令面板，在【天光参数】卷展栏中选中【投射阴影】复选框，如图 5-33 所示。

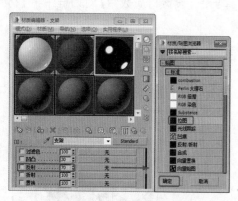
图 5-29　选择【位图】选项

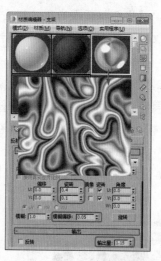
图 5-30　添加贴图并进行设置

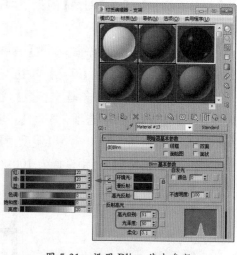
图 5-31　设置 Blinn 基本参数

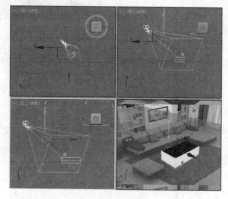
图 5-32　调整摄影机的位置

图 5-33　创建天光

案例精讲 054　使用二维图形制作藤制桌椅

本例介绍藤制桌椅的制作方法，主要是通过创建可渲染的样条线，并对其位置进行调整完成的。藤制桌椅的效果如图 5-34 所示。在创建可渲染的样条线时，样条线的【厚度】参数直接影响样条线在场景和渲染中的厚度。在绘制出样条线时它们在各个视图中所在的位置也是相当重要的。

　案例文件：CDROM \ Scenes \Cha05\ 使用二维图形制作藤制桌椅 OK.max
　　　　　视频文件：视频教学 \ Cha05 \ 使用二维图形制作藤制桌椅 .avi

图 5-34　使用二维图形制作藤制桌椅

　　(1) 选择【创建】|【图形】|【圆】命令，在顶视图中创建一个【半径】为 123 的圆，在【渲染】卷展栏中选中【在渲染中启用】和【在视口中启用】复选框，将【厚度】设置为 18，将其命名为"椅子底"，如图 5-35 所示。

　　(2) 切换至【修改】命令面板，在【修改器列表】中选择【编辑网格】修改器，并将当前选择集定义为【顶点】，在场景中选择如图 5-36 所示的点，右击【选择并均匀缩放】工具，在弹出的对话框中将【偏移：屏幕】区域中的 % 设置为 36。

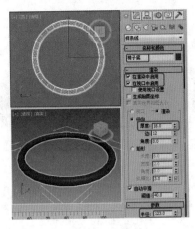

图 5-35　创建圆

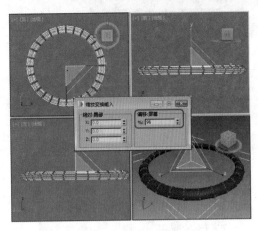

图 5-36　缩放顶点

(3) 缩放完成后，关闭【缩放变换输入】对话框，关闭当前选择集，选择【创建】|【图形】|【弧】命令，在【前】视图中【椅子底】的上方创建一个【半径】、【从】、【到】分别为 82、19、161 的弧，将其命名为"椅子装饰腿 001"，并在【渲染】卷展栏中将【厚度】设置为 11，如图 5-37 所示。

(4) 切换至【修改】命令面板，在【修改器列表】中选择【编辑样条线】修改器，将当前选择集定义为【顶点】，然后在场景中将点调整为如图 5-38 所示的效果。

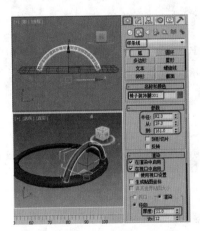

图 5-37　创建【椅子装饰腿 001】对象

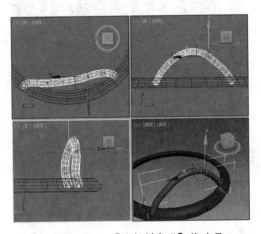

图 5-38　添加【编辑样条线】修改器

(5) 调整完成后，关闭当前选择集，选择【线】工具，在场景中创建一条如图 5-39 所示的线，将其命名为"椅子装饰腿 002"，并在其他视图中调整其效果，在【渲染】卷展栏中将【厚度】设置为 14，效果如图 5-39 所示。

(6) 在【修改器列表】中选择【编辑网格】修改器，并将当前选择集定义为【顶点】，在【前】视图中选择上方的顶点，在工具栏中右击【选择并均匀缩放】工具，在弹出的对话框中将【偏移：屏幕】区域下的 % 设置为 95，如图 5-40 所示。

(7) 调整完成后，关闭【缩放变换输入】对话框，在工具栏中选择【选择并移动】工具，在视图中调整选定顶点的位置，调整后的效果如图 5-41 所示。

(8) 调整完成后关闭当前选择集，在视图中选择【椅子装饰腿 001】和【椅子装饰腿 002】对象，激活【顶】视图，切换至【层次】命令面板，在【调整轴】卷展栏中单击【仅影响轴】按钮，在工具栏中选择【对齐】工具，在场景中选择【椅子底】对象，在弹出的对话框中选中【X 位置】、【Y 位置】、【Z 位置】复选框和【当前对象】和【目标对象】选项组中的【轴点】单选按钮，如图 5-42 所示。

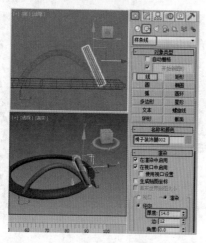

图 5-39　创建线

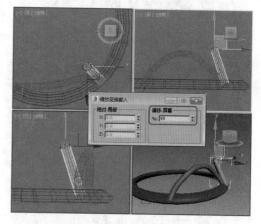

图 5-40　选中顶点并进行缩放

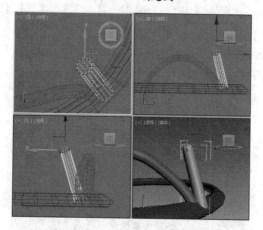

图 5-41　调整顶点的位置

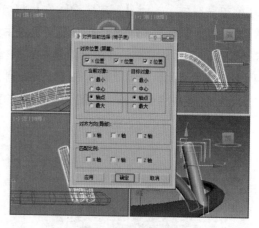

图 5-42　对齐对象

知识链接

【对齐当前选择】对话框中各参数介绍如下。

【X/Y/Z 位置】：指定要在其上执行对齐的一个或多个轴。启用所有三个选项可以将该对象移动到目标对象位置。

【当前对象】和【目标对象】选项组：指定对象边界框上用于对齐的点。可以为当前对象和目标对象选择不同的点。例如，可以将当前对象的轴点与目标对象的中心对齐。

【最小】：将具有最小 X、Y 和 Z 值的对象边界框上的点与另一个对象上选定的点对齐。

【中心】：将对象边界框的中心与另一个对象上的选定点对齐。

【轴点】：将对象的轴点与另一个对象上的选定点对齐。

【最大】：将具有最大 X、Y 和 Z 值的对象边界框上的点与另一个对象上的选定点对齐。

【对齐方向(局部)】选项组：这些设置用于在轴的任意组合上匹配两个对象之间的局部坐标系的方向。

该选项与位置对齐设置无关。可以不管【位置】设置，使用【方向】复选框，旋转当前对象以与目标对象的方向匹配。

【匹配比例】选项组：使用【X轴】、【Y轴】和【Z轴】选项，可匹配两个选定对象之间的缩放轴值。该操作仅对变换输入中显示的缩放值进行匹配。这不一定会导致两个对象的大小相同。如果两个对象先前都未进行缩放，则其大小不会更改。

(9) 设置完成后单击【确定】按钮，完成调整后再次单击【仅影响轴】按钮即可，调整后的效果如图 5-43 所示。

(10) 在菜单栏中选择【工具】|【阵列】命令，打开【阵列】对话框，将【增量】选项组中 Z 旋转设置为 90°，然后将【阵列维度】选项组中【数量】的 1D 设置为 4，单击【预览】按钮，查看阵列后的效果，最后单击【确定】按钮，如图 5-44 所示。

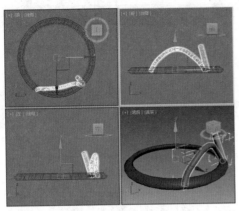

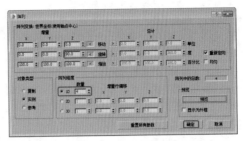

图 5-43　调整轴后的效果　　　　　　　　　　　　图 5-44　设置阵列参数

(11) 设置完成后，单击【确定】按钮，即可完成阵列，效果如图 5-45 所示。

(12) 选择【创建】|【图形】|【圆】命令，在【顶】视图中创建一个【半径】为 102 的可渲染的圆，将其命名为"椅子底 002"，并将其渲染的【厚度】设置为 12，如图 5-46 所示。

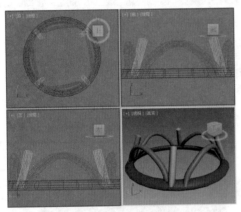

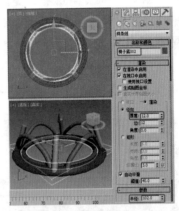

图 5-45　阵列后的效果　　　　　　　　　　　　图 5-46　创建圆形

(13) 创建完成后，在工具栏中选择【选择并移动】工具，在视图中调整【椅子底 002】对象的位置，调整后的效果如图 5-47 所示。

(14) 在【前】视图中选择【椅子底 002】对象，使用【选择并移动】工具按住 Shift 键沿着 Y 轴向上进行移动，在弹出的【克隆选项】对话框中选中【实例】单选按钮，将【副本数】设置为 3，如图 5-48 所示。

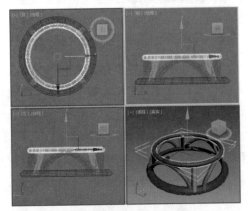

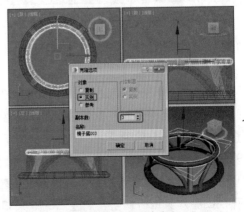

图 5-47　调整对象的位置　　　　　　　　　　　　图 5-48　设置克隆参数

知识链接

【对象】选项组：【副本】：将选定对象的副本放置到指定位置。

【实例】：将选定对象的实例放置到指定位置。

【参考】：将选定对象的参考放置到指定位置。

【控制器】选项组用于选择以复制和实例化原始对象的子对象的变换控制器。仅当克隆的选定对象包含两个或多个层次链接的对象时，该选项才可用。当克隆非链接的对象时，只复制变换控制器。另外，当克隆链接的对象时只复制最高级别克隆对象的变换控制器。该选项仅用于克隆层次顶部下面级别对象的变换控制器。

【副本】：复制克隆对象的变换控制器。

【实例】：实例化克隆层次顶级下面的克隆对象的变换控制器。使用实例化的变换控制器，可以更改一组链接子对象的变换动画，并且使更改自动影响任何克隆集。

【副本数】：指定要创建对象的副本数。仅当使用 Shift + 克隆对象时，该选项才可用。使用 Shift + 克隆生成多个副本，对每个添加的副本连续应用变换。如果 Shift + 移动对象并指定两个副本，则第二个副本与第一个副本偏移的距离与第一个副本与原始对象偏移的距离相同。对于【旋转】，则创建旋转对象的两个副本，第二个副本比第一个副本旋转两倍远。对于【缩放】，则创建缩放对象的两个副本，第二个副本与第一个副本的缩放百分比和第一个副本与原始对象的缩放百分比相同。

【名称】：显示克隆对象的名称。可以使用该字段更改名称，其他副本使用相同名称，并在后面加一个三位数的数字，该数字从 001 开始并对于每个副本加 1。因此，例如，如果使用 Shift + 移动对象，然后指定名称【球体】和两个副本，第一个副本将命名为"球体"，第二个副本将命名为"球体001"。

(15) 单击【确定】按钮，即可完成对选中对象的复制，效果如图 5-49 所示。

(16) 选择【创建】|【图形】|【线】命令，在【左】视图中创建一条如图 5-50 所示的样条线，将其命名为"椅子扶手001"，切换至【修改】命令面板，将当前选择集定义为【顶点】，并在其他视图中调整其效果，在【渲染】卷展栏中将【厚度】设置为 15.5，效果如图 5-50 所示。

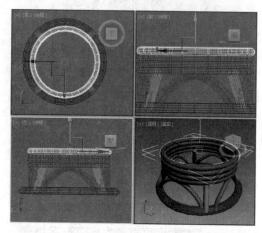

图 5-49　复制对象后的效果

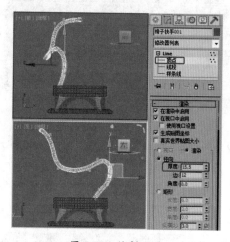

图 5-50　绘制线段

(17) 关闭当前选择集，选择【创建】|【图形】|【弧】命令，在【顶】视图中绘制一个圆弧，在视图中调整该对象的位置，切换至【修改】命令面板中，将其命名为"椅子扶手下001"，在【参数】卷展栏中将【半径】、【从】、【到】分别设置为 129、308、92，在【渲染】卷展栏中将【厚度】设置为 14，如图 5-51 所示。

(18) 在【修改器列表】中选择【编辑样条线】修改器，将当前选择集定义为【顶点】，在视图中对顶点进行调整，效果如图 5-52 所示。

(19) 调整完成后，关闭当前选择集，使用【线】工具在【左】视图中绘制一条样条线，将其命名为"椅子支架001"，切换至【修改】命令面板，在【渲染】卷展栏中将【厚度】设置为 13，将当前选择集定义为【顶点】，在视图中对其进行调整，调整后的效果如图 5-53 所示。

(20) 关闭当前选择集，在视图中选择【椅子底005】上方的三个对象，激活【顶】视图，切换至【层次】

命令面板，在【调整轴】卷展栏中单击【仅影响轴】按钮，在工具栏中选择【对齐】工具，在场景中选择【椅子底】对象，在弹出的对话框中选中【X位置】、【Y位置】、【Z位置】复选框和【当前对象】和【目标对象】选项组中的【轴点】单选按钮，如图5-54所示。

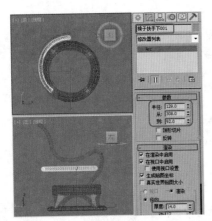

图 5-51　创建圆弧

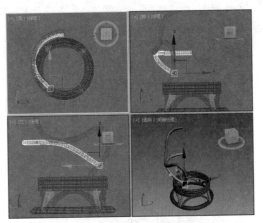

图 5-52　对顶点进行调整

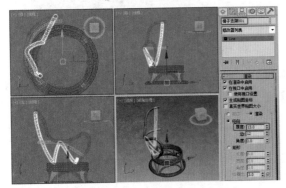

图 5-53　创建样条线并调整顶点

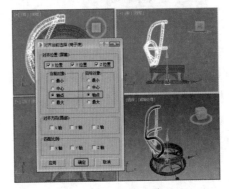

图 5-54　设置对齐选项

(21) 设置完成后单击【确定】按钮，完成调整后再次单击【仅影响轴】按钮，即可完成轴的调整，在工具栏中单击【镜像】按钮，在弹出的对话框中选中【实例】单选按钮，如图5-55所示。

(22) 单击【确定】按钮，选择【创建】|【图形】|【圆】命令，在【顶】视图中绘制一个半径为101.5的圆形，切换至【修改】命令面板，将其命名为"椅子坐支架"，在【渲染】卷展栏将【厚度】设置为14，并在视图中调整该对象的位置，调整后的效果如图5-56所示。

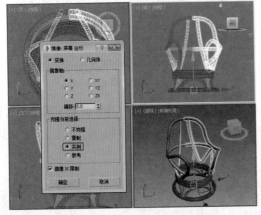

图 5-55　选中【实例】单选按钮

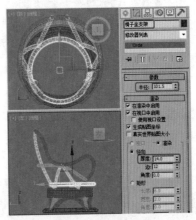

图 5-56　绘制圆形

(23) 在【修改器列表】中选择【编辑样条线】修改器，将当前选择集定义为【顶点】，然后再在场景中进行调整，如图 5-57 所示。

(24) 关闭选择集，选择【创建】|【几何体】|【球体】命令，在场景中创建球体，并将其命名为"椅子装饰钉"，并对其进行复制，如图 5-58 所示为椅子装饰钉的位置。

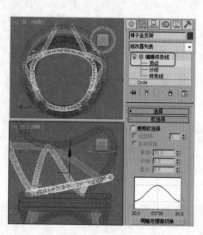

图 5-57　调整顶点

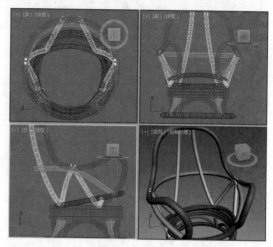

图 5-58　创建椅子装饰钉并对其进行复制

(25) 选择【创建】|【图形】|【线】命令，在【左】视图中创建一条样条线，将其命名为"放样路径"，在【渲染】卷展栏中取消选中【在渲染中启用】和【在视口中启用】复选框，将当前选择集定义为【顶点】，如图 5-59 所示。

(26) 关闭当前选择集，然后选择【矩形】工具，在【前】视图中创建一个【长度】为 6、【宽度】为 200、【角半径】为 3 的矩形，将其命名为"放样图形"，如图 5-60 所示。

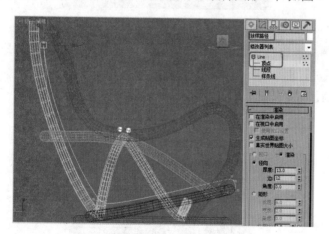

图 5-59　创建线并调整顶点的位置

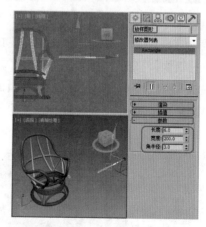

图 5-60　创建圆角矩形

(27) 在场景中选择作为放样路径的线，选择【创建】|【几何体】|【复合对象】|【放样】命令，在【创建方法】卷展栏中单击【获取图形】按钮，在场景中拾取作为放样图形的矩形，如图 5-61 所示。

||||▶提 示

　　放样前需要先完成放样图形和放样路径的制作，它们属于二维图形，对于路径，一个放样图形只允许有一条。对于截面图形，可以是一个也可以是多个，可以封闭，也可以不封闭。

(28) 在工具栏中选择【选择并旋转】工具，右击【角度捕捉切换】按钮，在弹出的【栅格和捕捉设置】对话框中将【角度】设置为 90，如图 5-62 所示。

(29) 设置完成后，关闭该对话框，在工具栏中单击【角度捕捉切换】按钮，切换至【修改】命令面板，将当前选择集定义为【图形】，在【左】视图选择放样图形，并沿着 Z 轴将图形旋转 -90°，旋转后的效果如图 5-63 所示。

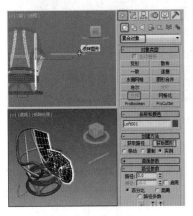

图 5-61　获取图形

图 5-62　设置角度参数

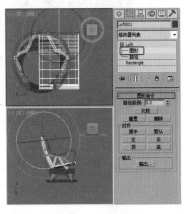

图 5-63　旋转图形

(30) 旋转完成后，关闭当前选择集，关闭角度捕捉，将放样后的对象命名为"靠背001"，在【变形】卷展栏中单击【缩放】按钮，在弹出的对话框中插入角点并进行调整，将【蒙皮参数】卷展栏中的【选项】选项组中的【图形步数】和【路径步数】参数分别设置为 0 和 5，效果如图 5-64 所示。

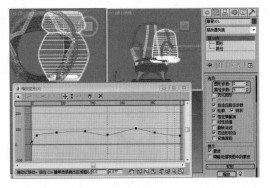

图 5-64　调整缩放曲线并设置图形步数和路径步数

||||▶提 示

　　【图形步数】：设置截面图形顶点之间的步幅数，加大它的步幅会使外表皮更光滑。【路径步数】：设置路径图形顶点之间的步幅数，加大它的值会使造型弯曲更光滑。

(31) 在【修改器列表】中选择【网格平滑】修改器，在【细分量】卷展栏中将【迭代次数】设置为 0，如图 5-65 所示。

||||▶提 示

　　【网格平滑】：对尖锐不规则的表面进行光滑处理，加入更多的面来代替直面部分。这个命令会大大增加物体表面的复杂度，但的确是一个非常有用的工具，可以光滑整个物体也可以对局部次物体集合进行光滑处理。【迭代次数】：设置对表面进行光滑的次数，数值越高，光滑效果也越明显，但计算机速度会大大降低，如果运算不过来，可以按 Esc 键返回前一次的设置。

(32) 在工具栏中选择【选择并移动】工具，在场景中选择【靠背001】对象，并在【左】视图中将其放置到如图 5-66 所示的位置。

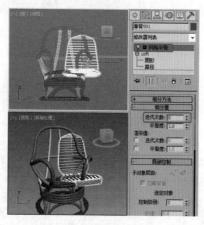

图 5-65　添加网格平滑

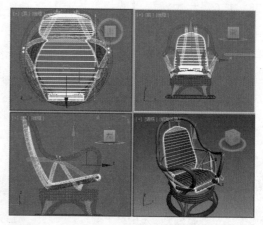

图 5-66　调整靠背的位置

(33) 继续选中靠背，按 M 键，在弹出的【材质编辑器】对话框中选择一个新的材质样本球，将其命名为"靠背"，在【明暗器基本参数】卷展栏中选中【面贴图】复选框，将明暗器类型设置为 (P)Phong，在【Phong 基本参数】卷展栏中将【环境光】的 RGB 值设置为 0、0、0，【高光反射】的 RGB 值设置为 178、178、178，将【反射高光】选项组中的【光泽度】设置为 0，如图 5-67 所示。

(34) 在【贴图】卷展栏中单击【漫反射颜色】右侧的【无】按钮，在弹出的对话框中选择【位图】选项，再在弹出的对话框中选择 Dt16.jpg 贴图文件，单击【打开】按钮，在【坐标】卷展栏中将【模糊】设置为 1.07，如图 5-68 所示。

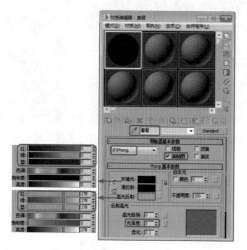

图 5-67　设置 Phong 基本参数

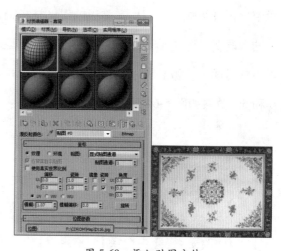

图 5-68　添加贴图文件

(35) 将设置完成后的材质指定给选定对象即可，在菜单栏中选择【编辑】|【反选】命令，再在【材质编辑器】对话框中选择一个新的材质样本球，将其命名为"木材质"，在【明暗器基本参数】卷展栏中选中【面贴图】复选框，将明暗器类型设置为 (P)Phong，在【Phong 基本参数】卷展栏中将【环境光】的 RGB 值设置为 0、0、0，【高光反射】的 RGB 值设置为 211、211、211，将【反射高光】选项组中的【高光级别】和【光泽度】分别设置为 65、36，如图 5-69 所示。

(36) 在【贴图】卷展栏中单击【漫反射颜色】右侧的【无】按钮，在弹出的对话框中选择【位图】选项，再在弹出的对话框中选择 MW12.JPG 贴图文件，单击【打开】按钮，在【坐标】卷展栏中将【模糊】设置为 1.07，如图 5-70 所示，设置完成后，将设置完成的材质指定给选定对象即可。

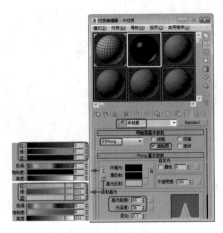

图 5-69　设置木纹材质

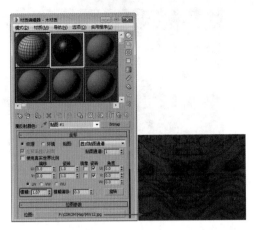

图 5-70　添加贴图文件

(37) 在视图中选中所有的对象，在菜单栏中选择【组】|【组】命令，在弹出的【组】对话框中将【组名】设置为"藤椅 001"，如图 5-71 所示。

(38) 设置完成后，单击【确定】按钮，在该对象上右击鼠标，在弹出的快捷菜单中选择【隐藏选定对象】命令，将【藤椅 001】进行隐藏，如图 5-72 所示。

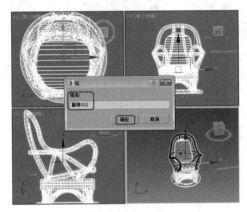

图 5-71　设置组名

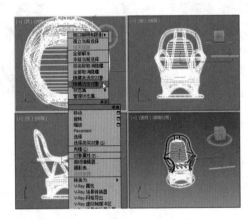

图 5-72　选择【隐藏选定对象】命令

(39) 选择【创建】|【图形】|【线】命令，在【前】视图中创建一条样条线，切换至【修改】命令面板，将其命名为"桌子支架 001"，在【渲染】卷展栏中选中【在渲染中启用】和【在视口中启用】复选框，将【厚度】设置为 10，将当前选择集定义为【顶点】，然后对顶点进行调整，效果如图 5-73 所示。

(40) 关闭当前选择集，为其指定木材质，在场景中选择【桌子支架 001】对象，在工具栏中选择【选择并旋转】工具，打开角度捕捉，在【顶】视图中按住 Shift 键沿着 Z 旋转 90°，在弹出的对话框中选中【实例】单选按钮，如图 5-74 所示。

(41) 单击【确定】按钮，关闭角度捕捉，选择【创建】|【图形】|【圆】命令，在【顶】视图中创建一个【半径】为 47 的圆，并将其命名为"桌子装饰 001"，在【渲染】卷展栏中将【厚度】设置为 3，最后在场景中调整其所在的位置，如图 5-75 所示。

(42) 再次使用【圆】工具在【顶】视图中创建一个半径为 60 的圆，并将其命名为"桌子装饰 002"，在【渲染】卷展栏中将【厚度】设置为 3，在场景中调整其所在的位置，如图 5-76 所示。

(43) 选择【圆】工具，在【顶】视图中创建一个【半径】为 73 的可渲染的圆形，并将其【厚度】设置为 4，将其命名为"桌子装饰 003"，然后在场景中调整其所在的位置，如图 5-77 所示。

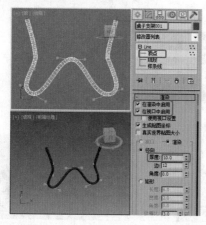

图 5-73　绘制样条线并进行调整

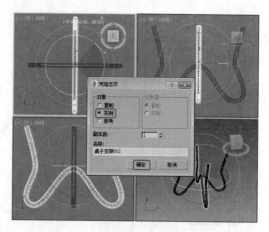

图 5-74　选中【实例】单选按钮

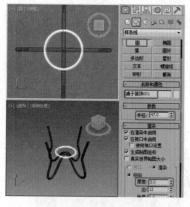

图 5-75　创建圆形

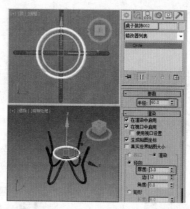

图 5-76　绘制圆形

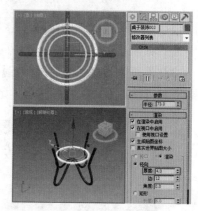

图 5-77　再次创建圆形

(44) 再在【顶】视图中创建一个【半径】为 88 的可渲染的圆，并将其【厚度】设置为 10，将其命名为"桌子装饰 004"，如图 5-78 所示。

(45) 创建完成后，在工具栏中选择【选择并移动】工具，在视图中对绘制的圆形进行调整，效果如图 5-79 所示。

(46) 选择【创建】|【几何体】|【球体】命令，在【顶】视图中创建一个【半径】为 88 的球体，并将其命名为"桌子装饰 005"，如图 5-80 所示。

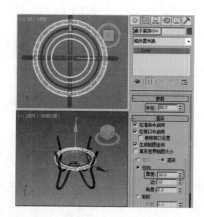

图 5-78　创建半径为 88 的圆形

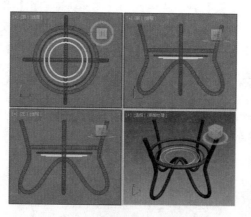

图 5-79　调整圆形的位置

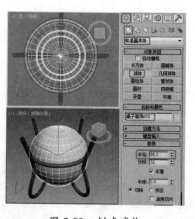

图 5-80　创建球体

(47) 继续选中该对象，激活【前】视图，右击【选择并均匀缩放】工具，在弹出的对话框中将【绝对：局部】

选项组中的 Z 设置为 30，如图 5-81 所示。

(48) 设置完成后，关闭【缩放变换输入】对话框，在工具栏中选择【选择并移动】工具，调整对象的位置，切换至【修改】命令面板，在修改器列表中选择【编辑网格】修改器，并将当前选择集定义为【多边形】，在【前】视图中选择如图 5-82 所示的区域，并按键盘上的 Delete 键将其删除，如图 5-82 所示。

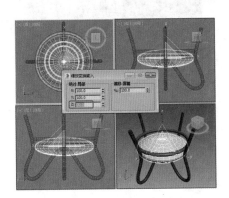

图 5-81　缩放对象

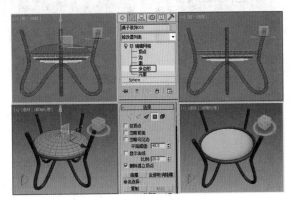

图 5-82　删除选中的多边形

(49) 选择【创建】|【几何体】|【球体】命令，在场景中创建如图 5-83 所示的【半径】为 3 的球体，并将其命名为"装饰钉 001"，并复制三个装饰钉对象，如图 5-83 所示。

(50) 选择【创建】|【图形】|【圆】命令，在【顶】视图中创建一个可渲染的圆，将其【半径】设置为 118，将【厚度】设置为 15，将其命名为"桌子面"，在视图中调整该对象的位置，如图 5-84 所示。

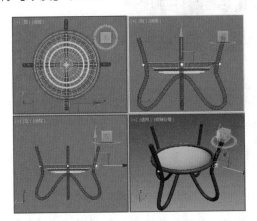

图 5-83　创建装饰钉

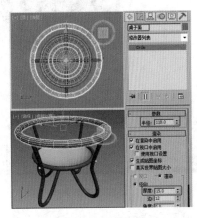

图 5-84　创建圆形

(51) 在视图中选择除【桌子装饰 005】外的其他对象，为选中的对象指定【木材质】，在【材质编辑器】对话框中选择【木材质】材质球，按住鼠标将其拖曳至新的材质球上，并将其命名为"装饰"，在【明暗器基本参数】卷展栏中选中【线框】和【双面】复选框，取消选中【面贴图】复选框，在【扩展参数】卷展栏中将【线框】选项组中的【大小】设置为 2，在视图中选择【桌子装饰 005】对象，为其指定该材质，如图 5-85 所示。

(52) 选择【创建】|【几何体】|【圆柱体】命令，在【顶】视图中创建一个【半径】为 120，【高度】为 4 的圆柱体，将其命名为"桌面玻璃"，并在场景中调整其所在的位置，如图 5-86 所示。

(53) 在【材质编辑器】对话框中选择一个新的材质样本球，并将其命名为"玻璃"，在【明暗器基本参数】卷展栏中将明暗器类型设置为 (P)Phong，选中【双面】复选框，在【Phong 基本参数】卷展栏中将【环境光】和【漫反射】的 RGB 值均设置为 178、178、178，将【高光反射】的 RGB 值设置为 222、222、222，将【反射高光】选项组中的【高光级别】和【光泽度】分别设置为 87 和 67，将【不透明度】设置为 60，单击【背景】按钮，如图 5-87 所示。

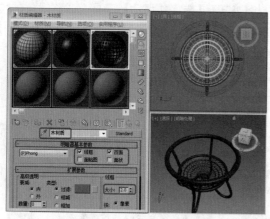

图 5-85　指定材质后的效果

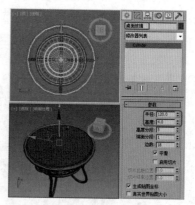

图 5-86　创建圆柱体

(54) 在【扩展参数】卷展栏中将【过滤】右侧色块的 RGB 值设置为 196、216、231，在【贴图】卷展栏中设置【反射】的【数量】为 3，并单击【反射】通道后的【无】按钮，在弹出的【材质/贴图浏览器】对话框中选择【平面镜】贴图，单击【确定】按钮，进入反射贴图层级，在【平面镜参数】卷展栏中选中【应用于带 ID 的面】复选框，如图 5-88 所示。

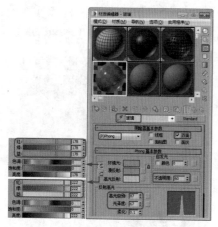

图 5-87　设置 Phong 基本参数

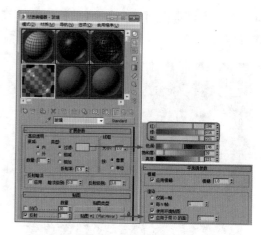

图 5-88　设置反射贴图

(55) 将设置完成后的材质指定给选定对象即可，在视图中选中所有的对象，在菜单栏中选择【组】|【组】命令，将其组名设置为"藤桌"，取消【藤椅 001】对象的隐藏，对藤椅进行复制并调整，效果如图 5-89 所示。

(56) 选择【创建】 ▓ |【几何体】 ◎ |【平面】命令，在【顶】视图中创建平面，切换到【修改】命令面板，将其命名为"地面"，在【参数】卷展栏中将【长度】和【宽度】分别设置为 1986、2432，将【长度分段】和【宽度分段】都设置为 1，如图 5-90 所示。

(57) 右击平面对象，在弹出的快捷菜单中选择【对象属性】命令，弹出【对象属性】对话框，在【显示属性】选项组中选中【透明】复选框，单击【确定】按钮，如图 5-91 所示。

(58) 按 M 键，打开【材质编辑器】对话框，选择一个新的材质样本球，单击 Standard 按钮，在弹出的【材质/贴图浏览器】对话框中选择【无光/投影】材质，单击【确定】按钮，如图 5-92 所示。

(59) 单击【将材质指定给选定对象】按钮，将材质指定给平面对象。按 8 键，弹出【环境和效果】对话框，在【公用参数】卷展栏中单击【无】按钮，在弹出的【材质/贴图浏览器】对话框中选择【位图】贴图，再在弹出的对话框中打开随书附带光盘中的"藤制桌椅背景.jpg"素材文件，如图 5-93 所示。

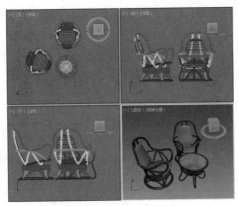

图 5-89　复制并调整对象

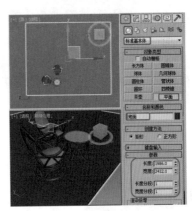

图 5-90　绘制平面

图 5-91　设置对象属性

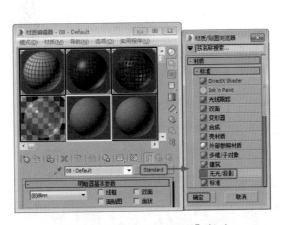

图 5-92　选择【无光/投影】材质

图 5-93　添加环境贴图

(60) 在【环境和效果】对话框中，将环境贴图按钮拖曳至新的材质样本球上，在弹出的【实例（副本）贴图】对话框中选中【实例】单选按钮，并单击【确定】按钮，然后在【坐标】卷展栏中将贴图设置为【屏幕】，如图 5-94 所示。

(61) 激活【透视】视图，在菜单栏中选择【视图】|【视口背景】|【环境背景】命令，即可在【透视】视图中显示环境背景，如图 5-95 所示。

图 5-94　拖曳并设置贴图

图 5-95　显示环境背景

(62) 按 Shift+F 组合键开启安全框模式，按 F10 键，打开【渲染设置】对话框，将【宽度】和【高度】分别设置为 480、640，选择【创建】 ※ |【摄影机】 ❷ |【目标】命令，在视图中创建摄影机，激活【透视】视图，按 C 键将其转换为【摄影机】视图，在其他视图中调整摄影机位置，效果如图 5-96 所示。

(63) 选择【创建】 ※ |【灯光】 ◢ |【标准】|【泛光】命令，在【顶】视图中创建泛光灯，并在其他视图中调整灯光的位置，切换至【修改】命令面板，在【强度/颜色/衰减】卷展栏中将【倍增】设置为 0.35，如图 5-97 所示。

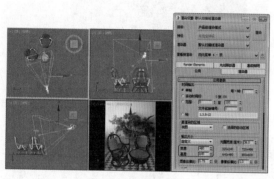

图 5-96　创建摄影机

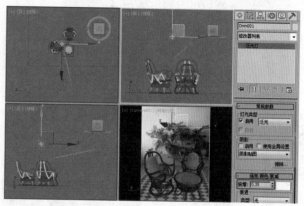

图 5-97　创建泛光灯并设置倍增

(64) 选择【创建】 ※ |【灯光】 ◢ |【标准】|【天光】命令，在【顶】视图中创建天光，切换到【修改】命令面板，在【天光参数】卷展栏中选中【投射阴影】复选框，如图 5-98 所示。

(65) 至此，藤制桌椅就制作完成了，对完成后的场景进行渲染并保存。

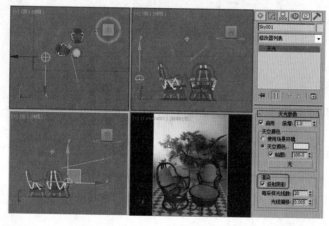

图 5-98　创建天光

案例精讲 055　使用放样工具制作摇椅

摇椅是一种特殊形式的椅子，能前后摇晃，主要材质是藤条、木或金属，能够提升生活质量，增加生活情趣，也是老人喜欢的椅子类型之一。本例将介绍如何制作摇椅，效果如图 5-99 所示。

| 案例文件：CDROM\Scenes\Cha05\ 使用放样工具制作摇椅 OK.max |
| 视频文件：视频教学 \ Cha05\ 使用放样工具制作摇椅 .avi |

图 5-99　制作摇椅

(1) 选择【创建】|【图形】|【矩形】命令，在【顶】视图中创建一个【长度】、【宽度】和【角半径】分别为 155、148、50 的矩形，将其命名为"摇椅座"，如图 5-100 所示。

(2) 进入【修改】命令面板，在【修改器列表】中选择【倒角】修改器，在【倒角值】卷展栏中将【级别 1】区域下的【高度】设置为 2；选中【级别 2】复选框，将【级别 2】区域下的【高度】和【轮廓】均设置为 3；再选中【级别 3】复选框，将【级别 3】区域下的【高度】和【轮廓】分别设置为 3、-3，如图 5-101 所示。

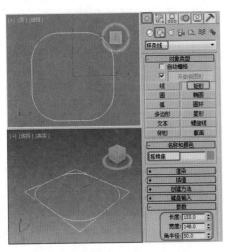

图 5-100　使用矩形创建图形

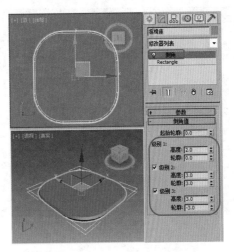

图 5-101　添加【倒角】修改器

知识链接

【倒角】修改器是通过对二维图形进行挤出成形，并且在挤出的同时，在边界上加入直形或圆形的倒角。

(3) 激活【左】视图，单击【选择并旋转】按钮，然后右击【角度捕捉切换】按钮，打开【栅格和捕捉设置】对话框，在该对话框中将【角度】设置为 20，关闭对话框，然后在【左】视图中逆时针旋转 20°，如图 5-102 所示。

(4) 选择【创建】|【图形】|【矩形】命令，在【顶】视图中创建一个【长度】、【宽度】和【角半径】分别为 45、90 和 20 的矩形，将它命名为"支架"，在【渲染】卷展栏中选中【在渲染中启用】和【在视图中启用】复选框，并将【厚度】设置为 7，如图 5-103 所示。

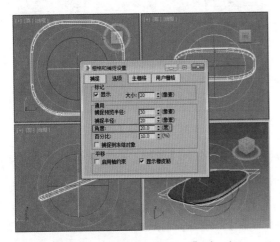

图 5-102　【栅格和捕捉设置】对话框

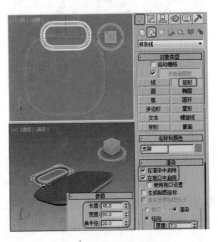

图 5-103　创建支架

（5）激活【左】视图，右击工具栏中的【选择并旋转】按钮，打开【旋转变换输入】对话框，将【绝对：世界】区域下的 X 设置为 54，然后调整其位置，如图 5-104 所示

（6）选择【创建】|【图形】|【矩形】命令，在【顶】视图中创建一个【长度】、【宽度】和【角半径】分别为 200、155 和 50 的矩形，将其命名为"摇椅背"，取消选中【在视口中启用】和【在渲染中启用】复选框，如图 5-105 所示。

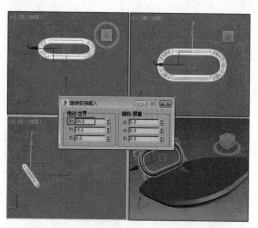

图 5-104　【旋转变换输入】对话框

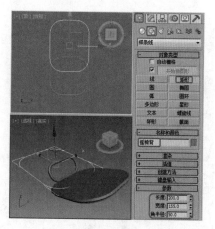

图 5-105　创建矩形

（7）进入【修改】命令面板，在【修改器列表】中选择【倒角】修改器，在【倒角值】卷展栏中，将【级别 1】区域下的【高度】设置为 8，选中【级别 2】复选框，在【级别 2】复选框区域下将【高度】和【轮廓】分别设置为 1.5、-1，如图 5-106 所示。

（8）确认【摇椅背】对象处于选中状态，激活【左】视图，右击【选择并旋转】按钮，打开【旋转变换输入】对话框，将【绝对：世界】区域下的 X 设置为 59，适当调整摇椅背的位置，如图 5-107 所示。

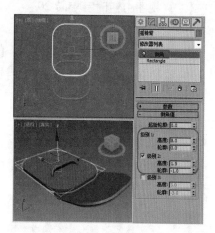

图 5-106　创建矩形

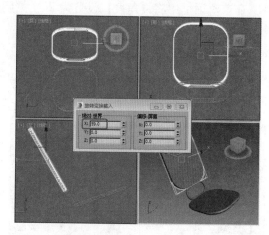

图 5-107　设置旋转

（9）选择【创建】|【图形】|【矩形】命令，在【顶】视图中创建一个【长度】、【宽度】和【角半径】分别为 185、140 和 47 的矩形，将它命名为"摇椅背垫"，如图 5-108 所示。

（10）切换到【修改】命令面板，在【修改器列表】中选择【倒角】修改器，在【参数】卷展栏中选中【曲面】区域下的【曲线侧面】单选按钮，将【分段】值设置为 5，在【倒角值】卷展栏中选中【级别 2】复选框，将它下面的【高度】和【轮廓】分别设置为 2、-6，如图 5-109 所示。

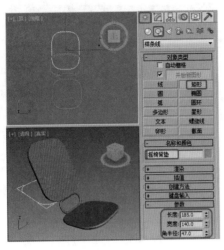

图 5-108　创建摇椅背垫

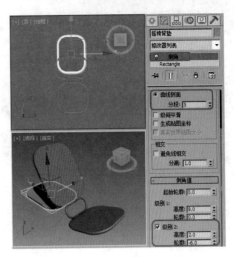

图 5-109　添加【倒角】修改器

(11) 在【修改器列表】中选择【网格平滑】修改器，在【细分量】卷展栏中将【迭代次数】设置为 1，如图 5-110 所示。

(12) 完成平滑后，再在【修改器列表】中选择【UVW 贴图】修改器，在【参数】卷展栏中选择【长方体】贴图方式，并将【长度】、【宽度】、【高度】分别设置为 211.5、153.5、5，如图 5-111 所示。

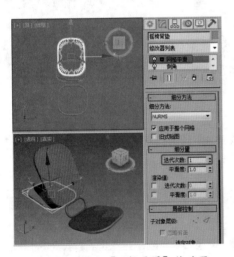

图 5-110　添加【网格平滑】修改器

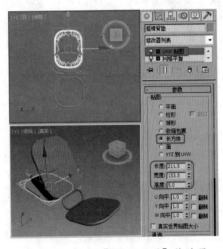

图 5-111　添加【UVW 贴图】修改器

(13) 确定场景中的【摇椅背垫】处于选中状态，右击工具栏中的【选择并旋转】按钮，打开【旋转变换输入】对话框，将【绝对：世界】区域下的 X 设置为 61.5，然后调整其位置，如图 5-112 所示。

(14) 选择【创建】|【图形】|【线】命令，在【左】视图中绘制一条如图 5-113 所示的线段，并将它命名为"路径 01"。

(15) 在【顶】视图中将椅座对象的右侧区域放大显示，然后选择【创建】|【图形】|【圆】命令，在【顶】视图中创建一个【半径】为 2 的圆形，将它命名为"图形 01"，如图 5-114 所示。

(16) 选择【创建】|【图形】|【椭圆】命令，再在【顶】视图中创建一个【长度】和【宽度】分别为 12、18 的椭圆，将其命名为"图形 02"，如图 5-115 所示。

(17) 在视图中选择【路径 01】对象，选择【创建】|【几何体】|【复合对象】|【放样】命令，在【创建方法】卷展栏中单击【获取图形】按钮，然后在【顶】视图中选择【图形 01】对象，如图 5-116 所示。

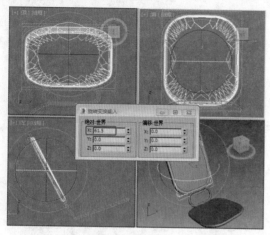

图 5-112　【旋转变换输入】对话框

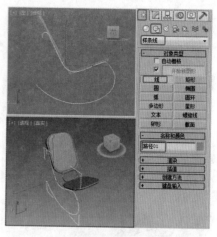

图 5-113　绘制路径

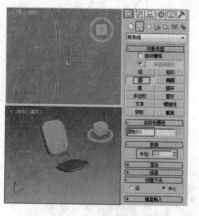

图 5-114　创建【图形 01】

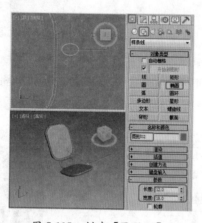

图 5-115　创建【图形 02】

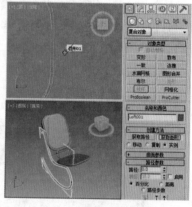

图 5-116　对图形进行放样

(18) 在【路径参数】卷展栏中将【路径】设置为 5，并再次单击【获取图形】按钮，最后在【顶】视图中选择【图形 02】对象，从而得到一个全新的放样图形，如图 5-117 所示。

知识链接

　　【放样】同布尔运算一样，都属于合成对象的一种建模工具，放样的原理就是在一条指定的路径上排列截面，从而形成对象表面，放样对象由两个因素组成，即放样路径和放样图形。

(19) 切换至【修改】命令面板，将当前选择集定义为【图形】，然后在视图中选择放样对象的截面图形，使用工具栏中的【选择并旋转】工具，在【顶】视图中将其沿 Z 轴旋转 90°，如图 5-118 所示。

(20) 选择【创建】|【图形】|【线】命令，在【左】视图中绘制一条如图 5-119 所示的线段，并将它命名为"路径 02"。

(21) 确定场景中的【路径 02】处于选中状态，选择【创建】|【几何体】|【复合对象】|【放样】命令，在【创建方法】卷展栏中单击【获取图形】按钮，然后在【顶】视图中选择【图形 02】对象，如图 5-120 所示。

(22) 切换至【修改】命令面板，将当前选择集定义为【图形】，然后在视图中选择放样对象的截面图形，并使用工具栏中的【选择并旋转】工具，在【顶】视图中将其沿 Z 轴旋转 90°，调整图形的位置，效果如图 5-121 所示。

(23) 选择【创建】|【图形】|【线】命令，在【左】视图中绘制一条线，将其命名为"支架 01"，进入【修改】命令面板，将当前的选择集定义为【顶点】，将它调整为如图 5-122 所示的图形。

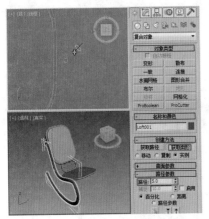

图 5-117　继续选择图形进行放样

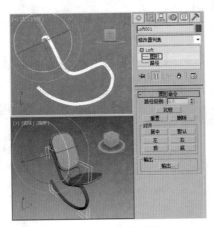

图 5-118　旋转对象

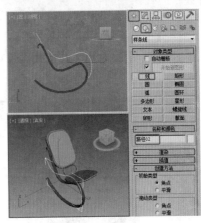

图 5-119　绘制路径 2

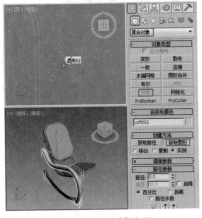

图 5-120　放样图形

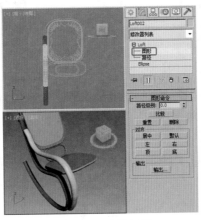

图 5-121　旋转图形

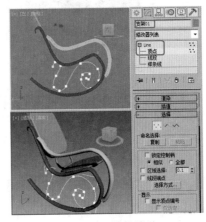

图 5-122　调整图形

(24) 关闭当前选择集，选择【创建】|【图形】|【圆】命令，在【顶】视图中创建一个【半径】为 5 的圆形，将它命名为"图形 03"，如图 5-123 所示。

(25) 在场景中选择【支架 01】对象，选择【创建】|【几何体】|【复合对象】|【放样】命令，在【创建方法】卷展栏中单击【获取图形】按钮，然后在【顶】视图中选择【图形 01】对象，如图 5-124 所示。

(26) 在【路径参数】卷展栏中将【路径】设置为 5，并再次单击【获取图形】按钮，然后在【顶】视图中选择【图形 03】对象，从而得到一个全新的放样图形，如图 5-125 所示。

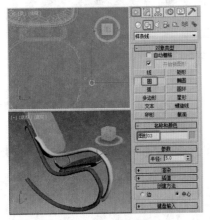

图 5-123　创建圆

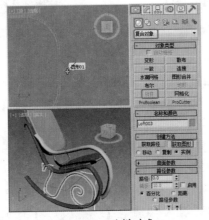

图 5-124　放样对象

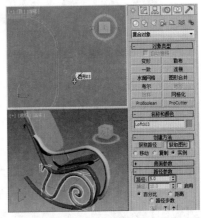

图 5-125　在路径为 5 处选择【图形 03】

(27) 在【路径参数】卷展栏中将【路径】设置为 75，并再次单击【获取图形】按钮，最后在【顶】视图中选择【图形 03】对象，如图 5-126 所示。

(28) 在【路径参数】卷展栏中将【路径】设置为 95，并再次单击【获取图形】按钮，最后在【顶】视图中选择【图形 01】对象，从而得到一个全新的放样图形，如图 5-127 所示。

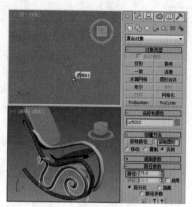

图 5-126　在路径为 75 处选择【图形 03】

图 5-127　在路径为 95 处选择【图形 01】

(29) 激活【顶】视图，在视图中选择椅子左侧的全部对象，单击工具栏中的【镜像】按钮，在打开的【镜像：屏幕坐标】对话框中选中 X 和【复制】单选按钮，然后将【偏移】值设置为 168，单击【确定】按钮，如图 5-128 所示。

(30) 激活【顶】视图，选择【创建】|【图形】|【线】命令，在【顶】视图中绘制两条水平的线段，在【渲染】卷展栏中选中【在渲染中启用】和【在视图中启用】复选框，并将【厚度】设置为 9，最后在视图中调整它们的位置，如图 5-129 所示。

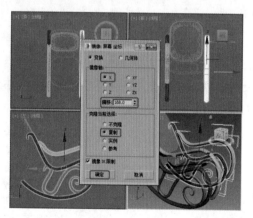

图 5-128　设置镜像

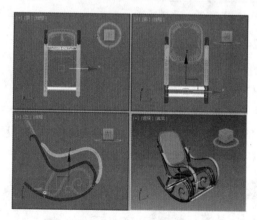

图 5-129　绘制直线

(31) 按 M 键，打开【材质编辑器】对话框，选择第一个材质样本球，在【Blinn 基本参数】卷展栏中，将锁定的【环境光】和【漫反射】的 RGB 设置为 255、255、255，将【反射高光】区域下的【光泽度】设置为 0，如图 5-130 所示。

(32) 打开【贴图】卷展栏，单击【漫反射颜色】通道后的【无】按钮，在打开的【材质 / 贴图浏览器】对话框中选择【位图】贴图，如图 5-131 所示，然后单击【确定】按钮。

(33) 再在打开的对话框中选择随书附带光盘的 CDROM | Map | 榉木 -38.jpg 文件，单击【打开】按钮。进入【位图】材质层级，在【位图参数】卷展栏中选中【裁减 / 放置】区域下的【应用】复选框，将 U、V、W、H 分别设置为 0、0、0.219、1.0，如图 5-132 所示。

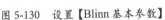

图 5-130　设置【Blinn 基本参数】

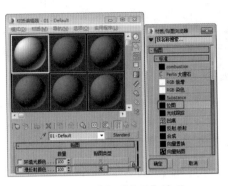

图 5-131　选择【位图】选项

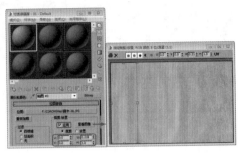

图 5-132　设置裁剪

（34）单击【转到父对象】按钮，选择【摇椅背】和【摇椅背垫】对象，按 Ctrl+I 组合键进行反选，然后单击【将材质指定给选定对象】按钮。

（35）选择第二个材质样本球，在【Blinn 基本参数】卷展栏中，将【自发光】区域下的【颜色】设置为50，将【反射高光】区域下的【高光级别】设置为 20，打开【贴图】卷展栏，单击【漫反射颜色】通道后的【无】按钮，在打开的【材质 / 贴图浏览器】对话框中选择【位图】贴图，单击【确定】按钮。再在打开的对话框中选择随书附带光盘的 CDROM | Map | c-a-029.jpg 文件，单击【打开】按钮。进入【位图】材质层级，在【坐标】卷展栏中将【瓷砖】下的 U、V 值都设置为 5，如图 5-133 所示。

（36）单击【转到父对象】按钮，然后拖动【漫反射颜色】通道后的贴图按钮到【凹凸】通道后的【无】按钮上，对它进行复制，在打开的对话框中选中【实例】单选按钮，单击【确定】按钮，如图 5-134 所示。

（37）选择【摇椅背】和【摇椅背垫】对象，单击【将材质指定给选定对象】按钮，然后激活【透视】视图，对该视图进行渲染一次，效果如图 5-135 所示。

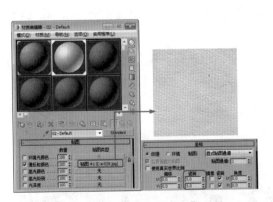

图 5-133　设置【漫反射颜色】通道

图 5-134　选中【实例】单选按钮

图 5-135　渲染效果

（38）单击【保存】按钮，在弹出的对话框中设置存储路径，将【文件名】命名为“摇椅”，单击【保存】按钮，如图 5-136 所示。

（39）单击【应用程序】按钮，在弹出的下拉菜单中选择【打开】命令，弹出【打开文件】对话框，选择【使用放样工具制作摇椅 .max】素材文件，如图 5-137 所示。

图 5-136　【文件另存为】对话框

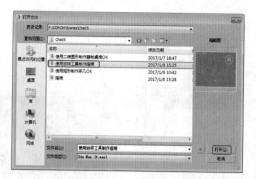

图 5-137　【打开文件】对话框

(40) 单击【应用程序】按钮，在弹出的下拉菜单中选择【导入】|【合并】命令，弹出【合并文件】对话框，在该对话框中选择随书附带光盘中的 CDROM\Scenes\Cha05\ 摇椅.max 素材文件，单击【打开】按钮，如图 5-138 所示。

(41) 弹出【合并－摇椅.max】对话框，在该对话框中选择所有的对象，单击【确定】按钮，如图 5-139 所示。

(42) 选择透视图，按 C 键，转换为【摄影机】视图，合并后的效果如图 5-140 所示。

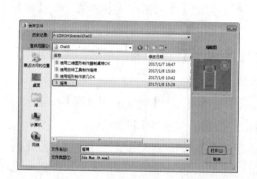

图 5-138　【合并文件】对话框

图 5-139　【合并－摇椅.max】对话框

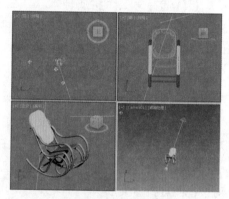

图 5-140　合并后的效果

(43) 按 8 键，打开【环境和效果】对话框，在该对话框中单击【环境贴图】按钮，在弹出的对话框中选择【位图】选项，再在弹出的对话框中选择【摇椅背景_jpg】素材图像，效果如图 5-141 所示。

(44) 按 M 键，弹出【材质编辑器】对话框，在【环境和效果】对话框中将环境贴图按钮拖曳至新的材质样本球上，在弹出的【实例 (副本) 贴图】对话框中选中【实例】单选按钮，并单击【确定】按钮，然后在【坐标】卷展栏中将【贴图】设置为【屏幕】，如图 5-142 所示。

图 5-141　添加环境贴图

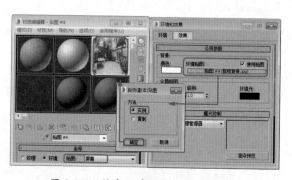

图 5-142　拖曳环境贴图至材质样本球

(45) 将【摄影机】视图背景设置为【环境背景】，选择【创建】|【几何体】|【平面】命令，在【顶】视图中创建平面，将【宽度】、【长度】均设置为 2000，右击鼠标，在弹出的快捷菜单中选择【对象属性】命令，弹出【对象属性】对话框，选中【透明】复选框，适当地调整平面的位置，如图 5-143 所示。

(46) 按 M 键，打开【材质编辑器】对话框，选择 07 - Default 材质样本球，将其指定给平面对象，然后对【摄影机】视图进行渲染即可，效果如图 5-144 所示

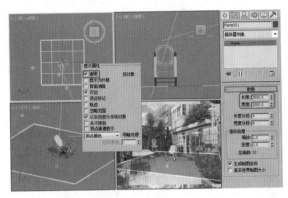

图 5-143　创建平面

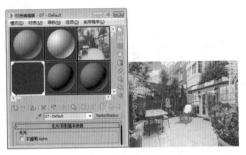

图 5-144　设置平面材质并渲染效果

案例精讲 056　使用挤出修改器制作造型椅【视频案例】

本例将介绍如何制作造型椅，首先使用【线】工具绘制出造型椅的截面，然后利用【挤出】修改器设置三维效果，再使用【矩形】工具绘制出金属底座，完成后的效果如图 5-145 所示。

 案例文件：CDROM\Scenes\Cha05\ 使用挤出修改器制作造型椅 OK.max

视频文件：视频教学 \ Cha05\ 使用挤出修改器制作造型椅 .avi

图 5-145　造型椅

案例精讲 057　使用挤出修改器制作双人床

本例将介绍双人床的制作，主要是使用二维对象和【挤出】修改器来完成，效果如图 5-146 所示。

 案例文件：CDROM \ Scenes \ Cha05 \ 使用挤出修改器制作双人床 OK.max

视频文件：视频教学 \ Cha05 \ 使用挤出修改器制作双人床 .avi

图 5-146　双人床效果

(1) 在菜单栏中选择【自定义】|【单位设置】命令，在弹出的【单位设置】对话框中选中【公制】单选按钮，并在下拉列表中选择【厘米】选项，单击【确定】按钮，如图 5-147 所示。

知识链接

　　【单位设置】对话框建立单位显示的方式，通过它可以在通用单位和标准单位(英尺和英寸，还是公制)间进行选择。也可以创建自定义单位，这些自定义单位可以在创建任何对象时使用。

　　设置的单位用于度量场景中的几何体。除了这些单位之外，3ds Max也将系统单位用作一种内部机制。只有在创建场景或导入无单位的文件之前才可以更改系统单位。不要在现有场景中更改系统单位。

（2）选择【创建】 ┿ |【图形】 ◎ |【线】命令，在【左】视图中绘制样条线，将其命名为"床头竖架 001"，切换到【修改】命令面板，将当前选择集定义为【顶点】，在场景中调整其形状，如图 5-148 所示。

（3）关闭当前选择集，在【修改器列表】中选择【挤出】修改器，在【参数】卷展栏中将【数量】设置为 2.6cm，如图 5-149 所示。

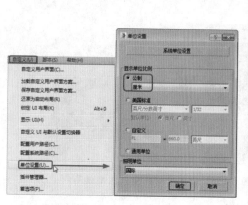

图 5-147　设置单位

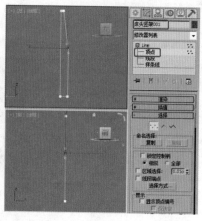

图 5-148　绘制并调整【床头竖架 001】

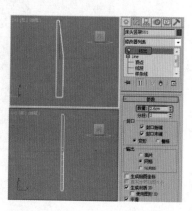

图 5-149　施加【挤出】修改器

（4）在【前】视图中按住 Shift 键沿 X 轴移动复制【床头竖架 001】对象，在弹出的【克隆对象】对话框中选中【实例】单选按钮，将【副本数】设置为 2，单击【确定】按钮，如图 5-150 所示。

（5）选择【创建】 ┿ |【图形】 ◎ |【矩形】命令，在【前】视图中绘制矩形，将其命名为"床头横板 001"，切换到【修改】命令面板，在【参数】卷展栏中设置【长度】为 21cm、【宽度】为 185cm、【角半经】为 5cm，如图 5-151 所示。

（6）在【修改器列表】中选择【挤出】修改器，在【参数】卷展栏中将【数量】设置为 2.5cm，如图 5-152 所示。

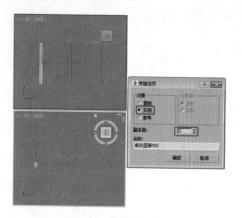

图 5-150　复制对象

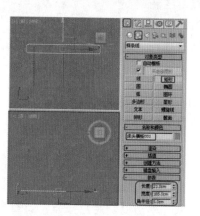

图 5-151　创建【床头横板 001】

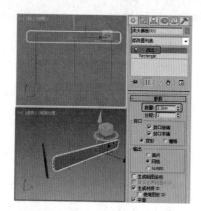

图 5-152　设置挤出数量

（7）在【前】视图中按住 Shift 键沿 Y 轴移动复制【床头横板 001】对象，在弹出的对话框中选中【复制】单选按钮，单击【确定】按钮，如图 5-153 所示。

（8）在【左】视图中同时选择【床头横板 001】和【床头横板 002】对象，使用【选择并旋转】工具 ◎ 沿 Z 轴对其进行旋转，然后使用【选择并移动】工具 ✛ 调整其位置，效果如图 5-154 所示。

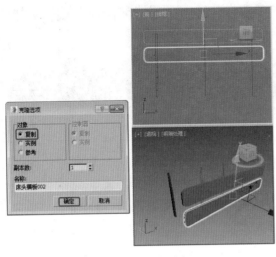

图 5-153　复制对象

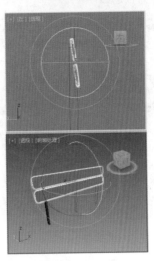

图 5-154　旋转并移动对象

(9) 选择【创建】 ![icon] |【几何体】 ![icon] |【长方体】命令，在【前】视图中创建长方体，将其命名为〝床头横板 003〞，切换到【修改】命令面板，在【参数】卷展栏中设置【长度】为 48cm，【宽度】为 185cm，【高度】为 2.5cm，并在场景中调整其位置，如图 5-155 所示。

(10) 选择【创建】 ![icon] |【图形】 ![icon] |【线】命令，在【顶】视图中绘制样条线，将其命名为〝床板 001〞，切换到【修改】命令面板，在【插值】卷展栏中将【步数】设置为 12，将当前选择集定义为【顶点】，在场景中调整其形状，如图 5-156 所示。

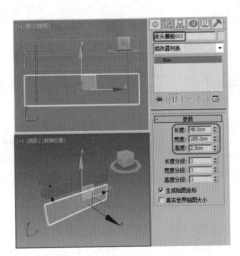

图 5-155　创建【床头横板 003】

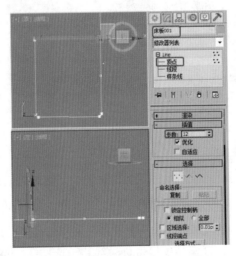

图 5-156　创建并调整【床板 001】

(11) 将当前选择集定义为【样条线】，在视图中选择样条线，在【几何体】卷展栏中将【轮廓】设置为 4cm，按回车键确认，如图 5-157 所示。

(12) 关闭当前选择集，在【修改器列表】中选择【挤出】修改器，在【参数】卷展栏中将【数量】设置为 17cm，如图 5-158 所示。

(13) 选择【创建】 ![icon] |【几何体】 ![icon] |【长方体】命令，在【顶】视图中创建长方体，将其命名为〝床板 002〞，切换到【修改】命令面板，在【参数】卷展栏中设置【长度】为 200cm，【宽度】为 172cm，【高度】为 15.5cm，在场景中调整【床板 002】对象的位置，如图 5-159 所示。

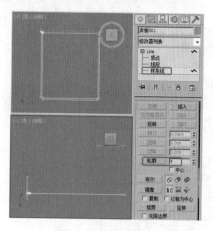

图 5-157　设置轮廓

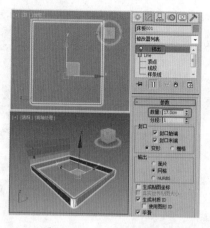

图 5-158　设置挤出数量

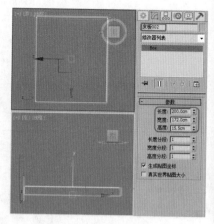

图 5-159　创建【床板 002】

(14) 选择【创建】 | 【几何体】 | 【圆柱体】命令，在【顶】视图中创建圆柱体，将其命名为"床腿001"，切换到【修改】命令面板，在【参数】卷展栏中设置【半径】为 3.5cm，【高度】为 14cm，【高度分段】为 2，并在视图中调整其位置，如图 5-160 所示。

(15) 在【修改器列表】中选择【编辑多边形】修改器，将当前选择集定义为【顶点】，在【前】视图中选择如图 5-161 所示的顶点，并向下调整其位置。

(16) 将当前选择集定义为【多边形】，在视图中选择如图 5-162 所示的多边形。

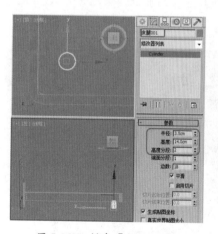

图 5-160　创建【床腿 001】

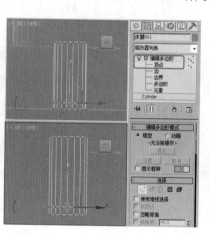

图 5-161　调整顶点

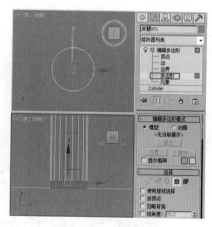

图 5-162　选择多边形

(17) 在【编辑多边形】卷展栏中单击【挤出】右侧的【设置】按钮 ，弹出【挤出多边形】对话框，选中【挤出类型】选项组中的【本地法线】单选按钮，将【挤出高度】设置为 0.6cm，单击【确定】按钮，挤出后的效果如图 5-163 所示。

知识链接

【挤出多边形】对话框中各参数介绍如下。

【组】：沿着每一个连续的多边形组的平均法线执行挤出。如果挤出多个这样的组，每个组将会沿着自身的平均法线方向移动。

【局部法线】：沿着每一个选定的多边形法线执行挤出。

【按多边形】：分别对每个多边形执行挤出。

【挤出高度】：采用场景单位指定挤出量。可以向外或向内挤出选定的多边形，具体情况取决于该值是正值还是负值。

(18) 在视图中选择如图 5-164 所示的多边形，在【多边形：材质 ID】卷展栏中将【设置 ID】设置为 1。

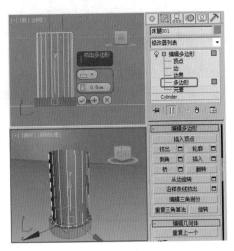

图 5-163　挤出多边形

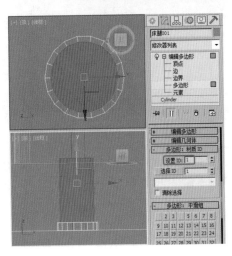

图 5-164　设置 ID1

(19) 在菜单栏中选择【编辑】|【反选】命令，反选多边形，然后在【多边形：材质 ID】卷展栏中，将【设置 ID】设置为 2，如图 5-165 所示。

(20) 关闭当前选择集，在【前】视图中按住 Shift 键沿 X 轴移动复制【床腿 001】对象，在弹出的【克隆选项】对话框中选中【实例】单选按钮，单击【确定】按钮，如图 5-166 所示。

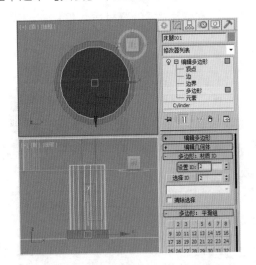

图 5-165　设置 ID2

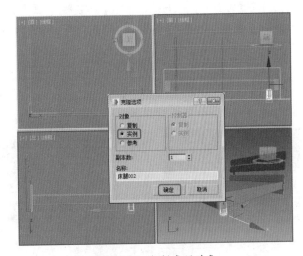

图 5-166　复制桌腿对象

(21) 在场景中选择【床头横板 001】对象，按 M 键，打开【材质编辑器】对话框，选择一个新的材质样本球，将其命名为〝床材质 01〞，在【Blinn 基本参数】卷展栏中将【环境光】和【漫反射】的 RGB 值均设置为 187、76、115，如图 5-167 所示。然后单击【将材质指定给选定对象】按钮，将材质指定给【床头横板 001】对象。

(22) 在场景中选择除【床头横板 001】和床腿以外的所有对象，在【材质编辑器】对话框中选择一个新的材质样本球，将其命名为〝床材质 02〞。在【Blinn 基本参数】卷展栏中将【环境光】和【漫反射】的 RGB 值均设置为 255、255、255，如图 5-168 所示。然后单击【将材质指定给选定对象】按钮，将材质指定给选定对象。

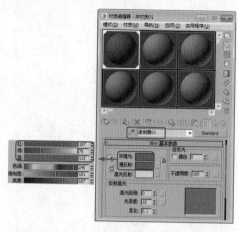

图 5-167　为【床头横板 001】设置材质

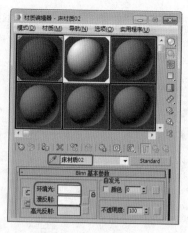

图 5-168　设置材质

（23）在场景中选择所有的床腿对象，在【材质编辑器】对话框中选择一个新的材质样本球，将其命名为"床腿"，单击 Standard 按钮，在弹出的【材质 / 贴图浏览器】对话框中选择【多维 / 子对象】材质，单击【确定】按钮，如图 5-169 所示。

（24）在弹出的【替换材质】对话框中选中【将旧材质保存为子材质】单选按钮，单击【确定】按钮，如图 5-170 所示。

（25）在【多维 / 子对象基本参数】卷展栏中单击【设置数量】按钮，在弹出的【设置材质数量】对话框中将【材质数量】设置为 2，单击【确定】按钮，如图 5-171 所示。

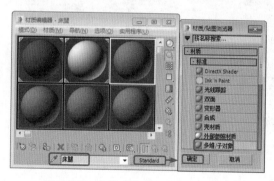

图 5-169　选择【多维 / 子对象】材质

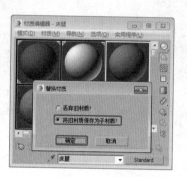

图 5-170　替换材质

图 5-171　设置材质数量

（26）在【多维 / 子对象基本参数】卷展栏中单击 ID1 右侧的【子材质】按钮，在【明暗器基本参数】卷展栏中选择【(M) 金属】选项，在【金属基本参数】卷展栏中将【环境光】的 RGB 值设置为 0、0、0，将【漫反射】的 RGB 值设置为 255、255、255，在【反射高光】选项组中将【高光级别】和【光泽度】分别设置为 100、86，如图 5-172 所示。

（27）在【贴图】卷展栏中将【反射】后的【数量】设置为 70，并单击右侧的【无】按钮，在弹出的【材质 / 贴图浏览器】对话框中选择【位图】贴图，单击【确定】按钮，如图 5-173 所示。

（28）在弹出的对话框中打开随书附带光盘中的 Metal01.tif 文件，在【坐标】卷展栏中将【瓷砖】下的 U、V 分别设置为 0.4、0.1，将【模糊偏移】设置为 0.05，在【输出】卷展栏中将【输出量】设置为 1.15，如图 5-174 所示。

知识链接

【模糊偏移】：影响贴图的锐度或模糊度，而与贴图离视图的距离无关。【模糊偏移】模糊对象空间中自身的图像。当您要柔和或散焦贴图中的细节以实现模糊图像的效果时，使用此选项。

【输出量】：控制要混合为合成材质的贴图数量。对贴图中的饱和度和 Alpha 值产生影响。默认设置为 1。

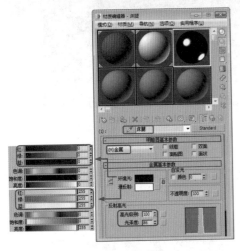

图 5-172 设置金属基本参数

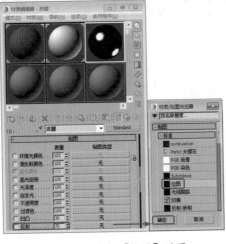

图 5-173 选择【位图】贴图

图 5-174 设置参数

(29) 双击【转到父对象】按钮，在【多维 / 子对象基本参数】卷展栏中单击 ID2 右侧的【子材质】按钮，在弹出的【材质 / 贴图浏览器】对话框中双击【标准】材质，然后在【Blinn 基本参数】卷展栏中将【环境光】和【漫反射】的 RGB 值设置为 20、20、20，在【反射高光】选项组中将【高光级别】和【光泽度】分别设置为 51、50，如图 5-175 所示。然后单击【转到父对象】按钮和【将材质指定给选定对象】按钮，将材质指定给选定对象。

(30) 按 Ctrl+A 组合键选择所有的对象，在菜单栏中选择【组】|【组】命令，在弹出的对话框中设置【组名】为【床】，单击【确定】按钮，即可将选择对象成组，如图 5-176 所示。

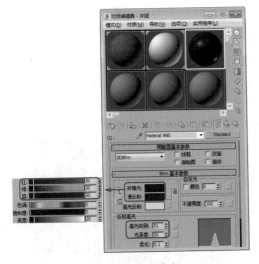

图 5-175 设置参数

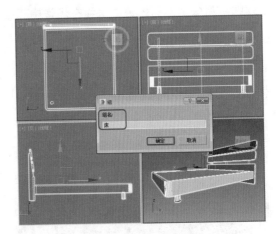

图 5-176 成组对象

(31) 至此，床就制作完成了，将场景文件保存并命名为"床 OK"，如图 5-177 所示。

(32) 按 Ctrl+O 组合键，打开【卧室 .max】素材文件，如图 5-178 所示。

图 5-177　保存文件

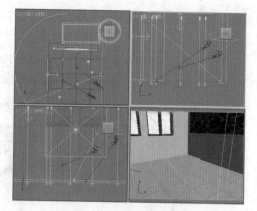

图 5-178　打开素材文件

(33) 单击 按钮，在弹出的下拉列表中选择【导入】|【合并】命令，如图 5-179 所示。

(34) 在弹出的【合并文件】对话框中打开新保存的【床 OK.max】文件，再在弹出的对话框中单击底部的【全部】按钮，并单击【确定】按钮，如图 5-180 所示。

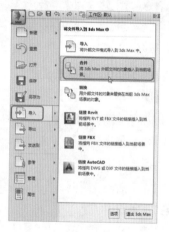

图 5-179　选择【合并】命令

图 5-180　选择文件

(35) 即可将床导入到场景中，并在场景中调整其位置，效果如图 5-181 所示。

(36) 激活【摄影机】视图，按 F9 键渲染效果，渲染后的效果如图 5-182 所示。

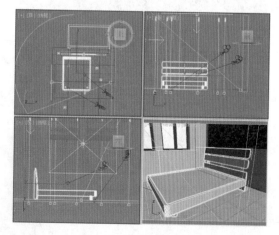

图 5-181　调整模型位置

图 5-182　渲染后的效果

案例精讲 058　使用网格平滑修改器制作床垫

本例将介绍床垫的制作，床垫是日常居家生活中不可缺少的一部分，它的制作主要是创建一个平面，通过【编辑多边形】修改器对平面进行调整，然后使用【网格平滑】修改器进行平滑，完成后的效果如图 5-183 所示。

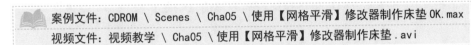

案例文件：CDROM \ Scenes \ Cha05 \ 使用【网格平滑】修改器制作床垫 OK.max

视频文件：视频教学 \ Cha05 \ 使用【网格平滑】修改器制作床垫.avi

图 5-183　床垫效果

(1) 按 Ctrl+O 组合键，打开【使用【网格平滑】修改器制作床垫.max】素材文件，如图 5-184 所示。

(2) 选择【创建】 | 【几何体】 | 【平面】命令，在【顶】视图中创建平面，将其命名为"床垫"，切换到【修改】命令面板，在【参数】卷展栏中设置【长度】为 200cm、【宽度】为 172cm、【长度分段】为 7、【宽度分段】为 7，如图 5-185 所示。

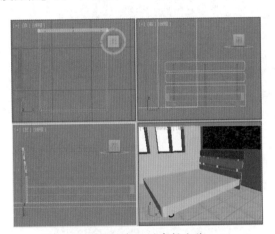

图 5-184　打开的素材文件

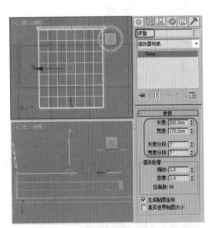

图 5-185　创建【床垫】

(3) 在【修改器列表】中选择【编辑多边形】修改器，并将当前选择集定义为【多边形】，在【顶】视图中按 Ctrl+A 组合键，将场景中的多边形全部选中，效果如图 5-186 所示。

(4) 在【编辑几何体】卷展栏中单击【细化】按钮右侧的【设置】按钮，在弹出的【细化选择】对话框中选中【边】单选按钮，然后单击【确定】按钮，对边进行细化，如图 5-187 所示。

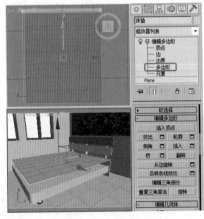

图 5-186　选择多边形

图 5-187　细化边

【细化选择】对话框中各参数说明如下。

【边】：在每个边的中间插入顶点，然后绘制与这些顶点连接的线。创建的多边形数等于原始多边形的侧面数。

【面】：将顶点添加到每个多边形的中心，然后绘制将该顶点与原始顶点连接的线。创建的多边形数等于原始多边形的侧面数。

【张力】：用于增加或减少边张力值。只在【边】细分方法处于活动状态时可用。负值将从其平面向内拉顶点，以便生成凹面效果。如果值为正，将会从其所在平面处向外拉顶点，从而产生凸面效果。

(5) 再次打开【细化选择】对话框，选中【多边形】单选按钮，然后单击【确定】按钮，对面进行细化，效果如图 5-188 所示。

(6) 将当前选择集定义为【顶点】，在【顶】视图中选择如图 5-189 所示的顶点。

图 5-188　细化面

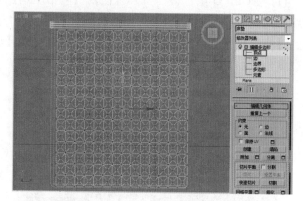

图 5-189　选择顶点

(7) 在【前】视图中将选择的顶点沿 Y 轴向上移动，效果如图 5-190 所示。

(8) 在【编辑顶点】卷展栏中单击【切角】按钮右侧的【设置】按钮□，在弹出的【切角顶点】对话框中将【切角量】设置为 12cm，单击【确定】按钮，如图 5-191 所示。

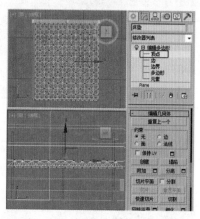

图 5-190　移动顶点

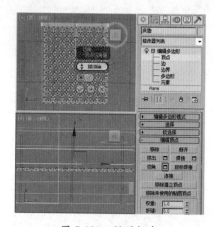

图 5-191　设置切角

【切角顶点】对话框中的参数说明如下。

【切角量】：切角的范围。默认设置为 1。

【打开】：启用时，删除切角的区域，保留开放的空间。默认设置为禁用。

(9) 在【编辑几何体】卷展栏中单击【网格平滑】按钮，进行平滑设置，效果如图 5-192 所示。

(10) 再次单击【网格平滑】按钮，平滑后的效果如图 5-193 所示。

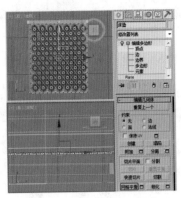

图 5-192 平滑后的效果

图 5-193 再次平滑

(11) 重新定义当前选择集为【多边形】，在【顶】视图中选择床垫的边，如图 5-194 所示。

(12) 在【编辑多边形】卷展栏中，单击【倒角】按钮右侧的【设置】按钮■，在弹出的【倒角多边形】对话框中将【高度】、【轮廓量】值分别设置为 0.6cm、-2cm，单击【确定】按钮，如图 5-195 所示。

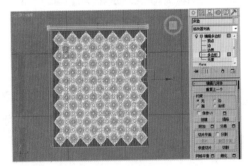

图 5-194 选择床边

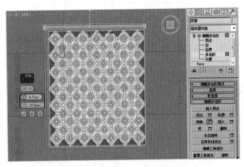

图 5-195 为床边设置倒角

知识链接

【倒角多边形】对话框中各参数说明如下。

【组】：沿着每一个连续的多边形组的平均法线执行倒角。如果倒角多个这样的组，则每个组将沿着其自身的平均法线移动。

【局部法线】：沿着每一个选定的多边形法线执行倒角。

【按多边形】：独立倒角每个多边形。

【高度】：采用场景单位指定挤出的范围。可以向外或向内挤出选定的多边形，具体情况取决于该值是正值还是负值。

【轮廓量】：使选定多边形的外边界变大或缩小，具体情况取决于该值是正值还是负值。

(13) 重新定义当前选择集为【边界】，在【顶】视中选择床垫的边框，如图 5-196 所示。

(14) 单击工具栏中的【选择并移动】按钮✛，按住 Shift 键的同时在【前】视图中沿 Y 轴向上移动选择的边，如图 5-197 所示。

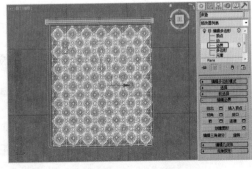

图 5-196 选择边框

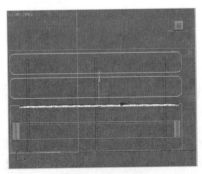

图 5-197 移动边

（15）在工具栏中选择【选择并均匀缩放】工具，在【前】视图中沿 X 轴放大选择的边，效果如图 5-198 所示。

（16）再次单击工具栏中的【选择并移动】按钮，并配合键盘上的 Shift 键，沿 Y 轴向下移动复制边，为床垫设置厚度，如图 5-199 所示。

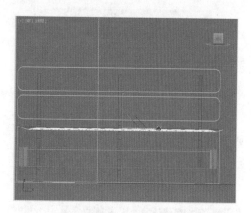

图 5-198　放大边

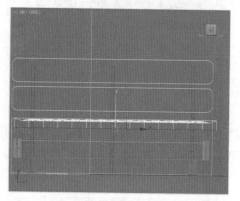

图 5-199　设置床垫厚度

（17）关闭当前选择集，在【修改器列表】中选择【网格平滑】修改器，并在视图中调整床垫位置，效果如图 5-200 所示。

（18）在场景中选择【床垫】对象，按 M 键，打开【材质编辑器】对话框，选择一个新的材质样本球，将其命名为"床垫"，在【Blinn 基本参数】卷展栏中，将【环境光】和【漫反射】的 RGB 值均设置为 187、76、115，然后单击【将材质指定给选定对象】按钮，如图 5-201 所示。至此，床垫就制作完成了，按 F9 键渲染效果，渲染完成后将场景文件保存即可。

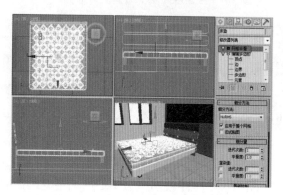

图 5-200　选择【网格平滑】修改器

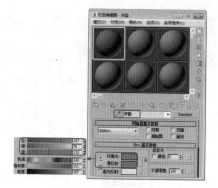

图 5-201　设置材质

案例精讲 059　使用矩形工具制作床头柜

本例将介绍床头柜的制作，该例主要是使用【矩形】工具制作床头柜的截面图形，然后使用【挤出】修改器挤出厚度，完成后的效果如图 5-202 所示。

　案例文件：CDROM ＼ Scenes ＼ Cha05 ＼ 使用矩形工具制作床头柜 OK. max
　　视频文件：视频教学 ＼ Cha05 ＼ 使用矩形工具制作床头柜 .avi

图 5-202　床头柜效果

(1) 按 Ctrl+O 组合键，打开【使用矩形工具制作床头柜 .max】素材文件，如图 5-203 所示。

(2) 选择【创建】 ✦ |【图形】 ⊙ |【矩形】命令，在【前】视图中创建矩形，将其命名为 "床头柜"，切换到【修改】命令面板，在【参数】卷展栏中将【长度】设置为 30cm，【宽度】设置为 40cm，【角半径】设置为 5cm，如图 5-204 所示。

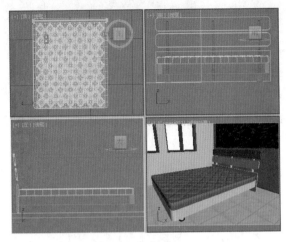

图 5-203　打开素材文件

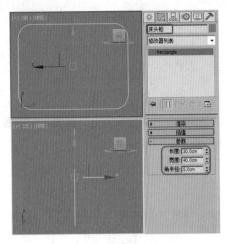

图 5-204　创建【床头柜】

(3) 在【修改器列表】中选择【挤出】修改器，在【参数】卷展栏中将【数量】设置为 32cm，并在视图中调整其位置，如图 5-205 所示。

(4) 选择【创建】 ✦ |【图形】 ⊙ |【矩形】命令，在【前】视图中创建矩形，将其命名为 "抽屉 001"，切换到【修改】命令面板，在【参数】卷展栏中将【长度】设置为 13cm，【宽度】设置为 40cm，【角半径】设置为 5cm，如图 5-206 所示。

(5) 在【修改器列表】中选择【编辑样条线】修改器，将当前选择集定义为【顶点】，在【前】视图中选择如图 5-207 所示的顶点。

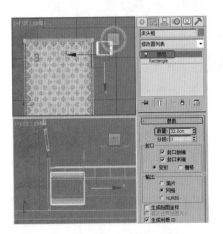

图 5-205　设置挤出数量

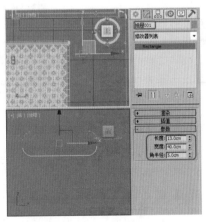

图 5-206　创建【抽屉 001】

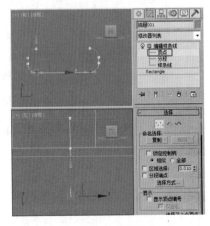

图 5-207　选择顶点

(6) 在选择的顶点上右击，在弹出的快捷菜单中选择【角点】命令，如图 5-208 所示。

(7) 在【前】视图中调整顶点，效果如图 5-209 所示。

(8) 关闭当前选择集，在【修改器列表】中选择【挤出】修改器，在【参数】卷展栏中将【数量】设置为 2cm，并在视图中调整其位置，如图 5-210 所示。

图 5-208　选择【角点】命令

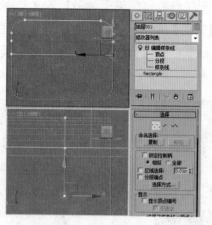

图 5-209　调整顶点

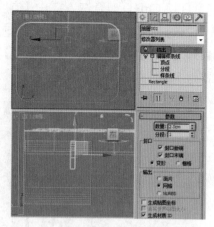

图 5-210　设置挤出数量

（9）在【前】视图中选择【抽屉 001】对象，在工具栏中单击【镜像】按钮，在弹出的对话框中选中【镜像轴】选项组中的 Y 单选按钮，将【偏移】设置为 -17.1cm，在【克隆当前选择】选项组中选中【复制】单选按钮，并单击【确定】按钮，如图 5-211 所示。

（10）选择镜像后的【抽屉 002】对象，并将当前选择集定义为【顶点】，然后在【前】视图中调整顶点位置，效果如图 5-212 所示。

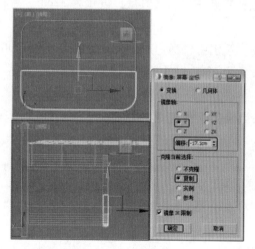

图 5-211　镜像对象

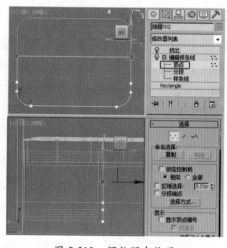

图 5-212　调整顶点位置

（11）关闭当前选择集，选择【创建】|【图形】|【矩形】命令，在【前】视图中创建矩形，将其命名为"抽屉把手 001"，切换到【修改】命令面板，在【参数】卷展栏中将【长度】设置为 0.7cm，【宽度】设置为 10cm，【角半径】设置为 0.4cm，如图 5-213 所示。

（12）在【修改器列表】中选择【挤出】修改器，在【参数】卷展栏中将【数量】设置为 3cm，并在视图中调整其位置，如图 5-214 所示。

（13）在【前】视图中按住 Shift 键沿 Y 轴移动复制模型【抽屉把手 001】，在弹出的对话框中选中【实例】单选按钮，单击【确定】按钮，如图 5-215 所示。

（14）选择【创建】|【几何体】|【圆柱体】命令，在【顶】视图中创建圆柱体，将其命名为"床头柜腿 001"，切换到【修改】命令面板，在【参数】卷展栏中设置【半径】为 1.7cm，【高度】为 6cm，【高度分段】为 2，并在视图中调整其位置，如图 5-216 所示。

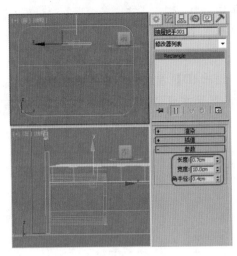

图 5-213　创建【抽屉把手 001】

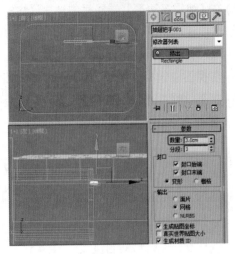

图 5-214　设置【挤出】数量

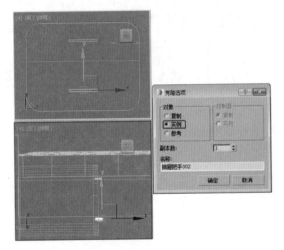

图 5-215　复制对象

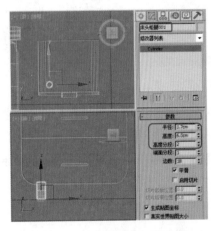

图 5-216　创建【床头柜腿 001】

(15) 在【修改器列表】中选择【编辑多边形】修改器，将当前选择集定义为【顶点】，在【前】视图中选择如图 5-217 所示的顶点，并向下调整其位置。

(16) 将当前选择集定义为【多边形】，在视图中选择如图 5-218 所示的多边形。

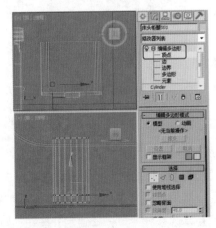

图 5-217　调整顶点

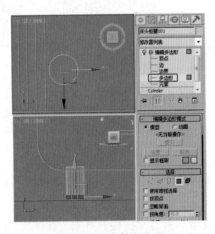

图 5-218　选择多边形

(17) 在【编辑多边形】卷展栏中单击【挤出】右侧的【设置】按钮█，弹出【挤出多边形】对话框，选中【挤出类型】选项组中的【本地法线】单选按钮，将【挤出高度】设置为0.3cm，单击【确定】按钮，挤出后的效果如图5-219所示。

(18) 在视图中选择如图5-220所示的多边形，在【多边形：材质ID】卷展栏中将【设置ID】设置为1。

(19) 在菜单栏中选择【编辑】|【反选】命令，反选多边形，然后在【多边形：材质ID】卷展栏中将【设置ID】设置为2，如图5-221所示。

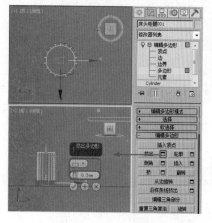 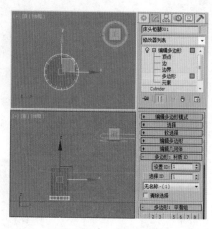 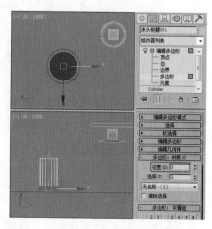

图5-219 挤出多边形　　　　　图5-220 设置ID1　　　　　图5-221 设置ID2

(20) 关闭当前选择集，在【左】视图中按住Shift键沿X轴移动复制【床头柜腿001】对象，在弹出的对话框中选中【实例】单选按钮，单击【确定】按钮，如图5-222所示。

(21) 继续在场景中复制【床头柜腿】对象，效果如图5-223所示。

(22) 为床头柜对象设置材质，其材质与上一实例的床材质相同，在此就不再赘述，设置材质后的效果如图5-224所示。

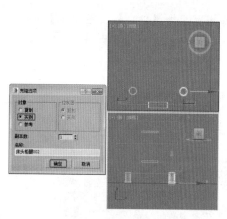 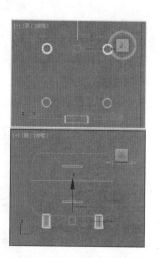 

图5-222 复制床头柜腿对象　　　图5-223 复制对象　　　　　图5-224 设置材质后的效果

(23) 在场景中选择组成床头柜的所有对象，在菜单栏中选择【组】|【组】命令，在弹出的对话框中输入【组名】为【床头柜】，单击【确定】按钮，即可将选择的对象成组，然后在【前】视图中按住Shift键沿X轴移动复制成组后的【床头柜】对象，在弹出的对话框中选中【实例】单选按钮，单击【确定】按钮，如图5-225所示。

(24) 在工具栏中单击【渲染设置】按钮，弹出【渲染设置】对话框，在【要渲染的区域】选项组下方选择【视图】选项，将【输出大小】设置为 35mm1.316：1 全光圈（电影）。在【渲染输出】选项组中选中【保存文件】复选框，单击【文件】按钮，设置保存路径，然后单击【渲染】按钮对【摄影机】视图进行渲染，如图 5-226 所示，渲染完成后将场景文件保存。

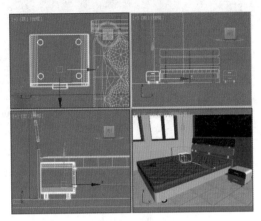

图 5-225　复制对象

图 5-226　设置渲染参数

案例精讲 060　使用线工具制作现代桌椅【视频案例】

随着人们生活质量的提高，对桌椅的要求随之也提高了。本例将详细讲解如何制作现代桌椅，其中主要应用了【线】和【切角长方体】工具进行制作，具体操作步骤如下，完成后的效果如图 5-227 所示。

　案例文件：CDROM \ Scenes\ Cha05 \ 使用线工具制作现代桌椅 .max

视频文件：视频教学 \ Cha05 \ 使用线工具制作现代桌椅 .avi

图 5-227 现代桌椅

案例精讲 061　使用切角圆柱体制作多人沙发

本例介绍多人沙发的制作，坐垫是由切角圆柱体工具创建并通过编辑多边形修改完成的，沙发扶手是由放样图形来完成的，沙发腿是由圆柱体来表现的，完成的效果如图 5-228 所示。

　案例文件：CDROM\Scenes\Cha05\ 使用切角圆柱体制作多人沙发 OK.max

视频文件：视频教学 \ Cha05\ 使用切角圆柱体制作多人沙发 .avi

图 5-228　制作多人沙发

(1) 选择【创建】|【几何体】|【扩展基本体】|【切角圆柱体】命令，在【顶】视图（或【底】视图）中创建切角圆柱体，在【参数】卷展栏中设置【半径】为 180、【高度】为 100、【圆角】为 45、【圆角分段】为 5、【边数】为 30，将其命名"坐垫 01"，如图 5-229 所示。

(2) 切换到【修改】命令面板，在【修改器列表】中选择【编辑多边形】修改器，将当前选择集定义为【顶点】，在【顶】视图中选择如图 5-230 所示的顶点，在工具栏中选择【选择并移动】工具，在弹出的对话框中设置【偏移：屏幕】选项组中的 X 为 1000，如图 5-230 所示。

（3）将当前选择集定义为【边】，在【顶】视图中框选如图 5-231 所示的边，在【编辑边】卷展栏中单击【移除】按钮。

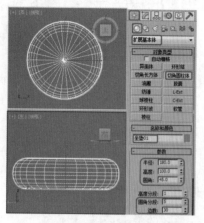

图 5-229　创建【坐垫 01】

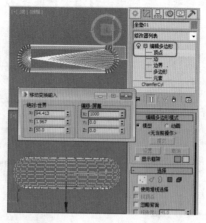

图 5-230　调整顶点的位置

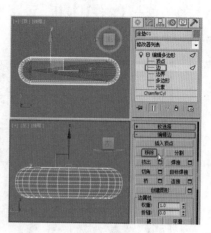

图 5-231　移除边

（4）移除边后的模型如图 5-232 所示。

（5）接着在场景中选择如图 5-233 所示的上下两组环形边。

（6）在【编辑边】卷展栏中单击【切角】后面的【设置】按钮，在弹出的对话框中设置【切角量】为 2.5、【分段】为 1，单击【确定】按钮，如图 5-234 所示。

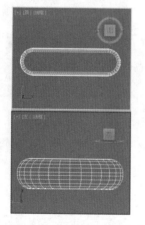

图 5-232　移除边后的模型效果

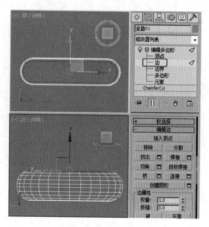

图 5-233　选择边

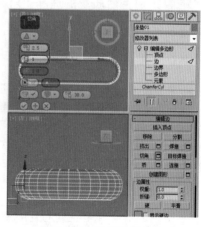

图 5-234　设置边的切角

（7）将当前选择集定义为【多边形】，在【顶】视图中选择多边形，在【编辑多边形】卷展栏中单击【倒角】后面的按钮，在弹出的对话框中设置【高度】为 2.5、【轮廓量】为 -1.5，如图 5-235 所示。

（8）单击【选择】卷展栏中的【扩大】按钮，选择如图 5-236 所示的多边形。

（9）在【多边形：平滑组】卷展栏中单击【自动平滑】按钮，如图 5-237 所示。

（10）将【顶】视图切换为【底】视图，选择如图 5-238 所示的一组多边形。

（11）在【编辑多边形】卷展栏中单击【倒角】后面的按钮，在弹出的对话框中设置【高度】为 2.5、【轮廓量】为 -1.5，单击【确定】按钮，如图 5-239 所示。

（12）单击【选择】卷展栏中的【扩大】按钮，如图 5-240 所示。

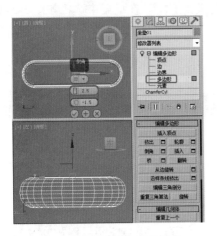

图 5-235　设置多边形的倒角

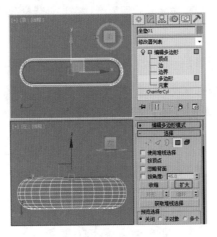

图 5-236　扩大选择范围

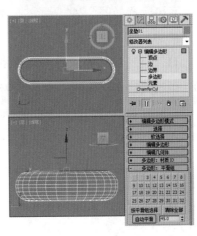

图 5-237　单击【自动平滑】按钮

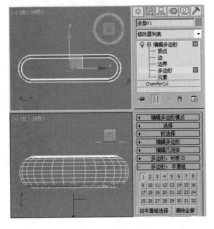

图 5-238　选择多边形

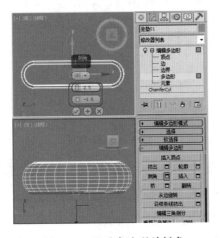

图 5-239　设置多边形的倒角

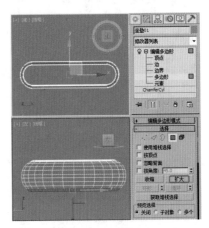

图 5-240　扩大选择范围

(13) 在【多边形：平滑组】卷展栏中单击【自动平滑】按钮，如图 5-241 所示。

(14) 在场景中复制模型，如图 5-242 所示。

(15) 在场景中缩放如图 5-243 所示的模型。

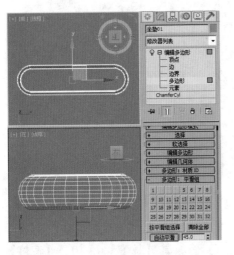

图 5-241　单击【自动平滑】按钮

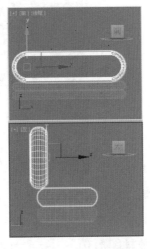

图 5-242　复制模型

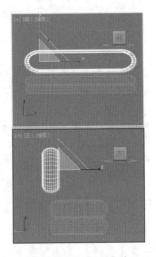

图 5-243　缩放模型

(16) 选择如图 5-244 所示的模型，将其命名为"靠背"，将当前选择集定义为【边】，在场景中选择如图 5-244 所示的边。

(17) 在【编辑边】卷展栏中单击【连接】后面的按钮，在弹出的【连接边】对话框中设置【分段】为 20，单击【确定】按钮，如图 5-245 所示。

(18) 切换到【层次】命令面板，单击【轴】按钮，在【移动 / 旋转 / 缩放】选项组中单击【仅影响轴】按钮，在【对齐】选项组中单击【居中到对象】按钮，如图 5-246 所示。

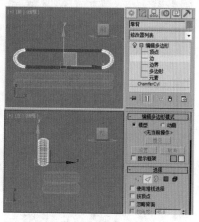

图 5-244　选择模型的边

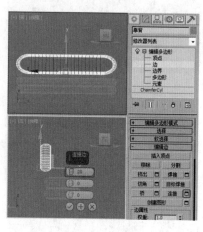

图 5-245　连接边

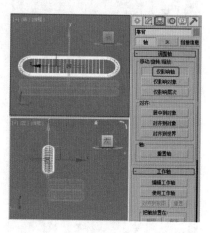

图 5-246　调整轴

(19) 切换到【修改】命令面板，在【修改器列表】中选择【弯曲】修改器，在【参数】卷展栏中设置【角度】为 10，选中【弯曲轴】选项组中的 X 单选按钮，如图 5-247 所示。

(20) 选择【创建】|【图形】|【矩形】命令，在【顶】视图中创建矩形，设置合适的参数，切换到【修改】命令面板，将其命名为"扶手"，在【修改器列表】中选择【编辑样条线】修改器，删除多余的线段，然后在样条线上添加顶点，并调整顶点的位置，完成后的效果如图 5-248 所示。

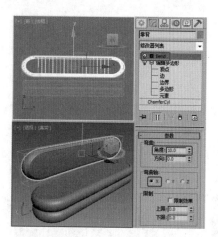

图 5-247　为【靠背】施加【弯曲】修改器

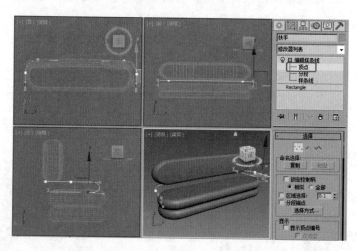

图 5-248　创建【扶手】路径

(21) 选择【创建】|【图形】|【矩形】命令，在【前】视图中创建矩形，设置其【长度】为 20、【宽度】为 50、【高度】为 8，将其命名为"放样图形 01"，接着复制该图形，修改其【长度】为 10、【宽度】为 30、【角半径】为 4，如图 5-249 所示。

(22) 在场景中选择【扶手】图形，选择【创建】|【几何体】|【复合对象】|【放样】命令，确定【路径参数】卷展栏中的【路径】参数为 0，在【创建方法】卷展栏中单击【获取图形】按钮，在场景中拾取【放样图形 02】对象，如图 5-250 所示。

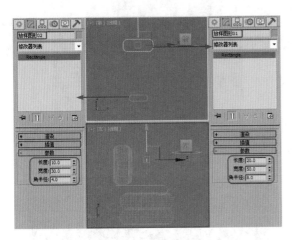

图 5-249　创建矩形

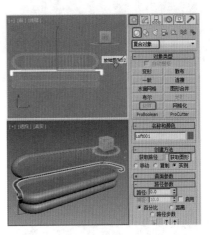

图 5-250　创建放样模型 (1)

(23) 在【路径参数】卷展栏中设置【路径】为 30，在【创建方法】卷展栏中单击【获取图形】按钮，在场景中拾取【放样图形 01】对象，如图 5-251 所示。

(24) 在【路径参数】卷展栏中设置【路径】为 70，在【创建方法】卷展栏中单击【获取图形】按钮，在场景中拾取【放样图形 01】对象，如图 5-252 所示。

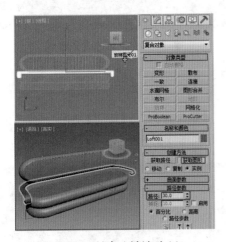

图 5-251 创建放样模型 (2)

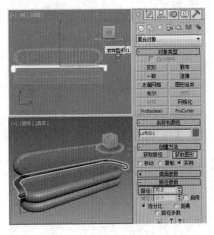

图 5-252 创建放样模型 (3)

(25) 在【路径参数】卷展栏中设置【路径】为 100，单击【获取图形】卷展栏中的【获取图形】按钮，在场景中拾取【放样图形 02】对象，如图 5-253 所示。

(26) 在场景中选择放样出的模型，在【蒙皮参数】卷展栏中设置【图形步数】为 15、【路径步数】为 10，如图 5-254 所示。

(27) 选择【创建】|【几何体】|【标准基本体】|【圆柱体】命令，在【顶】视图中创建圆柱体，在【参数】卷展栏中设置【半径】为 11、【高度】为 190，将其命名为"沙发腿 01"，如图 5-255 所示。

(28) 在场景中调整模型的位置，然后对该模型进行复制，并在场景中调整模型的位置，如图 5-256 所示。

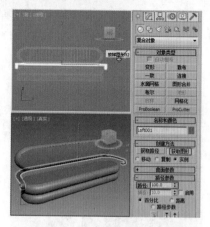

图 5-253 创建放样模型 (4)

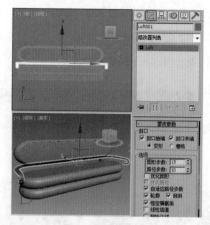

图 5-254 调整模型参数

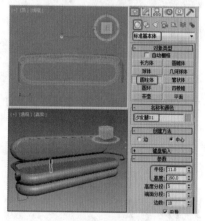

图 5-255 创建【沙发腿 01】

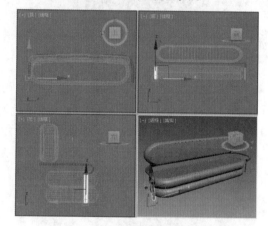

图 5-256 复制并调整模型

(29) 选择【创建】|【图形】|【线】命令，在【左】视图中创建线，切换到【修改】命令面板，将其命名为"支架路径"，将当前选择集定义为【顶点】，在场景中调整顶点，如图 5-257 所示。

(30) 在场景中选择【支架路径】，选择【创建】|【几何体】|【复合对象】|【放样】命令，在【创建方法】卷展栏中单击【获取图形】按钮，在场景中拾取【放样图形 02】，如图 5-258 所示。

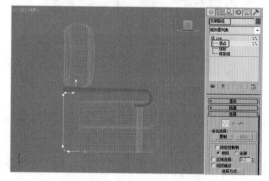

图 5-257 创建【支架路径】

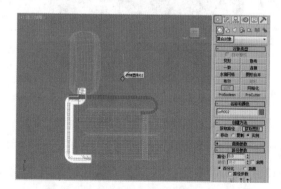

图 5-258 创建放样对象

(31) 在场景中选择放样模型，切换到【修改】命令面板，将当前选择集定义为【图形】，在工具栏中单击【角度捕捉切换】按钮，打开角度捕捉并选择【选择并旋转】工具，在【左】视图中沿 Z 轴将图形旋转 90°，如图 5-259 所示。

(32) 在场景中调整模型，然后对该模型进行复制，并调整模型的位置，如图 5-260 所示。

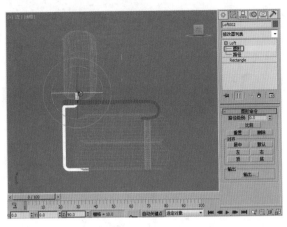

图 5-259　旋转图形角度

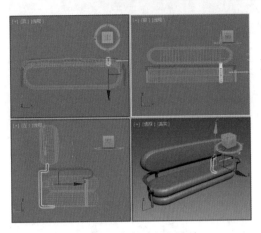

图 5-260　复制并调整模型

(33) 选择【靠背】、【坐垫 01】和【坐垫 002】对象，切换至【修改】命令面板，添加【UVW 贴图】修改器，选择【长方体】贴图，将【长度】、【宽度】和【高度】都设置为 200，如图 5-261 所示。

(34) 按 M 键，打开【材质编辑器】面板，从中选择一个新的材质样本球，将其命名为"皮革"，在【Blinn基本参数】卷展栏中设置【环境光】和【漫反射】的 RGB 值都为 255、162、0，设置【高光反射】的 RGB 值为 255、255、255，设置【自发光】选项组中的【颜色】参数为 50，设置【反射高光】选项组中的【高光级别】和【光泽度】分别为 89、57，在【贴图】卷展栏中设置【漫反射颜色】的【数量】为 40，然后单击其后面的【无】按钮，在弹出的【材质 / 贴图浏览器】对话框中选择【位图】贴图，单击【确定】按钮，再在弹出的对话框中选择随书附带光盘的 Map \ 皮革 0018.jpg 文件，单击【打开】按钮，进入贴图层级面板，使用默认参数即可，将材质指定给场景中相应的参数，如图 5-262 所示。

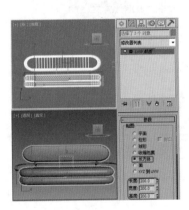

图 5-261　设置 UVW 贴图

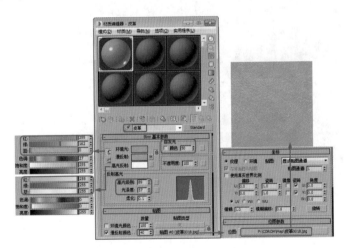

图 5-262　设置【皮革】材质

(35) 选择一个新的材质样本球，将其命名为"金属"，参照图 5-263 所示设置金属材质，并将该材质指定给场景中相应的对象。

(36) 按 8 键，弹出【环境和效果】对话框，单击【环境贴图】下面的【无】按钮，在弹出的对话框中选择随书附带光盘中的 CDROM \ Map \ 沙发背景 .jpg 贴图，将添加的环境贴图拖曳至一个新的样本球上，在弹出的【实例 (副本) 贴图】对话框中选中【实例】单选按钮，再单击【确定】按钮，在【坐标】卷展栏中选择【环境】选项，将贴图显示方式设置为【屏幕】，如图 5-264 所示。

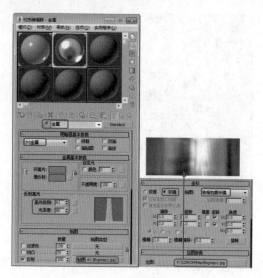

图 5-263　设置【金属】材质

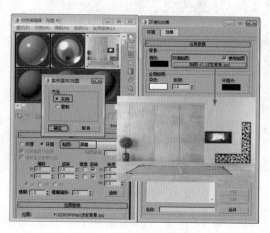

图 5-264　设置环境贴图

(37) 在场景中创建长方体作为底板，并设置其颜色为【白色】，然后在场景中创建摄影机和灯光，如图 5-265 所示。

(38) 在工具栏中单击【渲染设置】按钮，在弹出的对话框中选择【高级照明】选项卡，在【选择高级照明】卷展栏中选择高级照明为【光跟踪器】，如图 5-266 所示。

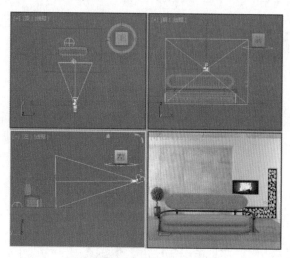

图 5-265　创建摄影机和灯光

图 5-266　选择高级照明

第 6 章

居室灯具、家电及饰物的制作与表现

本章重点

- 使用圆柱体工具制作草坪灯
- 使用线工具制作中国结
- 使用挤出修改器制作屏风
- 使用几何体工具创建鞭炮
- 使用 FFD 修改器制作抱枕

- 使用样条线制作卷轴画【视频案例】
- 使用放样工具制作窗帘【视频案例】
- 使用编辑多边形制作装饰盘
- 使用编辑网格制作马克杯
- 使用图形工具制作毛巾架

　　饰物是现代居室装饰中一个必不可少的组成部分，兼有装饰性与实用性的特点。饰物装饰的着眼点在于协调室内各部分装饰的气氛，突出和加深室内设计的特色。本章将介绍如何制作居室灯具、家电及饰物，其中包括壁灯、草坪灯、中国结、屏风、抱枕等。

案例精讲 062　使用圆柱体工具制作草坪灯

本例将介绍草坪灯的制作方法，效果如图6-1所示。草坪灯在小区环境、办公休闲区和公共绿化中经常用到，掌握草坪灯的制作方法有很重要的作用。

> 案例文件：CDROM \ Scenes \ Cha06 \ 使用圆柱体工具制作草坪灯 OK.max
>
> 视频文件：视频教学 \ Cha06 \ 使用圆柱体工具制作草坪灯 .avi

（1）选择【创建】|【几何体】|【标准基本体】|【圆柱体】命令，在【顶】视图中创建一个圆柱体，设置【半径】为90、【高度】为450、【高度分段】为1，并将其命名为"灯座"，如图6-2所示。

（2）按 M 键，打开【材质编辑器】对话框，选择一个新的材质样本球，并将其命名为"金属"，在【明暗器基本参数】卷展栏中将阴影模式定义为【(M) 金属】，在【金属基本参数】卷展栏中选中【自发光】区域下的【颜色】复选框，并将颜色设置为【黑色】；单击【环境光】左侧的 C 按钮，解除与【漫反射】的锁定，将【环境光】颜色的 RGB 值设置为 5、5、5，【漫反射】颜色的 RGB 值设置为 159、159、159，将【高光级别】设置为 98，【光泽度】设置为 80，如图6-3所示。

图 6-1　草坪灯

图 6-2　创建圆柱体

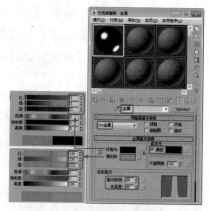

图 6-3　设置金属参数

（3）设置完成后，单击【将材质指定给选定对象】按钮，为圆柱体指定材质，关闭【材质编辑器】对话框，在工具栏中单击【捕捉开关】按钮，按住鼠标向下拖动，单击 25 按钮并打开捕捉功能（快捷键为 S），然后在按钮上右击鼠标，弹出【栅格和捕捉设置】对话框，在【捕捉】选项卡下，只选中【顶点】、【端点】和【中点】复选框，如图6-4所示。

（4）关闭【栅格和捕捉设置】对话框，选择【创建】|【几何体】|【标准基本体】|【圆柱体】命令，在【顶】视图中使用【捕捉】工具捕捉【灯座】圆柱体的中心，然后创建一个圆柱体，设置【半径】为140、【高度】为 10、【高度分段】为 1，并将其命名为"灯头边 - 下"，如图6-5所示。

（5）创建完成后，在工具栏中选择【选择并移动】工具，在【前】视图中将其沿 Y 轴向上移动至【灯座】对象的顶端，如图6-6所示。

（6）继续选中该对象，激活【左】视图，在工具栏中单击【镜像】按钮，在弹出的对话框中选中 Y 单选按钮，将【偏移】设置为 175.8，选中【复制】单选按钮，如图6-7所示。

（7）设置完成后，单击【确定】按钮，选择【创建】|【几何体】|【圆柱体】命令，在【顶】视图中捕捉圆柱体的中心，创建一个【半径】为 100、【高度】为 10、【高度分段】为 1 的圆柱体，并将其命名为"灯头顶罩"，如图6-8所示。

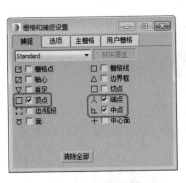

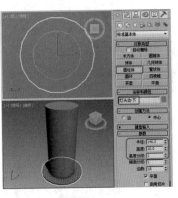

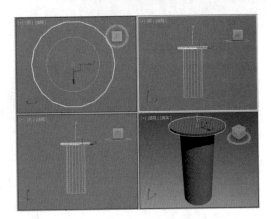

图 6-4　设置捕捉选项　　　　　图 6-5　创建圆柱体　　　　　　图 6-6　移动对象

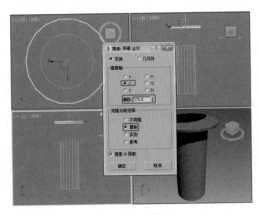

图 6-7　镜像对象　　　　　　　　　　图 6-8　创建圆柱体

(8) 设置完成后，在视图中调整该对象的位置，调整后的效果如图 6-9 所示。

(9) 继续选中该对象，激活【左】视图，在工具栏中单击【镜像】按钮，在弹出的对话框中选中 Y 和【复制】单选按钮，将【偏移】设置为 155.8，如图 6-10 所示。

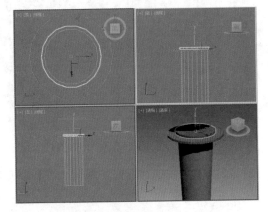

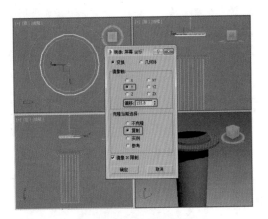

图 6-9　调整对象的位置　　　　　　　　图 6-10　设置镜像参数

(10) 设置完成后，单击【确定】按钮，选择【几何体】|【圆柱体】命令，在【顶】视图中创建一个【半径】为 8、【高度】为 156、【高度分段】为 1 的圆柱体，将其命名为"灯柱"，如图 6-11 所示。

(11) 创建完成后，在视图中调整灯柱的位置，调整后的效果如图 6-12 所示。

(12) 调整完成后，切换至【层次】命令面板，在【调整轴】卷展栏中单击【仅影响轴】按钮，在【顶】视图中将坐标轴调整至灯座的中心位置处，如图6-13所示。

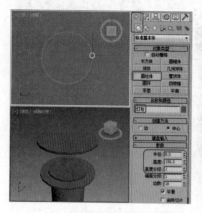

图6-11　创建圆柱体

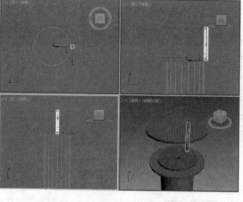

图6-12　调整灯柱的位置

图6-13　调整坐标轴的位置

(13) 在【调整轴】面板中单击【仅影响轴】按钮，在菜单栏中选择【工具】|【阵列】命令，如图6-14所示。

(14) 在弹出的【陈列】对话框中将【增量】选项组中的Z旋转设置为90，选中【实例】单选按钮，将【数量】设置为4，如图6-15所示。

(15) 设置完成后，单击【确定】按钮，即可完成阵列，在视图中调整灯柱的位置，调整后的效果如图6-16所示。

图6-14　选择【阵列】命令

图6-15　设置【阵列】参数

图6-16　调整灯柱的位置

(16) 在视图中选中所有对象，按M键，打开【材质编辑器】对话框，在该对话框中将【金属】材质指定给选定对象，如图6-17所示。

(17) 选择【创建】|【图形】|【线】命令，首先在【前】视图中绘制一条封闭的路径，并将其命名为"灯"，右击鼠标完成绘制，如图6-18所示。

(18) 选择绘制的路径，切换至【修改】命令面板，选择【修改器列表】中的【车削】修改器，在【参数】卷展栏中，单击【方向】区域下的Y按钮和【对齐】区域下的【最小】按钮，如图6-19所示。

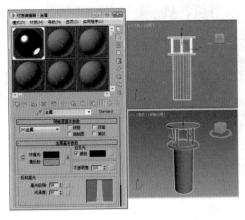

图 6-17 指定材质后的效果

图 6-18 绘制路径

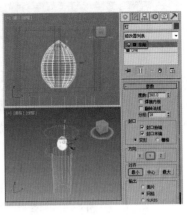

图 6-19 添加【车削】修改器

(19) 选择【创建】|【图形】|【圆】命令，在【顶】视图中使用【捕捉】工具捕捉【灯座】圆柱体的中心，然后创建一个【半径】为 140 的圆形，并将其命名为"灯头护栏 001"，如图 6-20 所示。

(20) 选择绘制的圆形，然后单击 按钮切换至【修改】命令面板，选择【修改器列表】中的【编辑样条线】修改器，将当前选择集定义为【样条线】，然后选择场景中的图形，如图 6-21 所示。

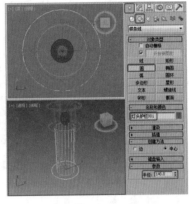

图 6-20 绘制圆形

(21) 选择图形后，在【几何体】卷展栏下，单击【轮廓】按钮，并将值设置为 10，如图 6-22 所示。

(22) 关闭当前选择集，在【编辑器列表】中选择【挤出】修改器，然后在【参数】卷展栏中将【数量】设置为 8，如图 6-23 所示。

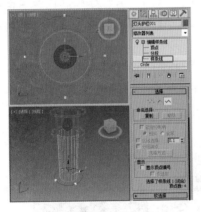

图 6-21 选择样条线

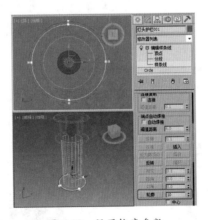

图 6-22 设置轮廓参数

图 6-23 设置挤出参数

(23) 在视图中选择【灯头护栏 001】对象，调整其位置，调整后的效果如图 6-24 所示。

(24) 继续选中该对象，按住 Shift 键，在【前】视图中沿 Y 轴向上进行移动，在弹出的对话框中选中【实例】单选按钮，将【副本数】设置为 6，如图 6-25 所示。

(25) 设置完成后，单击【确定】按钮，即可完成复制，在视图中调整复制后的对象的位置，如图 6-26 所示。

(26) 复制完成后，在视图中选择如图 6-27 所示的对象。

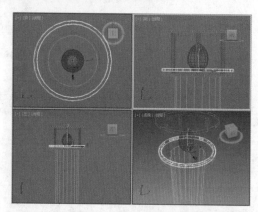

图 6-24　调整对象的位置

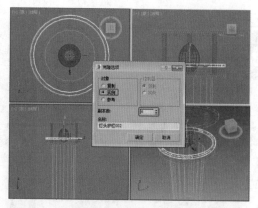

图 6-25　设置复制参数

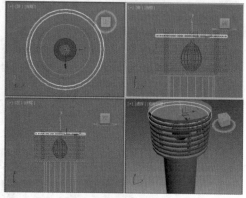

图 6-26　复制对象后的效果

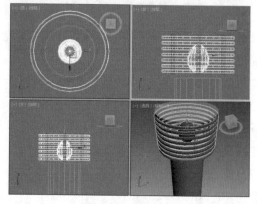

图 6-27　选择对象

(27) 按 M 键，打开【材质编辑器】对话框，在该对话框中选择一个材质样本球，将明暗器类型设置为【(A)各向异性】，在【各向异性基本参数】卷展栏中将【环境光】、【漫反射】和【高光反射】均设置为白色，将【自发光】区域的【颜色】设置为 100，【不透明度】设置为 90，【高光级别】设置为 191，【光泽度】设置为 55，【各向异性】设置为 50，如图 6-28 所示。

(28) 在【贴图】卷展栏中将【反射】设置为 30，然后单击其右侧的【无】按钮，弹出【材质/贴图浏览器】对话框，选择【位图】选项，在弹出的【选择位图图像文件】对话框中选择随书附带光盘中的 CDROM\Map\ 不透明贴图 001.jpg 文件，单击【打开】按钮，如图 6-29 所示。

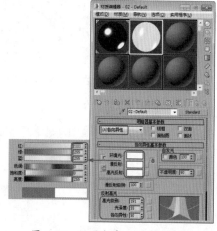

图 6-28　设置各向异性基本参数

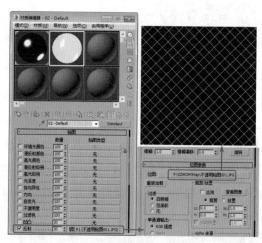

图 6-29　设置反射贴图

(29) 单击【将材质指定给选定对象】按钮，将材质指定给选定的对象，将该对话框关闭，选择【创建】|【几何体】|【标准基本体】|【平面】命令，在【顶】视图中创建平面，切换到【修改】命令面板，将其命名为"地面"，在【参数】卷展栏中将【长度】和【宽度】分别设置为 1559、1549，将【长度分段】、【宽度分段】都设置为 1，在视图中调整其位置，如图 6-30 所示。

(30) 继续选中该对象，右击鼠标，在弹出的快捷菜单中选择【对象属性】命令，如图 6-31 所示。

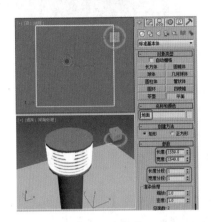

图 6-30　绘制平面

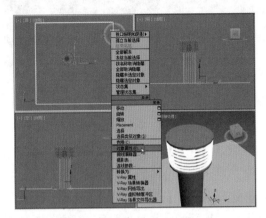

图 6-31　选择【对象属性】命令

(31) 执行该操作后，将会打开【对象属性】对话框，在该对话框中选中【透明】复选框，如图 6-32 所示。

(32) 单击【确定】按钮，继续选中该对象，按 M 键，打开【材质编辑器】对话框，在该对话框中选择一个材质样本球，将其命名为"地面"，单击 Standard 按钮，在弹出的对话框中选择【无光/投影】选项，如图 6-33 所示。

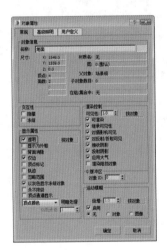

图 6-32　选中【透明】复选框

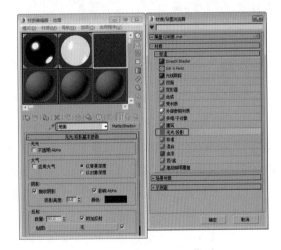

图 6-33　选择【无光/投影】选项

(33) 单击【确定】按钮，将该材质指定给选定对象即可，按 8 键，弹出【环境和效果】对话框，在【公用参数】卷展栏中单击【无】按钮，在弹出的【材质/贴图浏览器】对话框中选择【位图】贴图，再在弹出的对话框中打开随书附带光盘中的"草坪灯背景.jpg"素材文件，如图 6-34 所示。

(34) 在【环境和效果】对话框中将环境贴图拖曳至新的材质样本球上，在弹出的【实例(副本)贴图】对话框中选中【实例】单选按钮，并单击【确定】按钮，然后在【坐标】卷展栏中将贴图设置为【屏幕】，如图 6-35 所示。

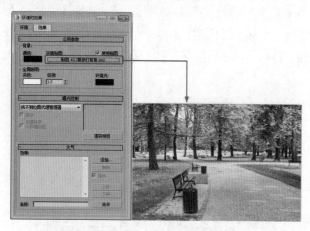

图 6-34　添加环境贴图

图 6-35　设置贴图参数

(35) 激活【透视】视图，按 Alt+B 组合键，在弹出的对话框中选中【使用环境背景】单选按钮，单击【确定】按钮，显示背景后的效果如图 6-36 所示。

(36) 选择【创建】|【摄影机】|【目标】命令，在视图中创建摄影机，激活【透视】视图，按 C 键将其转换为【摄影机】视图，在其他视图中调整摄影机位置，效果如图 6-37 所示。

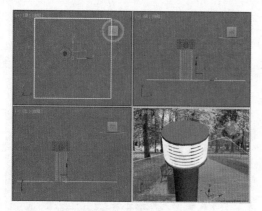

图 6-36　显示背景后的效果

图 6-37　创建摄影机并调整其位置

(37) 按 Shift+C 组合键隐藏场景中的摄影机，选择【灯光】|【标准】|【目标聚光灯】命令，在【顶】视图中按住鼠标左键进行拖动，创建一个目标聚光灯，然后调整灯光在场景中的位置，继续选择创建的目标聚光灯，在【修改】命令面板中的【常规参数】卷展栏中，选中【阴影】区域下的【启用】复选框；在【强度 / 颜色 / 衰减】卷展栏中将【倍增】设置为 0.6，将灯光颜色 RGB 值设置为 255、242、206；在【聚光灯参数】卷展栏中选中【泛光化】复选框，如图 6-38 所示。

(38) 再创建一盏目标聚光灯，调整其位置，不启用阴影，设置【倍增】为 0.3，灯光颜色 RGB 值为 161、210、255，选中【泛光化】复选框，将【衰减区 / 区域】设置为 63.502，如图 6-39 所示。

(39) 继续选中第二盏目标聚光灯，在【常规参数】卷展栏中单击【排除】按钮，在弹出的对话框中选择左侧列表框中的【地面】选项，单击 >> 按钮，将其添加至右侧的列表框中，如图 6-40 所示。

(40) 排除完成后，单击【确定】按钮，然后再创建第三盏目标聚光灯，调整其位置并设置不启用阴影，并以相同的方法排除地面，在【强度 / 颜色 / 衰减】卷展栏中将【倍增】设置为 0.3，将灯光颜色的 RGB 值设置为 255、242、206，如图 6-41 所示。

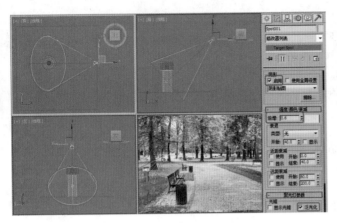

图 6-38 创建目标聚光灯

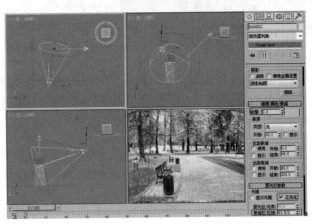

图 6-39 创建第二盏目标聚光灯

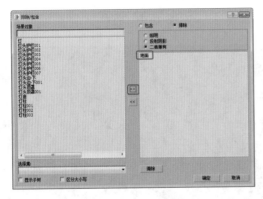

图 6-40 排除对象

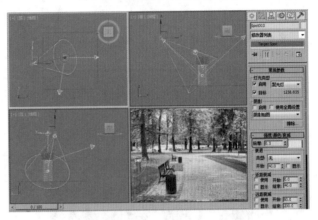

图 6-41 创建第三盏目标聚光灯

(41) 选择 |【灯光】|【标准】|【泛光】命令，在【顶】视图中单击创建一盏泛光灯，并调整其在场景中的位置，在【修改器】面板中将【倍增】设置为 0.9，颜色设置为白色，如图 6-42 所示。

(42) 继续选中该灯光，在【常规参数】卷展栏中单击【排除】按钮，弹出【排除 / 包含】对话框，选择【包含】选项，在左侧列表中选择【地面】选项，然后单击 >> 按钮，将其添加至右侧的列表中，设置完成后单击【确定】按钮，如图 6-43 所示。

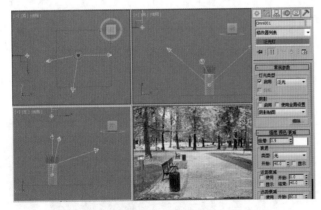

图 6-42 创建泛光灯

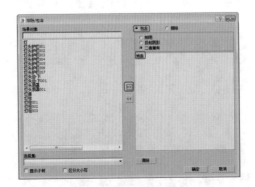

图 6-43 设置包含对象

(43) 至此，草坪灯就制作完成了，对完成后的场景进行渲染并保存即可。

案例精讲 063　使用线工具制作中国结

中国结，它以其独特的东方神韵、丰富多彩的变化，充分体现了中国人民的智慧和深厚的文化底蕴。本例将介绍如何制作中国结，完成后的效果如图 6-44 所示。

> 案例文件：CDROM\Scenes\Cha06\ 使用线工具制作中国结 OK.max
>
> 视频文件：视频教学 \ Cha06\ 使用线工具制作中国结 .avi

图 6-44　中国结

(1) 打开 3ds Max 软件，激活【顶】视图，选择【创建】|【图形】|【线】命令，在工具栏中单击【捕捉开关】按钮 ³⁄₆ ，在【顶】视图中绘制一条如图 6-45 所示的线段。

(2) 将【顶】视图最大化显示，进入【修改】命令面板，将当前选择集定义为【顶点】，在【几何体】卷展栏中单击【优化】按钮，然后在【顶】视图中添加顶点，如图 6-46 所示。

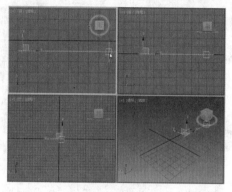

图 6-45　绘制线条

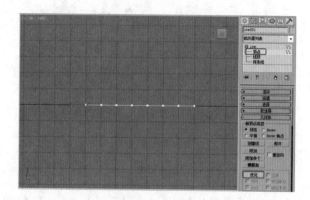

图 6-46　优化顶点

(3) 再次单击【优化】按钮，然后单击【捕捉开关】按钮 ³⁄₆ ，使用【选择并移动】工具在【顶】视图中选择如图 6-47 所示的点，并沿 Y 轴向上移动。

(4) 将当前选择集关闭，确定在【顶】视图中样条线被选中的情况下，单击工具栏中的【镜像】按钮 ，会弹出【镜像：屏幕坐标】对话框，在对话框中的【镜像轴】区域中选中 Y 单选按钮，将【偏移】设置为 8.88，在【克隆当前选择】区域中选中【复制】单选按钮，单击【确定】按钮，如图 6-48 所示。

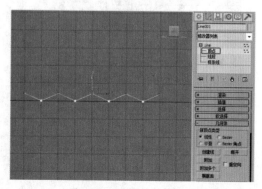

图 6-47　调整顶点的位置

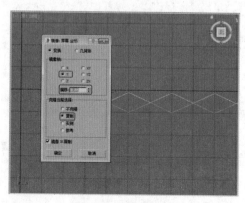

图 6-48　镜像线段

|||▶提 示

　　由于在第(2)步骤中添加顶点的位置不相同，所以设置的【偏移】数值也各不相同，可以根据场景中的实际情况调整【偏移】数值。

　　(5) 选择 Line001 对象，进入【修改】命令面板，单击【几何体】卷展栏下的【附加】按钮，在【顶】视图中选择 Line002，如图 6-49 所示。

　　(6) 在【顶】视图中选择 Line001 对象，单击工具栏中的【选择并移动】按钮 ✥，按住 Shift 键的同时在【前】视图中沿 Y 轴对其进行移动复制，移动一定距离释放鼠标，会弹出【克隆选项】对话框，在【对象】区域中选中【复制】单选按钮，将【副本数】设置为 7，单击【确定】按钮，如图 6-50 所示。

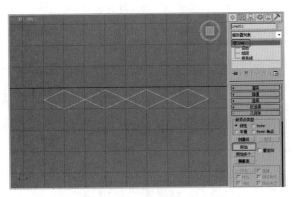

图 6-49　将线附加在一起

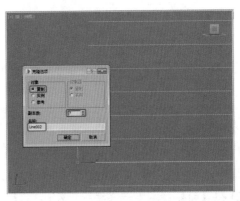

图 6-50　【克隆选项】对话框

　　(7) 在【前】视图中选择线段，沿 X 轴移动，如图 6-51 所示。

　　(8) 水平方向的线已经设置完成了，下面将设置垂直方向的线，在【前】视图中选择任意一条水平的线段，选择【选择并旋转】工具，在工具栏中右击【角度捕捉切换】按钮，打开【栅格和捕捉设置】对话框，在该对话框中选择【选项】选项卡，将【角度】设置为 90，如图 6-52 所示。

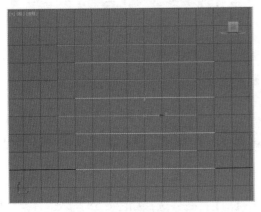

图 6-51　调整线段的位置

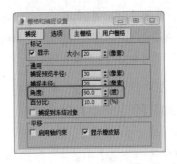

图 6-52　【栅格和捕捉设置】对话框

　　(9) 按住 Shift 键进行旋转 90°，然后释放鼠标，会弹出【克隆选项】对话框，在该对话框中选中【对象】区域的【复制】单选按钮，单击【确定】按钮，如图 6-53 所示。

　　(10) 在工具栏中单击【对齐】按钮，然后在场景中选择 Line001 对象，弹出【对齐当前选择(Line001)】对话框，在该对话框中选中【X 位置】复选框和【当前对象】、【目标对象】选项组中的【最小】单选按钮，如图 6-54 所示。

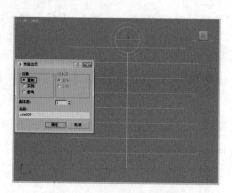

图 6-53　旋转并复制线段

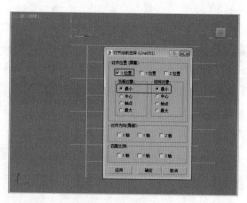

图 6-54　将线段对齐

【角度捕捉】按钮🔒，打开此项后结合【选择并旋转】工具，在场景中旋转的角度是以5度的进制进行旋转，可以根据需要在【栅格和捕捉设置】对话框中设置角度。所以在制作精细角度的旋转时打开此项会使旋转的对象角度更加精确。

(11) 选中垂直的线段，使用【选择并移动】工具，按住 Shift 键向右移动一定的距离，松开鼠标，在弹出的对话框中选中【复制】单选按钮，将【副本数】设置为 7，如图 6-55 所示。

(12) 在【前】视图中选择线段，然后在【前】视图中沿 Y 轴进行移动，效果如图 6-56 所示。

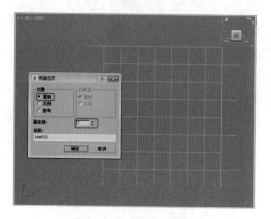

图 6-55　复制垂直的线段

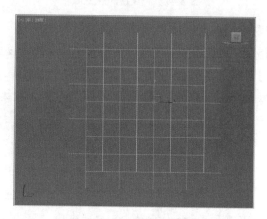

图 6-56　移动垂直的线段

(13) 在视图中选择一条线，单击 ✎ 按钮进入【修改】命令面板，在【几何体】卷展栏中单击【附加多个】按钮，在弹出的【附加多个】对话框中选择所有的线，单击【附加】按钮，如图 6-57 所示。将附加后的线段命名为"主体"。

(14) 在【修改器列表】中，将当前选择集定义为【顶点】，在【前】视图中选择如图 6-58 所示的顶点，在【几何体】卷展栏中将【焊接】值设置为 14，然后单击【焊接】按钮。

在这里选择顶点，要框选顶点，只有这样才能将上下重叠的顶点选中。

(15) 将选中的顶点焊接后，再在视图中选择所有的顶点，右击鼠标，在弹出的下拉菜单中选择【平滑】选项，如图 6-59 所示。确定当前选择集为【顶点】的情况下，调整视图中的【主体】，如图 6-60 所示。

图 6-57 选择附加的线段

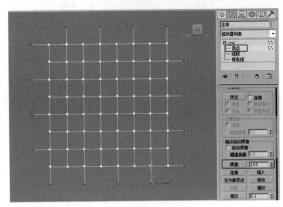

图 6-58 焊接顶点

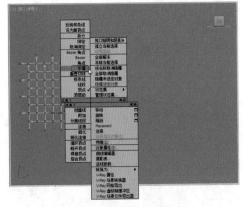

图 6-59 选择【平滑】选项

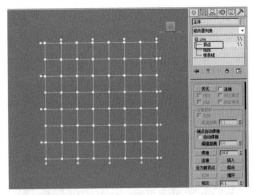

图 6-60 调整顶点的位置

(16) 关闭当前选择集，在视图中选择【主体】选项，在【修改器】面板中选中【渲染】卷展栏下的【在渲染中启用】、【在视口中启用】复选框，并将【厚度】设置为 9，如图 6-61 所示。

(17) 在【修改器】命令面板中的【修改器列表】中选择【UVW 贴图】修改器，将【长度】、【宽度】均设置为 300，如图 6-62 所示。

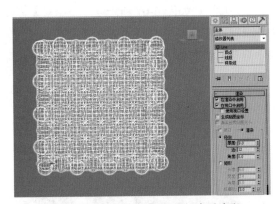

图 6-61 设置【渲染】卷展栏中的参数

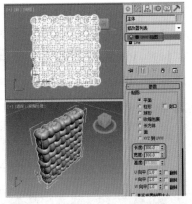

图 6-62 添加【UVW 贴图】修改器

(18) 选择【创建】|【图形】|【线】命令，在视图中绘制线段，然后将当前选择集定义为【顶点】，右击【顶点】，在弹出的快捷菜单中选择【Bezier 角点】选项，调整角点的调整柄，在【渲染】卷展栏中将【厚度】设置为 8，调整完成后的效果如图 6-63 所示。

(19) 使用同样的方法绘制其他的线段，绘制完成后调整线段的位置，完成后的效果如图 6-64 所示。

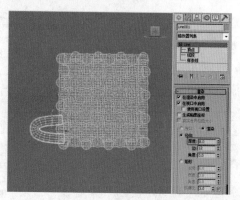

图 6-63 绘制线段

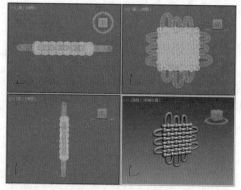

图 6-64 绘制其他线段

(20) 选择刚刚绘制的所用线段，在菜单栏中选择【组】|【组】命令，弹出【组】对话框，在该对话框中将其重命名为"中国结 - 边 01"，单击【确定】按钮，如图 6-65 所示。

(21) 激活【前】视图，在【前】视图中绘制一条线段，在【渲染】卷展栏中将【厚度】设置为 8，然后通过调整顶点的位置来调整线段的形状，效果如图 6-66 所示。

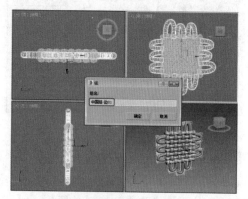

图 6-65 【组】对话框

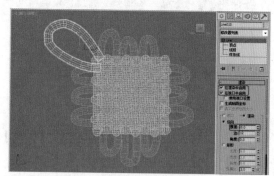

图 6-66 绘制线段

(22) 再在【前】视图中绘制【线条】，然后选择刚刚绘制的两个线条，在菜单栏中选择【组】|【组】命令，弹出【组】对话框，在该对话框中将【名称】设置为"中国结 - 边 02"，如图 6-67 所示。

(23) 选择【创建】|【图形】|【线】命令，在【前】视图中绘制一条线段，在【插值】卷展栏中将【步数】设置为 30；在【渲染】卷展栏选中【在渲染中启用】和【在视口中启用】复选框，将【厚度】的设置为 8，如图 6-68 所示并将其命名为"挂边"。

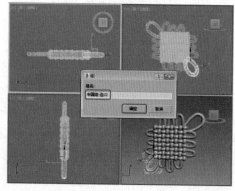

图 6-67 将绘制的图成组

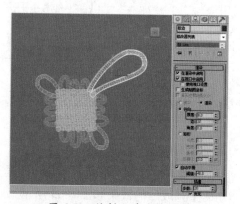

图 6-68 绘制线并进行调整

(24) 选择【创建】|【几何体】|【扩展基本体】【环形结】工具，在【前】视图中绘制一个环形结，在【参数】卷展栏中，将【基础曲线】区域中的【半径】、【分段】、P、Q 值分别设置为 7、80、2、3；将【横截面】区域中的【半径】、【边数】值分别设置为 5、12，将其命名为"结 001"，如图 6-69 所示。

(25) 进入【修改】命令面板，在【修改器列表】中选择【UVW 贴图】修改器，在【参数】卷展栏中，将【长度】、【宽度】的值均设置为 300，如图 6-70 所示。

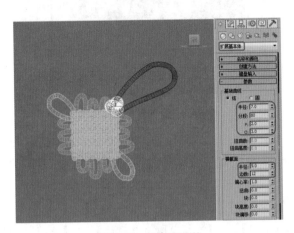

图 6-69 创建环形结

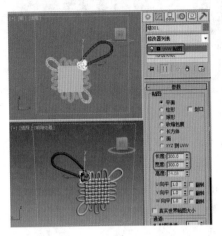

图 6-70 添加【UVW 贴图】修改器并进行设置

(26) 选择【创建】|【图形】|【线】工具，在【顶】视图中绘制截面图形，在【渲染】卷展栏中取消选中【在渲染中启用】和【在视口中启用】复选框，将其命名为"玉石"，如图 6-71 所示。

(27) 在【修改器列表】中选择【车削】修改器，在【参数】卷展栏中将【分段】设置为 60，单击【方向】选项组中的 Y 按钮，单击【对齐】选项组中的【最小】按钮，如图 6-72 所示。

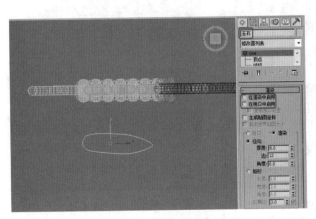

图 6-71 绘制截面

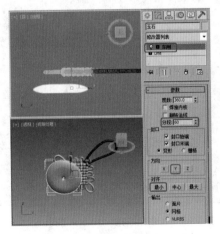

图 6-72 创建车削并进行设置

(28) 将当前选择集定义为【轴】，通过调整轴调整出玉石的形状，然后使用【选择并均匀缩放】工具将【玉石】调整至合适的大小，然后调整其位置，效果如图 6-73 所示。

(29) 激活【前】视图，选择【创建】|【图形】|【线】命令，在【顶】视图中绘制两条线段，进入【修改】命令面板，将当前选择集定义为【顶点】，调整顶点，然后将当前选择集关闭，在【渲染】卷展栏中选中【在视口中启用】和【在渲染中启用】复选框，将【厚度】设置为 7，将其分别命名为"线 001""线 002"，效果如图 6-74 所示。

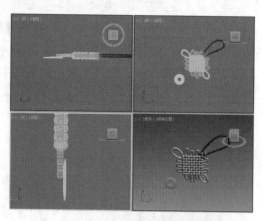
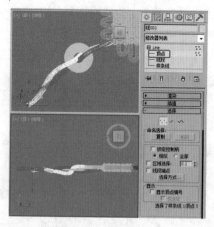

图 6-73　调整玉石的位置　　　　　　　　　　图 6-74　绘制线条进行调整

　　(30) 选择【创建】|【扩转基本体】|【环形结】命令，在【前】视图中创建环形结，在【参数】卷展栏中将【基础曲线】区域下的【半径】、【分段】、P、Q 值分别设置为 6、80、2、3；将【横截面】区域下的【半径】、【边数】值分别设置为 6、12，将其命名为"结 002"，如图 6-75 所示，使用同样的方法绘制【结 003】。

　　(31) 激活【顶】视图，选择【创建】|【几何体】|【标准基本体】|【管状体】命令，在【顶】视图中创建一个管状体，并命名为"穗头"，在【参数】卷展栏中将【半径 1】、【半径 2】、【高度】、【高度分段】、【端面分段】、【边数】的值分别设置为 6、5.4、30、9、1、32，如图 6-76 所示。

　　(32) 激活【前】视图，在【修改器】命令面板中选择【修改器列表】|【编辑网格】修改器，将当前选择集定义为【多边形】，在【顶】视图中选择如图 6-77 所示的多边形。在【曲面属性】卷展栏中将【设置 ID】值设置为 1。

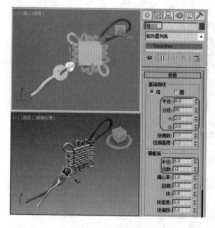
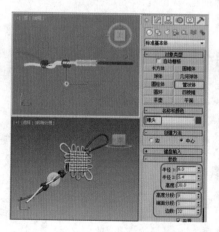
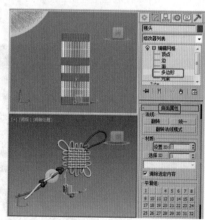

图 6-75　创建环形结　　　　　　图 6-76　创建管状体　　　　　　图 6-77　设置 ID1

　　(33) 按 Ctrl+I 组合键执行反选命令，在【曲面属性】卷展栏中将【设置 ID】值设置为 2，如图 6-78 所示。

　　(34) 关闭当前选择集，选择【创建】|【图形】|【线】命令，在【前】视图中绘制线条，将其命名为"穗"，将其移动到【穗头】内部，在【渲染】卷展栏中选中【在渲染中启用】和【在视口中启用】复选框，如图 6-79 所示。

　　(35) 在确定线段被选中的情况下，进入【层次】命令面板，单击【仅影响轴】按钮，此时在视图中会出现线段的中心轴，单击工具栏中的 按钮，在视图中单击【穗头】，弹出【对齐当前选择 (穗头)】对话框，分别选中【当前对象】、【目标对象】区域中的【轴点】单选按钮，单击【确定】按钮，如图 6-80 所示。

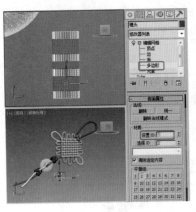 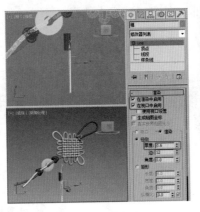 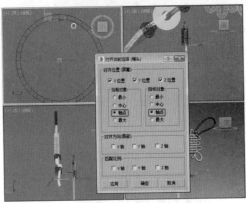

图 6-78 设置 ID2　　　　图 6-79 创建穗　　　　图 6-80 调整轴的位置

(36) 选择【工具】|【阵列】命令，在打开的【阵列】对话框中，将【增量】下的 Z 轴的值设置为 18，在【阵列维度】区域中将 1D 右侧的【数量】值设置为 20，单击【预览】按钮，可以看到阵列的结果，如图 6-81 所示。

知识链接

【阵列】可以复制模型，根据轴心点进行旋转、移动、缩放等操作。【阵列】可以大量有序地复制对象，它可以控制产生一维、二维、三维的阵列复制。

(37) 单击【确定】按钮，反复进行中心轴的对齐、阵列，最后效果如图 6-82 所示。

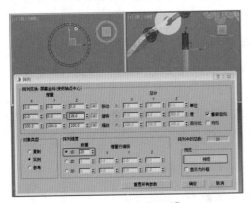 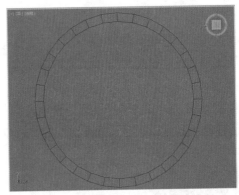

图 6-81 设置【阵列】　　　　图 6-82 查看对齐、阵列效果

(38) 阵列之后，将阵列的所有线段选中，选择【组】|【组】命令，在弹出的【组】对话框中将【组名】命名为"穗001"，如图 6-83 所示。

(39) 使用【选择并旋转】工具在【前】视图中调整【穗头】和【穗】，如图 6-84 所示，按照同样方法复制第二个【穗】与【穗头】，并调整其位置。

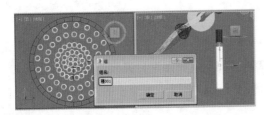 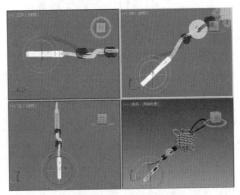

图 6-83 将穗成组　　　　图 6-84 旋转对象

(40) 按 M 键，打开【材质编辑器】对话框，在该对话框中选择一个空白的材质样本球，将其命名为"主体"，在【Blinn 基本参数】卷展栏中将【环境光】、【漫反射】的 RGB 值分别设置为 190、0、0；将【自发光】区域的【颜色】设置为 20，如图 6-85 所示。

(41) 在【贴图】卷展栏中单击【漫反射颜色】右侧的【无】贴图按钮，打开【材质 / 贴图浏览器】对话框，选择【位图】贴图，单击【确定】按钮。在【选择位图图像文件】对话框中选择随书附带光盘中的 CDROM\Map \ 41840332.jpg 文件，单击【打开】按钮，如图 6-86 所示。

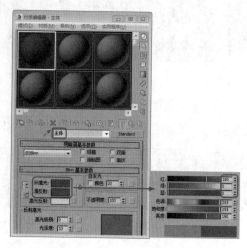

图 6-85　设置参数

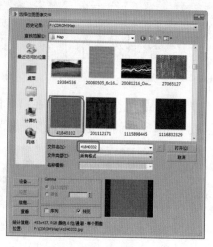

图 6-86　选择位图

(42) 将【凹凸】设置为 -5，单击其右侧的【无】按钮，在弹出的对话框中选择【位图】选项，单击【确定】按钮，再在弹出的对话框中选择随书附带光盘中的 CDROM\Map\27065127.jpgc 文件，单击【打开】按钮，如图 6-87 所示。

(43) 按 H 键，打开【从场景选择】对话框，在该对话框中选择如图 6-88 所示的对象，单击【确定】按钮，然后激活【透视】视图，对该视图进行渲染一次，观察效果如图 6-89 所示。

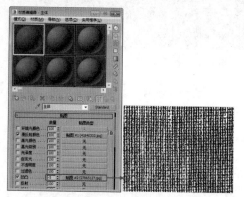

图 6-87　选择位图

图 6-88　选择对象

图 6-89　渲染效果

(44) 选择一个空白的材质样本球，将其命名为"玉石"，将【明暗器类型】设置为【半透明明暗器】，【环境光】的 RGB 设置为 66、152、0，将【自发光】区域的【颜色】设置为 30，【高光反射】的 RGB 设置为 174、198、172，将【反射高光】选项组中的【高光级别】设置为 406，【光泽度】设置为 68，如图 6-90 所示。

(45) 将【漫反射颜色】的【数量】设置为 70，单击其右侧的【无】按钮，在弹出的对话框中选择【烟雾】选项，如图 6-91 所示。

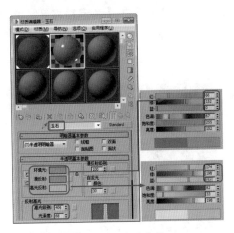

图 6-90　设置参数

图 6-91　选择【烟雾】选项

(46) 单击【确定】按钮，在【烟雾参数】卷展栏中将【相位】设置为 50，【迭代次数】设置为 7，【指数】设置为 3，单击【颜色 #1】右侧的色块，将其 RGB 设置为 73、141、0，如图 6-92 所示。

知识链接

烟雾是生成无序、基于分形的湍流图案的 3D 贴图。其设计主要用于设置动画的不透明度贴图，以模拟一束光线中的烟雾效果或其他云状流动效果。

下面介绍【烟雾参数】卷展栏中各参数的作用。

【大小】：更改烟雾"团"的比例。默认设置为 40。

【迭代次数】：设置应用分形函数的次数。该值越大，烟雾越详细，但计算时间会更长。默认设置为 5。

【相位】：转移烟雾图案中的湍流。设置此参数的动画即可设置烟雾移动的动画。默认设置为 0.0。

【指数】：使代表烟雾的颜色 #2 更清晰、更缭绕。随着该值的增加，烟雾"火舌"将在图案中变得更小。默认设置为 1.5。

【颜色 #1】：表示效果的无烟雾部分。

【颜色 #2】：表示烟雾。由于通常将此贴图用作不透明贴图，因此可以调整颜色值的亮度，以改变烟雾效果的对比度。

(47) 单击【转到父对象】按钮，在场景中选择【玉石】对象，然后单击【将材质指定给选定对象】按钮，激活【透视】视图，对该视图进行渲染，效果如图 6-93 所示。

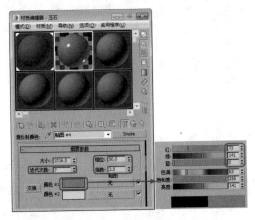

图 6-92　设置参数

图 6-93　渲染效果

(48) 选择一个空白的材质样本球，将其命名为〝穗头〞，单击 Standard 按钮，弹出【材质／贴图浏览器】对话框，在该对话框选择【多维／子对象】选项，单击【确定】按钮，弹出【替换材质】对话框，在该对话框中选中【将旧材质保存为子材质】单选按钮，单击【确定】按钮，如图 6-94 所示。

(49) 单击【设置数量】按钮，在弹出的对话框中将【数量】设置为 2，单击【确定】按钮，单击 ID1 右侧的按钮，将【明暗器类型】设置为【(M) 金属】，【环境光】的 RGB 设置为 240、120、12，【高光级别】、【光泽度】分别设置为 100、70，如图 6-95 所示。

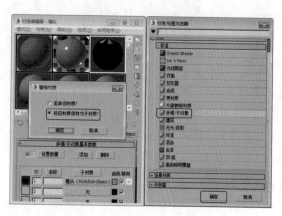

图 6-94　选择【多维／子材质】选项

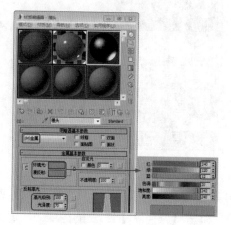

图 6-95　设置参数

(50) 展开【贴图】卷展栏，将【凹凸】的数量设置为 -8，单击其右侧的【无】按钮，在弹出的对话框中选择【位图】选项，单击【确定】按钮，再在弹出的对话框中选择随书附带光盘中的 CDROM\Map\huangjin.jpg 文件，单击【打开】按钮，如图 6-96 所示。

(51) 将【瓷砖】下的 U、V 设置为 2、2，单击【转到父对象】按钮，在【贴图】卷展栏中单击【反射】后面的【无】按钮，打开【材质／贴图浏览器】对话框，选择【混合】贴图，单击【确定】按钮，如图 6-97 所示。

图 6-96　选择位图图像

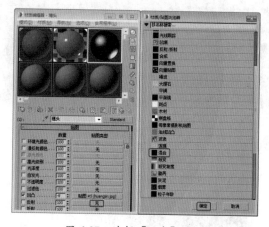

图 6-97　选择【混合】选项

(52) 单击【混合参数】卷展栏中【颜色 #1】后面的【无】按钮，进入到【材质／贴图浏览器】对话框，选择【光线跟踪】贴图，单击【确定】按钮，使用默认的参数，单击【转到父对象】按钮。单击【混合参数】卷展栏中【颜色 #2】后面的【无】按钮，进入到【材质／浏览器】对话框，选择【位图】贴图，单击【确定】按钮。在打开的【选择位图图像文件】对话框中选择 CDROM \ Map \ 黄金 02.jpg 文件，单击【打开】按钮，进入【坐标】卷展栏，将【模糊偏移】设置为 0.05，单击【转到父对象】按钮，如图 6-98 所示。

(53) 双击【转到父对象】按钮，在【多维／子材质对象基本参数】卷展栏中单击 ID2 右侧的【无】按钮，在弹出的对话框中选择【标准】选项，如图 6-99 所示。

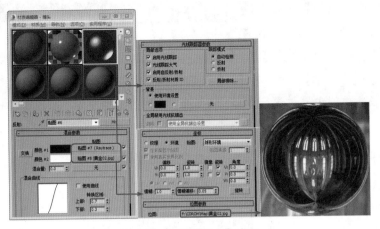

图 6-98　设置【混合】参数

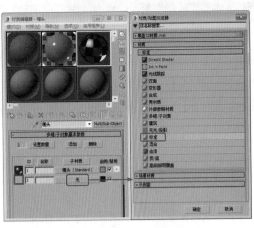

图 6-99　选择【标准】选项

(54) 单击【确定】按钮，将【环境光】的 RGB 设置为 214、0、0，单击【转到父对象】按钮，然后在场景中选择穗头对象，单击【将材质指定给选定对象】按钮，然后激活【透视】视图，对该视图进行渲染一次观看效果，如图 6-100 所示。

(55) 选择【创建】|【摄影机】|【标准】|【目标】命令，在【前】视图中创建摄影机，激活【透视】视图，按 C 键将其转换为【摄影机】视图，然后在其他视图中调整摄影机的位置，如图 6-101 所示。

图 6-100　渲染效果

(56) 选择【创建】|【灯光】|【标准】|【目标聚光灯】命令，在【顶】视图中创建灯光，在【常规参数】卷展栏中选中【阴影】区域下的【启用】复选框。在【阴影参数】卷展栏中将【密度】设置为 0.7，在其他视图中调整目标聚光灯的位置，如图 6-102 所示。

知识链接

【目标聚光灯】产生锥形的照射区域，在照射区以外的物体不受灯光影响。创建【目标聚光灯】后，有投射点和目标点可以调节，它是一个有方向的光源，是可以独立移动的目标点投射光，可以产生优质静态仿真效果。

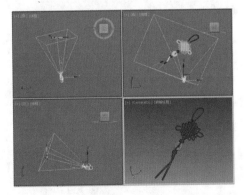

图 6-101　创建摄影机并进行调整

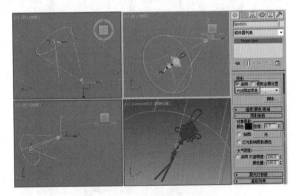

图 6-102　创建目标聚光灯

(57) 选择【创建】|【灯光】|【标准】|【天光】命令，在【前】视图中创建灯光，在【天光参数】卷展栏中将【倍增】设置为 0.88，然后在各个视图中调整灯光的位置，如图 6-103 所示。

知识链接

【泛光灯】向四周发散光线，标准的泛光灯用来照亮场景，它的优点是易于建立和调节，不用考虑是否有对象在范围外而不被照射，缺点就是不能创建太多，否则显得无层次感。泛光灯用于将"辅助照明"添加到场景中，或模拟点光源。

(58) 选择【创建】|【几何体】|【标准基本体】|【长方体】命令，在【前】视图中创建长方体，将【长度】、【宽度】、【高度】分别设置为 800、1000、0，并将长方体对象属性进行隐藏，将灯光、摄影机隐藏显示，如图 6-104 所示。

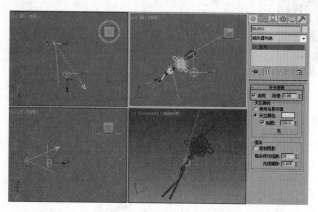

图 6-103　创建泛光灯

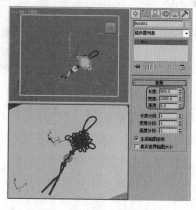

图 6-104　创建平面

(59) 按 M 键，打开【材质编辑器】对话框，在该对话框选择一个空白的材质样本球，单击 Standard 按钮，在弹出的对话框中选择【无光/投影】选项，确定【平面】处于选中状态，单击【将材质指定给选定对象】按钮，按 8 键，打开【环境和效果】对话框，在该对话框中单击【环境贴图】下的【无】按钮，在弹出的对话框中选择【位图】选项，如图 6-105 所示。

(60) 单击【确定】按钮，在弹出的对话框中选择随书附带光盘中的 CDROM\Map\zgjhjbj.jpg 素材文件，单击【打开】按钮，然后将其环境贴图拖曳至一个空白的材质样本球上，在【坐标】卷展栏中将【贴图】设置为【屏幕】，如图 6-106 所示。

||||▶提　示

提示指定环境贴图后，可以将其设定为在活动视口中显示或在所有视口中显示：按 Alt+B 组合键以打开【背景】面板，选择【使用环境背景】选项，然后单击【确定】按钮。

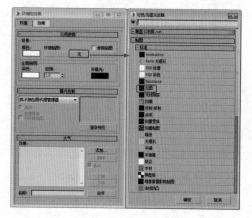

图 6-105　选择【位图】选项

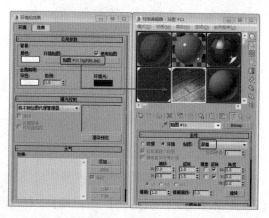

图 6-106　设置环境贴图

(61) 激活【摄影机】视图，对该视图进行渲染，观看效果，渲染完成后将场景进行保存即可。

案例精讲 064　使用挤出修改器制作屏风

屏风作为传统家具的重要组成部分，由来已久。屏风一般陈设于室内的显著位置，起到分隔、美化、挡风、协调等作用。本例将介绍如何制作屏风，效果如图 6-107 所示。

> 案例文件：CDROM\Scenes\Cha06\ 使用挤出修改器制作屏风 OK.max
> 视频文件：视频教学 \ Cha06\ 使用挤出修改器制作屏风.avi

(1) 启动 3ds Max 软件后，选择【创建】|【图形】|【样条线】|【矩形】工具，在【前】视图中创建矩形，然后在【参数】卷展栏中将【长度】、【宽度】分别设置为 900、350，将其命名为"屏风"，如图 6-108 所示。

图 6-107　屏风

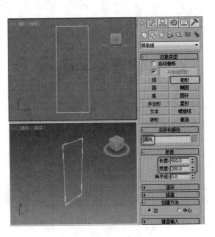

图 6-108　创建屏风

(2) 进入【修改】命令面板，在【修改器列表】中选择【挤出】修改器，在【参数】卷展栏中将【数量】设置为 10，如图 6-109 所示。

(3) 在工具箱中单击【选择并旋转】按钮，然后单击【角度捕捉切换】按钮，右击该按钮，弹出【栅格和捕捉设置】对话框，在该对话框中将【角度】设置为 15，如图 6-110 所示。

(4) 然后激活【顶】视图，选择【屏风】对象，沿 Z 轴逆时针旋转 15°，效果如图 6-111 所示。

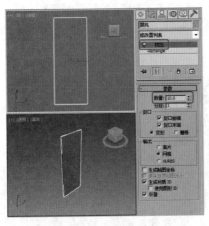

图 6-109　添加【挤出】修改器

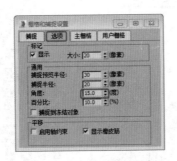

图 6-110　设置【角度】

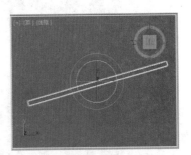

图 6-111　旋转效果

(5) 使用【选择并移动】工具在【顶】视图中沿 X 轴按住 Shift 键进行拖动，松开鼠标，弹出【克隆选项】

对话框，在该对话框中选中【复制】单选按钮，将【副本数】设置为3，如图6-112所示。

（6）单击【确定】按钮，然后使用【选择并移动】工具和【选择并旋转】工具进行调整，效果如图6-113所示。

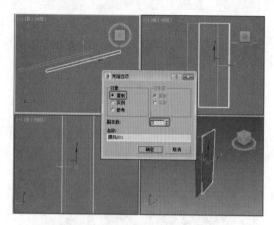

图 6-112 【克隆选项】对话框

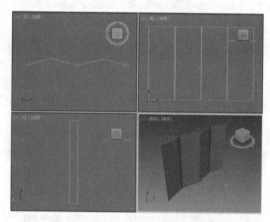

图 6-113 调整完成后效果

知识链接

【克隆选项】对话框中各选项的功能说明如下。

【复制】：将当前对象在原位置复制一份，快捷键为Ctrl+V。

【实例】：复制物体与原物体相互关联，改变一个物体时另一个物体也会发生同样的改变。

【参考】：以原始物体为模板，产生单向的关联复制品，改变原始物体时参考物体同时会发生改变，但改变参考物体时不会影响原始物体。

【副本数】：指定复制的个数并且按照所指定的坐标轴进行等距离复制。

（7）选择【屏风】对象，进入【修改】命令面板，在【修改器列表】中选择【UVW贴图】修改器，在【参数】卷展栏中将【长度】、【宽度】分别设置为901、351，如图6-114所示。

（8）使用相同的方法为其他对象添加【UVW贴图】修改器，按M键，打开【材质编辑器】对话框，在该对话框中选择一个空白的材质样本球，展开【贴图】卷展栏，单击【漫反射颜色】右侧的【无】按钮，在弹出的对话框中选择【位图】选项，单击【确定】按钮，如图6-115所示。

知识链接

【环境光】主要用于表现材质的纹理效果，当值为100%时，会完全覆盖【漫反射】的颜色，这就好像在对象表面用油漆绘画一样，制作中没有严格的要求非要将【漫反射】贴图与【环境光】贴图锁定在一起，通过对【漫反射】贴图和【环境光】贴图分别指定不同的贴图可以制作出很多生动的效果。但如果【漫反射】贴图用于模拟单一的表面，就需要将【漫反射】贴图和【环境光】贴图锁定在一起。

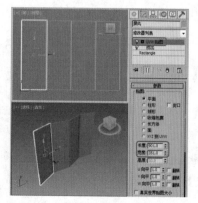

图 6-114 为对象添加【UVW贴图】修改器

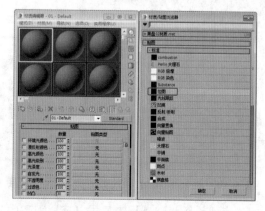

图 6-115 选择【位图】选项

(9) 弹出【选择位图图像文件】对话框，在该对话框中选择随书附带光盘中的 CDROM\Map\pingfeng01. jpg 素材文件，单击【打开】按钮，如图 6-116 所示。

(10) 展开【位图参数】卷展栏，选中【应用】复选框，将【裁减／放置】选项组中的 U、V、W、H 分别设置为 0、0、0.229、1，如图 6-117 所示。

图 6-116　选择位图图像

图 6-117　设置参数

知识链接

【裁剪／放置】选项组中的控件可以裁剪位图或减小其尺寸用于自定义放置。裁剪位图意味着将其减小为比原来的长方形区域更小。裁剪不更改位图的比例。

(11) 单击【转到父对象】按钮，然后在场景中选择【屏风】对象，单击【将材质指定给选定对象】按钮，激活【透视】视图进行渲染一次观看效果，如图 6-118 所示。

(12) 选择一个空白的材质样本球，展开【贴图】卷展栏，单击【漫反射颜色】右侧的【无】按钮，在弹出的对话框中选择 pingfeng01.jpg 素材文件，单击【打开】按钮，在【位图参数】卷展栏中选中【应用】复选框，将 U、V、W、H 分别设置为 0.236、0、0.232、1，如图 6-119 所示。

图 6-118　渲染效果

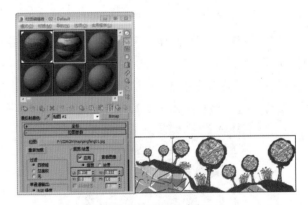

图 6-119　设置参数

(13) 单击【转到父对象】按钮，然后在场景中选择【屏风 001】对象，单击【将材质指定给选定对象】按钮，激活【透视】视图进行渲染一次观看效果，如图 6-120 所示。

(14) 再选择一个空白的材质样本球，展开【贴图】卷展栏，单击【漫反射颜色】右侧的【无】按钮，在弹出的对话框中选择 pingfeng01.jpg 素材文件，单击【打开】按钮，在【位图参数】卷展栏中选中【应用】复选框，将 U、V、W、H 分别设置为 0.479、0、0.234、1，如图 6-121 所示。

图 6-120 渲染效果

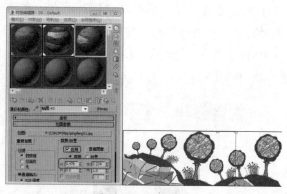

图 6-121 设置裁剪

(15) 单击【转到父对象】按钮，然后在场景中选择【屏风002】对象，单击【将材质指定给选定对象】按钮，使用同样的方法再设置一个材质样本球，将其 U、V、W、H 分别设置为 0.732、0、0.268、1，选择【屏风003】对象，将材质指定给选定对象，对【透视】视图进行渲染一次，观看效果如图 6-122 所示。

(16) 按 8 键，打开【环境和效果】对话框，在该对话框中单击【环境贴图】下的【无】按钮，在弹出的对话框中选择【位图】选项，如图 6-123 所示。

图 6-122 渲染效果

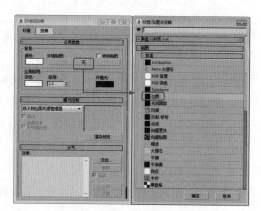

图 6-123 选择【位图】选项

(17) 单击【确定】按钮，在打开的【选择位图图像文件】对话框中选择随书附带光盘中的 CDROM \ Map \ pingfeng02.jpg 素材文件，单击【打开】按钮，如图 6-124 所示。

(18) 将环境贴图拖曳至一个空白的材质样本球上，在弹出的对话框中选中【实例】单选按钮，然后将【贴图】设置为【屏幕】，如图 6-125 所示。

图 6-124 选择位图

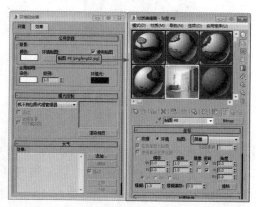

图 6-125 设置环境贴图

(19) 激活【透视】视图，按 Alt+B 组合键打开【视口配置】对话框，在该对话框中选择【背景】选项卡，然后选中【使用环境背景】单选按钮，如图 6-126 所示。

(20) 选择【创建】|【摄影机】|【标准】|【目标】命令，在【顶】视图中创建摄影机，激活【透视】视图，按 C 键将其转换为【摄影机】视图，然后在其他视图中调整摄影机的位置，效果如图 6-127 所示。

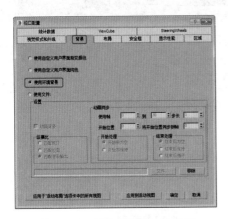

图 6-126　【视口配置】对话框

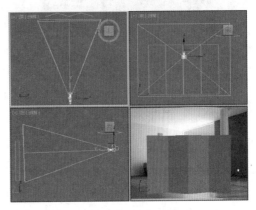

图 6-127　创建摄影机

(21) 在【显示】面板中【按类别隐藏】卷展栏中勾选【摄影机】选项，将摄影机进行隐藏。选择【创建】|【灯光】|【标准】|【天光】命令，在【顶】视图中单击创建天光，进入【修改】命令面板，在【天光参数】卷展栏中选中【渲染】选项组中的【投射阴影】复选框，如图 6-128 所示。

▶提　示

使用 mental ray 渲染器渲染时，天光照明的对象显示为黑色，除非启用最终聚集。

(22) 选择【创建】|【灯光】|【标准】|【泛光】命令，在【顶】视图中创建泛光灯，在【强度 / 颜色 / 衰减】卷展栏中将【倍增】设置为 0.3，然后在场景中调整灯光的位置，如图 6-129 所示。

图 6-128　创建天光

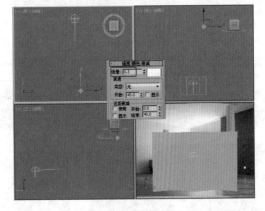

图 6-129　创建泛光灯

(23) 将灯光隐藏，选择【创建】|【几何体】|【平面】命令，然后在【顶】视图中创建【平面】，在【参数】卷展栏中将【长度】、【宽度】分别设置为 3000、4500，如图 6-130 所示。

(24) 按 M 键，打开【材质编辑器】对话框，在该对话框中选择一个空白的材质样本球，单击 Standard 按钮，在弹出的对话框中选择【无光 / 投影】选项，如图 6-131 所示。

(25) 确定平面处于选择状态，单击【将材质指定给选定对象】按钮，然后对摄影机视图进行渲染输出即可。

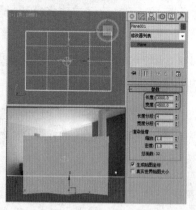

图 6-130 创建平面

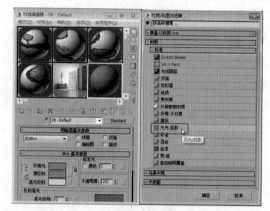

图 6-131 选择【无光/投影】选项

案例精讲 065 使用几何体工具创建鞭炮

无论是过年过节，还是结婚嫁娶，进学升迁，以至大厦落成、商店开张等，只要为了表示喜庆，人们都习惯以放鞭炮来庆祝。本例将介绍如何利用几何体制作鞭炮，效果如图 6-132 所示。

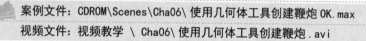

案例文件：CDROM\Scenes\Cha06\ 使用几何体工具创建鞭炮 OK.max

视频文件：视频教学 \ Cha06\ 使用几何体工具创建鞭炮 .avi

(1) 选择【创建】|【图形】|【多边形】命令，激活【前】视图，在【前】视图中创建一个多边形，并在【名称和颜色】卷展栏中将其命名为"装饰"，在【参数】卷展栏中将【半径】设置为 80.0，【边数】设置为 8，如图 6-133 所示。

(2) 选择【装饰】截面图形，在工具栏中选择【选择并旋转】工具，在场景中选择【装饰】对象，沿 Z 轴顺时针旋转 22.55°，如图 6-134 所示。

知识链接

利用【多边形】工具可以制作任意边数的正多边形，还可以产生圆角多边形，下面介绍其参数面板中各个参数的作用。

【半径】：设置多边形的半径大小。

【内接／外接】：确定以外切圆半径还是切圆半径作为多边形的半径。

【边数】：设置多边形的边数。

【角半径】：制作带圆角的多边形，设置圆角的半径大小。

【圆形】：设置多边形为圆形。

图 6-132 鞭炮

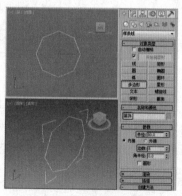

图 6-133 创建多边形

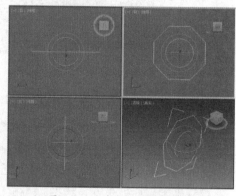

图 6-134 对多边形进行旋转

(3) 切换到【修改】命令面板，在修改器列表中选择【倒角】修改器，在【倒角值】卷展栏中将【级别 1】下的【高度】设置为 2、【轮廓】设置为 1；选中【级别 2】复选框，并将其【高度】设置为 66；选中【级别 3】复选框，将其【高度】和【轮廓】分别设置为 2、-1，如图 6-135 所示。

(4) 在【修改器列表】中选择【编辑网格】修改器，将当前选择集定义为【多边形】，在工具栏中选择【选择对象】工具，在场景中选择前后两面的多边形，在【曲面属性】卷展栏中将【设置 ID】设置为 1，如图 6-136 所示。

(5) 在菜单栏中选择【编辑】|【反选】命令，将场景中的物体进行反选，在【曲面属性】卷展栏中将【设置 ID】设置为 2，如图 6-137 所示。

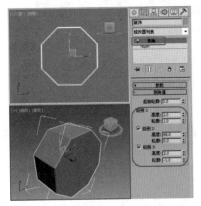
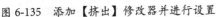

图 6-135 添加【挤出】修改器并进行设置

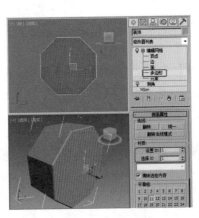

图 6-136 设置 ID1

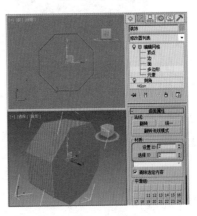

图 6-137 设置 ID2

(6) 关闭当前选择集，在【修改器列表】中选择【UVW 贴图】修改器，在【参数】卷展栏中选中【平面】单选按钮，并将【长度】和【宽度】都设置为 150，如图 6-138 所示。

(7) 选择【创建】|【几何体】|【圆柱体】命令，在【顶】视图中创建一个【半径】为 12.5、【高度】为 110、【高度分段】为 5、【端面分段】为 1、【边数】为 18 的圆柱体，并将其命名为"鞭炮 001"，如图 6-139 所示。

(8) 在场景中右击鞭炮对象，在弹出的快捷菜单中选择【转换为】|【转换为可编辑多边形】命令，将其转换为可编辑多边形，如图 6-140 所示。

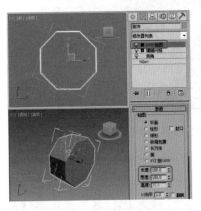

图 6-138 添加【UVW 贴图】修改器

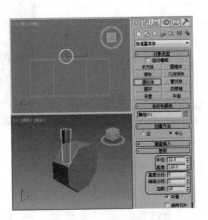

图 6-139 绘制圆柱体

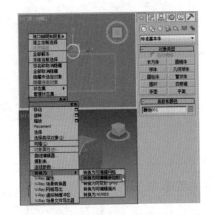

图 6-140 选择【转换为可编辑多边形】命令

(9) 将当前选择集定义为【顶点】，在工具箱中选择【选择并移动】工具，在场景中调整各组点的位置，如图 6-141 所示。

(10) 再将当前选择集定义为【多边形】，在【顶】视图中选择如图 6-142 所示的多边形。

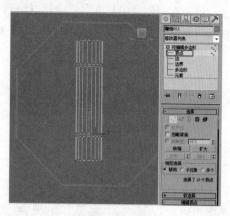

图 6-141　调整顶点

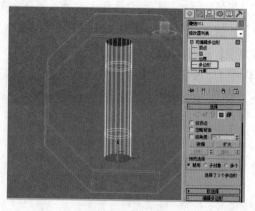

图 6-142　选择多边形

(11) 在【编辑多边形】卷展栏中单击【倒角】后面的【设置】按钮，在弹出的对话框中将【高度】设置为 -1.5，【轮廓】设置为 -2.0，单击【确定】按钮，如图 6-143 所示。

▶提　示

倒角仅限于【面】、【多边形】、【元素】层级。

(12) 激活【前】视图，在场景中选择如图 6-144 所示的多边形，在【多边形：材质 ID】卷展栏中将【设置 ID】设置为 1。

知识链接

【设置 ID】：用于向选定的多边形分配特殊的材质 ID 编号，以供与多维／子对象材质和其他应用一同使用。使用微调器或用键盘输入数字。

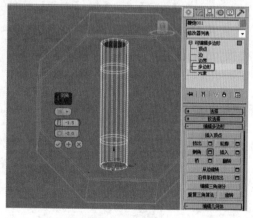

图 6-143　选择多边形为其添加倒角

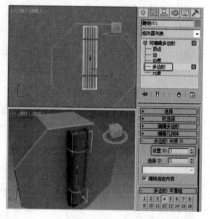

图 6-144　设置 ID1

(13) 确定当前选择集为【多边形】，在【前】视图中选择如图 6-145 所示的多边形，然后在【多边形：材质 ID】卷展栏中将【设置 ID】设置为 2，如图 6-145 所示。

(14) 激活【顶】视图，在【顶】视图中选择顶部的多边形，在【多边形：材质 ID】卷展栏中将【设置 ID】设置为 3，如图 6-146 所示。

(15) 在【左】视图中选择圆柱体中间部分的多边形，在【多边形：材质 ID】卷展栏中将【设置 ID】设置为 4，如图 6-147 所示。

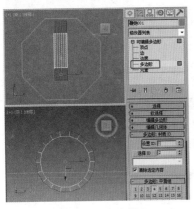
图 6-145　设置 ID2

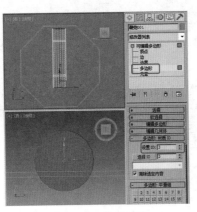
图 6-146　设置 ID3

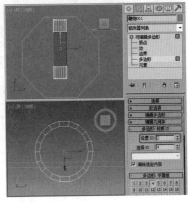
图 6-147　设置 ID4

(16) 关闭【多边形】选择集,再在【修改器列表】中选择【UVW 贴图】修改器,在【参数】卷展栏中选择【贴图】选项组中的【柱形】贴图方式,将【长度】、【宽度】、【高度】分别设置为24、25、110,如图 6-148 所示。

(17) 激活【前】视图,选择【创建】|【图形】|【线】命令,在【前】视图中绘制一条线段,并在【左】视图中调整它的形状,在【插值】卷展栏中将【步数】设置为12,在【渲染】卷展栏中选中【在渲染中启用】和【在视口中启用】复选框,并将【厚度】设置为 2.5,如图 6-149 所示。

知识链接

【在渲染中启用】:启用该选项后,使用为渲染器设置的径向或矩形参数将图形渲染为 3D 网格。

【在视口中启用】:启用该选项后,使用为渲染器设置的径向或矩形参数将图形作为 3D 网格显示在视口中。

(18) 在场景中选择【鞭炮 001】对象,返回到【可编辑多边形】堆栈层,打开【编辑几何体】卷展栏,单击【附加】按钮,在视图中选择新创建的线段,将线段与【鞭炮 001】附加在一起,如图 6-150 所示。

知识链接

附加:将场景中的另一个对象附加到选定的网格。可以附加任何类型的对象,包括样条线、面片对象和 NURBS 曲面。附加非网格对象时,该对象会转化成网格。单击要附加到当前选定网格对象中的对象。

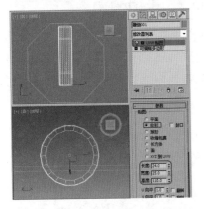
图 6-148　添加【UVW 贴图】修改器

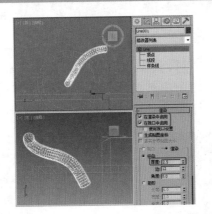
图 6-149　绘制线条

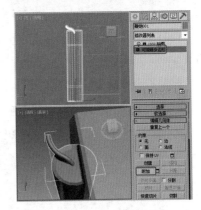
图 6-150　将线段与鞭炮附加在一起

(19) 再次单击【附加】按钮,定义当前选择集为【元素】,在视图中选择元素对象,在【多边形:材质 ID】卷展栏中将【设置 ID】设置为 2,如图 6-151 所示。

(20) 激活【前】视图,选择【创建】|【图形】|【线】命令,在【前】视图中绘制一条垂直的线段,将其命名为"鞭炮芯",在【插值】卷展栏中将【步数】设置为12,在【渲染】卷展栏中选中【在渲染中启用】和【在视口中启用】复选框,并将【厚度】设置为 6,如图 6-152 所示。

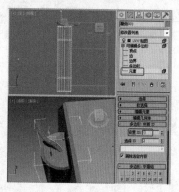

图 6-151 设置 ID2

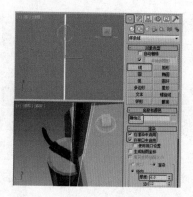

图 6-152 绘制线

(21) 在场景中选择【鞭炮 001】对象，选择工具箱中的【选择并移动工具】及【选择并旋转】工具，在场景中对选择的图形进行旋转，如图 6-153 所示。

(22) 激活【顶】视图，选择【创建】|【几何体】|【扩展基本体】|【环形结】命令，在【顶】视图中创建一个环形结，在【参数】卷展栏中将【基础曲线】选项组中的【半径】和【分段】分别设置为 4 和 120，将【横截面】选项组中的【半径】设置为 2，然后在场景中调整图形的位置，如图 6-154 所示。

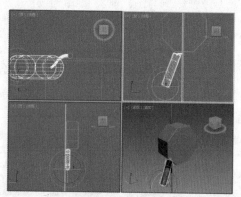

图 6-153 调整鞭炮

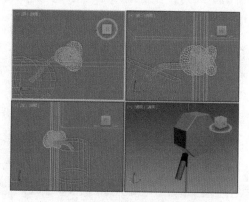

图 6-154 创建【环形结】

(23) 确定新创建的环形结处于选择状态，激活【前】视图，选择工具栏中的【选择并移动】工具，配合 Shift 键将其向下移动复制，复制完成后对它们进行调整，调整后的效果如图 6-155 所示。

(24) 在场景中选择【鞭炮芯】对象，将其转换为可编辑多边形，在【编辑几何体】卷展栏中单击【附加】右侧的【附加列表】按钮，在弹出的对话框中选择如图 6-156 所示的对象，再单击【附加】按钮。

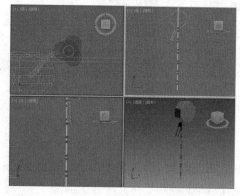

图 6-155 复制环形结

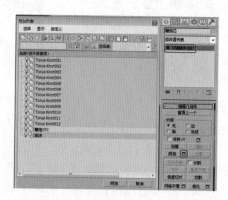

图 6-156 【附加列表】对话框

(25) 在场景中选择【鞭炮芯】对象，定义当前选择集为【元素】，在场景中选择对象，在【多边形：材质 ID】卷展栏中将【设置 ID】设置为 2，如图 6-157 所示。

(26) 在场景中选择【鞭炮 001】对象，激活【顶】视图，单击【层次】按钮，进入【层次】命令面板。单击【轴】按钮，在【调整轴】卷展栏中单击【仅影响轴】按钮，在工具栏中选择【对齐】工具，在场景中选择【鞭炮芯】对象，选中【X 位置】、【Y 位置】、【Z 位置】复选框和【当前对象】、【目标对象】选项组中的【轴点】单选按钮，设置完成后单击【确定】按钮，如图 6-158 所示。完成调整后再次单击【仅影响轴】按钮，使其恢复原状。

知识链接

【调整轴】卷展栏中各选项参数介绍如下。

【仅影响轴】：变换仅影响选定对象的轴点。

【仅影响对象】：变换仅影响选定对象而不影响轴点。

【仅影响层次】：仅适用于【旋转】和【缩放】工具。通过旋转或缩放轴点的位置，而不是旋转或缩放轴点本身，它可以将旋转或缩放应用于层次。

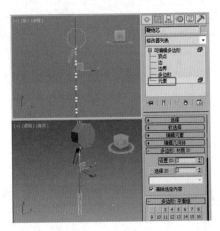

图 6-157　设置 ID2

图 6-158　【对齐当前选择】对话框

(27) 选择【工具】|【阵列】命令，打开【阵列】对话框，将【增量】选项组中【旋转】的 Z 轴参数设置为 90°，然后将【阵列维度】选项组中【数量】的 1D 设置为 4，激活【顶】视图，单击【预览】按钮，查看阵列后的效果，最后单击【确定】按钮，如图 6-159 所示。

(28) 阵列完成后，选择视图中的【鞭炮 001】～【鞭炮 004】对象，激活【顶】视图，将它们向下移动并复制，然后在视图中旋转其角度，效果如图 6-160 所示。

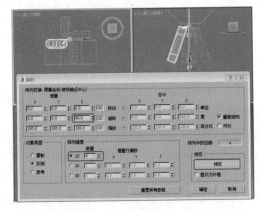

图 6-159　【阵列】对话框

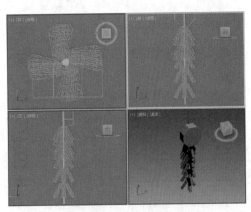

图 6-160　复制并进行调整

(29) 激活【顶】视图，选择【创建】|【几何体】|【管状体】命令，在【顶】视图中创建一个管状体，将其命名为"缀上"，在【参数】卷展栏中将【半径1】、【半径2】、【高度】、【高度分段】和【边数】分别设置为 16.5、14.5、75、9 和 32，在场景中调整该对象的位置，如图 6-161 所示。

知识链接

管状体基本是类似于中空的圆柱体。管状体可生成圆形和棱柱管道。

【参数】卷展栏中各个参数的作用如下。

【半径1】、【半径2】：较大的设置将指定管状体的外部半径，而较小的设置则指定内部半径。

【高度】：设置沿着中心轴的维度。负数值将在构造平面下面创建管状体。

【高度分段】：设置沿着管状体主轴的分段数量。

【端面分段】：设置围绕管状体顶部和底部的中心的同心分段数量。

【边数】：设置管状体周围边数。启用【平滑】时，较大的数值将着色和渲染为真正的圆。禁用【平滑】时，较小的数值将创建规则的多边形对象。

【平滑】：启用此选项后（默认设置），将管状体的各个面混合在一起，从而在渲染视图中创建平滑的外观。

【启用切片】：启用【切片】功能，用于删除一部分管状体的周长。默认设置为禁用状态。创建切片后，如果禁用【启用切片】，则将重新显示完整的管状体。因此，您可以使用此复选框在两个拓扑之间切换。

【切片起始位置】、【切片结束位置】：设置从局部 X 轴的零点开始围绕局部 Z 轴的度数。对于这两个设置，正数值将按逆时针移动切片的末端，负数值将按顺时针移动它。这两个设置的先后顺序无关紧要。端点重合时，将重新显示整个管状体。

【真实世界贴图大小】：控制应用于该对象的纹理贴图材质所使用的缩放方法。缩放值由位于应用材质的【坐标】卷展栏中的【使用真实世界比例】设置控制。默认设置为禁用状态。

---

(30) 单击【修改】按钮，进入【修改】命令面板，在【修改器列表】中选择【编辑网格】修改器，定义当前选择集为【顶点】，在场景中调整顶点的位置，如图 6-162 所示。

(31) 定义当前选择集为【多边形】，在【前】视图中选择多边形，在【曲面属性】卷展栏中将【材质】选项组中的【设置 ID】设置为 1，如图 6-163 所示。

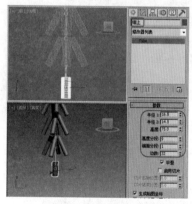
图 6-161　创建管状体

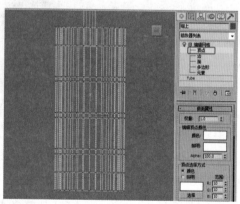
图 6-162　调整顶点

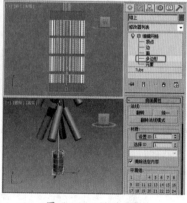
图 6-163　设置 ID1

(32) 按 Ctrl+I 组合键，将选择的多边形进行反选，在【曲面属性】卷展栏中将【材质】选项组中的【设置 ID】设置为 2，如图 6-164 所示。

(33) 关闭当前选择集，激活【前】视图，在【命令】面板中选择【线】工具，在【左】视图中【缀上】的下方绘制一条垂直的线段，在【参数】卷展栏中选中【在渲染中启用】和【在视口中启用】复选框，并将其【厚度】设置为 1.0，将其命名为"穗头"，然后在场景中调整图形的位置，如图 6-165 所示。

(34) 确定【穗头】处于选中状态，单击【层次】按钮，进入【层次】面板，在【调整轴】卷展栏中单击【仅影响轴】按钮，选择工具栏中的【对齐】工具，在场景中选择【缀上】对象，在弹出的对话框中选中【X 位置】、【Y 位置】、【Z 位置】复选框和【当前对象】、【目标对象】选项组中的【轴点】单选按钮，设置完成后单击【确定】按钮，如图 6-166 所示。设置完成后单击【仅影响轴】按钮。

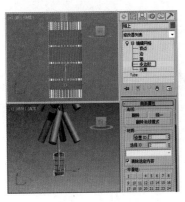

图 6-164　设置 ID2

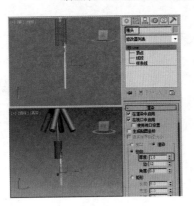

图 6-165　绘制穗头

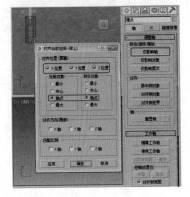

图 6-166　【对齐当前选择】对话框

(35) 激活【顶】视图，在菜单栏中选择【工具】|【阵列】命令，在弹出的对话框将【增量】选项组中【旋转】的 Z 轴参数设置为 10，然后将【阵列维度】选项组中【数量】的 1D 设置为 36，如图 6-167 所示。

(36) 单击【确定】按钮，对图形进行复制，并对复制后的图形进行阵列，然后将所有的穗头成组，完成后的效果如图 6-168 所示。

图 6-167　【阵列】对话框

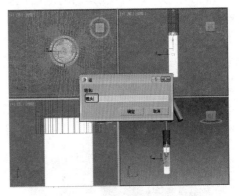

图 6-168　将穗头成组

(37) 在场景中选择【装饰】对象，并调整图形的位置，如图 6-169 所示。

(38) 按 M 键，打开【材质编辑器】对话框，单击【获取材质】按钮，打开【材质/贴图浏览器】对话框，单击【材质/贴图浏览器选项】按钮，在弹出的下拉菜单中选择【打开材质库】命令，在打开的【导入材质库】对话框中选择随书附带光盘中的 Scenes \ Cha06 \ 鞭炮材质 .mat 文件，单击【打开】按钮，如图 6-170 所示。

图 6-169　调整装饰的位置

图 6-170　选择【鞭炮材质】

(39) 将【鞭炮材质】卷展栏中的材质指定给【材质编辑器】中的样本球，如图 6-171 所示。

(40) 在场景中按 H 键，在弹出的对话框中选择【装饰】对象，单击【确定】按钮，在【材质编辑器】对话框中选择【装饰】材质样本球，单击【将材质指定给选定的对象】按钮，将材质指定给场景中选择的对象，如图 6-172 所示。

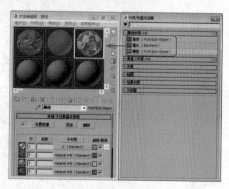

图 6-171 将材质添加到样本球材质

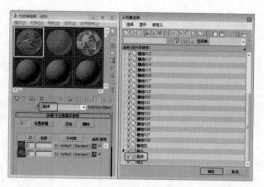

图 6-172 指定材质

（41）在场景中选择【装饰】对象，在堆栈中单击【UVW 贴图】前的加号，在展开的选择集中选择 Gizmo 选项，在工具栏中选择【选择并旋转】工具，然后在场景中旋转贴图轴的角度，如图 6-173 所示。

（42）在场景中按 H 键，在弹出的对话框中选择所有的鞭炮对象和缀上对象，单击【确定】按钮，在【材质编辑器】对话框中选择【鞭炮】材质样本球，单击【将材质指定给选定的对象】按钮，将材质指定给场景中选择的对象，如图 6-174 所示。

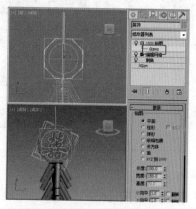

图 6-173 调整【UVW 贴图】

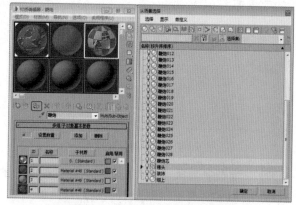

图 6-174 将材质指定给选定对象

（43）在场景中按 H 键，在弹出的对话框中选择【穗头】和【鞭炮芯】对象，单击【确定】按钮，在【材质编辑器】对话框中选择【穗头】材质样本球，单击【将材质指定给选定的对象】按钮，将材质指定给场景中选择的对象，完成后将所有对象进行复制，制作出另外一挂鞭炮，如图 6-175 所示。

（44）选择【创建】|【摄影机】|【目标】命令，在【顶】视图中创建一架摄影机，激活【透视】视图，按 C 键，将当前视图转换为【摄影机】视图，最后在场景中调整摄影机的位置，如图 6-176 所示。

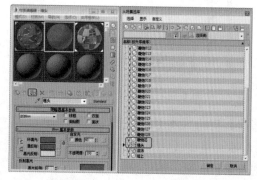

图 6-175 将材质指定给选定对象

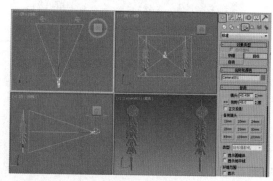

图 6-176 创建摄影机

(45) 激活【摄影机】视图，按 Shift+F 组合键为该视图添加安全框，按 F10 键，弹出【渲染设置：默认扫描线渲染器】对话框，在【输出大小】选项组中将【宽度】和【高度】分别设置为 640 和 580，如图 6-177 所示。

(46) 将【摄影机】视图隐藏，激活【顶】视图，选择【创建】|【灯光】|【目标聚光灯】命令，在【顶】视图中创建目标聚光灯，在【常规参数】卷展栏【阴影】区域中选中【启用】复选框，再选择启用【光线跟踪阴影】选项；在【阴影参数】卷展栏中将颜色色块 RGB 分别设置为 60、60、60；在【聚光灯参数】卷展栏中选中【显示光锥】复选框，将【聚光区 / 光束】和【衰减区 / 区域】分别设置为 100、102，选择【矩形】选项，然后在场景中调整灯光的位置，并且复制一盏灯光，如图 6-178 所示。

||||▶注 意

当选中一个灯光时，该圆锥体始终可见，因此当取消选择该灯光后，清除该复选框才有明显效果。

知识链接

【聚光灯参数】卷展栏中各个参数的作用如下。

【显示光锥】：启用或禁用圆锥体的显示。

【泛光化】：启用泛光化后，灯光在所有方向上投影灯光。但是，投影和阴影只发生在其衰减圆锥体内。

【聚光区 / 光束】：调整灯光圆锥体的角度。聚光区值以度为单位进行测量。默认值为 43.0。

【衰减区 / 区域】：调整灯光衰减区的角度。衰减区值以度为单位进行测量。默认值为 45.0。对于光度学灯光，【区域】角度相当于【衰减区】角度。它是灯光强度减为 0 的角度。通过在视口中拖动操纵器可以操纵聚光区和衰减区，也可以在【灯光】视口中调整聚光区和衰减区的角度（从聚光灯的视野在场景中观看）。

【圆 / 矩形】：确定聚光区和衰减区的形状。如果想要一个标准圆形的灯光，应设置为【圆形】。如果想要一个矩形的光束（如灯光通过窗户或门口投影），应设置为【矩形】。

【纵横比】：设置矩形光束的纵横比。使用【位图适配】按钮可以使纵横比匹配特定的位图。默认值为 1.0。

【位图拟合】：如果灯光的投影纵横比为矩形，应设置纵横比以匹配特定的位图。当灯光用作投影灯时，该选项非常有用。

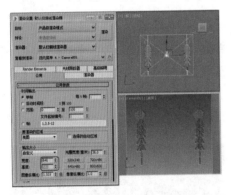

图 6-177　设置【输出大小】

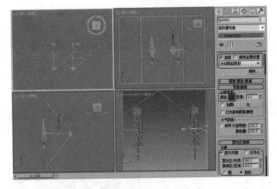

图 6-178　设置目标聚光灯

(47) 选择【泛光灯】工具，在【顶】视图中创建一盏泛光灯，在【强度 / 颜色 / 衰减】卷展栏中将【倍增】设置为 0.5，然后在场景中调整灯光的位置，如图 6-179 所示。

(48) 选择【创建】|【几何体】|【标准基本体】|【平面】命令，在【前】视图中创建平面，在【参数】卷展栏中将【长度】、【宽度】分别设置为 1500、2370，如图 6-180 所示。

(49) 按 M 键，打开【材质编辑器】对话框，单击 Standard 按钮，在弹出的对话框中选择【无光 / 投影】选项，如图 6-181 所示。

(50) 确定平面对象处于选中状态，单击【将材质指定给选定对象】按钮，然后对摄影机视图进行渲染一次，效果如图 6-182 所示。

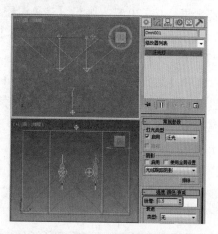

图 6-179　创建泛光灯

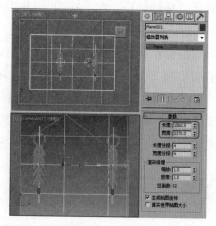

图 6-180　创建平面

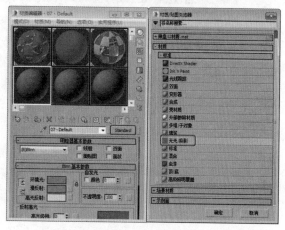

图 6-181　选择【无光 / 投影】选项

图 6-182　渲染效果

(51) 按 8 键，打开【环境和贴图】对话框，在该对话框中单击【环境贴图】下的【无】按钮，在弹出的对话框中选择 6410628.jpg 素材文件，然后将【环境贴图】拖曳至材质样本球上，并将其设置为【屏幕】，如图 6-183 所示。

(52) 激活【摄影机】视图，对该视图进行渲染一次，效果如图 6-184 所示。

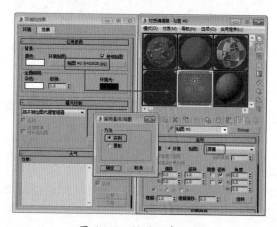

图 6-183　设置环境贴图

图 6-184　对摄影机视图进行渲染

案例精讲 066　使用 FFD 修改器制作抱枕

本例将介绍抱枕的制作，首先使用【切角长方体】工具和【FFD(长方体)】修改器来制作抱枕，然后添加背景贴图，完成后的效果如图 6-185 所示。

> 案例文件：CDROM \ Scenes \ Cha06 \ 使用 FFD 修改器制作抱枕 OK.max
>
> 视频文件：视频教学 \ Cha06 \ 使用 FFD 修改器制作抱枕.avi

(1) 选择【创建】|【几何体】|【扩展基本体】|【切角长方体】命令，在【顶】视图中创建一个切角长方体，将其命名为"抱枕 001"，切换到【修改】命令面板，在【参数】卷展栏中将【长度】、【宽度】、【高度】、【圆角】、【长度分段】、【宽度分段】、【圆角分段】分别设置为 400、400、100、50、5、6、3，如图 6-186 所示。

(2) 在【修改器列表】中选择【FFD(长方体)】修改器，在【FFD 参数】卷展栏中单击【设置点数】按钮，在弹出的【设置 FFD 尺寸】对话框中将【长度】、【宽度】和【高度】分别设置为 5、6、2，单击【确定】按钮，如图 6-187 所示。

图 6-185　抱枕效果

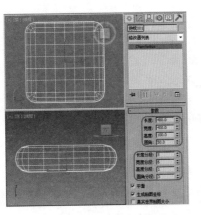

图 6-186　创建【抱枕 001】

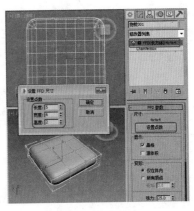

图 6-187　设置点数

(3) 将当前选择集定义为【控制点】，在【顶】视图中选择最外围的所有控制点，在工具栏中选择【选择并均匀缩放】工具，在【前】视图中沿 Y 轴向下拖动，如图 6-188 所示。

(4) 在【顶】视图中选择最外围除每个角外的所有控制点，将鼠标移至 X、Y 轴中心处并按住鼠标左键拖动，如图 6-189 所示。

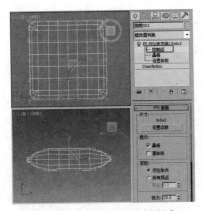

图 6-188　沿 Y 轴缩放控制点

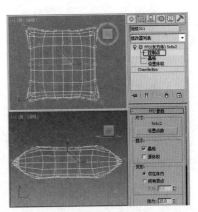

图 6-189　缩放控制点

（5）使用【选择并移动】工具在【前】视图和【左】视图中沿Y轴调整上下两边上的控制点，调整后的效果如图6-190所示。

（6）关闭当前选择集，在【修改器列表】中选择【网格平滑】修改器，如图6-191所示。

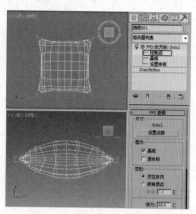

图6-190　调整控制点

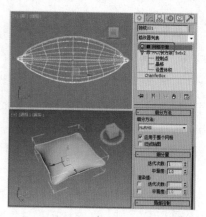

图6-191　选择【网格平滑】修改器

║▶提　示

　　【网格平滑】修改器通过多种不同方法平滑场景中的几何体。可以细分几何体，同时在角和边插补新面的角度以及将单个平滑组应用于对象中的所有面。【网格平滑】的效果是使角和边变圆，就像它们被锉平或刨平一样。使用【网格平滑】参数可控制新面的大小和数量，以及它们如何影响对象曲面。网格平滑的效果在锐角上最明显，而在弧形曲面上最不明显。在长方体和具有尖锐角度的几何体上使用【网格平滑】，避免在球体和与其相似的对象上使用。

║▶注　意

　　【网格平滑】修改器可使物体的棱角变得平滑，使外观更符合现实中的真实物体。其中【迭代次数】值决定了平滑的程度，不过该值太大会造成面数过多，一般情况下不宜超过4。

（7）在场景中选择【抱枕001】对象，按M键，打开【材质编辑器】对话框，选择一个新的材质样本球，将其命名为"布料材质"，在【Blinn基本参数】卷展栏中将【自发光】区域的【颜色】设置为50，如图6-192所示。

（8）在【贴图】卷展栏中单击【漫反射颜色】后面的【无】按钮，在弹出的【材质/贴图浏览器】对话框中选择【衰减】贴图，单击【确定】按钮，如图6-193所示。

图6-192　设置【自发光】

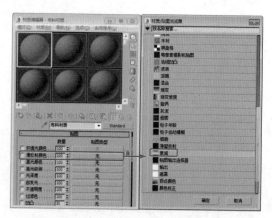

图6-193　选择【衰减】贴图

(9) 在【衰减参数】卷展栏中设置【前】色块的 RGB 为 179、13、9，在【混合曲线】卷展栏中单击【添加点】按钮 ，在曲线上添加点，并使用【移动】工具 调整曲线，如图 6-194 所示。设置完成后，单击【转到父对象】按钮 和【将材质指定给选定对象】按钮 ，将材质指定给【抱枕 001】对象。

(10) 在场景中复制【抱枕 001】对象，然后使用【选择并旋转】工具 和【选择并移动】工具 在场景中调整抱枕对象，如图 6-195 所示。

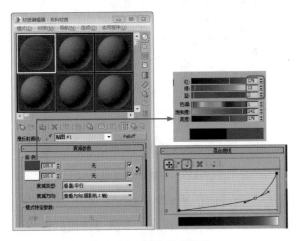

图 6-194　设置衰减参数

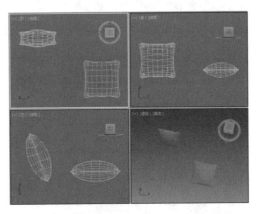

图 6-195　复制并调整抱枕对象

(11) 按 8 键，弹出【环境和效果】对话框，在【公用参数】卷展栏中单击【无】按钮，在弹出的【材质 / 贴图浏览器】对话框中选择【位图】贴图，再在弹出的对话框中打开随书附带光盘中的″抱枕背景图 .JPG″素材文件，如图 6-196 所示。

(12) 在【环境和效果】对话框中，将【环境贴图】按钮拖曳至新的材质样本球上，在弹出的【实例 (副本) 贴图】对话框中选中【实例】单选按钮，并单击【确定】按钮，然后在【坐标】卷展栏中将贴图设置为【屏幕】，如图 6-197 所示。

图 6-196　选择【环境贴图】

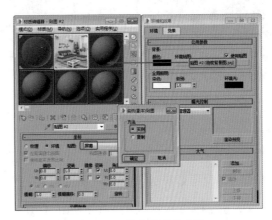

图 6-197　拖曳并设置贴图

(13) 激活【透视】视图，在菜单栏中选择【视图】|【视口背景】|【环境背景】命令，即可在【透视】视图中显示环境背景，如图 6-198 所示。

(14) 选择【创建】|【摄影机】|【目标】命令，在视图中创建摄影机，激活【透视】视图，按 C 键将其转换为【摄影机】视图，切换到【修改】命令面板，在【参数】卷展栏中将【镜头】设置为 20，并在其他视图中调整摄影机位置，效果如图 6-199 所示。

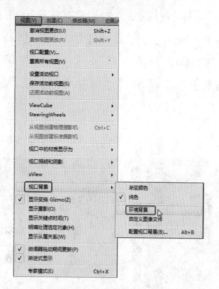

图 6-198　显示环境背景

图 6-199　创建并调整摄影机

（15）选择【创建】|【灯光】|【标准】|【目标聚光灯】命令，在【顶】视图中创建目标聚光灯，并在其他视图中调整灯光的位置，切换至【修改】命令面板，在【强度/颜色/衰减】卷展栏中将【倍增】设置为1，然后创建一盏天光，如图 6-200 所示。

（16）至此，抱枕就制作完成了，在【渲染设置】对话框中设置渲染参数，渲染后的效果如图 6-201 所示。

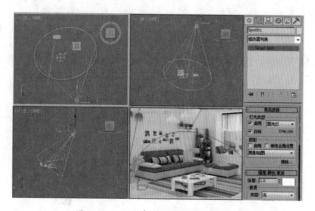

图 6-200　创建并调整目标聚光灯

图 6-201　渲染后的效果

案例精讲 067　使用样条线制作卷轴画【视频案例】

本案例将介绍如何制作卷轴画。利用样条线创建出卷轴画的截面，使用【挤出】修改器挤出卷轴画的厚度，然后使用【编辑网格】修改器调整模型，从而完成卷轴画的制作。完成后的效果如图 6-202 所示。

案例文件：CDROM \ Scenes \ Cha06 \ 使用样条线制作卷轴画 OK.max

视频文件：视频教学 \ Cha06 \ 使用样条线制作卷轴画.avi

图 6-202　使用样条线制作卷轴画

案例精讲 068　使用放样工具制作窗帘【视频案例】

本案例将使用放样工具制作窗帘。首先使用【线】工具绘制样条线，使用样条线作为图形截面和路径，并使用【放样】工具在场景中将样条线结合形成窗帘。最后在场景中添加摄影机和灯光。完成后的效果如图6-203所示。

> 案例文件：CDROM \ Scenes \ Cha06 \ 使用放样工具制作窗帘 OK.max
> 视频文件：视频教学 \ Cha06 \ 使用放样工具制作窗帘.avi

图 6-203　使用放样工具制作窗帘

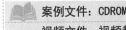 **案例精讲 069　使用编辑多边形制作装饰盘**

本案例将使用编辑多边形制作装饰盘。首先使用【长方体】工具创建一个长方体，然后将其转换为可编辑多边形，调整其顶点并对多边形进行挤出操作，制作支架模型。使用【切角圆柱体】工具并将其转换为可编辑多边形，调整出装饰盘模型，最后合并场景文件。完成后的效果如图6-204所示。

> 案例文件：CDROM \ Scenes \ Cha06 \ 使用编辑多边形制作装饰盘 OK.max
> 视频文件：视频教学 \ Cha06 \ 使用编辑多边形制作装饰盘.avi

(1) 选择【创建】|【几何体】|【长方体】命令，在【前】视图中创建【长度】为500、【宽度】为40、【高度】为20、【长度分段】为9的长方体，如图6-205所示。

(2) 在场景中右击长方体模型，在弹出的快捷菜单中选择【转换为】|【转换为可编辑多边形】命令，切换至【修改】命令面板，将当前选择集定义为【顶点】，在【前】视图中调整图形的形状，如图6-206所示。

图 6-204　使用编辑多边形制作装饰盘

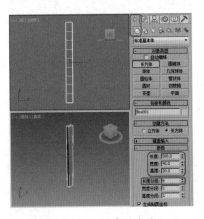

图 6-205　创建长方体

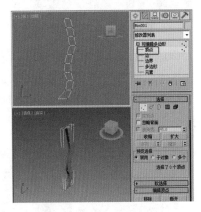

图 6-206　调整顶点

(3) 将当前选择集定义为【多边形】，在场景中选择如图6-207所示的多边形。

(4) 在【编辑多边形】卷展栏中单击【挤出】后的【设置】▣按钮，在弹出的对话框中设置【挤出高度】为45，单击7次【应用】按钮，然后单击【确定】按钮，如图6-208所示。

(5) 将当前选择集定义为【顶点】，在【前】视图中调整模型，如图6-209所示。

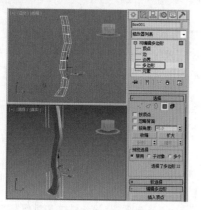

图 6-207　选择多边形

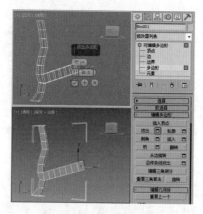

图 6-208　设置【挤出】

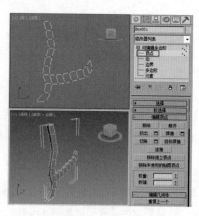

图 6-209　调整顶点

（6）将当前选择集定义为【多边形】，在场景中选择如图 6-210 所示的多边形。

（7）在【编辑多边形】卷展栏中单击【挤出】后的■按钮，在弹出的对话框中设置【挤出高度】为 50，单击 3 次【应用】按钮，然后单击【确定】按钮，如图 6-211 所示。

（8）将当前选择集定义为【顶点】，在场景中调整顶点位置，如图 6-212 所示。

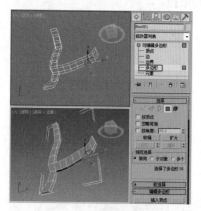

图 6-210　选择多边形

图 6-211　设置【挤出】

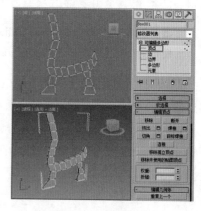

图 6-212　调整顶点

（9）在【细分曲面】卷展栏中选择【使用 NURBS 细分】选项，设置【迭代次数】为 2，在【左】视图中调整顶点，使模型变宽，如图 6-213 所示。

（10）退出当前选择集，在场景中复制并调整模型使用【选择并旋转】工具，旋转复制的模型，如图 6-214 所示。

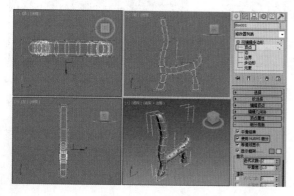

图 6-213　调整模型

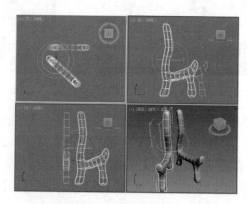

图 6-214　复制模型并旋转模型

(11) 选择【创建】|【几何体】|【圆柱体】命令，在场景中创建【半径】为 5 的圆柱体，设置合适的【高度】，将其作为支架，然后在场景中复制并调整圆柱体，如图 6-215 所示。

(12) 选中场景中的所用对象模型，按 M 键，打开【材质编辑器】对话框，选择一个新的材质样本球，将其命名为"木"。在【Blinn 基本参数】卷展栏中设置【反射高光】组中的【高光级别】和【光泽度】的参数分别为 37、42。在【贴图】卷展栏中单击【漫反射颜色】后的【无】按钮，在弹出的【材质 / 贴图浏览器】对话框中选择【位图】贴图，单击【确定】按钮，再在弹出的对话框中选择随书附带光盘中的 CDROM \ Map \ muwenlpl06.jpg 文件，单击【打开】按钮，进入贴图层级面板，如图 6-216 所示。然后单击【将材质指定给选定对象】按钮，将材质指定给场景中的对象。

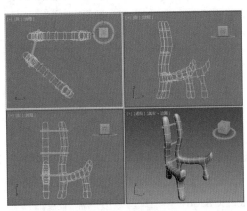

图 6-215　创建圆柱体

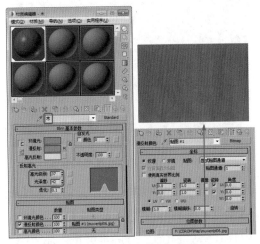

图 6-216　设置【木】材质

(13) 将【材质编辑器】对话框关闭。选择【创建】|【几何体】|【扩展基本体】|【切角圆柱体】命令，在【左】视图中创建一个【半径】为 260、【高度】为 12、【圆角】为 4、【圆角分段】为 3、【边数】为 40、【端面分段】为 20 的切角圆柱体，如图 6-217 所示。

(14) 在场景中右击切角圆柱体，在弹出的快捷菜单中选择【转换为】|【转换为可编辑多边形】命令，切换至【修改】命令面板，将当前选择集定义为【顶点】，在【软选择】卷展栏中选中【使用软选择】复选框，设置【衰减】为 500，在【前】视图中选择中间的顶点，并在前视图中调整模型，如图 6-218 所示。

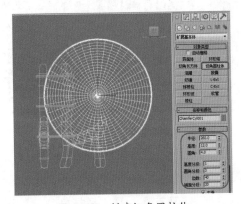

图 6-217　创建切角圆柱体

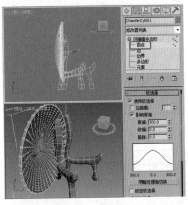

图 6-218　调整模型

(15) 调整模型的效果后，取消选中【使用软选择】复选框，退出当前选择集，在场景中调整模型的位置，如图 6-219 所示。

（16）选中切角圆柱体，按 M 键，打开【材质编辑器】对话框，从中选择一个新的材质样本球，将该材质命名为"装饰盘"。在【贴图】卷展栏中单击【漫反射颜色】后的【无】按钮，在弹出的【材质/贴图浏览器】对话框中选择【位图】贴图，单击【确定】按钮，再在弹出的对话框中选择随书附带光盘中的 CDROM \ Map \ 装饰盘01.jpg 文件，单击【打开】按钮，进入贴图层级面板，如图 6-220 所示。然后单击【将材质指定给选定对象】按钮，将材质指定给场景中的作为装饰盘的切角圆柱体。

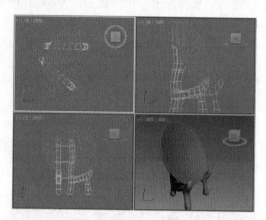

图 6-219　调整装饰盘模型的位置

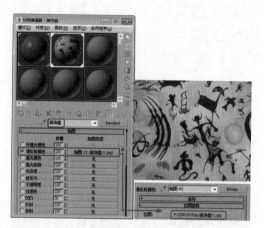

图 6-220　设置【装饰盘】材质

（17）在场景中选择切角圆柱体，切换至【修改】命令面板，在【修改器列表】中选择【UVW 贴图】修改器，在【参数】卷展栏中选中【平面】单选按钮，在【对齐】中单击【适配】按钮，如图 6-221 所示。

（18）保存场景文件。选择随书附带光盘中的 CDROM \ Scences\Cha06\ 使用编辑多边形制作装饰盘背景 .max 文件，选择 |【导入】|【合并】命令，选择保存的场景文件，在弹出的对话框中单击【打开】按钮。在弹出的【合并】对话框中选择所有对象，然后单击【确定】按钮，将场景文件合并，调整摄影机与模型的大小与位置，如图 6-222 所示。最后将场景进行渲染，并将渲染满意的效果和场景进行存储。

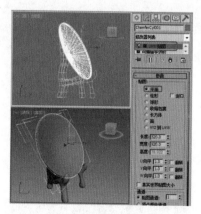

图 6-221　设置【UVW 贴图】修改器

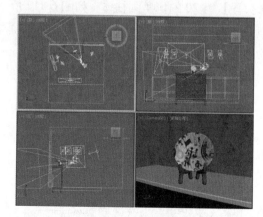

图 6-222　合并场景

案例精讲 070　使用编辑网格制作马克杯

马克杯的意思是大柄杯子，因为马克杯的英文叫 mug，所以翻译成马克杯。马克杯杯身一般为标准圆柱形或类似圆柱形，并且杯身的一侧带有把手，马克杯的把手形状通常为半环。本例将介绍马克杯的制作方法，效果如图 6-223 所示。

案例文件：CDROM \ Scenes \ Cha06 \ 使用编辑网格制作马克杯OK.max

视频文件：视频教学 \ Cha06 \ 使用编辑网格制作马克杯.avi

(1) 选择【创建】|【图形】|【样条线】|【线】命令，在【前】视图中绘制闭合样条曲线，如图6-224所示。

(2) 切换到【修改】命令面板，将绘制的闭合样条曲线重命名为"杯身001"，将当前选择集定义为【顶点】，然后在视图中调整曲线，如图6-225所示。

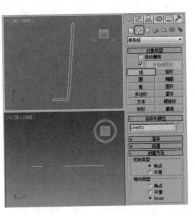

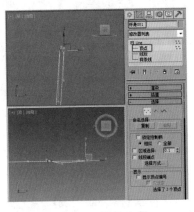

图6-223 使用编辑网格制作马克杯　　　　图6-224 绘制闭合样条曲线　　　　图6-225 调整曲线

(3) 调整完成后关闭当前选择集，在【修改器列表】中选择【车削】修改器，在【参数】卷展栏中选中【焊接内核】复选框，将【分段】设置为80，在【方向】选项组中单击Y按钮，在【对齐】选项组中单击【最小】按钮，如图6-226所示。

(4) 在【修改器列表】中选择【UVW贴图】修改器，在【参数】卷展栏中选中【柱形】单选按钮，在【对齐】选项组中选中X单选按钮，并单击【适配】按钮，如图6-227所示。

(5) 选择【创建】|【图形】|【样条线】|【线】命令，在【前】视图中绘制曲线，切换到【修改】命令面板，将其重命名为"路径"，将当前选择集定义为【顶点】，然后在视图中调整曲线，如图6-228所示。

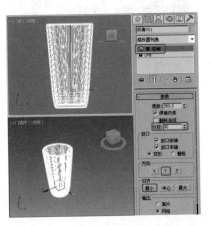

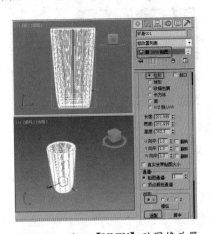

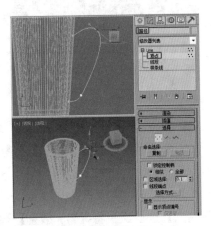

图6-226 施加【车削】修改器　　　　图6-227 施加【UVW】贴图修改器　　　　图6-228 绘制并调整【路径】

(6) 调整完成后关闭当前选择集，选择【创建】|【图形】|【样条线】|【椭圆】命令，在【顶】视图中绘制椭圆形，切换到【修改】命令面板，将其重命名为"截面图形"，在【插值】卷展栏中将【步数】设置为20，在【参数】卷展栏中将【长度】设置为27，【宽度】设置为12，如图6-229所示。

(7) 在场景中选择【路径】对象，然后选择【创建】|【几何体】|【复合对象】|【放样】命令，在【创建方法】卷展栏中单击【获取图形】按钮，然后在场景中拾取【截面图形】对象，如图 6-230 所示。

(8) 切换到【修改】命令面板，将放样后的对象重命名为"把手001"，在【蒙皮参数】卷展栏中将【路径步数】设置为 20，如图 6-231 所示。

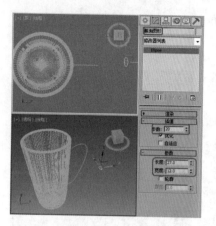
图 6-229　创建【截面图形】

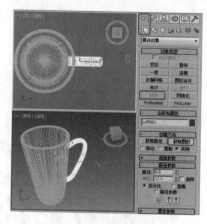
图 6-230　放样对象

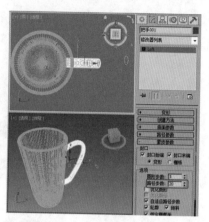
图 6-231　设置【路径步数】

(9) 在【修改器列表】中选择【编辑网格】修改器，将当前选择集定义为【顶点】，在【前】视图中框选如图 6-232 所示的顶点，并沿 Y 轴向下移动选择的顶点。

(10) 继续框选其他顶点，并沿 Y 轴调整顶点位置，效果如图 6-233 所示。

(11) 使用同样的方法，调整把手下方与杯身相接的位置，效果如图 6-234 所示。

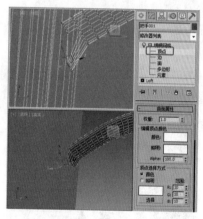
图 6-232　调整顶点

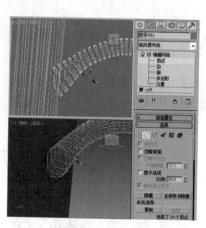
图 6-233　调整其他顶点

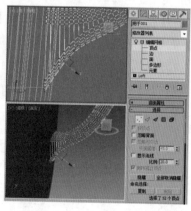
图 6-234　调整其他位置处的顶点

(12) 调整完成后关闭当前选择集即可。确认【把手 001】对象处于选中状态，按 M 键，弹出【材质编辑器】对话框，选择一个新的材质样本球，将其重命名为"把手材质01"，在【Blinn 基本参数】卷展栏中将【环境光】、【漫反射】和【高光反射】的 RGB 值均设置为 255、255、255，在【自发光】选项组中将【颜色】设置为 35，在【反射高光】选项组中将【高光级别】和【光泽度】分别设置为 100、83，如图 6-235 所示。

(13) 在【贴图】卷展栏中将【反射】的【数量】设置为 8，并单击右侧的【无】按钮，在弹出的【材质/贴图浏览器】对话框中选择【光线跟踪】贴图，单击【确定】按钮，在【光线跟踪器参数】卷展栏中使用默认设置即可，如图 6-236 所示，然后单击【转到父对象】按钮和【将材质指定给选定对象】按钮，将材质指定给【把手 001】对象。

(14) 在场景中选择【杯身001】对象，在【材质编辑器】对话框中将【把手材质01】材质样本球拖曳至一个新的材质样本球上，并将其重命名为"杯身材质01"，在【贴图】卷展栏中单击【漫反射颜色】右侧的【无】按钮，在弹出的【材质/贴图浏览器】对话框中选择【位图】贴图，单击【确定】按钮，如图6-237所示。

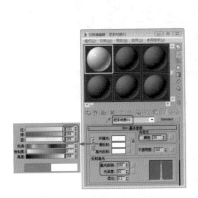

图 6-235 设置 Blinn 基本参数

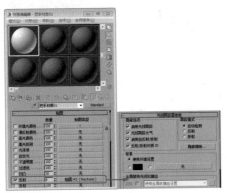

图 6-236 设置【反射】贴图

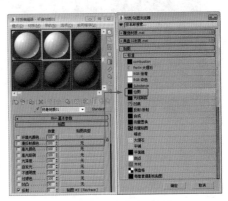

图 6-237 选择【位图】贴图

(15) 在弹出的对话框中打开随书附带光盘中的 CDROM\Map\ 马克杯贴图 1.tif 素材图片，在【坐标】卷展栏中将【偏移】下的 U、V 分别设置为 -0.01、0.08，将【瓷砖】下的 U、V 分别设置为 1.5、1，并单击【转到父对象】按钮和【将材质指定给选定对象】按钮，将材质指定给【杯身001】对象，如图6-238所示。

(16) 在场景中选择【杯身001】和【把手001】对象，按住 Shift 键的同时沿 X 轴向右拖动，拖动至适当位置处松开鼠标左键，在弹出的【克隆选项】对话框中选中【复制】单选按钮，然后单击【确定】按钮，如图6-239所示。

(17) 在场景中选择【杯身002】对象，按 M 键，弹出【材质编辑器】对话框，将【杯身材质01】材质样本球拖曳至一个新的材质样本球上，并将其重命名为"杯身材质02"，在【Blinn 基本参数】卷展栏中将【环境光】和【漫反射】的 RGB 值更改为 40、40、40，如图6-240所示。

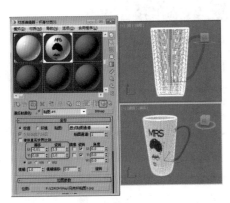

图 6-238 设置并指定材质

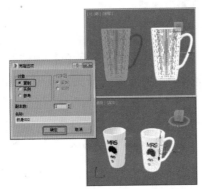

图 6-239 复制对象

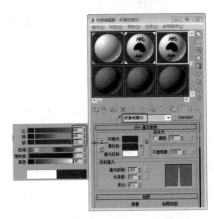

图 6-240 更改颜色

(18) 在【贴图】卷展栏中单击【漫反射颜色】右侧的贴图类型按钮，然后在【位图参数】卷展栏中单击【位图】右侧的路径按钮，在弹出的对话框中选择随书附带光盘中的 CDROM\Map\ 马克杯贴图 2.tif 素材图片，单击【打开】按钮，如图6-241所示。然后单击【转到父对象】按钮和【将材质指定给选定对象】按钮。

(19) 使用同样的方法，为【把手002】对象设置材质，效果如图6-242所示。

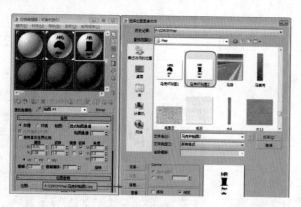

图 6-241　更改贴图

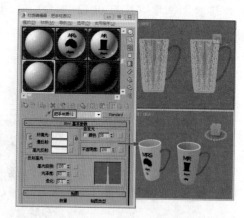

图 6-242　为【把手 002】对象设置材质

(20) 使用【选择并旋转】工具和【选择并移动】工具在视图中调整两个马克杯的旋转角度和位置，效果如图 6-243 所示。

(21) 选择【创建】|【几何体】|【标准基本体】|【长方体】命令，在【顶】视图中绘制长方体，切换到【修改】命令面板，将其重命名为"桌面"，在【参数】卷展栏中将【长度】设置为 4800，【宽度】设置为 6500，【高度】设置为 1，并在视图中调整其位置，如图 6-244 所示。

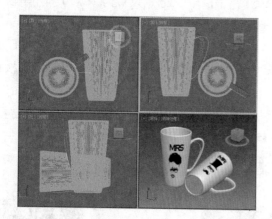

图 6-243　调整马克杯旋转角度和位置

图 6-244　创建【桌面】

(22) 确认【桌面】对象处于选中状态，在【修改器列表】中选择【UVW 贴图】修改器，在【参数】卷展栏中将【长度】和【宽度】均设置为 800，将当前选择集定义为 Gizmo，并将 Gizmo 移至如图 6-245 所示的位置处。

(23) 关闭当前选择集，按 M 键，弹出【材质编辑器】对话框，选择一个新的材质样本球，将其命名为"桌面材质"，在【贴图】卷展栏中单击【漫反射颜色】右侧的【无】按钮，在弹出的对话框中打开随书附带光盘中的 CDROM\Map\009.jpg 素材图片，在【坐标】卷展栏中使用默认参数设置即可，如图 6-246 所示，单击【转到父对象】按钮和【将材质指定给选定对象】按钮，将材质指定给【桌面】对象。

(24) 选择【创建】|【摄影机】|【标准】|【目标】命令，在【参数】卷展栏中将【镜头】设置为 67mm，在【顶】视图中创建摄影机，激活【透视】视图，按 C 键将其转换为【摄影机】视图，然后在其他视图中调整摄影机位置，效果如图 6-247 所示。

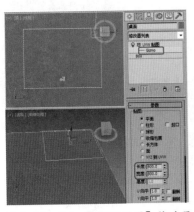

图 6-245　施加【UVW 贴图】修改器

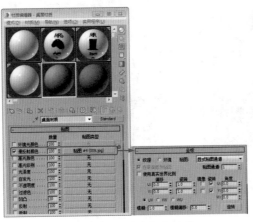

图 6-246　设置并指定材质

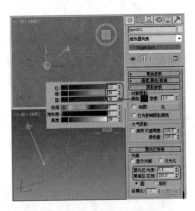

图 6-247　创建摄影机

(25) 使用【选择并旋转】工具在【顶】视图中沿 Z 轴顺时针旋转摄影机，效果如图 6-248 所示。

(26) 选择【创建】|【灯光】|【标准】|【目标聚光灯】命令，在【顶】视图中创建一盏目标聚光灯，切换到【修改】命令面板，在【常规参数】卷展栏中选中【阴影】选项组中的【启用】复选框，将阴影模式定义为【光线跟踪阴影】，在【强度 / 颜色 / 衰减】卷展栏中将【倍增】设置为 0.5，如图 6-249 所示。

(27) 在【聚光灯参数】卷展栏中将【聚光区 / 光束】和【衰减区 / 区域】分别设置为 0.5、100，在【阴影参数】卷展栏中将【颜色】的 RGB 值设置为 39、39、39，如图 6-250 所示。

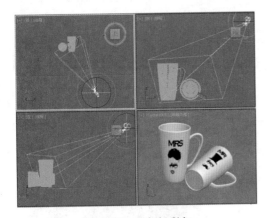

图 6-248　旋转摄影机

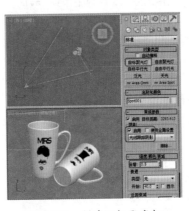

图 6-249　创建目标聚光灯

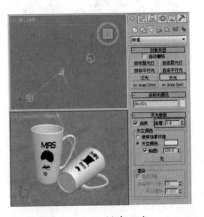

图 6-250　设置灯光参数

(28) 选择【创建】|【灯光】|【标准】|【天光】命令，在【顶】视图中创建一盏天光，在【天光参数】卷展栏中将【倍增】设置为 0.8，如图 6-251 所示。

(29) 激活【摄影机】视图，按 Shift+F 组合键显示安全框，然后按 F10 键弹出【渲染设置】对话框，在【输出大小】选项组中取消选中【图像纵横比】右侧的按钮，并将【宽度】设置为 800，【高度】设置为 500，如图 6-252 所示。

(30) 选择【高级照明】选项卡，在【选择高级照明】卷展栏中选择【光跟踪器】选项，如图 6-253 所示。

(31) 单击对话框底部的【渲染】按钮，对摄影机视图进行渲染，渲染完成后的效果如图 6-254 所示。

图 6-251　创建天光

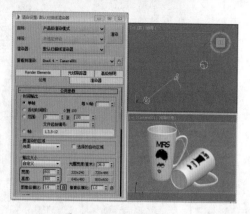

图 6-252　设置输出大小

图 6-253　选择高级照明

图 6-254　渲染完成后的效果

案例精讲 071　使用图形工具制作毛巾架

毛巾架的制作与夹纸架的制作基本相同，本案例主要介绍可渲染样条线的编辑和调整，通过对样条线的组合形成毛巾架的效果，同时在制作中将介绍【倒角】修改器的使用，完成后的效果如图 6-255 所示。

> **案例文件：** CDROM ＼ Scenes ＼ Cha06 ＼ 使用图形工具制作毛巾架 OK.max
>
> **视频文件：** 视频教学 ＼ Cha06 ＼ 使用图形工具制作毛巾架 .avi

图 6-255　使用图形工具制作毛巾架

（1）选择【创建】|【图形】|【矩形】命令，在【左】视图中创建一个矩形，命名该矩形为"支架001"，在【参数】卷展栏中设置【长度】为50、【宽度】为280、【角半径】为22，在【渲染】卷展栏中选中【在渲染中启用】和【在视口中启用】复选框，设置【厚度】为6，如图 6-256 所示。

（2）切换到【修改】命令面板，在堆栈中的 Rectangle 上右击鼠标，在弹出的快捷菜单中选择【可编辑样条线】命令，如图 6-257 所示。

（3）将选择集定义为【顶点】，在【左】视图中删除左侧圆角的两个顶点，再将左侧的顶点转换为【角点】并进行编辑，如图 6-258 所示。

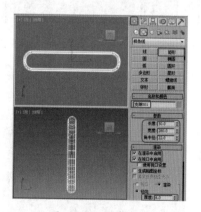

图 6-256　创建矩形

图 6-257　选择【可编辑样条线】命令

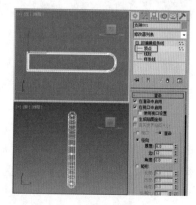

图 6-258　删除并转换顶点

（4）通过移动顶点的位置调整支架的形状，如图 6-259 所示。

（5）关闭选择集，使用【选择并移动】工具配合 Shift 键，在【前】视图中沿 X 轴移动【支架 001】对象，在弹出的对话框中选中【实例】单选按钮，单击【确定】按钮，如图 6-260 所示。

(6) 选择【创建】|【图形】|【矩形】命令，在【前】视图中创建【长度】、【宽度】和【角半径】分别为 100、20 和 3 的矩形，将其命名为"固定板 001"，如图 6-261 所示，并取消选中【在渲染中启用】和【在视口中启用】复选框。

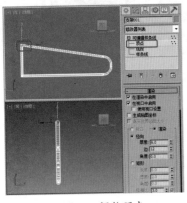

图 6-259　调整顶点

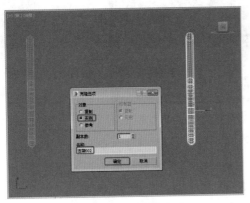

图 6-260　复制支架

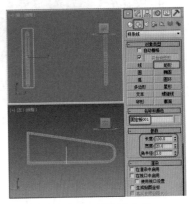

图 6-261　创建固定板

(7) 切换到【修改】命令面板，在【修改器列表】中选择【倒角】修改器，在【倒角值】卷展栏中设置【级别 1】的【高度】为 5.0；选中【级别 2】复选框，设置【高度】为 3，【轮廓】为 -3；在【参数】卷展栏中选中【曲面】选项组中的【曲线侧面】单选按钮，设置【分段】为 3，并在场景中调整模型的位置，如图 6-262 所示。

(8) 确定新创建的图形处于选中状态，选择【选择并移动】工具并配合 Shift 键，对其进行移动复制，如图 6-263 所示。

(9) 激活【前】视图，选择【线】工具，在【前】视图中绘制一条线段，在【渲染】卷展栏中选中【在渲染中启用】和【在视口中启用】复选框，将【厚度】设置为 6，将其命名为"横撑 001"，在场景中调整图形的位置，如图 6-264 所示。

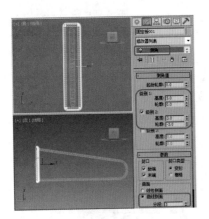

图 6-262　设置倒角参数

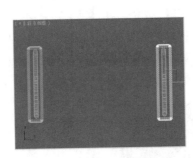

图 6-263　复制图形

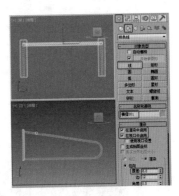

图 6-264　创建"横撑 01"

(10) 确定新创建的图形处于选中状态，对图形进行多次复制，并调整复制后图形的位置，完成后的效果如图 6-265 所示。

(11) 选择工具栏中的【材质编辑器】工具，打开【材质编辑器】对话框，单击【获取材质】按钮，打开【材质 / 贴图浏览器】对话框，选中【浏览自】选项组中的【材质库】单选按钮，单击【打开】按钮，在弹出的对话框中选择随书附带光盘的 Scene \ Cha06 \ 毛巾架 .mat 文件，单击【打开】按钮，如图 6-266 所示。

(12) 将材质拖曳到【材质编辑器】中的样本球上，在场景中按 H 键，在弹出的对话框中选择所有的对象，单击【确定】按钮，再单击【将材质指定给选定的对象】按钮，将材质指定给场景中选中的对象，如图 6-267 所示。

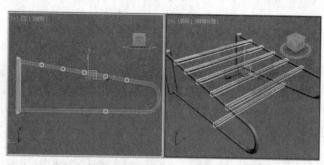

图 6-265　复制并调整横撑

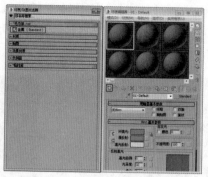

图 6-266　在材质库中打开材质

(13) 激活【前】视图，选择【创建】|【几何体】|【长方体】命令，在【前】视图中创建一个长方体，在【名称和颜色】卷展栏中将颜色定义为白色，在【参数】卷展栏中将【长度】、【宽度】和【高度】分别设置为450、700和0。在【顶】视图中调整图形的位置，如图 6-268 所示。

(14) 选择菜单【导入】|【合并】命令，打开随书附带的 CDROM \ Sence \ Cha06 \ 毛巾架背景模型 .max 文件，打开后选择导入全部模型，单击【确定】按钮，最后调整创作的毛巾架模型位置，如图 6-269 所示。

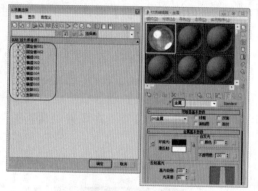

图 6-267　选择对象并指定材质

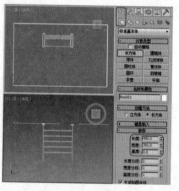

图 5-268　创建地板

图 6-269　创建摄影机

(15) 选择【创建】|【摄影机】|【目标】命令，在【顶】视图中创建【摄影机】对象，然后在场景中调整其位置，激活【透视】视图，按 C 键，将【透视】视图转换为【摄影机】视图，如图 6-270 所示。

(16) 按 F10 键，弹出【渲染设置】对话框，将【输出大小】定义设置为 640×480，单击 640×480 按钮，最后渲染出图，保存即可，如图 6-271 所示。

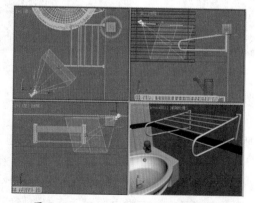

图 6-270　添加安全框并设置输出大小

图 6-271　设置输出

室内效果图精研

本章重点

- 使用二维图形制作客餐厅
- 制作电视墙
- 制作天花板
- 制作踢脚线

- 为对象添加材质
- 添加摄影机及灯光
- 渲染输出

本章将介绍如何制作家装效果图，效果如图 7-1 所示。通过本章的学习，不仅可以使读者对前面所学的知识进行巩固，还可以了解制作家装效果图的流程。

图 7-1　家装效果图

案例精讲 072　使用二维图形制作客餐厅

　　在制作室内框架之前，首先要导入 CAD 图纸，然后使用【线】工具绘制墙体轮廓，再通过为线添加【挤出】等修改器来对框架进行调整，其具体操作步骤如下。

案例文件：CDROM \ Scenes \Cha07\ 客餐厅表现 OK. max
视频文件：视频教学 \ Cha07\ 使用二维图形制作客餐厅 . av

　　(1) 新建一个空白场景，单击应用程序按钮，在弹出的下拉列表中选择【导入】|【导入】命令，如图 7-2 所示。
　　(2) 在弹出的【选择要导入的文件】对话框中选择随书附带光盘中的 CDROM|Scenes|Cha07| 客餐厅 .DWG 素材文件，如图 7-3 所示。
　　(3) 单击【打开】按钮，在弹出的对话框中选中【几何体选项】选项组中的【焊接附近顶点】复选框，如图 7-4 所示。

图 7-2　选择【导入】命令

图 7-3　选择素材文件

图 7-4　选中【焊接附近顶点】复选框

　　(4) 单击【确定】按钮，按 Ctrl+A 组合键，选中所有对象，选择菜单栏中的【组】|【组】命令，如图 7-5 所示。
　　(5) 在弹出的对话框中将【组名】设置为"图纸"，单击【确定】按钮，在成组后的对象上右击鼠标，在弹出的快捷菜单中选择【冻结当前选择】命令，如图 7-6 所示。
　　(6) 选择菜单栏中的【自定义】|【自定义用户界面】命令，如图 7-7 所示。

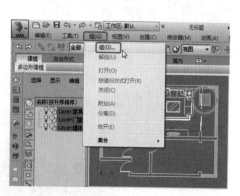

图 7-5　选择【组】命令

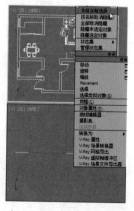

图 7-6　选择【冻结当前选择】命令

图 7-7　选择【自定义用户界面】命令

(7) 在弹出的对话框中选择【颜色】选项卡，将【元素】定义为【几何体】，在其下方的列表框中选择【冻结】选项，将【颜色】的 RGB 值设置为 245、136、154，如图 7-8 所示。

(8) 设置完成后，单击【立即应用颜色】按钮，然后将该对话框关闭即可，再在菜单栏中选择【自定义】选项卡，在弹出的下拉列表中选择【单位设置】命令，如图 7-9 所示。

(9) 在弹出的对话框中选中【公制】单选按钮，将其下方的选项设置为【毫米】，单击【系统单位设置】按钮，在弹出的【系统单位设置】对话框中将【单位】设置为【毫米】，如图 7-10 所示。

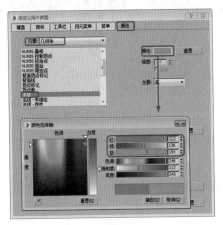

图 7-8 设置冻结颜色

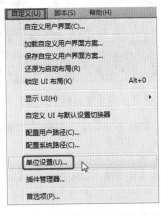

图 7-9 选择【单位设置】命令

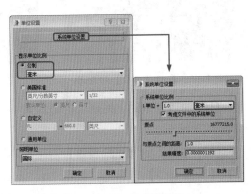

图 7-10 设置系统单位

(10) 设置完成后，单击两次【确定】按钮完成设置，打开 2.5 维捕捉开关，右击该按钮，在弹出的对话框中选择【捕捉】选项卡，仅选中【顶点】复选框，如图 7-11 所示。

(11) 再在该对话框中选择【选项】选项卡，在【百分比】选项组中选中【捕捉到冻结对象】复选框，在【平移】选项组中选中【使用轴约束】复选框，如图 7-12 所示。

(12) 设置完成后，将该对话框关闭，选择【创建】 |【图形】 |【线】命令，在【顶】视图中绘制墙体封闭图形，将其命名为"墙体"，并为其指定一种颜色，如图 7-13 所示。

图 7-11 选中【顶点】复选框

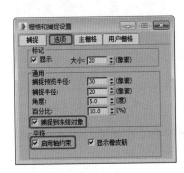

图 7-12 设置捕捉选项

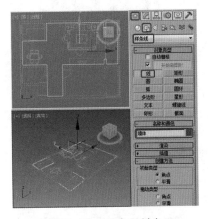

图 7-13 绘制闭合的样条线

(13) 按 S 键关闭捕捉开关，确认该对象处于选中状态，切换至【修改】命令面板，在【修改器列表】中选择【挤出】修改器，在【参数】卷展栏中将【数量】设置为 2700mm，如图 7-14 所示。

(14) 继续选中该对象，右击鼠标，在弹出的快捷菜单中选择【转换为】|【转换为可编辑多边形】命令，如图 7-15 所示。

(15) 将当前选择集定义为【元素】，在视图中选择整个元素，在【编辑元素】卷展栏中单击【翻转】按钮，如图 7-16 所示。

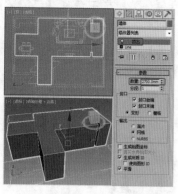

图 7-14　添加【挤出】修改器

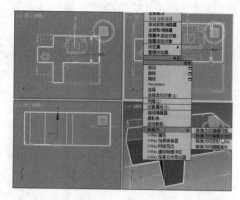

图 7-15　选择【转换为可编辑多边形】命令

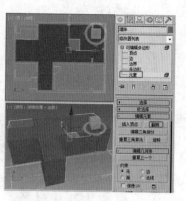

图 7-16　翻转元素

(16) 翻转完成后，关闭当前选择集，再在该对象上右击鼠标，在弹出的快捷菜单中选择【对象属性】命令，如图 7-17 所示。

(17) 在弹出的【对象属性】对话框中选择【常规】选项卡，在【显示属性】选项组中单击【按层】按钮，选中【背面消隐】复选框，如图 7-18 所示。

(18) 设置完成后，单击【确定】按钮，按 S 键，打开捕捉开关，选择【创建】|【图形】|【矩形】命令，在【左】视图中捕捉顶点绘制一个矩形，如图 7-19 所示。

图 7-17　选择【对象属性】命令

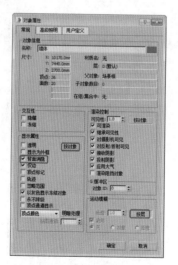

图 7-18　设置对象属性

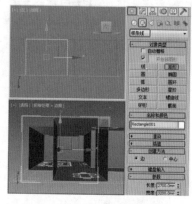

图 7-19　绘制矩形

(19) 确认该对象处于选中状态，右击鼠标，在弹出的快捷菜单中选择【转换为】|【转换为可编辑多边形】命令，如图 7-20 所示。

(20) 使用【选择并移动】工具在视图中调整该对象的位置，调整后的效果如图 7-21 所示。

(21) 继续选中该对象，按 Alt+Q 组合键将其孤立显示，切换至【修改】命令面板，将当前选择集定义为【边】，在视图中选择如图 7-22 所示的两条边。

(22) 在【编辑边】卷展栏中单击【连接】右侧的【设置】按钮，将【分段】设置为 1，如图 7-23 所示。

图 7-20　选择【转换为可编辑多边形】命令

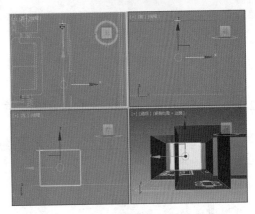

图 7-21　调整对象位置后的效果

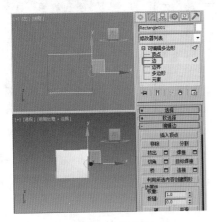

图 7-22　选择边

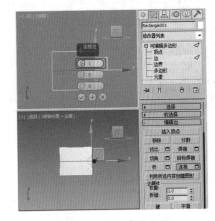

图 7-23　设置连接分段

(23) 设置完成后，单击【确定】按钮◯，将当前选择集定义为【多边形】，在视图中选择如图 7-24 所示的多边形。

(24) 在【编辑多边形】卷展栏中单击【挤出】右侧的【设置】按钮，将【高度】设置为 -240mm，如图 7-25 所示。

(25) 设置完成后，单击【确定】按钮◯，将当前选择集定义为【顶点】，在视图中选择要进行移动的顶点，选择【选择并移动】工具✥，在弹出的对话框中将【绝对：世界】下的 Z 设置为 2200mm，如图 7-26 所示。

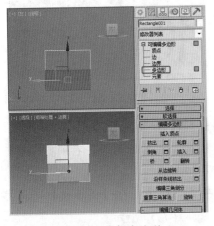

图 7-24　选择多边形

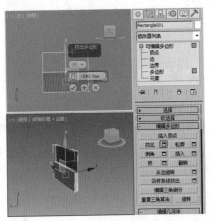

图 7-25　设置挤出参数

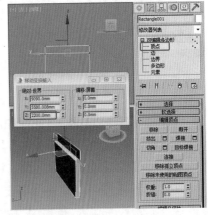

图 7-26　调整顶点的位置

（26）调整完成后，关闭该对话框，将当前选择集定义为【多边形】，在【顶】视图中选择如图 7-27 所示的多边形。

（27）在【编辑多边形】卷展栏中单击【挤出】右侧的【设置】按钮，将【高度】设置为 -500mm，如图 7-28 所示。

（28）设置完成后，单击【确定】按钮，再在视图中选择如图 7-29 所示的多边形。

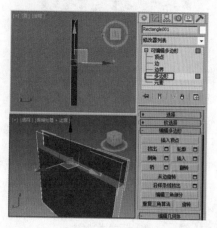
图 7-27　选择多边形

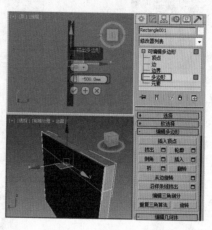
图 7-28　设置挤出高度

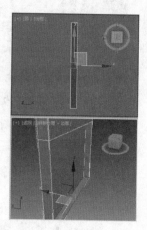
图 7-29　选择多边形

（29）按 Delete 键将选中的多边形删除，然后在视图中选择如图 7-30 所示的多边形，为其指定一种颜色。

（30）在【编辑几何体】卷展栏中单击【分离】按钮，在弹出的【分离】对话框中将多边形命名为"推拉门"，如图 7-31 所示。

（31）设置完成后，单击【确定】按钮，关闭当前选择集，在视图中选择分离后的对象，为其指定一种颜色，将当前选择集定义为【边】，在视图中选择如图 7-32 所示的边。

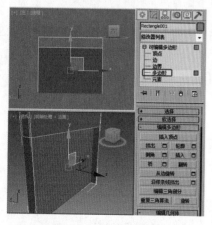
图 7-30　选择多边形

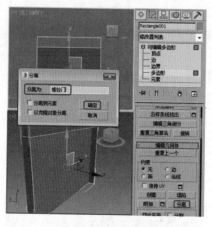
图 7-31　分类对象

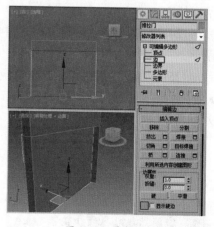
图 7-32　选择边

（32）在【编辑边】卷展栏中单击【连接】右侧的【设置】按钮，将【分段】设置为 3，如图 7-33 所示。

（33）设置完成后，单击【确定】按钮，确认连接后的边处于选中状态，在【编辑边】卷展栏中单击【切角】右侧的【设置】按钮，将【边切角量】设置为 30mm，如图 7-34 所示。

（34）设置完成后，单击【确定】按钮，在【右】视图中选择左右两侧的边，在【编辑边】卷展栏中单击【切角】右侧的【设置】按钮，将【边切角量】设置为 60mm，如图 7-35 所示。

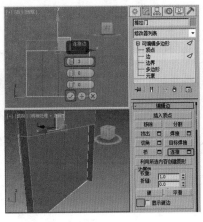

图 7-33　设置连接分段

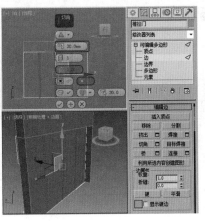

图 7-34　设置边切角量

图 7-35　将边切角量设置为 60

（35）设置完成后，单击【确定】按钮，使用同样的方法将上下的边进行切角，并将【边切角量】设置为 60mm，如图 7-36 所示。

（36）将当前选择集定义为【多边形】，在视图中选择如图 7-37 所示的四个多边形，在【编辑多边形】卷展栏中单击【挤出】右侧的【设置】按钮，将【高度】设置为 -60mm，如图 7-37 所示。

（37）设置完成后，单击【确定】按钮，按 Delete 键将选中的 4 个多边形删除，关闭当前选择集，如图 7-38 所示。

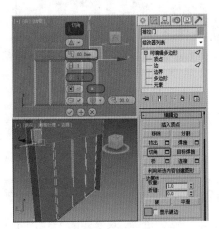

图 7-36　对其他边进行切角

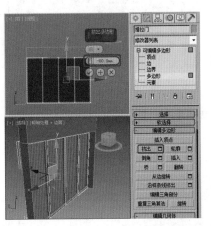

图 7-37　选择多边形并设置挤出高度

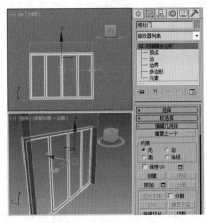

图 7-38　删除多边形并关闭当前选择集

（38）单击按钮退出孤立模式，在视图中选择【墙体】对象，在【编辑几何体】卷展栏中单击【附加】按钮，在视图中拾取 Rectangle001 对象，如图 7-39 所示。

（39）附加完成后，使用【选择并移动】工具在视图中调整【推拉门】对象的位置，调整后的效果如图 7-40 所示。

（40）在视图中选择【墙体】对象，按 Alt+Q 组合键将其孤立显示，切换至【修改】命令面板中，将当前选择集定义为【边】，在视图中选择如图 7-41 所示的三条边。

（41）在【编辑边】卷展栏中单击【连接】右侧的【设置】按钮，将【分段】设置为 2，如图 7-42 所示。

（42）设置完成后，单击【确定】按钮，将当前选择集定义为【多边形】，在视图中选择如图 7-43 所示的多边形。

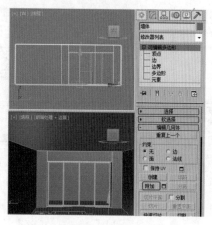

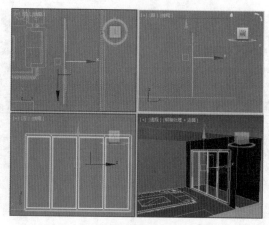

图 7-39　拾取附加对象　　　　　　　　　　　　图 7-40　调整推拉门的位置

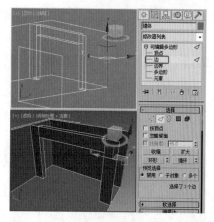

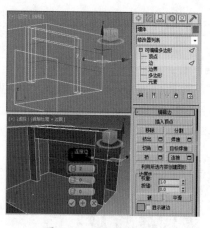

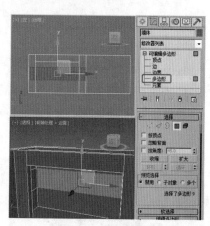

图 7-41　选择边　　　　　　　　图 7-42　设置连接分段　　　　　　　图 7-43　选择多边形

(43) 在【编辑多边形】卷展栏中单击【挤出】右侧的【设置】按钮▣，将【高度】设置为 -240mm，如图 7-44 所示。

▐▐▶提 示

为了方便观察，在此为【墙体】对象指定一个较浅的颜色。

(44) 设置完成后，单击【应用并继续】按钮⊕，使用同样的方法将其他多边形进行挤出，效果如图 7-45 所示。

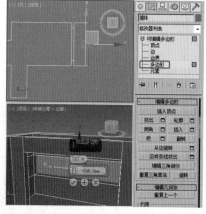

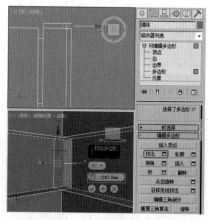

图 7-44　设置挤出高度　　　　　　　　　　　图 7-45　挤出其他多边形

(45) 设置完成后，单击【确定】按钮，在视图中选择如图 7-46 所示的多边形。

(46) 按 Delete 键将选中的多边形删除，删除后的效果如图 7-47 所示。

(47) 将当前选择集定义为【顶点】，在【前】视图中选择如图 7-48 所示的顶点，右击【选择并移动】工具，在弹出的对话框中将【绝对：世界】选项组中的 Z 设置为 600mm，如图 7-48 所示。

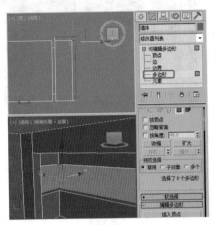

图 7-46　选择多边形

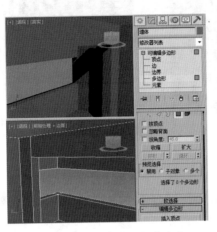

图 7-47　删除多边形后的效果

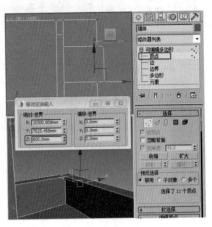

图 7-48　选择顶点并调整其位置

(48) 在【前】视图中选择如图 7-49 所示的顶点，在【移动变换输入】对话框中的【绝对：世界】选项组中将 Z 设置为 2400mm，如图 7-49 所示。

(49) 设置完成后，关闭当前选择集，关闭【移动变换输入】对话框，选择【创建】|【图形】|【矩形】命令，在【左】视图中绘制一个矩形，在【参数】卷展栏中将【长度】、【宽度】分别设置为 1800mm、4290mm，如图 7-50 所示。

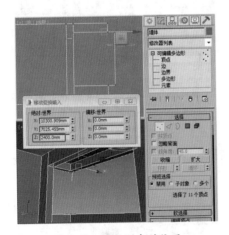

图 7-49　调整顶点的位置

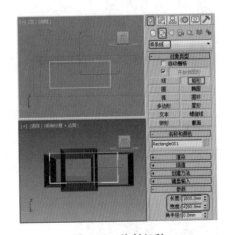

图 7-50　绘制矩形

(50) 使用【选择并移动】工具在视图中调整该对象的位置，调整后的效果如图 7-51 所示。

(51) 继续选中该矩形，右击鼠标，在弹出的快捷菜单中选择【转换为】|【转换为可编辑多边形】命令，如图 7-52 所示。

(52) 切换至【修改】命令面板，将当前选择集定义为【边】，在【左】视图中选择左右两侧的边，在【编辑边】卷展栏中单击【连接】右侧的【设置】按钮，将【分段】设置为 2，如图 7-53 所示。

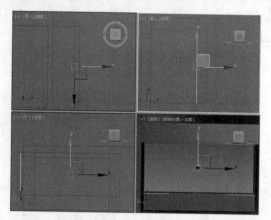

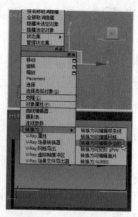

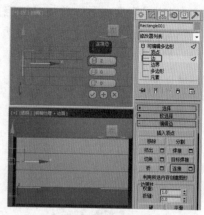

图 7-51　调整对象位置后的效果　　　　　图 7-52　选择【转换为　　　　　图 7-53　设置连接分段
　　　　　　　　　　　　　　　　　　　　可编辑多边形】命令

(53) 设置完成后，单击【确定】按钮⊘，使用【选择并移动】工具选择如图 7-54 所示的边，右击【选择并移动】工具✛，在弹出的对话框中将【绝对：世界】选项组中的 Z 设置为 2360mm，如图 7-54 所示。

(54) 再在视图中选择如图 7-55 所示的边，在【移动变换输入】对话框中的【绝对：世界】选项组中将 Z 设置为 640mm，如图 7-55 所示。

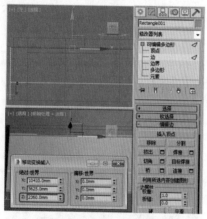

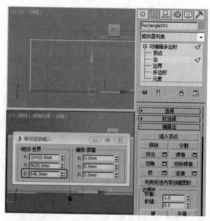

图 7-54　调整边的位置　　　　　　　　　　　　　图 7-55　将边的位置设置为 640

(55) 关闭【移动变换输入】对话框，在视图中按住 Ctrl 键在【左】视图中选择上下的边，如图 7-56 所示。

(56) 在【编辑边】卷展栏中单击【连接】右侧的【设置】按钮□，将【分段】设置为 2，如图 7-57 所示。

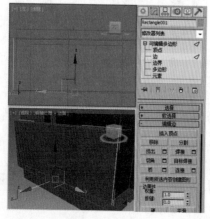

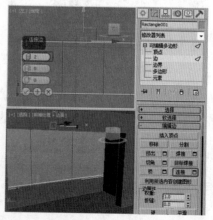

图 7-56　选择边　　　　　　　　　　　　　　图 7-57　设置连接分段

(57) 设置完成后，单击【确定】按钮✅，按住 Alt 键减去右侧选中的边，右击【选择并移动】工具⊕，在弹出的对话框中将【绝对：世界】选项组中的 Y 设置为 7730mm，如图 7-58 所示。

(58) 在视图中选择右侧的边，在【移动变换输入】对话框中的【绝对：世界】选项组中将 Y 设置为 3520mm，如图 7-59 所示。

(59) 调整完成后，关闭【移动变换输入】对话框，将当前选择集定义为【多边形】，在【左】视图中选择如图 7-60 所示的多边形，在【编辑多边形】卷展栏中单击【挤出】右侧的【设置】按钮▢，将【高度】设置为 -80mm，如图 7-60 所示。

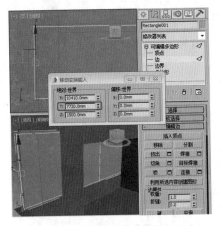
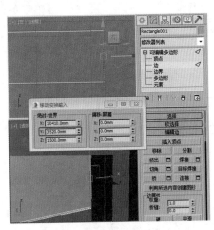

图 7-58　调整左侧直线的位置　　　　图 7-59　调整右侧直线的位置　　　　图 7-60　设置挤出高度

(60) 设置完成后，单击【确定】按钮✅，继续选中该多边形，按 Delete 键将选中的多边形删除，效果如图 7-61 所示。

(61) 选择【创建】|【图形】|【矩形】命令，在【左】视图中创建一个矩形，在【参数】卷展栏中将【长度】、【宽度】分别设置为 1720mm、1052.5mm，如图 7-62 所示。

(62) 使用【选择并移动】工具⊕在视图中调整该矩形的位置，调整后的效果如图 7-63 所示。

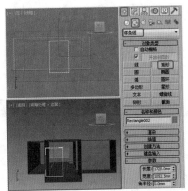
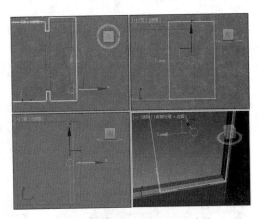

图 7-61　删除选中的多边形　　　　图 7-62　绘制矩形　　　　图 7-63　调整矩形位置后的效果

(63) 为矩形指定一种颜色，在【修改器列表】中选择【挤出】修改器，在【参数】卷展栏中将【数量】设置为 -40mm，如图 7-64 所示。

(64) 继续选中该对象，右击鼠标，在弹出的快捷菜单中选择【转换为】|【转换为可编辑多边形】命令，如图 7-65 所示。

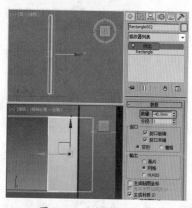

图 7-64　设置挤出数量

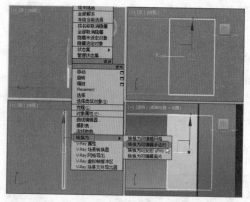

图 7-65　选择【转换为可编辑多边形】命令

(65) 切换至【修改】命令面板，将当前选择集定义为【边】，在【左】视图中选择如图 7-66 所示的边。

(66) 在【编辑边】卷展栏中单击【连接】右侧的【设置】按钮，将【分段】设置为 2，如图 7-67 所示。

(67) 按住 Alt 键减去下方选择的直线，右击【选择并移动】工具，在弹出的对话框中将【绝对：世界】下的 Z 设置为 2320mm，如图 7-68 所示。

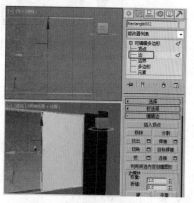

图 7-66　选择边

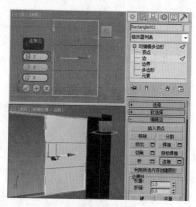

图 7-67　设置连接分段

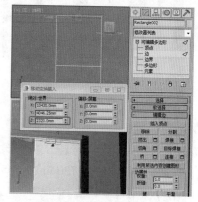

图 7-68　移动直线的位置

(68) 在视图中选择如图 7-69 所示的直线，在【移动变换输入】对话框中将【绝对：世界】下的 Z 设置为 680mm，如图 7-69 所示。

(69) 调整完成后，使用相同的方法将上下直线进行连接，并调整连接后的线段的位置，效果如图 7-70 所示。

(70) 将当前选择集定义为【多边形】，在【左】视图中选择如图 7-71 所示的多边形。

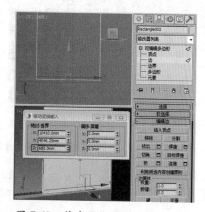

图 7-69　将直线位置设置为 680mm

图 7-70　连接直线并调整其位置

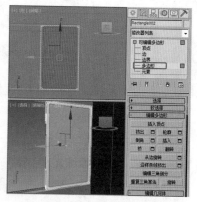

图 7-71　选择多边形

(71) 在【编辑多边形】卷展栏中单击【挤出】右侧的【设置】按钮▢，将【高度】设置为 -40mm，如图 7-72 所示。

(72) 设置完成后，单击【确定】按钮✓，确认该多边形处于选中状态，按住 Ctrl 键，在【右】视图中选择如图 7-73 所示的多边形，按 Delete 键将其删除，效果如图 7-73 所示。

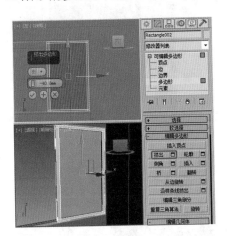

图 7-72　设置挤出高度

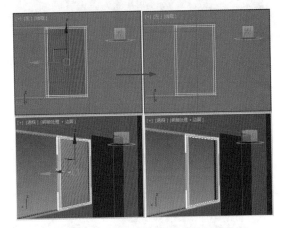

图 7-73　选中多边形并将其删除

(73) 关闭当前选择集，继续选中该对象，使用【选择并移动】工具在【左】视图中按住 Shift 键沿 X 轴向左移动，在弹出的对话框中选中【复制】单选按钮，将【副本数】设置为 3，如图 7-74 所示。

(74) 设置完成后，单击【确定】按钮，在视图中调整克隆对象的位置，调整后的效果如图 7-75 所示。

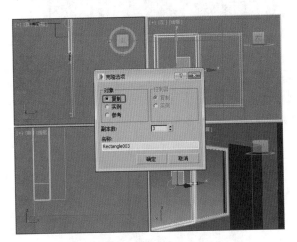

图 7-74　设置克隆参数

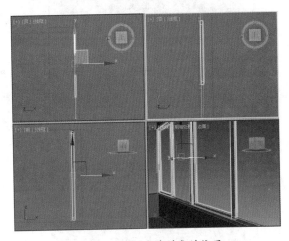

图 7-75　调整克隆对象的位置

(75) 退出孤立模式，使用同样的方法制作另一侧的窗框，并在视图中调整窗框的位置，如图 7-76 所示。

(76) 在视图中选中所有窗框，在菜单栏中单击【组】按钮，在弹出的下拉列表中选择【成组】命令，在弹出的对话框中将【组名】设置为"窗框"，如图 7-77 所示。

(77) 设置完成后，单击【确定】按钮，在视图中选择【墙体】对象，切换至【修改】命令面板，将当前选择集定义为【边】，根据前面所介绍的方法，创建 4 条边，在视图中创建如图 7-78 所示的边。

(78) 在【编辑边】卷展栏中单击【连接】右侧的【设置】按钮，将【分段】设置为 1，如图 7-79 所示。

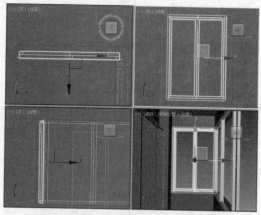

图 7-76　制作其他窗框并调整其位置

图 7-77　设置组名

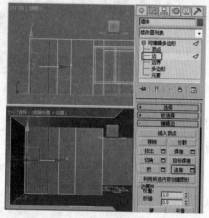

图 7-78　选择边

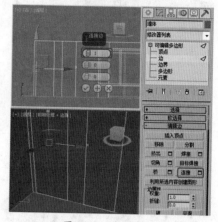

图 7-79　设置分段

(79) 设置完成后，单击【确定】按钮，再在视图中选择如图 7-80 所示的边。

(80) 在【编辑边】卷展栏中单击【连接】右侧的【设置】按钮，将【分段】设置为 1，设置完成后，单击【确定】按钮，将当前选择集定义为【顶点】，在视图中选择如图 7-81 所示的顶点。

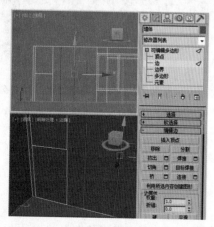

图 7-80　选择边

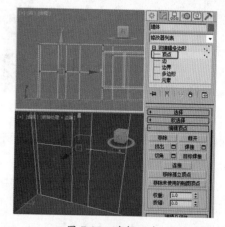

图 7-81　选择顶点

(81) 在工具栏中右击【选择并移动】工具，在弹出的对话框中将【绝对：世界】下的 Z 设置为 2000mm，如图 7-82 所示。

(82) 调整完成后，关闭该对话框，将当前选择集定义为【多边形】，在视图中选择如图 7-83 所示的多边形。

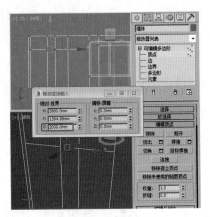

图 7-82 调整顶点的位置

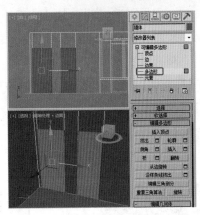

图 7-83 选择多边形

(83) 在【编辑多边形】卷展栏中单击【挤出】右侧的【设置】按钮□，将【高度】设置为 -240mm，如图 7-84 所示。

(84) 设置完成后，单击【确定】按钮☑，按住 Ctrl 键在视图中选择如图 7-85 所示的多边形。

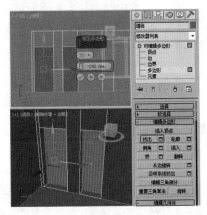

图 7-84 设置挤出高度

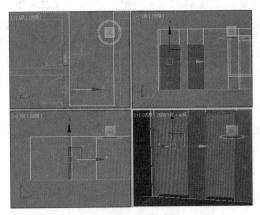

图 7-85 选择多边形

(85) 按 Delete 键将选中的多边形删除，删除后的效果如图 7-86 所示。

(86) 关闭当前选择集，选择【创建】|【图形】|【矩形】命令，在【顶】视图中绘制一个矩形，在【参数】卷展栏中将【长度】、【宽度】分别设置为 256mm、79mm，如图 7-87 所示。

图 7-86 删除多边形后的效果

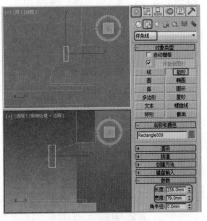

图 7-87 绘制矩形

(87) 继续选中该对象，切换至【修改】命令面板，在【修改器列表】中选择【编辑样条线】修改器，将当前选择集定义为【顶点】，按 Ctrl+A 组合键选中所有顶点，右击鼠标，在弹出的快捷菜单中选择【角点】命令，如图 7-88 所示。

(88) 在【几何体】卷展栏中单击【优化】按钮，在视图中对矩形进行优化，并调整优化后的顶点，效果如图 7-89 所示。

(89) 选择【创建】 ■|【图形】 ■|【线】命令，在【左】视图中捕捉门洞顶点绘制一条样条线，将其命名为"门框 01"，为其指定一种颜色，如图 7-90 所示。

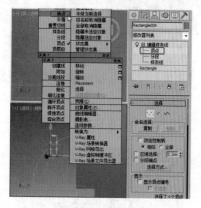

图 7-88　选择【角点】命令

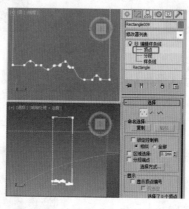

图 7-89　对顶点进行优化并调整

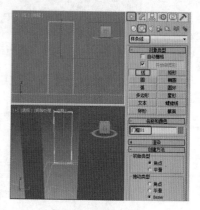

图 7-90　绘制样条线

(90) 切换至【修改】命令面板，在【修改器列表】中选择【倒角剖面】修改器，在【参数】卷展栏中单击【拾取剖面】按钮，在视图中拾取前面所绘制的矩形作为剖面对象，如图 7-91 所示。

(91) 使用【选择并移动】工具 ■ 在视图中调整门框的位置，调整后的效果如图 7-92 所示。

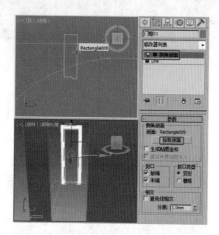

图 7-91　拾取剖面对象

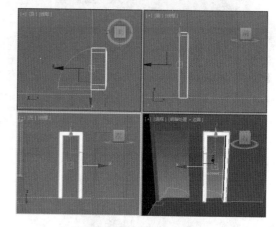

图 7-92　调整门框位置后的效果

(92) 使用【选择并移动】工具在【顶】视图中按住 Shift 键沿 Y 轴向下进行移动，在弹出的对话框中选中【复制】单选按钮，如图 7-93 所示。

(93) 设置完成后，单击【确定】按钮，在视图中调整该对象的位置，切换至【修改】命令面板，在【修改器列表】中选择【编辑多边形】修改器，将当前选择集定义为【顶点】，在视图中调整顶点的位置，效果如图 7-94 所示，调整完成后，关闭当前选择集即可。

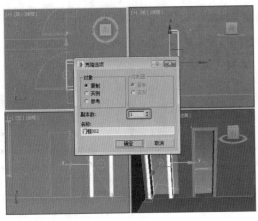

图7-93 设置克隆参数

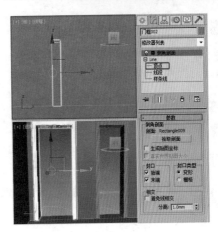

图7-94 调整顶点的位置

案例精讲 073 制作电视墙

室内框架制作完成后,接下来将介绍如何制作电视背景墙,其具体操作步骤如下。

> 案例文件:CDROM \ Scenes \Cha07\ 客餐厅表现 OK.max
>
> 视频文件:视频教学 \ Cha07 \ 制作电视墙.avi

(1) 选择【创建】███|【几何体】◯|【平面】命令,在【前】视图中捕捉顶点绘制一个平面,如图 7-95 所示。

(2) 继续选中该对象,切换至【修改】命令面板,将其命名为"电视墙",为其指定一个颜色,在【参数】卷展栏中将【长度】、【宽度】、【长度分段】、【宽度分段】分别设置为 2380mm、4150mm、5、8,在视图中调整该对象的位置,效果如图 7-96 所示。

(3) 再在该对象上右击鼠标,在弹出的快捷菜单中选择【转换为】|【转换为可编辑多边形】命令,如图 7-97 所示。

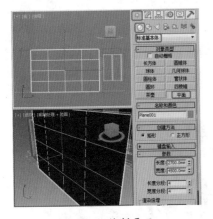

图7-95 绘制平面

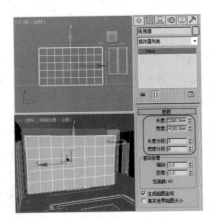

图7-96 修改平面参数

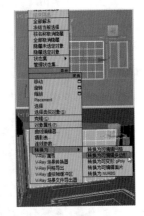

图7-97 选择【转换为可编辑多边形】命令

(4) 将当前选择集定义为【元素】,在视图中选择整个元素,在【编辑元素】卷展栏中单击【翻转】按钮,如图 7-98 所示。

(5) 翻转完成后,将当前选择集定义为【边】,在视图中选中如图 7-99 所示的边。

(6) 在【编辑边】卷展栏中单击【切角】右侧的【设置】按钮▣,将【边切角量】设置为 5mm,如图 7-100 所示。

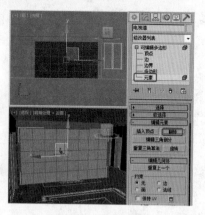
图 7-98　翻转元素

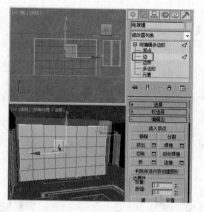
图 7-99　选择边

图 7-100　设置边切角量

（7）将当前选择集定义为【多边形】，在视图中按住 Ctrl 键选择如图 7-101 所示的多边形。

（8）在【编辑多边形】卷展栏中单击【倒角】右侧的【设置】按钮，将【高度】设置为 10mm，【轮廓】设置为 0mm，如图 7-102 所示。

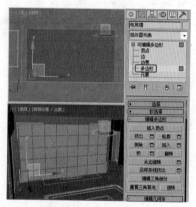
图 7-101　选择多边形

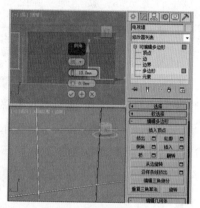
图 7-102　设置倒角值

（9）单击【应用并继续】按钮，然后再将【高度】设置为 5mm，【轮廓】设置为 -5mm，如图 7-103 所示。

（10）设置完成后，单击【确定】按钮，关闭当前选择集，选择【创建】|【图形】|【矩形】命令，在【顶】视图中捕捉顶点绘制一个矩形，为其指定一种颜色，在【参数】卷展栏中将【长度】、【宽度】分别设置为 136mm、175mm，并在视图中调整其位置，如图 7-104 所示。

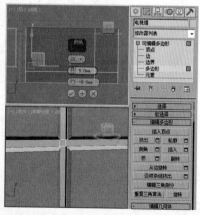
图 7-103　应用并继续设置倒角参数

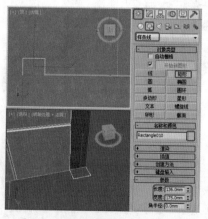
图 7-104　绘制矩形并调整其参数

(11) 确定该对象处于选中状态，切换至【修改】命令面板，在【修改器列表】中选择【编辑样条线】修改器，将当前选择集定义为【顶点】，按 Ctrl+A 组合键选中所有顶点，右击鼠标，在弹出的快捷菜单中选择【角点】命令，如图 7-105 所示。

(12) 在【几何体】卷展栏中单击【优化】按钮，在视图中对矩形进行优化，并使用【选择并移动】工具 对顶点进行调整，效果如图 7-106 所示。

图 7-105 选择【角点】命令

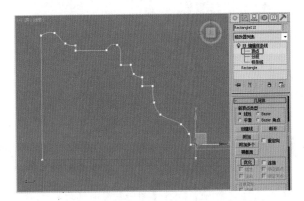

图 7-106 对矩形优化并对顶点进行调整

(13) 关闭当前选择集，选择【创建】 |【图形】 |【线】命令，在【前】视图中捕捉电视墙的轮廓绘制一条样条线，将其命名为"电视装饰线"，为其指定一种颜色，如图 7-107 所示。

(14) 继续选中该对象，切换至【修改】命令面板，在【修改器列表】中选择【倒角剖面】修改器，在【参数】卷展栏中单击【拾取剖面】按钮，在【顶】视图中拾取前面所调整的矩形，如图 7-108 所示。

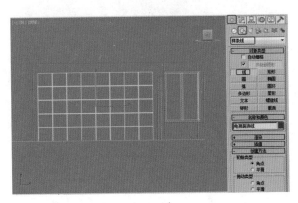

图 7-107 绘制样条线

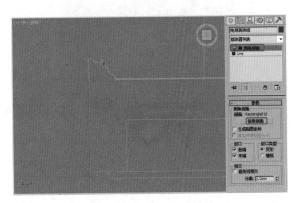

图 7-108 拾取剖面对象

(15) 确认该对象处于选中状态，激活【顶】视图，在工具栏中单击【镜像】按钮，在弹出的对话框中选中 Y 单选按钮，如图 7-109 所示。

(16) 单击【确定】按钮，在视图中调整该对象的位置，切换至【修改】命令面板，在【修改器列表】中选择【编辑多边形】修改器，将当前选择集定义为【顶点】，在视图中调整顶点的位置，效果如图 7-110 所示。调整完成后，关闭当前选择集即可。

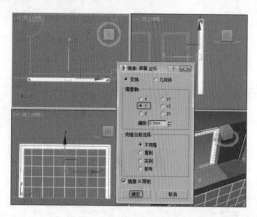

图 7-109　选择镜像轴

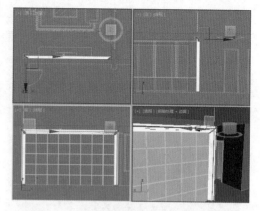

图 7-110　调整对象及顶点的位置

案例精讲 074　制作天花板

下面将介绍如何制作天花板，其具体操作步骤如下：

> 案例文件：CDROM ＼ Scenes ＼Cha07＼ 客餐厅表现 OK.max
>
> 视频文件：视频教学 ＼ Cha07 ＼ 制作天花板 .avi

(1) 选择【创建】　|【图形】　|【线】命令，在【顶】视图中捕捉墙体的顶点绘制一条闭合的样条线，将其命名为"天花板"，为其指定一种颜色，在【前】视图中调整位置，如图 7-111 所示。

(2) 选择【创建】　|【图形】　|【圆】命令，取消选中【开始新图形】复选框，在【顶】视图中绘制一个圆，如图 7-112 所示。

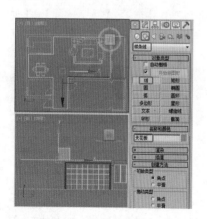

图 7-111　绘制闭合样条线

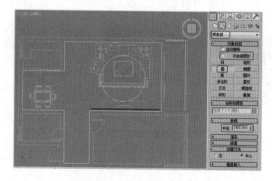

图 7-112　绘制圆

(3) 继续选中该对象，切换至【修改】命令面板中，将当前选择集定义为【顶点】，在【顶】和【前】视图中调整顶点的位置，调整后的效果如图 7-113 所示。

(4) 关闭当前选择集，在【修改器列表】中选择【挤出】修改器，在【参数】卷展栏中将【数量】设置为 60mm，在视图中调整该对象的位置，如图 7-114 所示。

(5) 选择【创建】|【图形】|【线】命令，在【左】视图中创建一个矩形，切换至【修改】命令面板，将当前选择集定义为【顶点】，在场景中调整顶点位置，如图 7-115 所示。

(6) 选择【创建】|【图形】|【圆】命令，在【顶】视图中创建圆，切换至【修改】命令面板，将【半径】设置为 1455mm，展开【差值】卷展栏，将【步数】设置为 16，如图 7-116 所示。

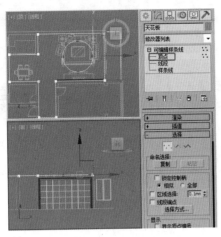

图 7-113　调整顶点的位置

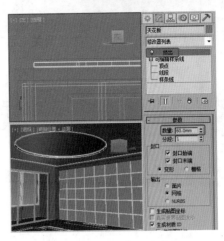

图 7-114　添加挤出修改器

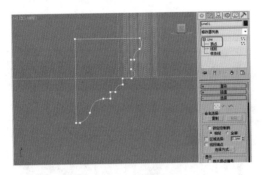

图 7-115　绘制线

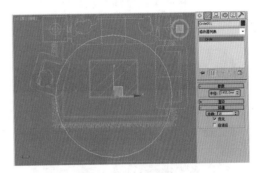

图 7-116　创建圆并设置参数

(7) 在【修改器列表】中选择【倒角剖面】修改器，在【参数】卷展栏中单击【拾取剖面】按钮，在【左】视图中选择 Line01 对象，效果如图 7-117 所示。

(8) 倒角剖面后的效果如图 7-118 所示。

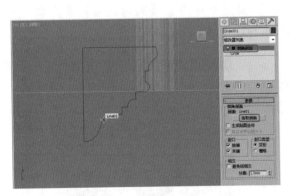

图 7-117　拾取剖面对象

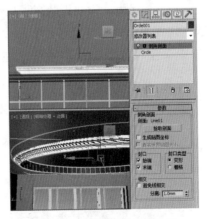

图 7-118　倒角剖面后的效果

(9) 选择【创建】|【图形】|【矩形】命令，切换至【修改】命令面板，在【参数】卷展栏中将【长度】和【宽度】设置为 33mm，如图 7-119 所示。

(10) 添加【编辑样条线】修改器，将当前选择集定义为【顶点】，按 Ctrl+A 组合键，选择所有的顶点，效果如图 7-120 所示。

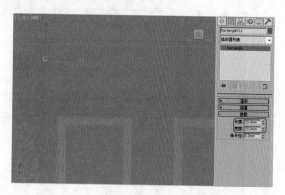

图 7-119　绘制矩形

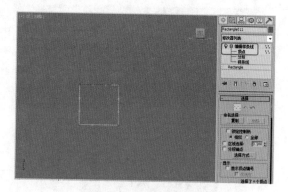

图 7-120　选择顶点

(11) 单击鼠标右键，在弹出的快捷菜单中选择【角点】选项，如图 7-121 所示。

(12) 对图形添加【编辑样条线】修改器，将当前选择集定义为【顶点】，在视图中调整顶点的位置，调整后的效果如图 7-122 所示。

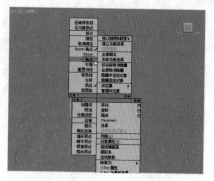

图 7-121　选择【角点】选项

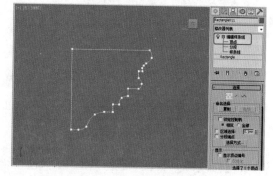

图 7-122　调整顶点的位置

(13) 选择【创建】 |【图形】 |【线】命令，在【顶】视图中捕捉天花板外轮廓的顶点，绘制一条闭合的样条线，将其命名为"天花板装饰线 002"，如图 7-123 所示。

(14) 选中该图形，切换至【修改】命令面板，在修改器下拉列表中选择【倒角剖面】修改器，在【参数】卷展栏中单击【拾取剖面】按钮，在视图中拾取如图 7-124 所示的对象。

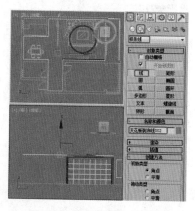

图 7-123　绘制闭合样条线

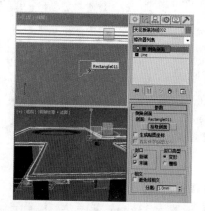

图 7-124　拾取剖面对象

(15) 在视图中调整【天花板装饰线 002】对象的位置，在【修改器列表】中选择【编辑多边形】修改器，将当前选择集定义为【顶点】，在视图中调整顶点的位置，效果如图 7-125 所示。

(16) 关闭当前选择集，在视图中选择【电视装饰线】对象，将当前选择集定义为【顶点】，在【前】视图中调整顶点的位置，调整后的效果如图 7-126 所示，调整完成后，关闭当前选择集即可。

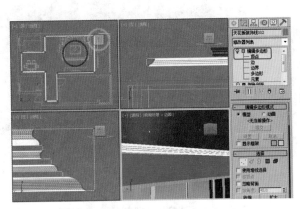

图 7-125　调整对象及顶点的位置

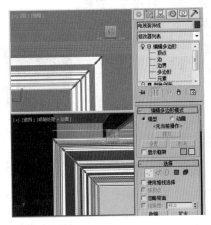

图 7-126　调整顶点的位置

案例精讲 075　制作踢脚线

本案例将介绍如何为墙体添加踢脚线，其具体操作步骤如下：

案例文件：CDROM \ Scenes \Cha07\ 客餐厅表现 OK.max

视频文件：视频教学 \ Cha07\ 制作踢脚线 .avi

(1) 在视图中选择【墙体】对象，按 Alt+Q 组合键将其孤立显示，切换至【修改】命令面板中，将当前选择集定义为【多边形】，按 Ctrl+A 组合键选中所有多边形，如图 7-127 所示。

(2) 在【编辑几何体】卷展栏中单击【切片平面】按钮，在工具栏中右击【选择并移动】工具，在弹出的对话框中将【绝对：世界】下的 Z 设置为 100mm，如图 7-128 所示。

(3) 单击【切片】按钮，再次单击【切片平面】按钮，将其关闭，关闭【移动变换输入】对话框，在视图中选择如图 7-129 所示的多边形。

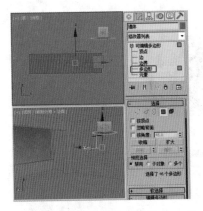

图 7-127　选择多边形

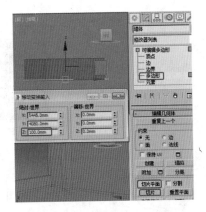

图 7-128　设置切片位置

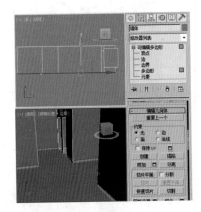

图 7-129　选择多边形

(4) 在【编辑多边形】卷展栏中单击【挤出】右侧的【设置】按钮，将挤出类型设置为【按多边形】，将【高度】设置为 8，如图 7-130 所示。

(5) 单击【应用并继续】按钮，在视图中对墙体所有拐角处的缺口进行挤出，效果如图 7-131 所示。

（6）挤出完成后，在视图中查看挤出效果，如图 7-132 所示，然后关闭当前选择集即可。

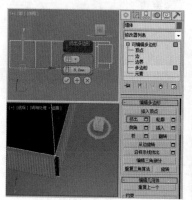

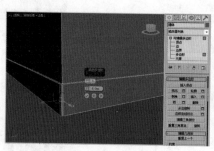

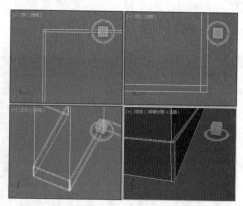

图 7-130　设置挤出参数　　　　图 7-131　对缺口处的多边形进行挤出　　　　图 7-132　对缺口进行挤出后的效果

案例精讲 076　为对象添加材质

材质可以看成是材料和质感的结合。在渲染程序中，它是表面各可视属性的结合，这些可视属性是指表面的色彩、纹理、光滑度、透明度、反射率、折射率、发光度等。为对象添加材质的具体操作步骤如下：

案例文件：CDROM ＼ Scenes ＼Cha07＼ 客餐厅表现 OK.max

视频文件：视频教学 ＼ Cha07 ＼ 为对象添加材质 .avi

（1）按 F10 键，在弹出的对话框中选择【公用】选项卡，在【指定渲染器】卷展栏中单击【产品级】右侧的【选择渲染器】按钮，在弹出的对话框中选择 V-Ray Adv 3.00.08 选项，如图 7-133 所示。

（2）单击【确定】按钮，将【渲染设置】对话框关闭，继续选中【墙体】对象，按 M 键，在弹出的对话框中选择一个材质样本球，将其命名为"白色乳胶漆"，单击 Standard 按钮，在弹出的对话框中选择 VRayMtl 选项，如图 7-134 所示。

图 7-133　选择渲染器

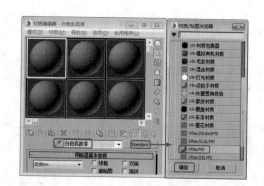

图 7-134　选择 VRayMtl 选项

（3）单击【确定】按钮，在【基本参数】卷展栏中将【漫反射】选项组中的【漫反射】颜色的 RGB 值设置为 245、245、245，将【反射】选项组中的【反射】的 RGB 值设置为 25、25、25，单击【高光光泽度】右侧的 L 按钮，将【高光光泽度】设置为 0.25，在【选项】卷展栏中取消选中【跟踪反射】复选框，如图 7-135 所示。

(4) 单击【将材质指定给选定对象】按钮 🔳 和【视口中显示明暗处理材质】按钮 🔳，指定材质后的效果如图 7-136 所示。

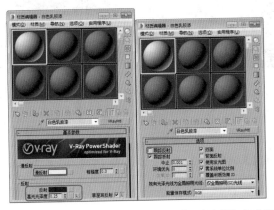

图 7-135　设置基本参数并取消选中【跟踪反射】复选框

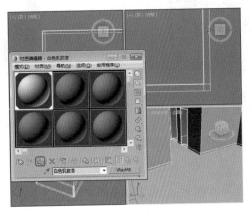

图 7-136　指定材质后的效果

(5) 在【材质编辑器】对话框中选择【白色乳胶漆】材质球，按住鼠标将其拖曳至一个新的材质样本球上，将复制后的材质命名为"地板"，在【基本参数】卷展栏中将【反射】选项组中的【高光光泽度】和【反射光泽度】均设置为 0.85，取消选中【菲涅耳反射】复选框，如图 7-137 所示。

(6) 展开【选项】卷展栏，选中【选项】复选框，将【中止】设置为 0.01，如图 7-138 所示。

(7) 在【贴图】卷展栏中单击【漫反射】右侧的【材质】按钮，在【位图参数】卷展栏中单击【位图】右侧的【材质】按钮，在弹出的对话框中选择【地砖.jpg】位图图像文件，如图 7-139 所示。

图 7-137　设置样本球参数

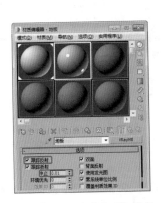

图 7-138　设置【选项】参数

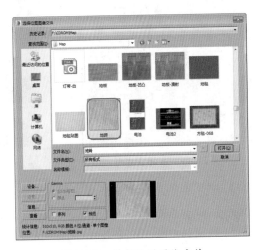

图 7-139　选择位图图像文件

(8) 单击【打开】按钮，在【位图参数】卷展栏中选中【裁剪/放置】选项组中的【应用】复选框，将 W、H 分别设置为 0.334、0.332，单击【转到父对象】按钮 🔳，在【贴图】卷展栏中将【凹凸】右侧的【数量】设置为 20，如图 7-140 所示。

(9) 在【贴图】卷展栏中单击【反射】右侧的【无】按钮，在弹出的对话框中选择【衰减】选项，如图 7-141 所示。

(10) 单击【确定】按钮，在【衰减参数】卷展栏中将【侧】的 RGB 值设置为 190、194、215，在【衰减类型】设置为 Fresnel，如图 7-142 所示。

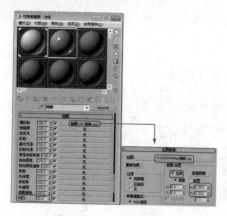
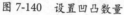

图 7-140　设置凹凸数量

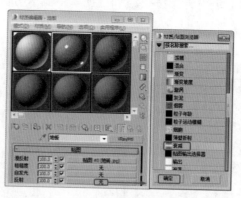

图 7-141　选择【衰减】选项

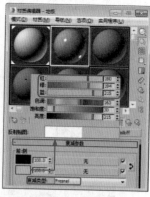

图 7-142　设置衰减参数

(11) 在视图中选择【墙体】对象，切换至【修改】命令面板，将当前选择集定义为【多边形】，在视图中选择如图 7-143 所示的多边形。

(12) 在【材质编辑器】对话框中单击【将材质指定给选定对象】按钮，在修改器下拉列表中选择【UVW贴图】修改器，在【参数】卷展栏中取消选中【真实世界贴图大小】复选框，将【长度】、【宽度】都设置为 800mm，如图 7-144 所示。

(13) 将当前选择集定义为 Gizmo，在【顶】视图中调整 Gizmo 的位置，调整后的效果如图 7-145 所示。

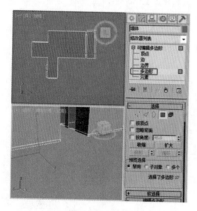

图 7-143　选择多边形

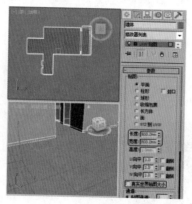

图 7-144　添加 UVW 贴图

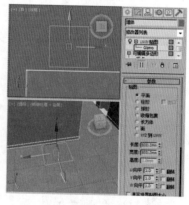

图 7-145　调整 Gizmo 的位置

(14) 关闭当前选择集，在选中的多边形上右击鼠标，在弹出的快捷菜单中选择【转换为】|【转换为可编辑多边形】命令，如图 7-146 所示。

(15) 退出孤立模式，在视图中选中天花板、天花板装饰线等对象，在【材质编辑器】对话框中选择【白色乳胶漆】，单击【将材质指定给选定对象】按钮，效果如图 7-147 所示。

(16) 在视图中选择【电视墙】对象，按 Alt+Q 组合键将其孤立显示，在【材质编辑器】对话框中选择【地板】材质样本球，按住鼠标将其拖曳至一个新的材质样本球上，将复制后的材质命名为"电视墙背景"，将【坐标】卷展栏中的【模糊】参数设置为 0.5，在【贴图】卷展栏中单击【漫反射】右侧的材质按钮，在【位图参数】卷展栏中单击【位图】右侧的材质按钮，在弹出的对话框中选择随书附带光盘中的 CDROM\Map\timg.jpg位图图像文件，单击【打开】按钮，将【裁剪/位置】的 W、H 均设置为 1，如图 7-148 所示。

(17) 单击【转到父对象】按钮，在【贴图】卷展栏中将【反射】右侧的贴图清除，将【凹凸】右侧的【数量】设置为 50，将【漫反射】右侧的贴图拖曳至【凹凸】右侧的【无】按钮上，弹出【复制（实例）贴图】对话框，选中【复制】单选按钮，在【基本参数】卷展栏中将【漫反射】选项组中的【漫反射】的 RGB 值设置为 254、248、230，在【反射】选项组中将【反射】的 RGB 值设置为 0、0、0，将【高光光泽度】和【反射光泽度】均设置为 1，并单击其右侧的 L 按钮，如图 7-149 所示。

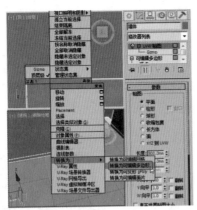

图 7-146 选择【转换为可编辑多边形】命令

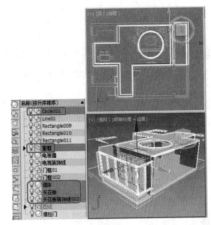

图 7-147 指定材质后的效果

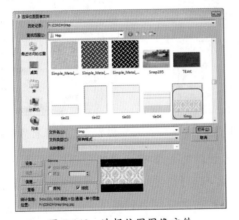

图 7-148 选择位图图像文件

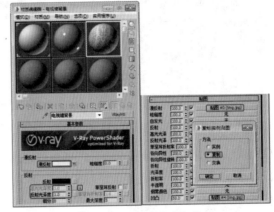

图 7-149 设置基本参数

(18) 在【双向反射分布函数】卷展栏中将类型设置为【多面】，在【选项】卷展栏中选中【跟踪反射】复选框，取消选中【雾系统单位比例】复选框，如图 7-150 所示。

(19) 单击【将材质指定给选定对象】按钮，在修改器下拉列表中选择【UVW 贴图】修改器，在【参数】卷展栏中取消选中【真实世界贴图大小】复选框，选中【长方体】单选按钮，将【长度】、【宽度】、【高度】分别设置为 715mm、1800mm、15mm，如图 7-151 所示。

图 7-150 设置双向反射分布函数类型及选项

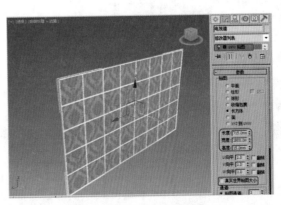

图 7-151 添加 UVW 贴图

(20) 右击选中的对象，在弹出的快捷菜单中选择【转换为】|【转换为可编辑多边形】命令，如图 7-152 所示。

(21) 再在【材质编辑器】对话框中选择【电视墙背景】材质样本球，按住鼠标将其拖曳至一个新的材质样本球上，将其命名为"镜子"，在【贴图】卷展栏中右击【漫反射】右侧的材质按钮，在弹出的快捷菜单中选择【清除】命令，并使用同样的方法清除【凹凸】右侧的材质，如图 7-153 所示。

(22) 在【基本参数】卷展栏中将【漫反射】选项组中的【漫反射】的 RGB 值设置为 71、83、104，在【反射】选项组中将【反射】的 RGB 值设置为 255、255、255，将【最大深度】设置为 3，在【折射】选项组中将【细分】、【最大深度】分别设置为 5、3，在【双向反射分布函数】卷展栏中将类型设置为【反射】，如图 7-154 所示。

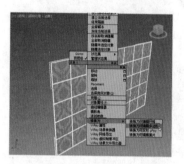

图 7-152　选择【转换为可编辑多边形】命令

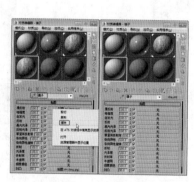

图 7-153　清除贴图

图 7-154　设置材质参数

(23) 确认【电视墙】处于选中状态，将当前选择集定义为【多边形】，在视图中选择如图 7-155 所示的多边形。

(24) 单击【将材质指定给选定对象】按钮，关闭当前选择集，在【材质编辑器】对话框中选择【镜子】材质样本球，按住鼠标将其拖曳至一个新的材质样本球上，将其命名为"烤漆玻璃"，在【基本参数】卷展栏中将【漫反射】选项组中的【漫反射】的 RGB 值设置为 29、29、29，将【反射】选项组中的【反射】的 RGB 值设置为 122、122、122，单击【高光光泽度】右侧的 L 按钮，将【高光光泽度】、【细分】、【最大深度】分别设置为 0.9、3、2，在【折射】选项组中将【细分】、【最大深度】分别设置为 8、5，如图 7-156 所示。

(25) 将当前选择集定义为【多边形】，在视图中选择如图 7-157 所示的多边形。

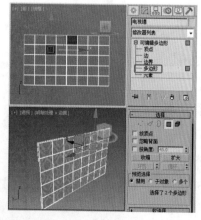

图 7-155　选择多边形

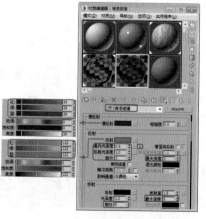

图 7-156　复制材质并进行设置

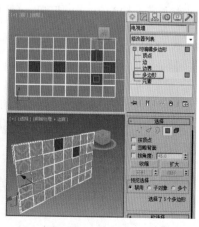

图 7-157　选择多边形

(26) 单击【将材质指定给选定对象】按钮，关闭当前选择集，在【材质编辑器】对话框中选择一个新的材质样本球，将其命名为"白油"，单击 Standard 按钮，在弹出的对话框中选择 VRayMtl 选项，如图 7-158 所示。

(27) 单击【确定】按钮，在【基本参数】卷展栏中将【漫反射】选项组中的【漫反射】的 RGB 值设置为 246、246、246，在【反射】选项组中将【反射】的 RGB 值设置为 20、20、20，【反射光泽度】设置为 0.95，将【反射插值】、【折射插值】卷展栏中的【最小速率】都设置为 -3，【最大速率】都设置为 0，如图 7-159 所示。

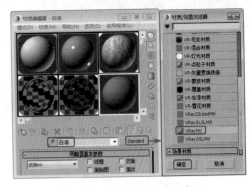

图 7-158　选择 VRayMtl 选项

(28) 退出当前孤立模式，在视图中选择电视装饰线、推拉门、窗框对象，单击【将材质指定给选定对象】按钮，如图 7-160 所示。

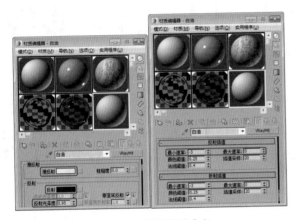

图 7-159　设置材质参数

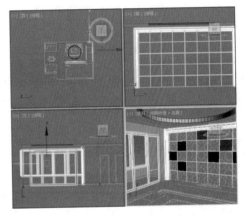

图 7-160　指定材质

(29) 使用同样的方法为墙体中的踢脚线和门框指定【白油】材质，指定完成后，将【材质编辑器】对话框关闭即可。单击应用程序按钮，在弹出的下拉列表中选择【导入】|【合并】命令，如图 7-161 所示。

(30) 在弹出的【合并文件】对话框中选择随书附带光盘中的 CDROM\Scenes\Cha13\ 家具 .max 素材文件，如图 7-162 所示。

图 7-161　选择【合并】命令

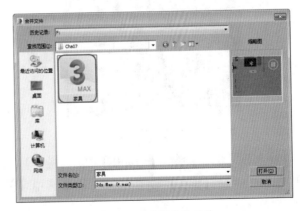

图 7-162　选择素材文件

(31) 单击【打开】按钮，在弹出的对话框中单击【全部】按钮，如图 7-163 所示。

(32) 单击【确定】按钮，在视图中调整导入对象的位置，调整后的效果如图 7-164 所示。

图 7-163　选择全部对象

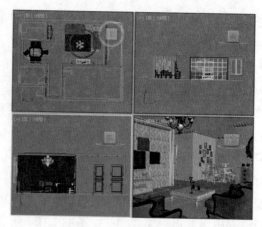

图 7-164　调整对象位置

案例精讲 077　添加摄影机及灯光

本例将介绍如何为场景添加摄影机及灯光，其具体操作步骤如下：

案例文件：CDROM \ Scenes \Cha07\ 客餐厅表现 OK.max

视频文件：视频教学 \ Cha07 \ 添加摄影机及灯光.avi

(1) 选择【创建】|【摄影机】|【标准】|【目标】命令，在【顶】视图中创建一架摄影机，在【参数】卷展栏中将【镜头】设置为 26.38，在【剪切平面】选项组中选中【手动剪切】复选框，将【近距剪切】、【远距剪切】分别设置为 1200mm、8800mm，如图 7-165 所示。

(2)激活【透视】视图，按 C 键将其转换为【摄影机】视图，在其他视图中调整摄影机的位置，效果如图 7-166 所示。

图 7-165　创建摄影机并进行设置

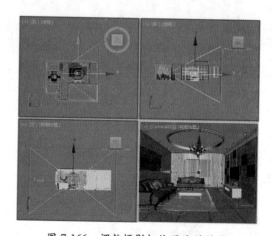

图 7-166　调整摄影机位置后的效果

(3)选择【创建】|【摄影机】|【标准】|【目标】命令，在【顶】视图中创建一架摄影机，在【参数】卷展栏中将【镜头】设置为 28，取消选中【剪切平面】选项组中的【手动剪切】复选框，如图 7-167 所示。

(4)激活任意视图，按 C 键将其转换为【摄影机】视图，在其他视图中调整摄影机的位置，效果如图 7-168 所示。

图 7-167　创建摄影机并进行设置

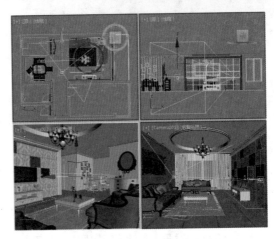

图 7-168　调整摄影机的位置

(5) 按 Shift+C 组合键，将摄影机进行隐藏，选择【创建】 | 【灯光】 | 【标准】 | 【目标平行光】命令，在【顶】视图中创建一盏目标平行光，如图 7-169 所示。

(6) 切换至【修改】命令面板，在【常规参数】卷展栏中选中【阴影】选项组中的【启用】复选框，取消选中【使用全局设置】复选框，将阴影类型设置为【VR- 阴影】，在【强度 / 颜色 / 衰减】卷展栏中将【倍增】设置为 3，将阴影颜色的 RGB 值设置为 255、245、225，在【平行光参数】卷展栏中将【聚光区 / 光束】设置为 4000mm，选中【矩形】单选按钮，在【VRay 阴影参数】卷展栏中选中【区域阴影】复选框及【长方体】单选按钮，将【U 大小】、【V 大小】、【W 大小】都设置为 1000mm，如图 7-170 所示。

图 7-169　创建目标平行光

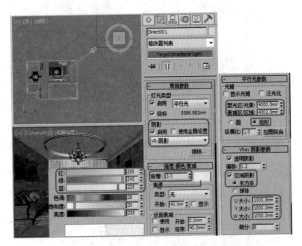

图 7-170　设置灯光参数

(7) 使用【选择并移动】工具在视图中调整灯光的位置，调整后的效果如图 7-171 所示。

||||▶提　示

为了方便灯光的调整，首先将 Camera002 转换为【左】视图。

(8) 选择【创建】 | 【灯光】 | VRay | 【VR- 灯光】命令，在【左】视图中创建一盏 VR 灯光，将【参数】卷展栏中【强度】选项组中的【倍增】设置为 5，将【颜色】的 RGB 值设置为 170、205、249，在【大小】选项组中将【1/2 长】、【1/2 宽】分别设置为 1600mm、1100mm，选中【选项】选项组中的【不可见】复选框，在【采样】选项组中将【细分】设置为 20，如图 7-172 所示。

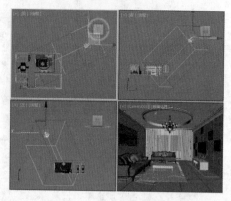

图 7-171　调整灯光的位置

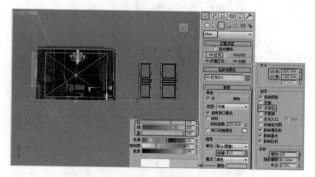

图 7-172　创建 VR 灯光并进行设置

(9) 选中该灯光对象，激活【顶】视图，在工具栏中单击【镜像】按钮，在弹出的对话框中选中 X 单选按钮，如图 7-173 所示。

(10) 单击【确定】按钮，使用【选择并移动】工具在视图中调整其位置，效果如图 7-174 所示。

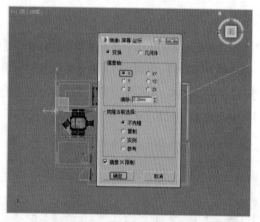

图 7-173　选择镜像轴

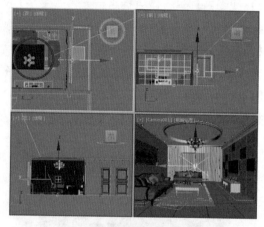

图 7-174　调整灯光的位置

(11) 选择【创建】|【灯光】|VRay|【VR 灯光】命令，在【顶】视图中创建一盏 VR 灯光，将【参数】卷展栏中【强度】选项组中的【倍增】设置为 4，将【颜色】的 RGB 值设置为 253、245、228，在【大小】选项组中将【1/2 长】、【1/2 宽】分别设置为 1857mm、1640mm，如图 7-175 所示。

(12) 使用【选择并移动】工具在视图中调整该灯光的位置，调整后的效果如图 7-176 所示。

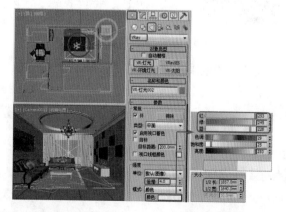

图 7-175　创建 VR 灯光并进行设置

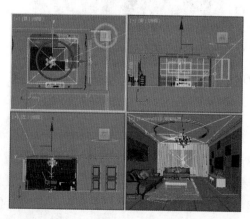

图 7-176　调整灯光位置后的效果

(13) 继续选中该灯光，在【顶】视图中按住 Shift 键沿 X 轴向左进行移动，在弹出的对话框中选中【复制】单选按钮，如图 7-177 所示。

(14) 设置完成后，单击【确定】按钮，选中复制后的灯光，切换至【修改】命令面板，在【参数】卷展栏中将【大小】选项组中的【1/2 长】、【1/2 宽】分别设置为 1270mm、1005mm，并在视图中调整其位置，效果如图 7-178 所示。

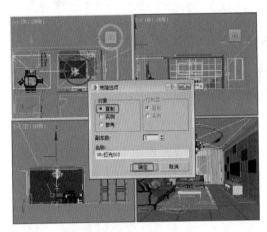

图 7-177　设置克隆选项

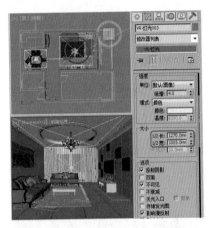

图 7-178　调整复制后的灯光的参数及位置

(15) 使用同样的方法对 VR 灯光进行复制，并调整其参数及位置，效果如图 7-179 所示。

(16) 选择【创建】|【灯光】|【光度学】|【自由灯光】命令，在【顶】视图中创建一盏自由灯光，切换至【修改】命令面板，在【常规参数】卷展栏中将【目光距离】设置为 2006mm，取消选中【阴影】选项组中的【使用全局设置】复选框，将【阴影】类型设置为【VR- 阴影】，将【灯光分布 (类型)】设置为【光度学 Web】，单击【选择光度学文件】按钮，如图 7-180 所示。

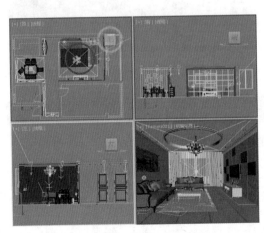

图 7-179　复制灯光并调整后的效果

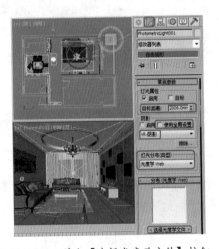

图 7-180　单击【选择光度学文件】按钮

(17) 在弹出的对话框中选择随书附带光盘中的 CDROM\Map\TD-2.IES 光度学文件，如图 7-181 所示。

(18) 单击【打开】按钮，在【强度 / 颜色 / 衰减】卷展栏中将【过滤颜色】的 RGB 值设置为 252、233、181，在【强度】选项组中选中 cd 单选按钮，将其参数设置为 34000，在【VRay 阴影参数】卷展栏中选中【区域阴影】复选框和【长方体】单选按钮，将【细分】设置为 10，如图 7-182 所示。

图 7-181　选择光度学文件

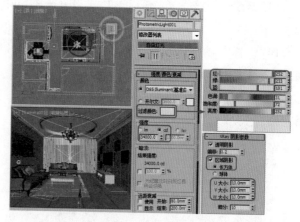

图 7-182　设置灯光参数

(19) 使用【选择并移动】工具在视图中调整该灯光的位置，调整后的效果如图 7-183 所示。

(20) 对该灯光进行复制，并调整其位置及参数，并将【左】视图转换为【摄影机】视图，至此，客餐厅效果就制作完成了，如图 7-184 所示。

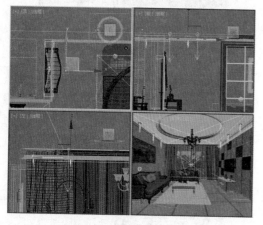

图 7-183　调整灯光的位置

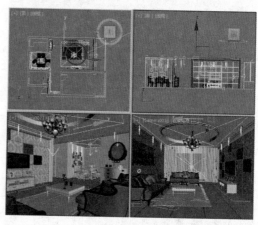

图 7-184　复制并调整灯光后的效果

案例精讲 078　渲染输出

本例介绍如何将制作完成后的场景进行渲染输出，其具体操作步骤如下：

> 案例文件：CDROM \ Scenes \Cha07\ 客餐厅表现 OK.max
>
> 视频文件：视频教学 \ Cha07 \ 渲染输出 .avi

(1) 按 Shift+L 组合键将灯光进行隐藏，按 8 键，在弹出的对话框中选择【环境】选项卡，在【公用参数】卷展栏中单击【环境贴图】下的材质按钮，在弹出的对话框中选择【位图】选项，如图 7-185 所示。

(2) 单击【确定】按钮，在弹出的对话框中选择随书附带光盘中的 CDROM\Map\ 户外景色 .jpg 位图图像文件，如图 7-186 所示。

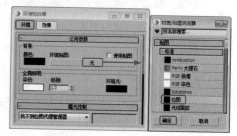

图 7-185　选择【位图】选项

(3) 单击【打开】按钮，按 M 键，打开【材质编辑器】对话框，按住鼠标将环境贴图拖曳至一个新的材质样本球上，在弹出的对话框中选中【实例】单选按钮，如图 7-187 所示。

图 7-186　选择位图图像文件

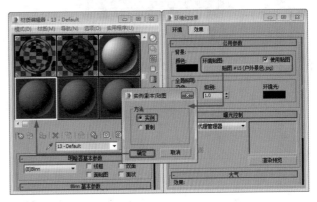

图 7-187　复制材质

(4) 单击【确定】按钮，在【坐标】卷展栏中将【贴图】设置为【屏幕】，如图 7-188 所示。

(5) 将【环境和背景】与【材质编辑器】对话框关闭，激活 Camera001 视图，在菜单栏中单击【视图】按钮，在弹出的下拉列表中选择【视口背景】|【环境背景】命令，如图 7-189 所示。

图 7-188　设置贴图

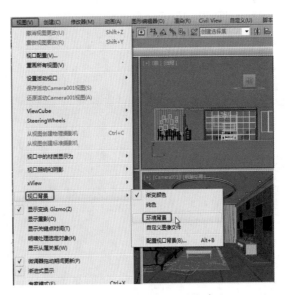

图 7-189　选择【环境背景】命令

(6) 按 F10 键，在弹出的对话框中选择 V-Ray 选项卡，在【图像采样器 (抗锯齿)】卷展栏中将【最小着色速率】设置为 1，将抗锯齿类型设置为 Mitchell-Netravali，在【颜色贴图】卷展栏中将【颜色贴图】的模式设置为【高级模式】，【类型】设置为【指数】，【伽玛】设置为 1，如图 7-190 所示。

(7) 再在该对话框中选择 GI 选项卡，在【全局照明 [无名汉化]】卷展栏中选中【启用全局照明】复选框，将【二次引擎】设置为【灯光缓存】，在【发光图】卷展栏中将【当前预设】设置为【低】，在【灯光缓存】卷展栏中选中【显示计算相位】复选框，如图 7-191 所示。

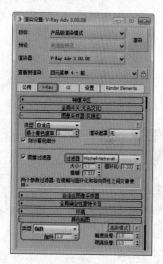

图 7-190　设置抗锯齿类型及颜色贴图类型

图 7-191　设置间接照明参数

(8) 设置完成后，分别对两个摄影机视图进行渲染即可，并对完成后的场景进行保存。

第 8 章

效果图的后期处理

本章重点

- 修改渲染输出中的错误照射
- 灯光照射的材质错误
- 色相与饱和度的调整
- 图像亮度和对比度的调整
- 窗外景色的添加

- 水中倒影
- 倒影的制作【视频案例】
- 光效
- 室外建筑中的人物阴影
- 植物倒影【视频案例】

　　从实用性角度来讲，从 3ds Max 中渲染输出的效果并不成熟，一般三维软件在处理环境氛围和制作真实配景时，效果总是不能令人非常满意。所以，需要由 Photoshop 软件做出最后的修改处理。本章将介绍有关效果图后期处理的诸多技术以及技巧。

案例精讲 079　修改渲染输出中的错误照射

本案例将讲解如何对错误照射的效果图进行更改，其中 Photoshop 软件是最常用的修改工具之一，其中主要应用了【亮度/对比度】和【渐变】工具，具体操作方法如下，完成后的效果如图 8-1 所示。

案例文件：CDROM \ Scenes\ Cha08 \ 修改渲染输出中的错误照射 OK.psd
视频文件：视频教学 \ Cha08 \ 修改渲染输出中的错误照射.avi

图 8-1　修改渲染输出中的错误照射

(1) 启动 Photoshop CC 软件后，打开随书附带光盘中的 CDROM \ Scenes\ Cha08 \ 错误照射.jpg 文件，如图 8-2 所示。

(2) 选择【背景】图层，按 Ctrl+J 组合键对【背景】图层进行复制，选择【图层 1】，在菜单栏中选择【图像】|【调整】|【亮度/对比度】命令，弹出【亮度/对比度】对话框，将【亮度】和【对比度】分别设置为 20、-4，单击【确定】按钮，如图 8-3 所示。

图 8-2　打开素材文件

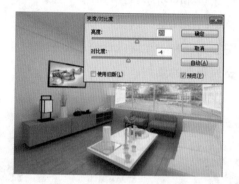

图 8-3　调整亮度和对比度

▶提示

在实际操作过程中为了防止操作错误的发生，可以对每一步的操作新建图层，这样可以提高工作效率防止错误的发生。

知识链接

【亮度/对比度】可以对某一图层上的图像或选区的亮度和对比度进行调整，达到想要的效果。

(3) 选择【图层 1】，并对其进行复制，在工具栏中选择【多边形套索】工具对文档中错误的部分绘制选区，如图 8-4 所示。

(4) 在工具箱中选择【渐变】工具，单击工具栏中的渐变条，弹出【渐变编辑器】对话框，将第一个色标的颜色设置为 #c7b59a，在 50% 位置添加一个色标颜色，设置为 #fef5ec，将第三个色标的颜色设置为 #c6b59b，对选区位置填充渐变色，按 Ctrl+D 组合键取消选区，查看效果如图 8-5 所示。

▶提示

在对选区填充颜色时，可以从选区的左边向右拖动鼠标进行填充，不同位置拖动鼠标其完成的效果也不同。

(5) 设置完成后对场景文件进行保存。

图 8-4　绘制选区

图 8-5　填充渐变色后的效果

案例精讲 080　灯光照射的材质错误

当场景渲染完成后会发现灯光效果不是很好或照射角度错误，本案例将讲解如何修改灯光照射的材质错误，其中具体操作方法如下，完成后的效果如图 8-6 所示。

图 8-6　修改后的效果

> 案例文件：CDROM ＼ Scenes＼ Cha08 ＼灯光照射的材质错误 OK.psd
> 视频文件：视频教学 ＼ Cha08 ＼灯光照射的材质错误 .avi

(1) 启动 Photoshop 软件，打开随书附带光盘的 CDROM ＼ Scenes ＼ Cha08 ＼灯光照射的材质错误 .jpg 文件查看效果，如图 8-7 所示。

(2) 选择【背景】图层，按 Ctrl+J 组合键对【背景】图层进行复制，选择【图层 1】，在工具箱中选择【多边形套索】工具对材质错误的部分绘制选区，如图 8-8 所示。

图 8-7　打开素材文件

图 8-8　绘制选区

提示

　　在绘制选区时，可以根据灯光照射的错误区域，使用不同的绘制选区工具，如【磁性套索】工具、【套索】工具、【矩形选框】工具等。

(3) 按 Shift+F6 组合键，弹出【羽化选区】对话框，将【羽化半径】设置为 5 像素，单击【确定】按钮，查看效果，如图 8-9 所示。

(4) 在菜单栏执行【图像】|【调整】|【亮度 / 对比度】命令，弹出【亮度 / 对比度】对话框，将【亮度】和【对比度】分别设置为 64、0，按 Ctrl+D 组合键取消选区，效果如图 8-10 所示。

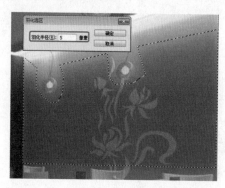

图 8-9　羽化选区

图 8-10　调整亮度对比度

▌▶提 示

使用【羽化】命令除了可以用 Shift+F6 组合键外，还可以在菜单栏执行【选择】|【修改】|【羽化】命令。

(5) 此时发现选区外有很多黑边，使用【减淡】工具，在工具选项栏中将【曝光度】设置为 15，对黑边区域进行减淡，完成后的效果如图 8-11 所示。

(6) 继续使用【多边形套索】工具绘制选区，按 Ctrl+J 组合键新建【图层 2】，选择【图层 2】，在图层缩览图上右击，在弹出的快捷菜单中选择【选择像素】命令，按 Shift+F5 组合键，对【图层 2】选区填充 #fcbc62，将其图层模式设置为【柔光】，如图 8-12 所示。

图 8-11　减淡后的效果

图 8-12　新建图层并设置

知识链接

【减淡】工具：使用该工具可以改变图像特定区域的曝光度，使图像变亮。

(7) 取消选区查看效果，选择所有的图层，按 Ctrl+Shift+Alt+E 组合键盖印图层，如图 8-13 所示。

(8) 选择【图层 3】，在菜单栏执行【亮度 / 对比度】命令，在弹出的对话框中将【亮度】和【对比度】分别设置为 47、27，查看效果如图 8-14 所示。

图 8-13　盖印图层

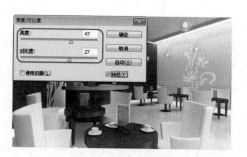

图 8-14　完成后的效果

案例精讲 081 色相与饱和度的调整

当作品渲染输出时，发现其色彩和明亮度不协调，这里可以利用 Photoshop 软件中的【色相和饱和度】对其进行调整，其中具体操作步骤如下，完成后的效果如图 8-15 所示。

案例文件：CDROM \ Scenes \ Cha08 \ 色相与饱和度的调整 OK.psd
视频文件：视频教学 \ Cha08 \ 色相与饱和度的调整 .avi

图 8-15 调整完成后的效果

(1) 启动 Photoshop 软件后，打开随书附带光盘中的 CDROM \ Scenes \ Cha08 \ 色相与饱和度的调整 .jpg 文件，如图 8-16 所示。

(2) 打开【图层】面板，选择【背景】图层，按 Ctrl+J 组合键对其进行复制，复制出【图层 1】，执行【图像】|【调整】|【亮度 / 对比度】命令，将【亮度】和【对比度】分别设置为 52、0，如图 8-17 所示。

图 8-16 打开素材文件

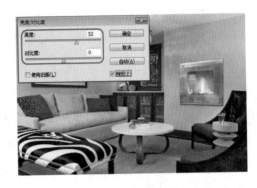
图 8-17 设置亮度对比度

(3) 对【图层 1】进行复制，选择【图层 1 拷贝】图层，在菜单栏选择【图像】|【调整】|【色相 / 饱和度】命令，弹出【色相 / 饱和度】对话框，将【色相】、【饱和度】和【明度】分别设置为 16、-45、7，单击【确定】按钮，如图 8-18 所示。

(4) 设置色相饱和度后的效果如图 8-19 所示。

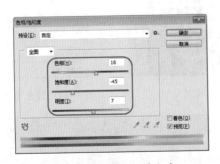
图 8-18 调整色相饱和度

图 8-19 查看效果

知识链接

【色相和饱和度】：可以调整图像中特定颜色范围的色相、饱和度和亮度，或者同时调整图像中的所有颜色。

(5) 继续选择【图层 1 拷贝】图层，按 Ctrl+M 组合键，弹出【曲线】对话框，对曲线进行调整，将【输出】和【输入】均设置为 50，如图 8-20 所示。

(6) 单击【确定】按钮，查看效果，对场景文件进行保存，如图 8-21 所示。

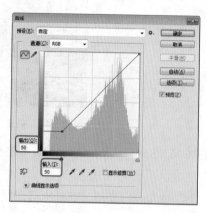

图 8-20　打开素材文件

图 8-21　最终效果

案例精讲 082　图像亮度和对比度的调整

本例将讲解如何对过暗的图像进行修正，其中主要是调节其亮度和对比度，具体操作方法如下，完成后的效果如图 8-22 所示。

案例文件：CDROM \ Scenes\ Cha08 \ 图像亮度和对比度的调整 OK.psd

视频文件：视频教学 \ Cha08 \ 图像亮度和对比度的调整.avi

(1) 启动 Photoshop 软件后，打开附书附带光盘的 CDROM \ Scenes \ Cha08 \ 图像亮度和对比度的调整.jpg 文件，如图 8-23 所示。

图 8-22　调整完成后的效果

(2) 选择【背景】图层对其进行复制，选择复制后的【图层 1】，执行菜单栏的【图像】|【调整】|【亮度 / 对比度】命令，弹出【亮度 / 对比度】对话框，将【亮度】和【对比度】分别设置为 60、39，如图 8-24 所示。

图 8-23　打开素材文件

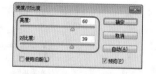

图 8-24　设置亮度和对比度

知识链接

【亮度／对比度】：该命令主要用来调整图像的亮度和对比度。

||||▶提 示

在实际操作过程中虽然可以使用【色阶】和【曲线】命令来调整图像的亮度和对比度，但这两个命令用起来比较复杂，而使用【亮度 / 对比度】命令可以更简单直观地完成亮度和对比度的调整。

(3) 单击【确定】按钮，查看效果如图 8-25 所示。

(4) 选择【图层1】并对其进行复制，选择【图层1拷贝】图层，在【图层】面板中将【图层模式】设置为【柔光】，将【不透明度】设置为50%，如图 8-26 所示。

(5) 选择所有的图层，按 Shift+Ctrl+Alt+E 组合键对图像进行盖印，如图 8-27 所示。

(6) 设置完成后，对场景文件进行保存，完成后的效果如图 8-28 所示。

图 8-25　查看效果

图 8-26　设置图层模式和不透明度

图 8-27　盖印图层

图 8-28　完成后的效果

案例精讲 083　窗外景色的添加

本例将介绍如何对窗外效果图添加配景，其中主要应用了剪贴蒙版，具体操作方法如下，完成后的效果如图 8-29 所示。

案例文件：CDROM \ Scenes\ Cha08 \ 窗外景色的添加 OK.psd
视频文件：视频教学 \ Cha08 \ 窗外景色的添加 .avi

(1) 启动 Photoshop 软件后，打开随书附带光盘中的 CDROM \ Scenes\ Cha08\ 窗外景色的添加 .jpg 文件，如图 8-30 所示。

(2) 在工具箱中选择【多边形套索】工具，绘制选区，如图 8-31 所示。

(3) 按 Ctrl+J 组合键，对选区进行复制，然后打开随书附带光盘中的 CDROM \ Map \ G17b.jpg. 文件，并将其拖曳到文档中，并适当对其进行放大，如图 8-32 所示。

(4) 右击【图层2】，在弹出的快捷菜单中选择【创建剪贴蒙板】命令，查看效果，如图 8-33 所示。

图 8-29　窗外景色的添加效果

图 8-30　打开素材文件

图 8-31　绘制选区

图 8-32　添加素材文件

图 8-33　查看效果

319

(5) 选择所有的图层，按 Shift+Ctrl+Alt+E 组合键对图像进行盖印，如图 8-34 所示。

(6) 选择【图层 3】，打开【亮度 / 对比度】对话框，将【亮度】和【对比度】分别设置为 70、0，查看效果如图 8-35 所示。

图 8-34　盖印图层

图 8-35　完成后的效果

案例精讲 084　水中倒影

本例将讲解如何制作逼真的水中倒影，其中主要应用了【波纹】滤镜使图像呈现波纹状态，具体操作方法如下，完成后的效果如图 8-36 所示。

　案例文件：CDROM \ Scenes\ Cha08 \ 水中倒影 .psd

　　　　视频文件：视频教学 \ Cha08 \ 水中倒影 .avi

图 8-36　水中倒影效果

(1) 启动 Photoshop 软件后，打开随书附带光盘中的 CDROM \ Scenes\ Cha08 \ 水中倒影 .jpg 文件，如图 8-37 所示。

(2) 选择【背景】图层，按 Ctrl+J 组合键，选择【图层 1】，使用【矩形选框】工具绘出水面的轮廓选区，如图 8-38 所示。

(3) 在菜单栏选择【图像】|【调整】|【色相 / 饱和度】命令，弹出【色相 / 饱和度】对话框，将【色相】、【饱和度】和【明度】分别设置为 -24、14、35，单击【确定】按钮，如图 8-39 所示。

图 8-37　打开素材文件

图 8-38　绘制选区

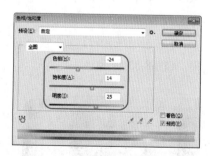

图 8-39　【色相 / 饱和度】对话框

(4) 确认选区处于选择状态，按 Ctrl+J 组合键复制选区，复制出【图层 2】，将选区取消，选择楼的大体轮廓区域，选择【图层 1】，然后按 Ctrl+J 组合键对选区进行复制，将【图层 3】调整至【图层 2】的上方，调整图层的顺序，按 Ctrl+T 组合键对其进行垂直变换，完成后的效果如图 8-40 所示。

(5) 在【图层】面板中选择【图层 2】和【图层 3】，按 Ctrl+E 组合键，对其进行合并，如图 8-41 所示。

合并图层的方法可以选择要合并的图层，右击鼠标，在弹出的快捷菜单中选择【合并图层】或【合并可见图层】命令，也可以按 Ctrl+E 或按 Ctrl+Shift+E 组合键进行合并。

(6) 在菜单栏执行【滤镜】|【扭曲】|【波纹】命令，弹出【波纹】对话框，将【数量】设置为 100，【大小】设置为【大】，如图 8-42 所示。

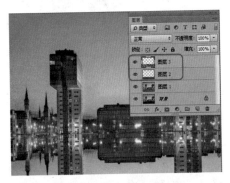
图 8-40 复制图层

图 8-41 合并图层

图 8-42 设置波纹

知识链接

【波纹滤镜】：可以在图像上创建波状起伏的图案，产生波纹的效果。

(7) 打开随书附带光盘中的 CDROM \ Map \ 海水 .jpg 文件，并将其拖曳到文档中，如图 8-43 所示。

(8) 对【图层 4】添加【剪贴蒙板】，并将其【不透明度】设置为 50%，完成后的效果如图 8-44 所示。

图 8-43 添加素材

图 8-44 完成后的效果

案例精讲 085   倒影的制作【视频案例】

模型制作完成后，为了体现其真实性可以对其添加倒影，本例将讲解如何对人物添加倒影，具体操作方法如下，完成后的效果如图 8-45 所示。

 案例文件：CDROM \ Scenes\ Cha08 \ 倒影的制作 OK.psd
    视频文件：视频教学 \ Cha08 \ 倒影的制作 .avii

图 8-45 倒影的制作

案例精讲 086　光效

本例将讲解如何对效果图添加光效效果，其中主要应用了选区的羽化，具体操作方法如下，完成后的效果如图 8-46 所示。

图 8-46　光效效果

> 案例文件：CDROM \ Scenes\ Cha08 \ 光效 OK.psd
> 视频文件：视频教学 \ Cha08 \ 光效.avi

(1) 启动 Photoshop 软件后，打开随书附带光盘中的 CDROM \ Scenes\ Cha08 \ 光效.psd 文件，如图 8-47 所示。

(2) 在【图层】面板中单击【创建新图层】按钮新建一个图层，将新建的图层命名为"光晕外 01"，并将其调整至【光晕 02】图层的下方，在工具栏中选择【多边形套索】工具，将【羽化】值设置为 0 像素，在场景中选取天花板的外侧灯池，如图 8-48 所示。

(3) 确定选区处于选择状态，在工具箱中将背景色设置为【白色】，按 Ctrl+Delete 组合键为选区填充背景色，如图 8-49 所示。按 Ctrl+D 组合键取消选择。

(4) 选择工具箱中的【多边形套索】工具，在工具栏中将【羽化半径】值设置为 25 像素，在场景中选择【光晕外 01】的内侧区域，如图 8-50 所示。

(5) 确定选区处于选择状态，按 Delete 键将选取的区域删除，如图 8-51 所示。按 Ctrl+D 组合键取消选择。

(6) 在【图层】面板新建一个图层，并将新建的图层命名为"光晕内 01"，在工具箱中选择【多边形套索】工具，在工具属性栏中将【羽化】参数设置为 0 像素，在场景中内侧的小灯池内创建选区，将背景颜色设置为【白色】，并按 Ctrl+Delete 组合键将选区填充为背景颜色，如图 8-52 所示。

图 8-47　打开素材文件

图 8-48　绘制选区

知识链接

羽化选区可以使选区边界模糊，这种模糊方式将边缘的图像像素丢失，可以使边缘选区细化。

图 8-49　填充白色

图 8-50　绘制选区

图 8-51　调整后的效果

图 8-52　创建选区

(7) 在工具箱中选择【多边形套索】工具，在工具栏中将【羽化】参数设置为 25px，再在【光晕内 01】区域的内侧创建一个选区，如图 8-53 所示。

(8) 确定选区处于选择状态，按 Delete 键将选区删除，形成光晕效果，如图 8-54 所示。

图 8-53　创建选区

图 8-54　完成后的效果

案例精讲 087　室外建筑中的人物阴影

效果图渲染完成后，为了增加其逼真性，需要对其适当添加人物，本例将讲解如何对人物添加阴影，其中主要应用了 Photoshop 软件中的任意变形和图层不透明度工具，具体操作方法如下，完成后的效果如图 8-55 所示。

　案例文件：CDROM \ Scenes\ Cha08 \ 室外建筑中的人物阴影 OK.psd
　视频文件：视频教学 \ Cha08 \ 室外建筑中的人物阴影 .avi

图 8-55　室外人物阴影的添加效果

(1) 启动 Photoshop 软件后，打开随书附带光盘中的 CDROM \ Scenes\ Cha08 \ 室外建筑中的人物阴影 .psd 文件，如图 8-56 所示。

(2) 打开【图层】面板，选择【人物 1】图层，按 Ctrl+J 组合键对其进行复制，如图 8-57 所示。

图 8-56　打开素材文件

图 8-57　复制图层

（3）选择【人物1】图层，按 Ctrl+T 组合键，在文档中右击鼠标，在弹出的快捷菜单中选择【斜切】命令，对对象进行调整，如图 8-58 所示。

（4）按回车键确认变换，然后将【人物1】图层载入选区，并对选区填充黑色，如图 8-59 所示。

▶▶▶提示

　　需要注意的是人物阴影和倒影的区别，一般在室外对人物设置其阴影，通过对其填充黑色，然后调整透明度得到阴影效果。

（5）在【图层】面板中选择【人物1】图层，将其【不透明度】设置为 30%，查看效果如图 8-60 所示。

图 8-58　调整图层　　　　　　　　图 8-59　填充黑色　　　　　　　　图 8-60　查看效果

（6）选择【人物2】图层，并对其进行复制，选择【人物2拷贝】图层，使用【斜切】工具对其进行自由变换，如图 8-61 所示。

（7）将【人物2拷贝】图层载入选区，对其填充黑色，将其【不透明度】设置为 30%，完成后的效果如图 8-62 所示。

（8）使用同样的方法对其他人物的阴影进行设置，完成后的效果如图 8-63 所示。

图 8-61　斜切后的效果　　　　　　　图 8-62　查看效果　　　　　　　图 8-63　完成后的效果

案例精讲 088　植物倒影【视频案例】

　　本例将讲解如何制作植物的倒影，其制作过程和制作人物的倒影相似，其中主要应用了【任意变形】工具，具体操作步骤如下，完成后的效果如图 8-64 所示。

图 8-64　植物倒影

　案例文件：CDROM \ Scenes\ Cha08 \ 植物倒影 OK.psd
　　视频文件：视频教学 \ Cha08 \ 植物倒影.avi

第 9 章

室外环境模型的表现

本章重点

- 使用挤出修改器制作户外休闲椅
- 使用二维图形制作户外休闲座椅
- 使用弯曲修改器制作户外躺椅
- 使用编辑样条线修改器制作售货亭

- 使用【编辑网格】修改器制作户外秋千
- 使用车削修改器制作户外壁灯
- 使用挤出修改器制作户外健身器材

本章将介绍如何使用 3ds Max 创建和修改模型。本章将通过一些实外环境模型的实例来介绍模型的制作，包含了日常生活中较为常见的众多物体，如售货亭、休闲椅、户外秋千等模型的制作。

案例精讲 089　使用挤出修改器制作户外休闲椅

户外休闲椅是户外供路人休息的一种产品，随着时代的发展，户外休闲椅已经步入大多数中小城市，成为城市的一道亮丽风景线，为人们带来了便利，使环境更加和谐。本例将介绍如何制作户外休闲椅，效果如图 9-1 所示。

 案例文件：CDROM\Scenes\Cha09\ 使用挤出修改器制作户外休闲椅 OK.max
视频文件：视频教学 \ Cha09\ 使用挤出修改器制作户外休闲椅 .avi

图 9-1　户外休闲椅

（1）启用 3ds Max 2016 软件，新建一个空白场景，选择【创建】|【图形】|【样条线】命令，在【对象类型】卷展栏中选择【线】工具，激活【左】视图，在该视图中创建一个如图 9-2 所示的轮廓，并将其命名为"支架"。

（2）切换至【修改】命令面板，在【修改器列表】中选择【挤出】修改器，在【参数】卷展栏中将【数量】设置为 2000，如图 9-3 所示。

（3）激活【左】视图，选择【创建】|【几何体】|【标准基本体】|【长方体】命令，在【左】视图中创建一个长方体，在【参数】卷展栏中将【长度】设置为 1250、【宽度】设置为 2000、【高度】设置为 -38250，并将其重命名为"横枨"，在视图中调整其位置，如图 9-4 所示。

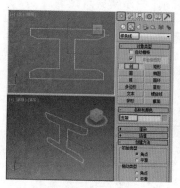

图 9-2　绘制截面

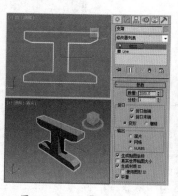

图 9-3　设置【挤出】数量

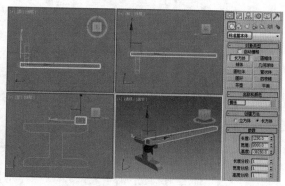

图 9-4　绘制长方体

（4）调整完成后，在视图中选择【支架】对象，激活【前】视图，使用【选择并移动】工具 按 Shift 键的同时向右进行拖曳，至【横枨】到适当位置处释放鼠标，打开【克隆选项】对话框，在【对象】区域下选中【复制】单选按钮，将【副本数】设置为 1，如图 9-5 所示。

（5）激活【顶】视图，在场景中选择【横枨】对象，按 Shift 键的同时沿 Y 轴向上拖曳，打开【克隆选项】对话框，在【对象】区域下选中【复制】单选按钮，将【副本数】设置为 1，如图 9-6 所示。

（6）激活【左】视图，选择【创建】|【几何体】命令，在【对象类型】卷展栏中选择【长方体】工具，在该视图中创建一个长方体，在【参数】卷展栏中将【长度】设置为 1250，【宽度】设置为 12500，【高度】设置为 -1550，并将其重命名为"横木"，如图 9-7 所示。

（7）在场景中选择【横木】对象，在视图中将其调整至合适的位置，激活【顶】视图，在【顶】视图中按 Shift 键的同时沿 X 轴拖曳，至合适的位置后释放鼠标，在弹出的对话框中将【副本数】设置为 18，如图 9-8 所示。

（8）在场景中选择所用的对象，在菜单栏中选择【组】|【成组】命令，弹出【组】对话框，在该对话框中将其命名为"休闲椅"，如图 9-9 所示。

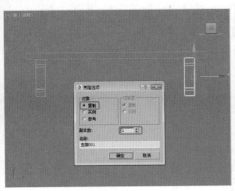

图 9-5　对对象进行复制

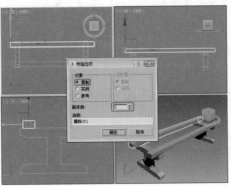

图 9-6　克隆长方体

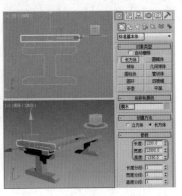

图 9-7　创建长方体

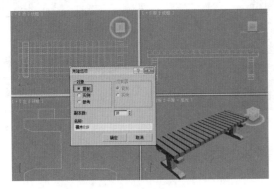

图 9-8　选中【复制】单选按钮

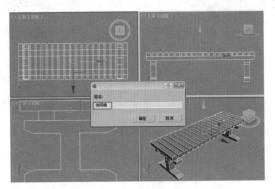

图 9-9　将对象成组

(9) 确认【休闲椅】对象处于被选择的状态下，切换至【修改】命令面板，在【修改器列表】中选择【UVW 贴图】修改器，在【参数】卷展栏中选择【长方体】选项，将【长度】设置为 12663，【宽度】设置为 38538，【高度】设置为 10337，如图 9-10 所示。

(10) 按 M 键，打开【材质编辑器】对话框，选择一个空白材质球，将其重命名为 "休闲椅"，在【明暗器基本参数】卷展栏中将类型设置为 Blinn，将【Blinn 基本参数】卷展栏下的【高光级别】设置为 29，【光泽度】设置为 30，如图 9-11 所示。

(11) 展开【贴图】卷展栏，单击【漫发射颜色】右侧的【无】按钮，在弹出的对话框中选择【位图】选项，单击【打开】按钮，在弹出的对话框中选择随书附带光盘中的 CDROM \ Map \ 017chen.jpg 文件，如图 9-12 所示。

图 9-10　添加【UVW 贴图】修改器

图 9-11　设置参数

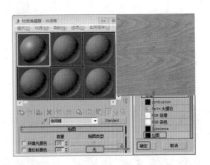

图 9-12　选择【位图】选项

(12) 单击【打开】按钮，然后单击【转到父对象】按钮，在该对话框中单击【将材质指定给选定对象】按钮，然后单击【在适口中显示明暗处理材质】按钮，即可为场景中的对象赋予材质，如图 9-13 所示。

(13) 选择【创建】|【几何体】|【标准基本体】|【平面】命令，在【顶】视图中创建平面，将【长度】、【宽度】分别设置为 698140、650000，如图 9-14 所示。

(14) 选择一个空白的材质样本球，单击 Standard 按钮，在弹出的对话框中选择【多维/子对象】选项，如图 9-15 所示。

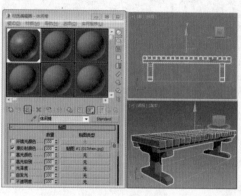
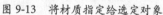

图 9-13　将材质指定给选定对象

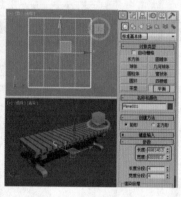

图 9-14　创建平面

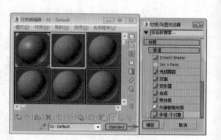

图 9-15　选择【无光/投影】选项

(15) 确定平面处于选中状态，单击【将材质指定给选定对象】按钮，选择平面对象，右击鼠标，在弹出的快捷菜单中选择【对象属性】命令，在弹出的对话框中选中【透明】复选框，单击【确定】按钮，按 8 键，打开【环境和效果】对话框，选择【环境】选项卡，单击【环境贴图】下的【无】按钮，如图 9-16 所示，在弹出的对话框中选择【位图】选项，单击【确定】按钮。

(16) 弹出【选择位图图像文件】对话框，在该对话框选择随书附带光盘中的 CDROM\Map\10017987.jpg 文件，如图 9-17 所示。

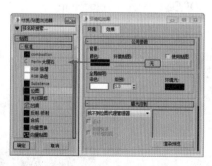

图 9-16　【环境】选项卡

图 9-17　【选择位图图像文件】对话框

(17) 单击【打开】按钮，然后将其拖曳至一个空白的材质样本球上，在弹出的对话框中选中【实例】单选按钮，单击【确定】按钮，然后在【坐标】卷展栏中将【贴图】设置为【屏幕】，如图 9-18 所示。

(18) 激活【透视】视图，在菜单栏中选择【视图】|【视口背景】|【环境背景】命令，对【透视】视图渲染一次，观看效果如图 9-19 所示。

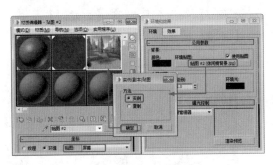

图 9-18　设置环境背景

图 9-19　渲染效果

(19) 选择【创建】|【摄影机】|【目标】命令，在【顶】视图中创建摄影机，然后激活【透视】视图，在视图中调整摄影机的位置，如图 9-20 所示。

(20) 选择【创建】|【灯光】|【目标聚光灯】命令，在【顶】视图中创建目标聚光灯，在各个视图中调整目标聚光灯的位置，如图 9-21 所示。

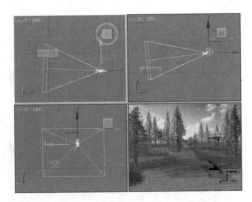

图 9-20　创建摄影机并进行调整

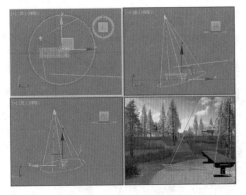

图 9-21　创建目标聚光灯

(21) 进入【修改】命令面板，在【常规参数】卷展栏中选中【阴影】选项组中的【启用】复选框，将阴影类型设置为【光线跟踪阴影】，展开【阴影参数】卷展栏，将【密度】设置为 0.2，在【聚光灯参数】卷展栏中选中【泛光化】复选框，在【强度 / 颜色 / 衰减】卷展栏中将【倍增】设置为 0.5，如图 9-22 所示。按 F9 键，查看渲染效果，如图 9-23 所示。

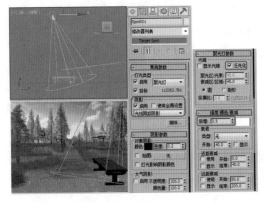

图 9-22　设置参数

图 9-23　渲染效果

(22) 创建完成后，再次创建一个聚光灯，在【强度 / 颜色 / 衰减】卷展栏中将【倍增】设置为 0.4，如图 9-24 所示。

（23）选择【创建】|【灯光】|【标准】命令，在【对象类型】卷展栏中选择【泛光灯】工具，在场景中创建一盏泛光灯，并将其【强度/颜色/衰减】卷展栏中的【倍增】设置为0.2，如图9-25所示。

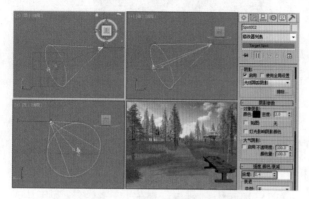

图 9-24　再创建一盏目标聚光灯

图 9-25　创建泛光灯并进行调整

（24）使用同样的方法创建一盏泛光灯，并将其【强度/颜色/衰减】卷展栏中的【倍增】设置为0.4，然后在场景中调整泛光灯的位置，如图9-26所示。

（25）至此，户外休闲椅就制作完成了，激活【摄影机】视图，对该视图进行渲染即可，效果如图9-27所示。

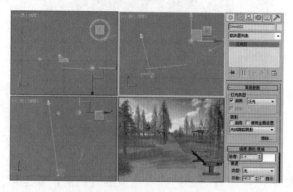

图 9-26　调整泛光灯位置

图 9-27　最终效果

案例精讲 090　使用二维图形制作户外休闲座椅

休闲椅是小区以及公共场所的基本组成部分，具有朴实自然的感觉。休闲椅有很多类型，既有经过简单砍制的粗糙原木凳椅，也有工艺复杂的鲁泰斯长椅。在室外建筑效果图中，经常要表现一些公共场所，所以此处我们讲述一个以休闲椅和花池造型所组成的造型制作方法，其效果如图9-28所示。

图 9-28　使用二维图形制作户外休闲座椅

案例文件：CDROM \ Scenes \ Cha09 \ 使用二维图形制作户外休闲座椅 OK.max

视频文件：视频教学 \ Cha09 \ 使用二维图形制作户外休闲座椅 .avi

（1）选择【创建】|【几何体】|【标准基本体】|【管状体】命令，在【顶】视图中创建一个【半径1】、【半径2】、【高度】、【高度分段】、【端面分段】、【边数】分别为580、700、500、1、1、26的管状体，将它命名为"中心花池"，如图9-29所示。

知识链接

【边】：按照边来绘制管状体。通过移动鼠标可以更改中心位置。

【中心】：从中心开始绘制管状体。

【半径 1】：用于设置管状体的外部半径。

【半径 2】：用于设置内部半径。

【高度】：设置沿着中心轴的维度。负数值将在构造平面下面创建管状体。

【高度分段】：设置沿着管状体主轴的分段数量。

【端面分段】：设置围绕管状体顶部和底部的中心的同心分段数量。

【边数】：设置管状体周围边数。启用【平滑】时，较大的数值将着色和渲染为真正的圆。禁用【平滑】时，较小的数值将创建规则的多边形对象。

【平滑】：启用此选项后（默认设置），将管状体的各个面混合在一起，从而在渲染视图中创建平滑的外观。

【启用切片】：启用该复选框后，可以删除一部分管状体的周长。默认设置为禁用状态。当创建切片后，如果禁用【启用切片】，则将重新显示完整的管状体。

【切片起始位置】、【切片结束位置】：设置从局部 X 轴的零点开始围绕局部 Z 轴的度数。

【生成贴图坐标】：生成将贴图材质应用于管状体的坐标。默认设置为启用。

【真实世界贴图大小】：控制应用于该对象的纹理贴图材质所使用的缩放方法。

(2) 切换至【修改】命令面板，在【修改器列表】中选择【UVW 贴图】修改器，在【参数】卷展栏中选择【长方体】贴图方式，并将【长度】、【宽度】和【高度】均设置为 1000，如图 9-30 所示。

(3) 继续选中该对象，按 M 键，在弹出的对话框中选择一个材质样本球，将其命名为"中心花池"，在【Blinn 基本参数】卷展栏中将【反射高光】选项组中的【高光级别】和【光泽度】都设置为 0，如图 9-31 所示。

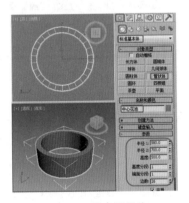

图 9-29　创建管状体

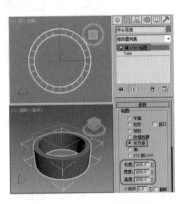

图 9-30　添加 UVW 贴图

图 9-31　为材质样本球命名

(4) 在【贴图】卷展栏中单击【漫反射颜色】右侧的【无】按钮，在弹出的对话框中选择【位图】选项，再在弹出的对话框中选择【花刚岩 7.JPG】贴图文件，单击【打开】按钮，如图 9-32 所示。

(5) 将设置完成后的对象指定给选定对象，选择【创建】 | 【图形】 | 【矩形】命令，在【顶】视图中创建一个【长度】、【宽度】分别为 350、69 的矩形，将其命名为"木板 001"，如图 9-33 所示。

(6) 切换至【修改】命令面板，在【修改器列表】中选择【编辑样条线】修改器，将当前选择集定义为【顶点】，在视图中调整顶点的位置，效果如图 9-34 所示。

(7) 关闭当前选择集，在【修改器列表】中选择【挤出】修改器，在【参数】卷展栏中将【数量】设置为 20，如图 9-35 所示。

(8) 激活【顶】视图，切换至【层次】命令面板，在【调整轴】卷展栏中单击【仅影响轴】按钮，在工具栏中单击【对齐】按钮，在【顶】视图中选择【中心花池】对象，在弹出的对话框中选中【对齐位置（屏幕）】下方的【X 位置】、【Y 位置】、【Z 位置】复选框，并再次选中【当前对象】与【目标对象】选项组中的【中心】单选按钮，如图 9-36 所示。

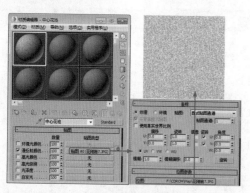

图 9-32　添加贴图文件

图 9-33　创建矩形

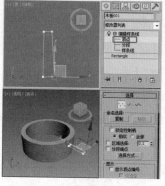

图 9-34　调整顶点的位置

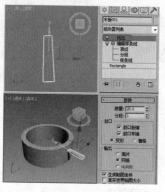

图 9-35　添加挤出修改器

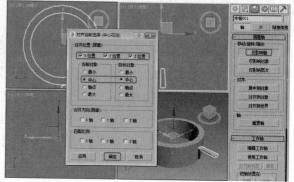

图 9-36　使用【对齐】工具调整轴

（9）设置完成后，单击【确定】按钮，再在【调整轴】卷展栏中单击【仅影响轴】按钮，即可完成轴的调整，切换至【修改】命令面板，在【修改器列表】中选择【UVW 贴图】修改器，在【参数】卷展栏中选中【长方体】单选按钮，如图 9-37 所示。

（10）继续选中该对象，按 M 键，在弹出的【材质编辑器】对话框中选择一个材质样本球，将其命名为"木板"，在【Blinn 基本参数】卷展栏中将【反射高光】选项组中的【高光级别】和【光泽度】分别设置为 19、9，如图 9-38 所示。

（11）在【贴图】卷展栏中单击【漫反射颜色】右侧的【无】按钮，在弹出的对话框中选择【位图】选项，再在弹出的对话框中选择【木 4.JPG】贴图文件，单击【打开】按钮，如图 9-39 所示。

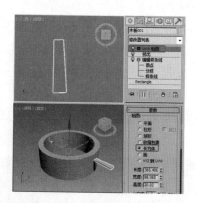

图 9-37　添加【UVW 贴图】修改器

图 9-38　设置 Blinn 基本参数

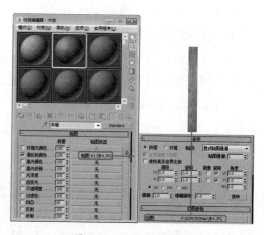

图 9-39　添加贴图文件

(12) 将设置完成后的材质指定给选定对象, 激活【顶】视图, 在菜单栏中选择【工具】|【阵列】命令, 如图 9-40 所示。

(13) 在弹出的对话框中将【增量】选项组中的 Z 旋转设置为 6.8, 将【阵列维度】选项组中的 1D 数量设置为 53, 如图 9-41 所示。

(14) 设置完成后, 单击【确定】按钮, 即可完成阵列, 在视图中调整木板的位置, 效果如图 9-42 所示。

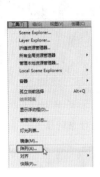

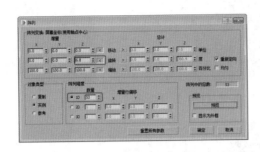

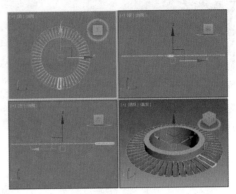

图 9-40　选择【阵列】命令　　　　　　图 9-41　设置阵列参数　　　　　　图 9-42　阵列后的效果

(15) 选择【创建】 ▓ |【图形】 ◙ |【圆】命令, 在【顶】视图中以【中心花池】的中心为基点, 绘制一个半径为 810 的圆形, 将其命名为 "支撑外面", 如图 9-43 所示。

(16) 切换至【修改】命令面板, 在【修改器列表】中选择【编辑样条线】修改器, 将当前选择集定义为【样条线】, 在视图中选中该样条线, 在【几何体】卷展栏中将【轮廓】设置为 -60, 如图 9-44 所示。

(17) 继续选中该样条线, 在【几何体】卷展栏中将【轮廓】设置为 -180, 如图 9-45 所示。

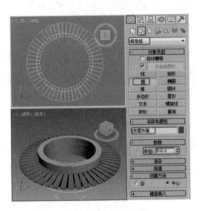

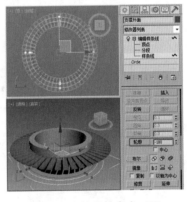

图 9-43　绘制圆形　　　　　　图 9-44　选中样条线并设置轮廓　　　　　　图 9-45　设置轮廓为 -180

(18) 继续选中该样条线, 在【几何体】卷展栏中将【轮廓】设置为 -240, 如图 9-46 所示。

(19) 关闭当前选择集, 在【修改器列表】中选择【挤出】修改器, 在【参数】卷展栏中将【数量】设置为 20, 如图 9-47 所示。

(20) 选中挤出后的对象, 在视图中调整该对象的位置, 调整后的效果如图 9-48 所示。

(21) 选择【创建】 ▓ |【图形】 ◙ |【矩形】命令, 在【前】视图中绘制一个【长度】、【宽度】均为 300 的矩形, 并将其重新命名为 "休闲椅支架 001", 如图 9-49 所示。

(22) 切换至【修改】命令面板, 在【修改器列表】中选择【编辑样条线】修改器, 将当前选择集定义为【顶点】, 进入【几何体】卷展栏, 并单击【优化】按钮, 然后在矩形图形上添加部分顶点, 最后依照图 9-50 所示对当前所添加的顶点进行调整。

(23) 在【修改器列表】中选择【挤出】修改器，在【参数】卷展栏中将【数量】设置为30，如图9-51所示。

图9-46　设置轮廓为-240

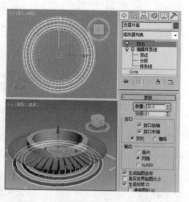

图9-47　添加【挤出】修改器

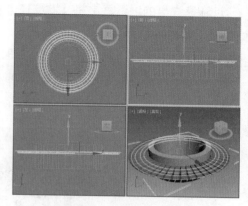

图9-48　调整对象的位置

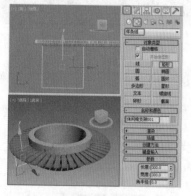

图9-49　绘制矩形

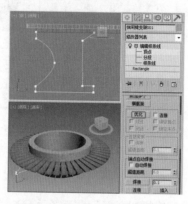

图9-50　添加顶点并进行调整

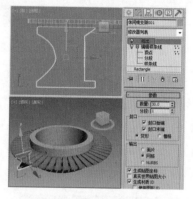

图9-51　添加挤出修改器

(24) 激活【顶】视图，切换至【层次】命令面板，在【调整轴】卷展栏中单击【仅影响轴】按钮，在工具栏中单击【对齐】按钮，在【顶】视图中选择【中心花池】对象，在弹出的对话框中选中【对齐位置（屏幕）】下方的【X位置】、【Y位置】、【Z位置】复选框，并再次选中【当前对象】与【目标对象】选项组中的【中心】单选按钮，如图9-52所示。

(25) 设置完成后，单击【确定】按钮，再在【调整轴】卷展栏中单击【仅影响轴】按钮，即可完成轴的调整，在菜单栏中选择【工具】|【阵列】命令，在弹出的对话框中将【增量】选项组中的Z旋转设置为60，将【阵列维度】选项组中的1D的数量设置为6，如图9-53所示。

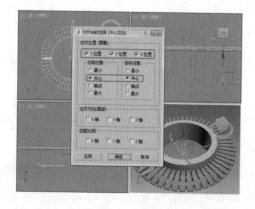

图9-52　对齐对象

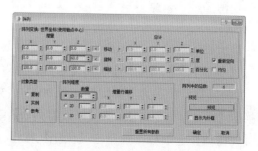

图9-53　设置阵列参数

(26) 设置完成后，单击【确定】按钮，即可完成阵列，效果如图 9-54 所示。

(27) 在视图中选择支撑外面和所有的休闲椅支架，按 M 键，在弹出的【材质编辑器】对话框中选择一个材质样本球，将其命名为"金属"，在【明暗器基本参数】卷展栏中选择【(M) 金属】对象，在【金属基本参数】卷展栏中将锁定的【环境光】的 RGB 值设置为 41、52、83；将【漫反射】的 RGB 值设置为 131、131、131；将【反射高光】区域下的【高光级别】和【光泽度】均设置为 80，如图 9-55 所示。

(28) 设置完成后，将材质指定给选定对象，选择【创建】| 【几何体】○|【标准基本体】|【圆柱体】命令，在【顶】视图中以【中心花池】的轴心为基点，绘制一个【半径】、【高度】分别为 580、0.1 的圆柱体，将其命名为"草地"，将颜色设置为绿色，在视图中调整该对象的位置，如图 9-56 所示。

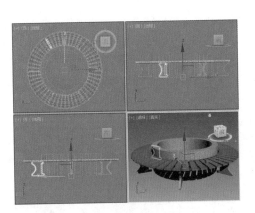

图 9-54　阵列后的效果

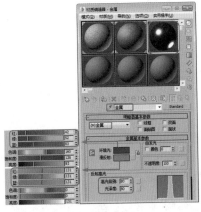

图 9-55　设置金属参数

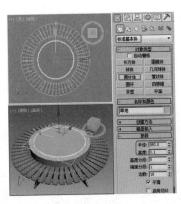

图 9-56　创建圆柱体

(29) 切换至【修改】命令面板，在【修改器列表】中选择【Hair 和 Fur(WSM)】修改器，在【常规参数】卷展栏中将【剪切长度】设置为 59，在【材质参数】卷展栏中将【梢颜色】的 RGB 值设置为 12、187、0，将【根颜色】的 RGB 值设置为 0、44、5，如图 9-57 所示。

知识链接

【Hair 和 Fur】修改器是【Hair 和 Fur】功能的核心所在。该修改器可应用于要生长头发的任意对象，既可为网格对象，也可为样条线对象添加。如果对象是网格对象，则头发将从整个曲面生长出来，除非选择了子对象。如果对象是样条线对象，头发将在样条线之间生长。

||||▶注意

【Hair 和 Fur】仅在【透视】和【摄影机】视图中渲染。如果尝试渲染正交视图，则 3ds Max 会显示一条警告，说明不会出现毛发。

(30) 选中视图中的所有对象，在菜单栏中选择【组】|【组】命令，在弹出的对话框中将【组名】设置为"休闲座椅 001"，根据前面所介绍的方法创建一个无光投影背景，并添加【休闲座椅背景 .jpg】作为背景图，如图 9-58 所示。

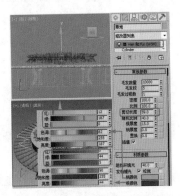

图 9-57　添加【Hair 和 Fur(WSM)】修改器

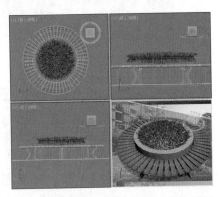

图 9-58　创建地面并添加背景

知识链接

植物可产生各类种植对象，如树种。3ds Max 将生成网格表示方法，以快速、有效地创建漂亮的植物。主要涉及参数介绍如下。

【高度】：控制植物的近似高度。3ds Max 将对所有植物的高度应用随机的噪波系数。因此，在视口中所测量的植物实际高度并不一定等于在"高度"参数中指定的值。

【密度】：控制植物上叶子和花朵的数量。值为 1 表示植物具有全部的叶子和花；0.5 表示植物具有一半的叶子和花；0 表示植物没有叶子和花。

【修剪】：只适用于具有树枝的植物。删除位于一个与构造平面平行的不可见平面之下的树枝。值为 0 表示不进行修剪；值为 0.5 表示根据一个比构造平面高出一半高度的平面进行修剪；值为 1 表示尽可能修剪植物上的所有树枝。3ds Max 从植物上修剪何物取决于植物的种类。如果是树干，则永不会进行修剪。

【种子】：介于 0 与 16,777,215 之间的值，表示当前植物可能的树枝变体、叶子位置以及树干的形状与角度。

【生成贴图坐标】：对植物应用默认的贴图坐标。默认设置为启用。

显示：用于控制植物的叶子、果实、花、树干、树枝和根的显示。选项是否可用取决于所选的植物种类。例如，如果植物没有果实，则 3ds Max 将禁用选项。禁用选项会减少所显示的顶点和面的数量。

视口树冠模式：在 3ds Max 中，植物的树冠是覆盖植物最远端（如叶子或树枝和树干的尖端）的一个壳。该术语源自"森林树冠"。如果要创建很多的植物并希望优化显示性能，则可使用以下合理的参数。

【未选择对象时】：选中该单选按钮后，未选择植物时以树冠模式显示植物。

【始终】：选中该单选按钮后，将始终以树冠模式显示植物。

【从不】：选中该单选按钮后，将从不以树冠模式显示植物。

细节级别：用于控制 3ds Max 渲染植物的方式。

【低】：以最低的细节级别渲染植物树冠。

【中】：对减少了面数的植物进行渲染。3ds Max 减少面数的方式因植物而异，但通常的做法是删除植物中较小的元素，或减少树枝和树干中的面数。

【高】：以最高的细节级别渲染植物的所有面。

▌▶提 示

应在创建多个植物之前设置参数。这样不仅可以避免显示速度减慢，还可以减少必须对植物进行的编辑工作。

(31) 选择【创建】 |【摄影机】 |【目标】命令，在视图中创建摄影机，激活【透视】视图，按 C 键将其转换为【摄影机】视图，在其他视图中调整摄影机位置，效果如图 9-59 所示。

(32) 选择【创建】 |【灯光】 |【标准】|【天光】命令，在【顶】视图中创建天光，切换到【修改】命令面板，在【天光参数】卷展栏中选中【投射阴影】复选框，如图 9-60 所示。

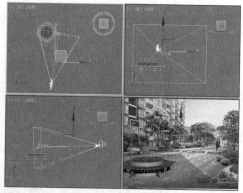

图 9-59　创建摄影机

图 9-60　创建天光

(33) 选择【创建】 |【灯光】 |【标准】|【泛光】命令，在【顶】视图中创建泛光灯，并在其他视图中调整灯光的位置，切换至【修改】命令面板，在【常规参数】卷展栏中选中【阴影】选项组中的【使用全局设置】复选框，将阴

影类型设置为【光线跟踪阴影】, 在【强度 / 颜色 / 衰减】卷展栏中将【倍增】设置为 0.15, 如图 9-61 所示。

(34) 至此, 户外休闲座椅就制作完成了, 激活【摄影机】视图, 对该视图进行渲染即可, 效果如图 9-62 所示。

图 9-61　创建泛光灯

图 9-62　最终效果

案例精讲 091　使用弯曲修改器制作户外躺椅【视频案例】

本例将介绍户外躺椅的制作, 户外躺椅制作时, 主要利用【编辑样条线】、【弯曲】、【挤出】、【倒角】等工具对图形进行编辑和修改, 最后通过使用【天光】和【泛光灯】来表现最终效果, 完成后的效果如图 9-63 所示。

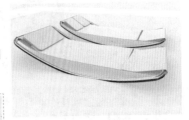

图 9-63　户外躺椅

案例文件: CDROM ＼ Scenes＼ Cha09 ＼ 使用弯曲修改器制作户外躺椅 OK.max

视频文件: 视频教学 ＼ Cha09 ＼ 使用弯曲修改器制作户外躺椅 .avi

案例精讲 092　使用编辑样条线修改器制作售货亭

本例将讲解如何制作售货亭, 其中主要应用了【线】、【挤出】、【编辑样条线】修改器, 具体操作步骤如下, 完成后的效果如图 9-64 所示。

图 9-64　售货亭

案例文件: CDROM ＼ Scenes＼ Cha09 ＼ 使用编辑样条线修改器制作售货亭 OK.max

视频文件: 视频教学 ＼Cha09＼ 使用编辑样条线修改器制作售货亭 .avi

(1) 启动 3ds Max 2016 软件后重置场景, 在菜单栏中选择【自定义】|【单位设置】命令, 弹出【单位设置】对话框, 选中【公制】单选按钮, 并在其下方的下拉列表中选择【毫米】选项, 单击【确定】按钮, 如图 9-65 所示。

(2) 选择【创建】 ＼|【图形】 ＼|【线】命令, 在【顶】视图中创建闭合的样条曲线, 并将其命名为 "地板", 如图 9-66 所示。

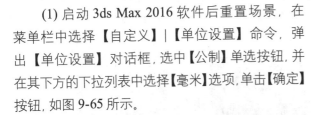

图 9-65　设置单位

图 9-66　绘制线

||||▶提 示

为了使制作的对象符合实际，可以对单位进行命令调整。

（3）切换到【修改】命令面板，在【修改器列表】中选择【挤出】修改器，在【参数】卷展栏中将【数量】设置为50mm，如图9-67所示。

（4）按M键，打开【材质编辑器】对话框，选择一个新的材质样本球，将其命名为"地板"。在【明暗器基本参数】卷展栏中将明暗器类型定义为(P)Phong，在【Phong基本参数】卷展栏中将【环境光】和【漫反射】的RGB值均设置为255、238、203，如图9-68所示。

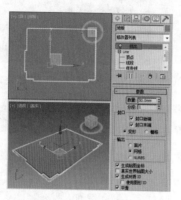

图9-67 添加【挤出】修改器

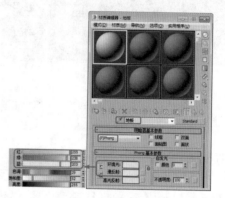

图9-68 设置材质参数

知识链接

【材质编辑器】对话框中部分参数介绍如下。

Phong：高光点周围的光晕是发散混合的，背光处Phong的反光点为棱形，影响周围的区域较大。如果增大【柔化】参数值，Phong的反光点趋向于均匀柔和的反光，从色调上看Phong趋于暖色，将表现柔和的材质，常用于塑性材质，可以精确地反映出凹凸、不透明、反光、高光和反射贴图效果。

【环境光】：控制对象表面阴影区的颜色。

【漫反射】：控制对象表面过渡区的颜色。

（5）打开【贴图】卷展栏，单击【漫反射颜色】右侧的【无】按钮，在打开的【材质/贴图浏览器】对话框中选择【位图】贴图，单击【确定】按钮。再在打开的对话框中选择随书附带光盘中的 CDROM \ Map \ B0000570.JPG 文件，单击【打开】按钮，在【坐标】卷展栏中使用默认设置，单击【转到父对象】按钮，如图9-69所示。

（6）在【贴图】卷展栏中将【反射】右侧的【数量】设置为20，然后单击后面的【无】按钮，在弹出的【材质/贴图浏览器】对话框中选择【平面镜】贴图，在【平面镜参数】卷展栏中选中【应用于带ID的面】复选框。设置完成后，单击【转到父对象】按钮和【将材质指定给选定对象】按钮，将材质指定给【地板】对象，如图9-70所示。

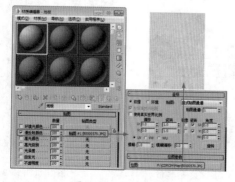

图9-69 设置贴图

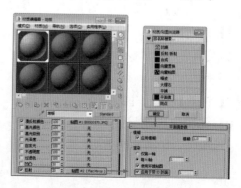

图9-70 设置【反射】贴图

(7) 选择【创建】 ✴ |【几何体】 ◯ |【长方体】命令, 在【顶】视图中创建一个【长度】、【宽度】、【高度】、【长度分段】和【宽度分段】分别为 2931mm、4247mm、0.1mm、5 和 7 的长方体, 将其命名为"地板线", 如图 9-71 所示。

(8) 按 M 键, 打开【材质编辑器】对话框, 选择一个新的材质样本球, 将其命名为"地板线"。在【明暗器基本参数】卷展栏中选中【线框】复选框, 在【Blinn 基本参数】卷展栏中将【环境光】和【漫反射】的 RGB 值均设置为 0、0、0, 在【扩展参数】卷展栏中将【线框】选项组中的【大小】设置为 0.3, 如图 9-72 所示。设置完成后, 单击【转到父对象】按钮 ⬡ 和【将材质指定给选定对象】按钮 ⬚, 将材质指定给【地板线】对象。

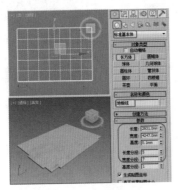

图 9-71　绘制长方体

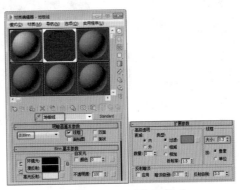

图 9-72　设置地板线材质

知识链接

【线框】: 以网格线框的方式来渲染对象, 它只能表现出对象的线架结构, 对于线框的粗细, 可以通过【扩展参数】中的【线框】项目来调节, 【尺寸】值确定它的粗细, 可以选择【像素】和【单位】两种单位, 如果选择【像素】为单位, 对象无论远近, 线框的粗细都将保持一致; 如果选择【单位】为单位, 将以 3ds Max 内部的基本单元作为单位, 会根据对象离镜头的远近而发生粗细变化, 如果需要更优质的线框, 可以对对象使用结构线框修改器。

(9) 在视图中调整地板线的位置, 选择【创建】 ✴ |【图形】 ◯ |【矩形】工具, 在【顶】视图中创建一个【长度】和【宽度】分别为 2935mm 和 4125mm 的矩形, 将其命名为"墙基", 如图 9-73 所示。

(10) 切换到【修改】命令面板, 在【修改器列表】中选择【编辑样条线】修改器, 将当前选择集定义为【样条线】, 按 Ctrl+A 组合键选择所有的样条线, 然后在【几何体】卷展栏中将【轮廓】设置为 100, 如图 9-74 所示。

(11) 将当前选择集定义为【顶点】, 在【几何体】卷展栏中单击【优化】按钮, 然后在样条线上单击添加多个顶点, 如图 9-75 所示。

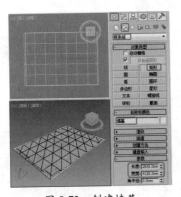

图 9-73　创建墙基

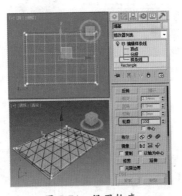

图 9-74　设置轮廓

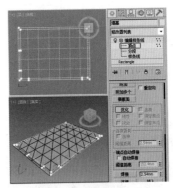

图 9-75　添加顶点

(12) 再次单击【优化】按钮, 将其关闭, 然后将当前选择集定义为【分段】, 在场景中将不需要的线段删除, 效果如图 9-76 所示。

（13）再次将当前选择集定义为【顶点】，在【几何体】卷展栏中单击【连接】按钮，在场景中将断开的顶点连接在一起，如图 9-77 所示。

（14）关闭当前选择集，在【修改器列表】中选择【挤出】修改器，在【参数】卷展栏中将【数量】设置为 450mm，如图 9-78 所示。

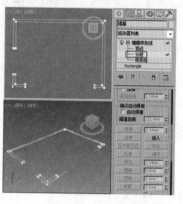
图 9-76　删除多余的分段

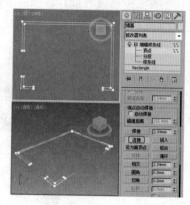
图 9-77　连接顶点

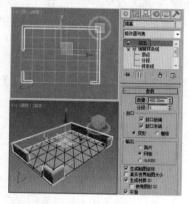
图 9-78　添加【挤出】修改器

（15）在【修改器列表】中选择【UVW 贴图】修改器，在【参数】卷展栏中选中【贴图】选项组中的【长方体】单选按钮，然后在【对齐】选项组中单击【适配】按钮，如图 9-79 所示。

（16）按 M 键，打开【材质编辑器】对话框，选择一个新的材质样本球，将其命名为"墙基"。在【明暗器基本参数】卷展栏中将明暗器类型定义为 (P)Phong，在【贴图】卷展栏中单击【漫反射颜色】右侧的【无】按钮，在弹出的【材质 / 贴图浏览器】对话框中选择【位图】贴图，再在弹出的对话框中选择随书附带光盘中的 CDROM \ Map \ 0704STON.jpg 文件，单击【打开】按钮，在【坐标】卷展栏中将【瓷砖】下的 U 值设置为 1.7，在【位图参数】卷展栏中选中【裁剪 / 放置】区域中的【应用】复选框，并将 U、V、W、H 值分别设置为 0、0.157、1 和 0.339，如图 19-80 所示。

（17）单击【转到父对象】按钮 ，在【贴图】卷展栏中拖动【漫反射颜色】右侧的【贴图】按钮到【凹凸】右侧的【无】按钮上，在弹出的【复制 (实例) 贴图】对话框中选中【实例】单选按钮，然后单击【确定】按钮，即可复制贴图，如图 9-81 所示。设置完成后，单击【将材质指定给选定对象】按钮 ，将材质指定给【墙基】对象。

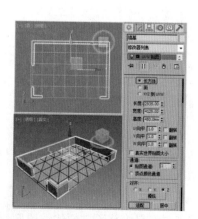
图 9-79　添加【UVW 贴图】

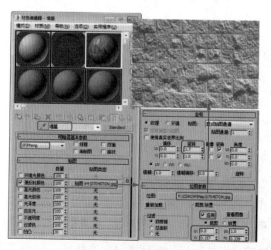
图 9-80　调整亮度和对比度

图 9-81　设置材质

(18) 在场景中适当调整一下【墙基】的位置，效果如图 9-82 所示。

(19) 按 Ctrl+A 组合键选择所有的对象，单击【显示】按钮，进入【显示】命令面板，在【冻结】卷展栏中单击【冻结选定对象】按钮，如图 9-83 所示

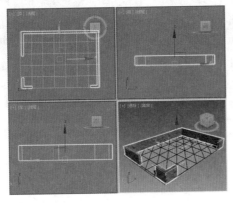
图 9-82　调整位置

图 9-83　冻结对象

▌▌▌▶提 示

将某一对象冻结后，将不能对此对象进行编辑，防止设计过程中无意地对其进行修改。

(20) 选择【创建】|【几何体】|【长方体】命令，在【顶】视图中创建一个【长度】、【宽度】、【高度】、【长度分段】和【宽度分段】分别为 100mm、100mm、3800mm、1 和 1 的长方体，将其命名为"主体骨架 - 前左"，如图 9-84 所示。

(21) 复制 3 个【主体骨架 - 前左】对象，为它们命名，并将其放置到其他三个角上，如图 9-85 所示。

(22) 选择【创建】|【几何体】|【长方体】命令，在【顶】视图中创建一个【长度】、【宽度】和【高度】分别为 2800mm、100mm 和 100mm 的长方体，将其命名为"主体骨架 - 横撑右"，如图 9-86 所示。

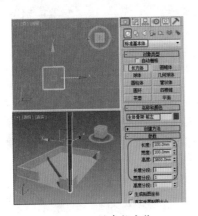
图 9-84　创建长方体

图 9-85　进行复制

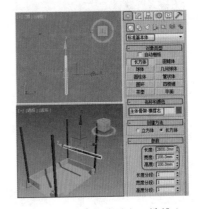
图 9-86　创建主体骨架 - 横撑右

(23) 选择【创建】|【几何体】|【长方体】命令，在【顶】视图中创建一个【长度】、【宽度】和【高度】分别为 1250mm、100mm 和 100mm 的长方体，将其命名为"主体骨架 - 横撑左"，并调整位置，如图 9-87 所示。

(24) 选择【创建】|【几何体】|【长方体】命令，在【顶】视图中创建一个【长度】、【宽度】和【高度】分别为 180mm、100mm 和 3800mm 的长方体，将其命名为"主体骨架 - 门框前 001"，如图 9-88 所示。

(25) 复制一个【主体骨架 - 门框前 001】对象，将复制后的对象重新命名为"主体骨架 - 门框前 002"，然后在视图中调整其位置，如图 9-89 所示。

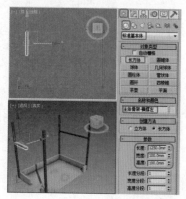
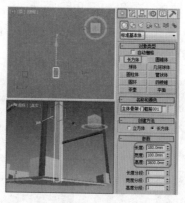
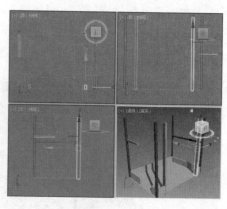

图 9-87　创建主体骨架-横撑左　　　图 9-88　创建主体骨架-门框前 001　　　图 9-89　复制对象

（26）再次复制一个【主体骨架 - 门框前 001】对象，将复制后的对象重新命名为"主体骨架 - 门框左001"，将【主体骨架 - 门框左 001】对象在【顶】视图中沿 Z 轴旋转 -90°，并调整其位置，效果如图 9-90 所示。

（27）使用前面介绍的方法，选择【主体骨架 - 门框左 001】对象进行复制，将复制后的对象重新命名为"主体骨架 - 门框左 002"，然后在视图中调整其位置，如图 9-91 所示。

（28）单击【显示】按钮，进入【显示】命令面板，在【冻结】卷展栏中单击【按名称解冻】按钮，在弹出的【解冻对象】对话框中选择【墙基】选项，单击【解冻】按钮即可解冻【墙基】对象，如图 9-92 所示。

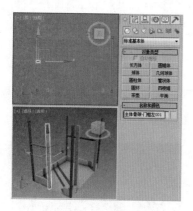
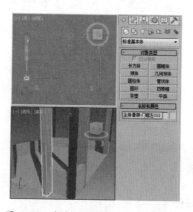
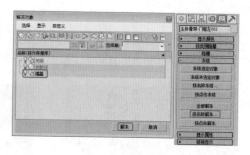

图 9-90　复制对象　　　图 9-91　复制主体骨架 - 门框左 002　　　图 9-92　选择解冻对象

（29）复制一个【墙基】对象，并将新复制的对象重新命名为"主体骨架 - 墙基上"，将【墙基】对象重新冻结。选择【主体骨架 - 墙基上】对象，在【修改】命令面板中右击【UVW 贴图】修改器，在弹出的快捷菜单中选择【删除】命令，如图 9-93 所示。

知识链接

【UVW贴图】修改器控制在对象曲面上如何显示贴图材质和程序材质。贴图坐标指定如何将位图投影到对象上。UVW 坐标系 与 XYZ 坐标系相似。位图的 U 和 V 轴对应于 X 和 Y 轴。对应于 Z 轴的 W 轴一般仅用于程序贴图。可在【材质编辑器】中将位图坐标系切换到 VW 或 WU，在这些情况下，位图被旋转和投影，以使其与该曲面垂直。

（30）选择【编辑样条线】修改器，将【当前】选择集定义为【顶点】，并在场景中对【主体骨架 - 墙基上】对象进行调整，如图 9-94 所示。

（31）关闭当前选择集，选择【挤出】修改器，在【参数】卷展栏中将【数量】更改为 100mm，并在视图中调整【主体骨架 - 墙基上】对象的位置，效果如图 9-95 所示。

(32) 选择【创建】 ▒▒ |【图形】 ⊙ |【矩形】命令，在【顶】视图中创建一个【长度】和【宽度】分别为 3105mm 和 4300mm 的矩形，将其命名为 "主体骨架 - 顶 001"，如图 9-96 所示。

(33) 切换到【修改】命令面板，在【修改器列表】中选择【编辑样条线】修改器，将当前选择集定义为【样条线】，按 Ctrl+A 组合键选择所有的样条线，然后在【几何体】卷展栏中将【轮廓】设置为 230，如图 9-97 所示。

(34) 关闭当前选择集，在【修改器列表】中选择【挤出】修改器，在【参数】卷展栏中将【数量】设置为 100，并在视图中调整【主体骨架 - 顶 001】对象的位置，效果如图 9-98 所示。

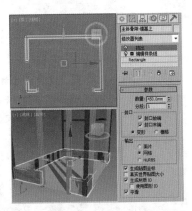

图 9-93　删除贴图

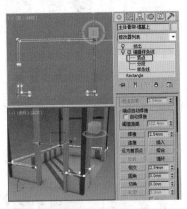

图 9-94　调整顶点

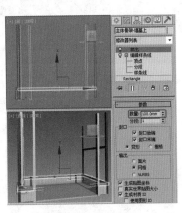

图 9-95　打开素材文件

图 9-96　绘制矩形

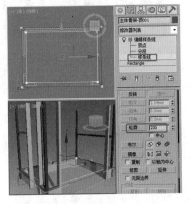

图 9-97　设置轮廓

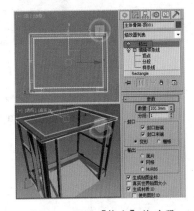

图 9-98　添加【挤出】修改器

(35) 复制一个【主体骨架 - 顶 001】对象，将复制后的对象重新命名为 "主体骨架 - 顶 002"，然后将其放置在【主体骨架 - 顶 001】对象的下方，如图 9-99 所示。

(36) 在场景中选择所有的主体骨架对象，然后在菜单栏中选择【组】|【成组】命令，弹出【组】对话框，在该对话框中输入【组名】为 "主体骨架"，单击【确定】按钮，如图 9-100 所示。

(37) 按 M 键，打开【材质编辑器】对话框，选择一个新的材质样本球，将其命名为 "主体骨架"，在【Blinn 基本参数】卷展栏中将【环境光】和【漫反射】的 RGB 值均设置为 255、255、255，如图 9-101 所示。设置完成后，单击【将材质指定给选定对象】按钮 ▓，将材质指定给【主体骨架】对象。

(38) 选择主体骨架，并将其冻结，如图 9-102 所示。

(39) 选择【创建】 ▒▒ |【几何体】 ⊙ |【长方体】命令，在【顶】视图中创建一个【长度】、【宽度】和【高度】分别为 20mm、3870mm 和 20mm 的长方体，然后在其他视图中调整其位置，如图 9-103 所示。

(40) 复制多个新创建的长方体，效果如图 9-104 所示。

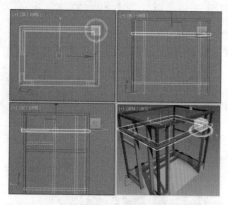

图 9-99　复制对象

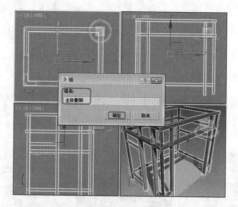

图 9-100　创建组

图 9-101　设置主体骨架材质

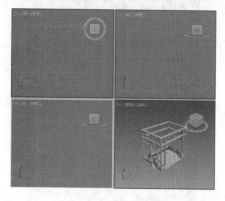

图 9-102　冻结对象

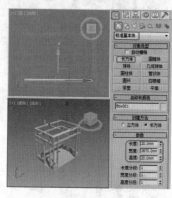

图 9-103　绘制长方体

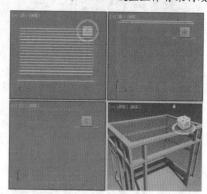

图 9-104　复制长方体

(41) 选择【创建】 ✳ |【几何体】 ◯ |【长方体】命令，在【左】视图中创建一个【长度】、【宽度】和【高度】分别为 20mm、2706mm 和 20mm 的长方体，然后在其他视图中调整其位置，如图 9-105 所示。

(42) 复制多个新创建的长方体，效果如图 9-106 所示。

(43) 根据前面介绍的方法，制作其他栅格对象，效果如图 9-107 所示。

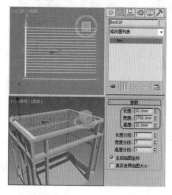

图 9-105　创建长方体

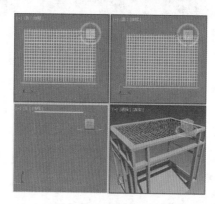

图 9-106　复制长方体

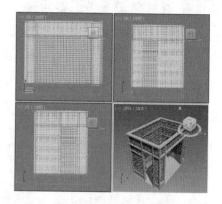

图 9-107　制作栅格对象

(44) 按 Ctrl+A 组合键选择所有的对象，在菜单栏中选择【组】|【成组】命令，弹出【组】对话框，在该对话框中输入【组名】为"栅格"，单击【确定】按钮，如图 9-108 所示。

(45) 按 M 键，打开【材质编辑器】对话框，选择一个新的材质样本球，将其命名为"金属"，在【明暗器基本参数】卷展栏中将明暗器类型定义为【(M) 金属】，在【金属】基本参数卷展栏中将【环境光】的

RGB 值设置为 0、0、0，将【漫反射】的 RGB 值设置为 190、190、190，将【反射高光】区域中的【高光级别】和【光泽度】分别设置为 100 和 80，如图 9-109 所示。

(46) 打开【贴图】卷展栏，单击【反射】右侧的【无】按钮，在弹出的【材质/贴图浏览器】对话框中选择【位图】贴图，再在弹出的对话框中选择随书附带光盘中的 CDROM \ Map \ HOUSE2.jpg 文件，单击【打开】按钮，在【坐标】卷展栏中将【模糊偏移】设置为 0.1，如图 9-110 所示。设置完成后，单击【转到父对象】按钮和【将材质指定给选定对象】按钮，将材质指定给【栅格】对象。

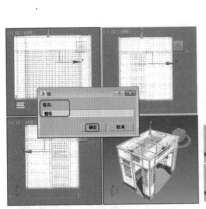

图 9-108　创建【栅格】组　　　　图 9-109　设置金属材质　　　　图 9-110　设置【反射】贴图

知识链接

【金属明暗器】选项是一种比较特殊的渲染方式，专用于金属材质的制作，可以提供金属所需的强烈反光。它取消了【高光反射】色彩的调节，反光点的色彩仅依据于【漫反射】色彩和灯光的色彩。

(47) 选择【创建】|【几何体】|【长方体】命令，在【左】视图中创建一个【长度】、【宽度】和【高度】分别为 3250mm、2850mm 和 5mm 的长方体，将其命名为"玻璃右"，然后在其他视图中调整其位置，如图 9-111 所示。

(48) 按 M 键，打开【材质编辑器】对话框，选择一个新的材质样本球，将其命名为"玻璃"，在【Blinn 基本参数】卷展栏中将【环境光】和【漫反射】的 RGB 值设置为 63、80、69，将【高光反射】的 RGB 值设置为 255、255、255，将【不透明度】设置为 40，将【反射高光】区域中的【高光级别】和【光泽度】分别设置为 116 和 42，如图 9-112 所示。

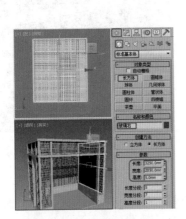

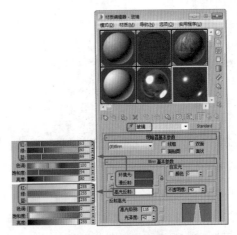

图 9-111　创建玻璃右　　　　　　　图 9-112　创建玻璃材质

(49) 打开【贴图】卷展栏，将【不透明度】右侧的【数量】设置为 25，单击【无】按钮，在弹出的【材质 / 贴图浏览器】对话框中选择【光线跟踪】贴图，单击【确定】按钮，然后在【光线跟踪器参数】卷展栏中选中【跟踪模式】选项组中的【反射】单选按钮，如图 9-113 所示。

(50) 单击【转到父对象】按钮 ，在【贴图】卷展栏中将【反射】右侧的【数量】设置为 25，然后拖动【不透明度】右侧的【贴图】按钮到【反射】右侧的【无】按钮上，在弹出的【复制（实例）贴图】对话框中选中【实例】单选按钮，然后单击【确定】按钮，即可复制贴图，如图 9-114 所示。设置完成后，单击【将材质指定给选定对象】按钮 。

(51) 用同样的方法，在场景中创建其他玻璃对象，并将【玻璃】材质赋予创建的玻璃对象，如图 9-115 所示。

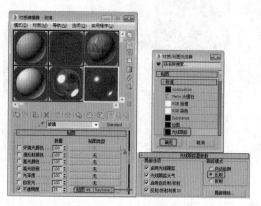

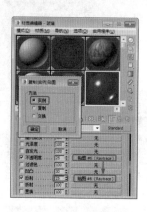

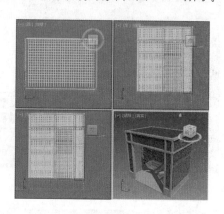

图 9-113　设置【不透明度】　　　　图 9-114　复制贴图　　　　图 9-115　创建玻璃对象

(52) 将所有的玻璃对象进行编组并进行冻结，选择【创建】 |【图形】 |【线】命令，在【左】视图中创建直线并进行调整，并将其命名为"卷帘门"，如图 9-116 所示。

(53) 切换至【修改】命令面板，将当前选择集定义为【样条线】，按 Ctrl+A 组合键选择所有的样条线，然后在【几何体】卷展栏中将【轮廓】设置为 2，如图 9-117 所示。

(54) 关闭当前选择集，在【修改器列表】中选择【挤出】修改器，在【参数】卷展栏中将【数量】设置为 3000mm，如图 9-118 所示。

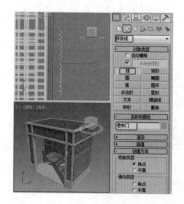

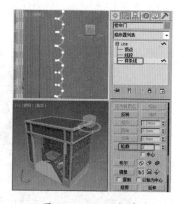

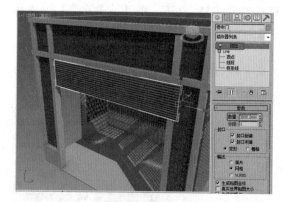

图 9-116　创建曲线　　　　　图 9-117　设置轮廓　　　　　图 9-118　添加【挤出】修改器

(55) 对创建的卷帘门对象进行调整，如图 9-119 所示。

(56) 复制一个【卷帘门】对象，将复制后的对象重新命名为"卷帘门左"，并将【卷帘门左】对象在【顶】视图中沿 Z 轴旋转 -90°，如图 9-120 所示。

(57) 确定【卷帘门左】对象处于选中状态, 切换至【修改】命令面板, 选择【挤出】修改器, 在【参数】卷展栏中将【数量】更改为 1100mm, 并在其他视图中调整其位置, 如图 9-121 所示。然后将【金属】材质赋予创建的【卷帘门】对象。

(58) 将创建的【卷帘门】对象进行冻结, 选择【创建】☀|【图形】◎|【线】命令, 在【左】视图中绘制闭合图形, 如图 9-122 所示。

图 9-119　调整对象

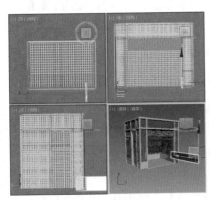

图 9-120　复制对象

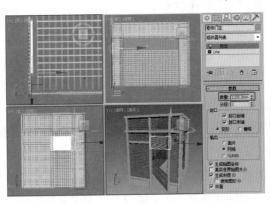

图 9-121　调整位置并赋予材质

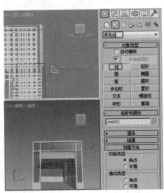

图 9-122　绘制图形

(59) 对绘制的图像进行复制, 并在视图中调整位置, 如图 9-123 所示。

(60) 同时选择新绘制的三个闭合图形, 切换至【修改】命令面板, 在【修改器列表】中选择【挤出】修改器, 在【参数】卷展栏中将【数量】设置为 4256mm, 可以根据绘制的图形不同设置不同数量, 如图 9-124 所示。

(61) 选择【创建】☀|【图形】◎|【弧】命令, 在【左】视图中绘制圆弧, 如图 9-125 所示。

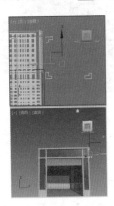

图 9-123　复制对象

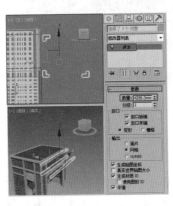

图 9-124　添加【挤出】修改器

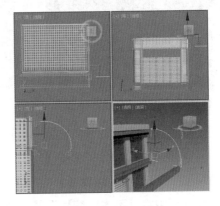

图 9-125　绘制圆弧

(62) 切换到【修改】命令面板, 在【修改器列表】中选择【挤出】修改器, 在【参数】卷展栏中将【数量】设置为 20mm, 如图 9-126 所示。

(63) 选择【创建】☀|【几何体】◎|【长方体】命令, 在【左】视图中创建一个【长度】、【宽度】和【高度】分别为 611.917mm、20mm 和 20mm 的长方体, 其中长度可以根据不同图形对象设置不同的数量, 这里将【长度】设置为 611.917 即可达到效果, 如图 9-127 所示。

(64) 使用同样的方法，在场景中创建其他的长方体和圆弧对象，如图 9-128 所示。

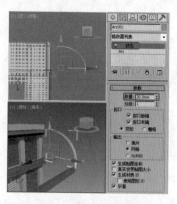
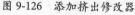

图 9-126　添加挤出修改器

图 9-127　创建长方体

图 9-128　绘制对象

(65) 选择所有新创建的闭合图形、圆弧和长方体，在菜单栏中选择【组】|【成组】命令，弹出【组】对话框，在该对话框中输入【组名】为"遮阳骨架"，单击【确定】按钮，即可将选择的对象成组，如图 9-129 所示。然后将【金属】材质赋予创建的遮阳骨架对象。

(66) 选择【创建】　|【图形】　|【弧】命令，在【左】视图中绘制圆弧，将其命名为"遮阳玻璃罩"，如图 9-130 所示。

(67) 切换至【修改】命令面板，在【修改器列表】中选择【编辑样条线】修改器，将当前选择集定义为【样条线】，按 Ctrl+A 组合键选择所有的样条线，然后在【几何体】卷展栏中将【轮廓】设置为9，如图 9-131 所示。

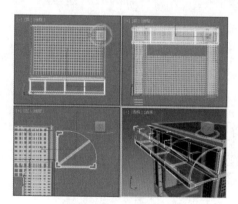

图 9-129　创建其他对象

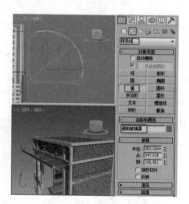

图 9-130　绘制圆弧

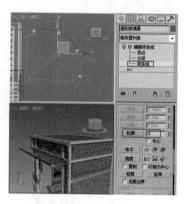

图 9-131　设置轮廓

(68) 关闭当前选择集，在【修改器列表】中选择【挤出】修改器，在【参数】卷展栏中将【数量】设置为 4225.5mm，如图 9-132 所示。

(69) 按 M 键，打开【材质编辑器】对话框，选择一个新的材质样本球，将其命名为"遮阳玻璃罩"，在【Blinn 基本参数】卷展栏中将【不透明度】设置为85，将【反射高光】区域中的【高光级别】和【光泽度】分别设置为 5 和 25，打开【贴图】卷展栏，单击【漫反射颜色】右侧的【无】按钮，在弹出的【材质/贴图浏览器】对话框中选择【位图】贴图，再在弹出的对话框中选择随书附带光盘中的 CDROM \ Map \ 玻璃 .jpg 文件，单击【打开】按钮。然后在【坐标】卷展栏中将【角度】下的 W 值设置为 90。设置完成后，单击【转到父对象】按钮　和【将材质指定给选定对象】按钮　，如图 9-133 所示。

(70) 选择创建的【遮阳骨架】和【遮阳玻璃罩】对象进行位置的调整，将制作好的对象进行保存，如图 9-134 所示。

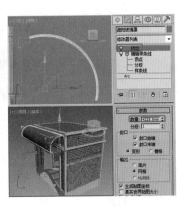

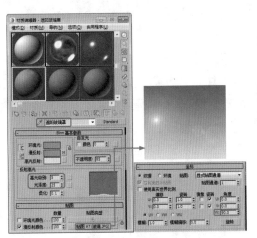

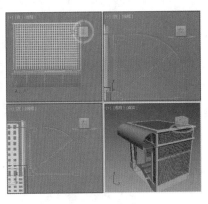

图 9-132　添加【挤出】修改器　　　　图 9-133　创建遮阳玻璃单材质　　　　图 9-134　调整位置

(71) 打开随书附带光盘中的 CDROM \ Scenes \ Cha09 \ 售货亭的制作背景 .max 文件，单击系统图标，在弹出的下拉列表中选择【文件】|【导入】|【合并】命令，弹出【合并文件】对话框，选择 CDROM \ Scenes\ Cha09 \ 售货亭的制作 .max 文件，如图 9-135 所示。

(72) 单击【打开】按钮，在弹出的对话框中单击【全部】按钮，再单击【确定】按钮，如图 9-136 所示。

(73) 选择【透】视图，按 C 键，转换为【摄影机】视图，如图 9-137 所示。

(74) 激活【摄影机】视图，对其进行渲染查看效果，如图 9-138 所示。

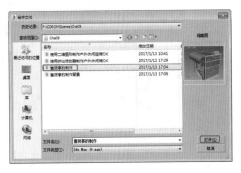

图 9-135　合并文件

图 9-136　选择合并文件　　　　图 9-137　调整位置　　　　图 9-138　完成后的效果

案例精讲 093　使用编辑网格修改器制作户外秋千

本例将介绍如何使用【编辑网格】修改器制作户外秋千，在制作户外秋千时，主要使用【线】、【圆】、【切角长方体】、【切角圆柱体】等工具创建图形，再使用【编辑网格】等修改器对绘制图形进行编辑和修改，最后通过使用【目标聚光灯】和【泛光灯】来表现最终效果，完成后的效果如图 9-139 所示。

 案例文件：CDROM \ Scenes\ Cha09 \ 使用编辑网格修改器制作户外秋千 OK.max
视频文件：视频教学 \ Cha09 \ 使用编辑网格修改器制作户外秋千 .avi

图 9-139　户外秋千

349

(1) 在菜单栏中选择【自定义】|【单位设置】命令，在弹出的【单位设置】对话框中选中【公制】复选框，并将单位设置为【厘米】，如图9-140所示

(2) 选择【创建】|【几何体】|【长方体】命令，在【左】视图中创建一个【长度】为200cm、【宽度】为7cm、【高度】为7cm的长方体，并将其命名为"支架1"，如图9-141所示。

(3) 切换到【修改】命令面板，在【修改器列表】中选择【编辑网格】修改器，将当前选择集定义为【顶点】，在工具栏中选择上面的一组点，右击【选择并移动】工具，在弹出的对话框中将【偏移：屏幕】下的X参数值设置为80，如图9-142所示，将点沿着X轴移动80cm。

图9-140 设置【单位设置】

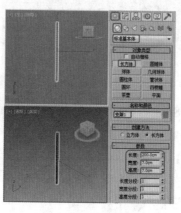

图9-141 创建长方体

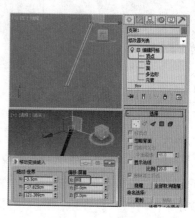

图9-142 移动【顶点】

(4) 在【左】视图中选择【支架1】对象，在工具栏中选择【镜像】工具，在弹出的对话中将【镜像轴】设置为X，将【偏移】参数设置为142cm，在【克隆当前选择】区域中选中【复制】复选框，单击【确定】按钮，在【顶】视图中调整模型的位置，如图9-143所示。

(5) 选择【创建】|【几何体】|【长方体】命令，在【左】视图中创建一个【长度】为2cm、【宽度】为112cm、【高度】为2cm的长方体，并将其命名为"支架横"，如图9-144所示。

(6) 在场景中选择【支架横】对象，切换到【修改】命令面板，在【修改器列表】中选择【编辑网格】修改器，将当前选择集定义为【顶点】，在【顶】视图和【左】视图中调整点的位置，如图9-145所示。

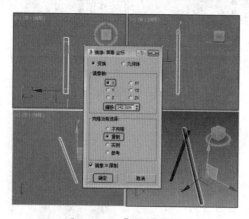

图9-143 【镜像】长方体

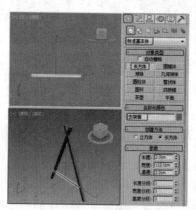

图9-144 创建长方体

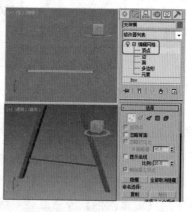

图9-145 添加【编辑网格】

(7) 选择【创建】|【几何体】|【扩展基本体】|【切角长方体】命令，在【左】视图中创建一个【长度】为9.0cm、【宽度】为5.0cm、【高度】为198.0cm、【圆角】为2.0cm的切角长方体，并将其【长度分段】、【宽度分段】、【高度分段】、【圆角分段】分别设置为3、3、1、4，然后在场景中调整其位置，将其命名为"摇椅上"，如图9-146所示。

(8) 在场景中选择两个支架和【支架横】对象，并将它们成组为【支架组 001】，激活【左】视图，然后在工具栏中选择【镜像】工具，在弹出的对话框中选中【镜像轴】选项组下的 Z 单选按钮，将【偏移】参数设置为 195cm，在【克隆当前选择】选项组中选中【复制】单选按钮，单击【确定】按钮，并在【顶】视图中适当调整其位置，如图 9-147 所示。

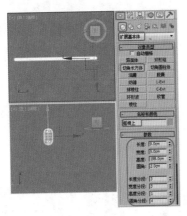

图 9-146　创建切角长方体

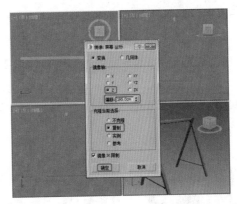

图 9-147　镜像复制图形

(9) 接下来为摇椅制作挂钩，选择【创建】|【图形】|【线】和【圆】命令，在场景中创建可渲染的样条线，并设置其【厚度】为 0.8cm，然后再调整它们相应的位置，如图 9-148 所示。

(10) 选择【创建】|【几何体】|【扩展基本体】|【切角圆柱体】命令，在【顶】视图中创建一个【半径】为 1.6cm、【高度】为 8cm、【圆角】为 0.2cm、【圆角分段】为 3、【边数】为 30、【端面分段】为 2 的切角圆柱体，作为挂钩的中心部分，如图 9-149 所示。

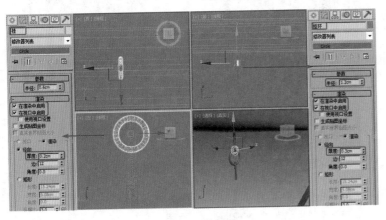

图 9-148　绘制圆

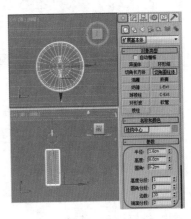

图 9-149　创建切角圆柱体

(11) 复制之前绘制的挂钩上半部分，制作挂钩的下半部分，完成后的效果如图 9-150 所示。最后可以将挂钩对象成组，命名为"挂钩"，以便于操作。

(12) 选择【创建】|【图形】|【线】命令，在【左】视图中创建一个支架的截面图形，将其命名为"秋千架"，切换到【修改】命令面板，在【修改器列表】中选择【挤出】修改器，在【参数】卷展栏中将【数量】设置为 7.0cm，如图 9-151 所示。

(13) 选择【创建】|【几何体】|【扩展基本体】|【切角长方体】命令，在【左】视图中创建一个【长度】为 7.0cm、【宽度】为 82cm、【高度】为 7.0cm、【圆角】为 0.2cm、【圆角分段】为 4 的切角长方体，并将其命名为"秋千支架横"，如图 9-152 所示。

(14) 在场景中选择【秋千支架横】对象，进入【修改】命令面板，在【修改器列表】中选择【编辑网格】修改器，将当前选择集定义为【顶点】，在场景中调整点的位置，如图 9-153 所示。

(15) 选择【创建】|【几何体】|【扩展基本体】|【切角长方体】命令，在【顶】视图中创建【长度】为 7.0cm、【宽度】为 130.0cm、【高度】为 2.0cm、【圆角】为 0.3cm 的切角长方体，再对其进行复制作为秋千的座，如图 9-154 所示。

(16) 在场景中选择所有作为秋千座的切角长方体，并将它们成组，在【左】视图中使用【选择并旋转】工具旋转摇椅的角度，并使用【选择并移动】工具调整其位置，选择【秋千支架横】复制出【秋千支架横 001】对象，并在场景中调整好其形状及位置，如图 9-155 所示。

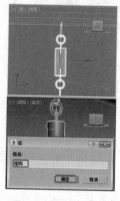

图 9-150　图形成组

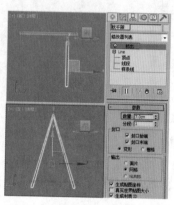

图 9-151　创建闭合线

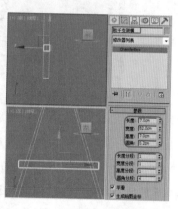

图 9-152　添加切角长方体

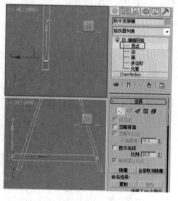

图 9-153　调整顶点

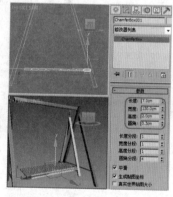

图 9-154　复制秋千的座

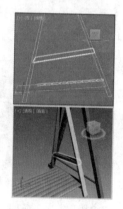

图 9-155　选择并复制

(17) 使用【切角长方体】工具创建【靠背竖】对象，并对其施加【编辑网格】修改器，将当前选择集定义为【顶点】，对其进行调整并复制模型，调整好其位置，形成如图 9-156 所示的效果。

(18) 使用制作【座】的方法制作出【靠背】的效果，如图 9-157 所示。

(19) 将【秋千架】、【秋千支架横】和【秋千支架横 001】成组，命名为"秋千侧支架"，再选择上面制作的【挂钩】和【靠背竖】，对两者进行复制，并在场景中调整好其位置。最后再使用创建球体作为【秋千】的装饰钉，如图 9-158 所示。

(20) 在场景中选择除【挂钩】和【装饰钉】以外的对象，在工具栏中选择【材质编辑器】工具，打开【材质编辑器】面板，选择一个新的材质样本球，并将其命名为"木秋千"，在【贴图】卷展栏中单击【漫反射颜色】通道后面的【无】按钮，在弹出的【材质/贴图浏览器】对话框中选择【位图】贴图，单击【确定】按钮，再在打开的对话框中选择随书附带光盘中的 CDROM\Map\ 赤扬杉 -9.JPG 文件，单击【打开】按钮，进入漫反射颜色贴图通道，单击【转到父对象】按钮，回到父级材质面板，再单击【将材质指定给选定对象】按钮，将材质指定给场景中的选择对象。效果如图 9-159 所示。

(21) 在场景中选择【挂钩】和【装饰钉】对象，在材质面板中选择一个新的材质样本球，并将其命名为"挂钩 / 装饰钉"，在【明暗器基本参数】卷展栏中将阴影模式定义为【(M) 金属】，在【金属基本参数】卷展栏中将"环境光"的 RGB 设置为 0、0、0，将【漫反射】的 RGB 设置为 255、255、255，将【反射高光】区域中的【高光级别】和【光泽度】分别设置为 100 和 80，如图 9-160 所示。

(22) 在【贴图】卷展栏中单击【反射】通道后面的【无】按钮，在弹出的【材质 / 贴图浏览器】对话框中选择【位图】贴图，单击【确定】按钮，再在弹出的对话框中选择随书附带光盘的 CDROM|Map|HOUSE.JPG 文件，单击【打开】按钮，进入漫反射颜色贴图层级。在【坐标】卷展栏中将【模糊偏移】参数设置为 0.086，如图 9-161 所示，单击【转到父对象】按钮，返回到父级材质面板，再单击【将材质指定给选定对象】按钮，将材质指定给场景中的选择对象。

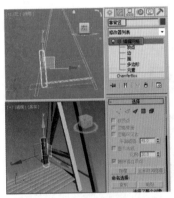

图 9-156 绘制【切角长方体】

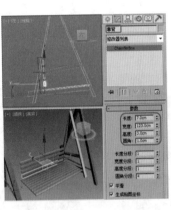

图 9-157 绘制切角长方体

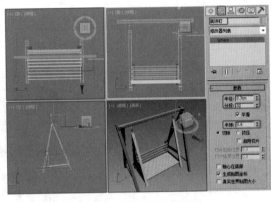

图 9-158 绘制装饰钉

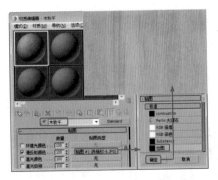

图 9-159 设置【木秋千】材质

图 9-160 设置【挂钩 / 装饰钉】材质

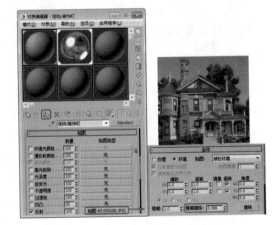

图 9-161 设置贴图

(23) 选择【创建】|【摄影机】|【目标】命令，在【顶】视图中创建一架目标摄影机，并在其他视图中调整其位置，在【参数】卷展栏中将【镜头】参数设置为 37，激活【透视】视图，按 C 键将其转换为【摄影机】视图，如图 9-162 所示。

(24) 选择【创建】|【灯光】|【目标聚光灯】命令，在【顶】视图中创建一盏目标聚光灯来照亮场景，并在【左】视图中调整其角度，在【常规参数】卷展栏中选中【阴影】区域下的【启用】复选框，并把阴影设置为【光线跟踪阴影】，在【强度 / 颜色 / 衰减】卷展栏中将【倍增】参数设置为 1，如图 9-163 所示。

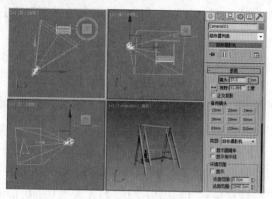

图 9-162　添加摄影机

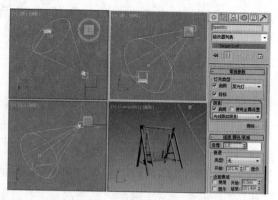

图 9-163　创建【目标聚光灯】

(25) 使用【长方体】工具创建【长度】为 400cm、【宽度】为 350cm、【高】为 1cm 的地面, 右击鼠标, 在弹出的快捷菜单中执行【对象属性】命令, 在弹出的对话框中选中【透明】复选框, 在工具栏中单击【材质编辑器】按钮, 再在打开的对话框中单击 Standard 按钮, 在弹出的【材质/贴图浏览器】对话框中选择【无光/投影】材质, 使用默认属性, 单击【将材质指定给选定对象】按钮, 将绘制的材质指定给绘制的长方体 , 如图 9-164 所示。

(26) 使用【灯光】中的【泛光】命令在视图中创建一个泛光灯, 将【常规参数】卷展栏中【阴影】区域下的【启用】复选框取消选中, 将【强度/颜色/衰减】卷展栏中的【倍增】设置为 0.2, 并使用【选择并移动】工具对其进行移动, 效果如图 9-165 所示。

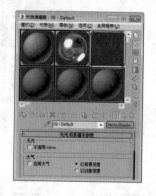

图 9-164　创建长方体并设置材质

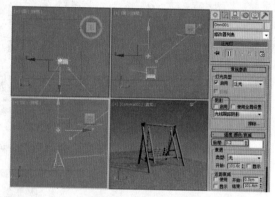

图 9-165　创建泛光灯

(27) 继续使用【泛光】工具在视图中创建【泛光灯】, 将【常规参数】卷展栏中【阴影】区域下的【启用】复选框取消选中, 单击【排除】按钮, 在弹出的对话框中, 选择左侧的 Box001 对象, 并单击中间的 >> 按钮, 将其转移到右侧, 设置完成后单击【确定】按钮, 将【强度/颜色/衰减】卷展栏中的【倍增】设置为 0.2, 如图 9-166 所示。

(28) 再次使用【泛光】工具在视图中创建【泛光灯】, 将【常规参数】卷展栏中【阴影】区域下的【启用】取消选中, 单击【排除】按钮, 在弹出的对话框中选择左侧的除 Box001 对象之外的所有模型 , 并单击中间的 >> 按钮, 将其转移到右侧, 设置完成后单击【确定】按钮, 将【强度/颜色/衰减】卷展栏中的【倍增】设置为 0.5, 如图 9-167 所示。

(29) 按 8 键, 弹出【环境和效果】对话框, 在【公用参数】卷展栏中单击【环境贴图】下的【无】按钮, 在弹出的【材质/贴图浏览器】对话框中选择【位图】选项, 在弹出的对话框中选择随书附带光盘中的 CDROM \ MAP \ 0013.jpg 文件, 在工具栏中单击【材质编辑器】按钮, 在弹出的【材质编辑器】对话框中选择一个新的材质样本球, 将【环境和效果】中的贴图拖曳到刚选择的材质样本球上, 并将【坐标】卷展栏中的【贴图】设置为【屏幕】, 如图 9-168 所示。

(30) 将秋千的所有模型选中并成组, 命名为"户外秋千", 再在工具栏中选择【选择并移动】工具, 选择【户外秋千】模型, 将其整体进行适当的调整, 效果如图 9-169 所示。

(31) 激活【顶】视图, 在工具栏中单击【渲染产品】按钮, 将绘制的模型进行渲染, 效果如图 9-170 所示。

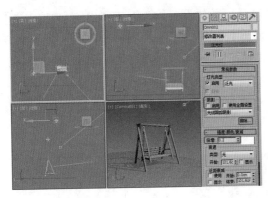

图 9-166　创建泛光灯

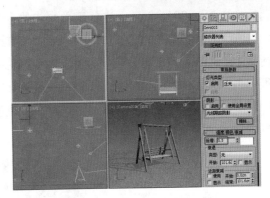

图 9-167　创建泛光灯

图 9-168　添加环境贴图

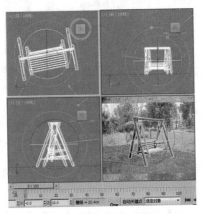

图 9-169　将模型成组并移动

图 9-170　完成后效果

案例精讲 094　使用车削修改器制作户外壁灯【视频案例】

　　本例将介绍户外壁灯的制作，在制作户外壁灯时，主要使用【线】、【长方体】等工具绘制图形，使用【车削】、【网格平滑】等修改器对绘制的图形进行编辑和修改，最后使用【目标聚光灯】和【泛光】来表现最终效果，完成后的效果如图 9-171 所示。

 案例文件: CDROM \ Scenes\ Cha09 \ 使用车削修改器制作户外壁灯 OK.max

　　视频文件: 视频教学 \ Cha09 \ 使用车削修改器制作户外壁灯 .avi

图 9-171　户外壁灯

案例精讲 095　使用挤出修改器制作户外健身器材

　　本例将介绍健身器材的制作，其效果如图 9-172 所示。健身器材随着人们生活质量的提高，出现在众多的居民住宅区中，而当前在我们生活场所如大型住宅小区中也较为常见。通过本例的学习，让读者了解健身器材的制作方法，同时通过学习掌握到一些基本工具的应用技巧以及物体组合的思路。

 案例文件: CDROM \ Scenes \Cha09\ 使用挤出修改器制作户外健身器材 OK.max

　　视频文件: 视频教学 \ Scenes\Cha09\ 使用挤出修改器制作户外健身器材 .avi

图 9-172　户外健身器材

（1）运行 3ds Max 2016 软件，选择菜单栏中的【自定义】|【单位设置】命令，在弹出的【单位设置】对话框中选中【显示单位比例】区域下的【公制】单选按钮，并将其设置为【厘米】，然后单击【确定】按钮，如图 9-173 所示。

（2）选择【创建】 ✱ |【图形】 ◎ |【矩形】命令，在左视图中创建一个【长度】、【宽度】、【角半径】分别为 1.8cm、4.5cm、0.834cm 的矩形，并将该矩形重新命名为"滚筒横板 001"，如图 9-174 所示。

（3）切换至【修改】命令面板，在【修改器列表】中选择【挤出】修改器，在【参数】卷展栏中将【数量】设置为 180cm，如图 9-175 所示。

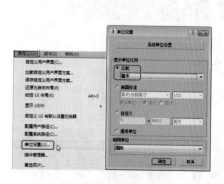

图 9-173　设置单位

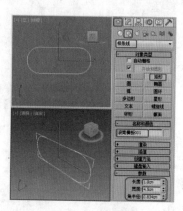

图 9-174　创建圆角矩形

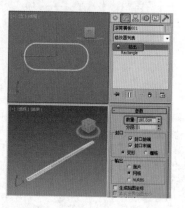

图 9-175　添加【挤出】修改器

（4）切换至【层次】命令面板，在【调整轴】卷展栏中单击【移动/旋转/缩放】区域下的【仅影响轴】按钮，然后单击【选择并移动】按钮，并在左视图沿 Y 轴向下方调整轴心点，如图 9-176 所示。

（5）调整完成后，再在【调整轴】卷展栏中单击【仅影响轴】按钮，将其关闭，选择菜单栏中的【工具】|【阵列】命令，如图 9-177 所示。

（6）在弹出的【阵列】对话框中将【增量】选项组中的 Z【旋转】设置为 20，将【阵列维度】区域下的【数量】的 1D 设置为 18，如图 9-178 所示。

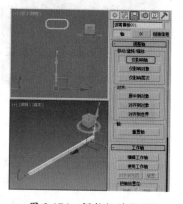

图 9-176　调整轴的位置

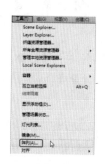

图 9-177　选择【阵列】命令

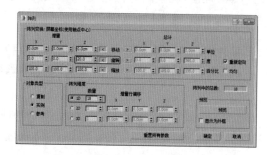

图 9-178　进行阵列复制

（7）设置完成后，单击【确定】按钮，即可完成进行阵列复制，完成后的效果如图 9-179 所示。

（8）在左视图中选择位于底端的三个矩形对象，按 Delete 键将其删除，如图 9-180 所示。

（9）选择【创建】 ✱ |【图形】 ◎ |【圆】命令，在左视图中沿【滚筒横板】的内边缘创建一个【半径】为 15.8cm 的圆形，并将其重新命名为"滚筒支架圆 001"，如图 9-181 所示。

（10）切换至【修改】命令面板，在【修改器列表】中选择【编辑样条线】修改器，将当前选择集定义为【样条线】，然后在【几何体】卷展栏中单击【轮廓】按钮，并将内轮廓设置为 1cm，如图 9-182 所示。

（11）设置完成后，关闭当前选择集，在【修改器列表】中选择【挤出】修改器，在参数卷展栏中将【数量】设置为 6cm，并在【前】视图中将其移动至滚筒横板的左侧，如图 9-183 所示。

（12）在工具栏中选择【选择并移动】工具，按住 Shift 键在【前】视图中沿 X 轴向右进行移动，在弹出的对话框中将【副本数】设置为 2，如图 9-184 所示。

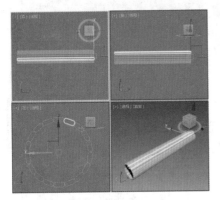

图 9-179　阵列复制后的效果

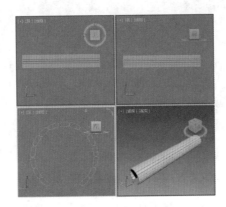

图 9-180　删除对象

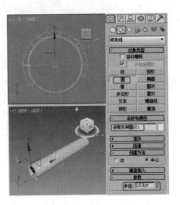

图 9-181　创建【滚筒支架圆 001】

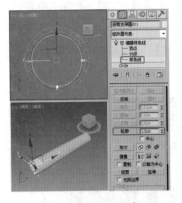

图 9-182　设置轮廓

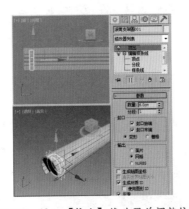

图 9-183　添加【挤出】修改器并调整位置

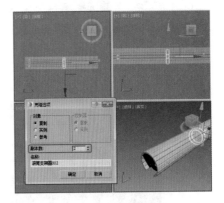

图 9-184　设置副本数

（13）设置完成后，单击【确定】按钮，即可完成复制，效果如图 9-185 所示。

（14）选择【滚筒支架圆 001】对象，按 Ctrl+V 组合键，在弹出的对话框中选中【复制】单选按钮，将其命名为"滚筒支架左"，如图 9-186 所示。

（15）设置完成后，单击【确定】按钮，在【修改】命令面板中选择【挤出】修改器，右击鼠标，在弹出的快捷菜单中选择【删除】命令，如图 9-187 所示。

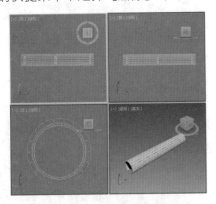

图 9-185　复制对象后的效果

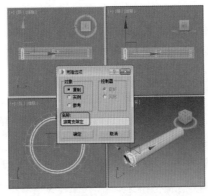

图 9-186　复制对象

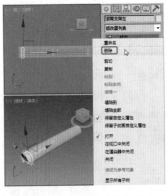

图 9-187　选择【删除】命令

(16) 将当前选择集定义为【样条线】，在【左】视图中选择内侧的圆形，按 Delete 键将其删除，如图 9-188 所示。

(17) 将当前选择集定义为【顶点】，单击【几何体】卷展栏中的【优化】按钮，在左视图中位于滚筒横板底端开口处添加两个节点，如图 9-189 所示。

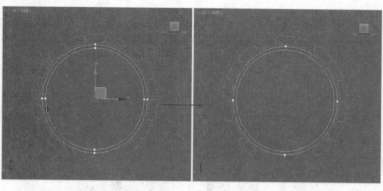

图 9-188　删除样条线

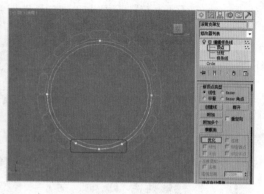

图 9-189　添加节点

(18) 单击【优化】按钮，将其关闭，将当前选择集定义为【分段】，并将添加两个节点的线段删除，如图 9-190 所示。

(19) 继续将当前选择集定义为【样条线】修改器，在视图中选择样条曲线，在【几何体】卷展栏中将【轮廓】设置为 -3.3cm，如图 9-191 所示。

(20) 关闭当前选择集，在【修改器列表】中选择【挤出】修改器，在【参数】卷展栏中将【数量】设置为 1cm，在【前】视图中调整该对象的位置，如图 9-192 所示。

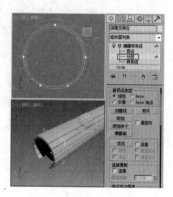

图 9-190　删除线段

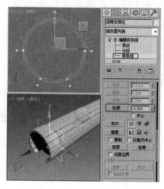

图 9-191　设置轮廓

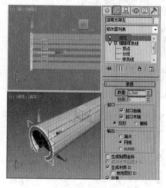

图 9-192　设置挤出

(21) 单击工具栏中的【选择并移动】按钮，在前视图中选择【滚筒支架左】对象并进行复制，将新复制的对象重新命名为“滚筒支架右”，并将其移动至滚筒横板的右侧，如图 9-193 所示。

(22) 选择【创建】|【几何体】|【圆柱体】命令，在顶视图中创建一个【半径】、【高度】和【高度分段】分别为 2cm、27cm 和 1 的圆柱体，将它命名为“滚筒结构架竖 001”，单击工具栏中的【选择并移动】按钮，并在左视图中将该对象沿 Y 轴进行移动，移动后的效果如图 9-194 所示。

(23) 选择【滚筒支架圆 001】对象，按 Ctrl+V 组合键对其进行复制，为了便于后面要进行的布尔运算，可将新复制的对象重新命名一个容易识别的名称 1111，然后在编辑堆栈中打开【编辑样条线】修改器，将当前选择集定义为【样条线】，选择位于内侧的样条线，并将其删除，效果如图 9-195 所示。

(24) 关闭当前选择集，选择【滚筒结构架竖 001】对象，选择【创建】|【几何体】|【复合对象】|【布尔】命令，然后在【拾取布尔】参数卷展栏中选择拾取操作对象 B 按钮，按 H 键，在打开的【拾取对象】对话框中选择前面新复制的 1111 对象，如图 9-196 所示。

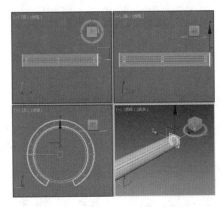

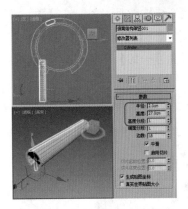

图 9-193　复制并调整对象的位置　　　图 9-194　绘制对象并进行移动

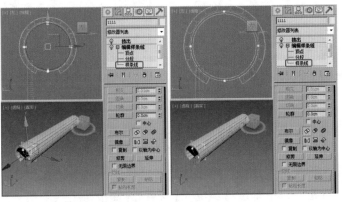

图 9-195　删除内侧样条线　　　　　　图 9-196　选择对象

(25) 单击【拾取】按钮，即可完成对选中对象的布尔运算，完成后的效果如图 9-197 所示。

(26) 在左视图选择【滚筒结构架竖 001】对象，在工具栏中单击【镜像】按钮，在弹出的对话框中选中【复制】单选按钮，并调整偏移文本框的参数，如图 9-198 所示。

||||▶提 示

由于调整滚筒横板轴的位置不同，因此阵列后的大小也会有所不同，所以此处需要读者自行设置【偏移】参数。

(27) 设置完成后，单击【确定】按钮，镜像后的效果如图 9-199 所示。

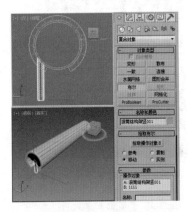

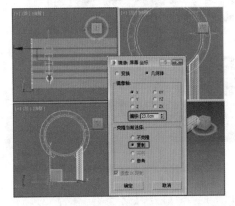

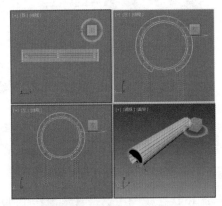

图 9-197　进行布尔运算　　　图 9-198　镜像对象　　　图 9-199　镜像后的效果

(28) 选择两个滚筒结构架竖对象，在【前】视图中沿 X 轴向右进行复制，复制后的效果如图 9-200 所示。

(29) 选择【创建】❋|【几何体】◎|【圆柱体】命令，在【前】视图中创建一个【半径】为 2.2cm，【高度】为 90cm 的圆柱体，【高度分段】设置为 1，在场景中调整其位置，并将其命名为"滚筒结构架 001"，如图 9-201 所示。

(30) 创建完成后，再次选择【滚筒结构架 001】对象，对其进行复制，效果如图 9-202 所示。

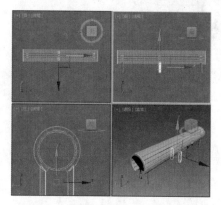
图 9-200　复制对象后的效果

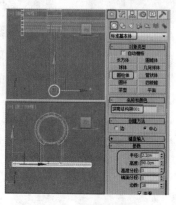
图 9-201　创建圆柱体

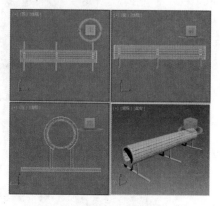
图 9-202　复制对象

(31) 选择【创建】❋|【几何体】◎|【圆柱体】命令，在【左】视图中再次创建【滚筒结构架】对象，将其【半径】设置为 3cm，【高度】设置为 167cm，【高度分段】设置为 1，并在视图中调整其位置，如图 9-203 所示。

(32) 在视图中选中所有对象，按 M 键，在弹出的【材质编辑器】对话框中选择一个材质样本球，将其命名为【滚筒材质】，在【Blinn 基本参数】卷展栏中单击【环境光】右侧的❑按钮将其解锁，并将【环境光】的 RGB 值设置为 24、16、78，在【Blinn 基本参数】卷展栏中将【漫反射】的 RGB 值设置为 92、144、248，将【自发光】区域下的【颜色】设置为 28，将【反射高光】区域下的【高光级别】和【光泽度】分别设置为 66、25，设置完成后，单击【将材质指定给选定对象】按钮❑，将材质指定给选定的对象，如图 9-204 所示。

(33) 选择【创建】❋|【图形】◎|【线】命令，在左视图中绘制一条线段，并将其重新命名为"滚筒扶手 001"，然后在【渲染】卷展栏中选中【在渲染中启用】和【在视口中启用】复选框，并将【厚度】设置为 3cm，如图 9-205 所示。

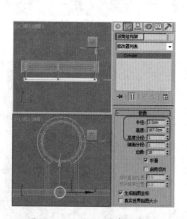
图 9-203　再次创建圆柱体

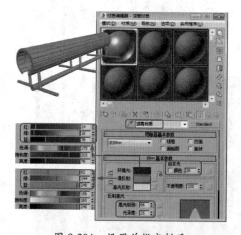
图 9-204　设置并指定材质

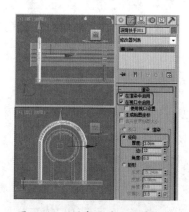
图 9-205　创建线并设置其参数

(34) 在视图中选择【滚筒扶手 001】对象，打开【材质编辑器】对话框，选择一个新的材质球，并将当前材质重新命名为"滚筒扶手"，在【Blinn 基本参数】卷展栏中单击【环境光】左侧的❑按钮将其解锁，并将【环境光】的 RGB 值设置为 56、55、18，在【Blinn 基本参数】卷展栏中将【漫反射】的 RGB 值设置为 219、218、103，将【反射高光】区域下的【高光级别】和【光泽度】分别设置为 50、46，完成设置后单击【将材质指定给选定对象】按钮，将材质指定给选定的对象，如图 9-206 所示。

(35) 在视图中选择【滚筒扶手 001】对象，单击工具栏中的【选择并移动】按钮，在【前】视图中对该对象进行复制，并调整其位置，效果如图 9-207 所示。

(36) 选择【创建】|【几何体】命令，在顶视图中创建一个【半径】、【高度】、【高度分段】分别为 5cm、90cm 和 5 的圆柱体，将其命名为"器械支架 001"，如图 9-208 所示。

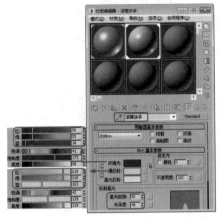

图 9-206　设置材质并指定材质

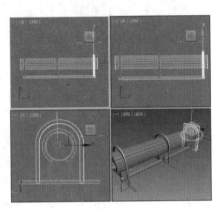

图 9-207　复制对象

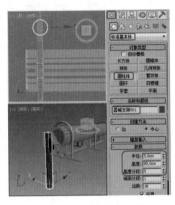

图 9-208　创建圆柱体

(37) 创建完成后，在场景中调整其位置，然后按 M 键，打开【材质编辑器】对话框，并将材质样本球中的【滚筒材质】赋予当前对象，如图 9-209 所示。

(38) 选择【创建】|【几何体】|【球体】命令，在顶视图中创建一个【半径】为 5cm 的圆球，在【参数】卷展栏中将【半球】设置为 0.435，将其命名为"器械支架饰球 001"，最后在左视图中调整该对象至【器械支架 001】对象的上方，如图 9-210 所示。

(39) 在视图中选择【器械支架饰球 001】对象，打开【材质编辑器】对话框，选择一个新的材质样本球，在【明暗器基本参数】卷展栏中将阴影模式定义为【(M) 金属】，在【金属基本参数】卷展栏中将锁定的【环境光】和【漫反射】的 RGB 值设置为 228、83、83，将【自发光】区域的【颜色】设置为 24，将【反射高光】区域下的【高光级别】和【光泽度】分别设置为 65、63，设置完成后，将材质指定给选定对象，如图 9-211 所示。

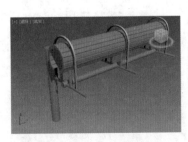

图 9-209　赋予材质后的效果

图 9-210　创建半圆

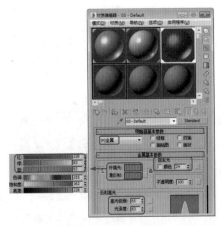

图 9-211　设置并指定材质

(40) 选择【创建】 ⬚ |【几何体】 ◯ |【圆柱体】命令，在【顶】视图中创建一个【半径】、【高度】和【高度分段】分别为 6cm、10cm 和 1 的圆柱体，将其命名为"器械脚 - 套管 001"，如图 9-212 所示。

(41) 创建完成后，在场景中调整该对象的位置，调整后的效果如图 9-213 所示。

(42) 为该对象指定材质，选择【创建】 ⬚ |【图形】 ◯ |【矩形】命令，在【顶】视图中绘制一个【长度】、【宽度】分别为 20.0cm、22.0cm 的矩形，并将其重新命名为"器械脚 - 底垫 001"，在【渲染】卷展栏中取消选中【在渲染中启用】和【在视口中启用】复选框，如图 9-214 所示。

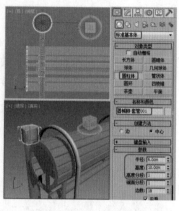

图 9-212　创建圆柱体

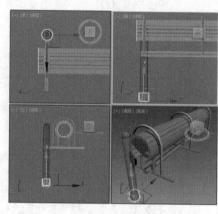

图 9-213　创建圆柱体

图 9-214　绘制矩形

(43) 在视图中调整该对象的位置，然后在矩形的 4 个边角处创建 4 个半径为 1.5cm 的圆形，在视图中调整其位置，效果如图 9-215 所示。

(44) 在视图中选择上面所绘制的矩形，右击鼠标，在弹出的快捷菜单中选择【转换为】|【转换为可编辑样条线】命令，如图 9-216 所示。

(45) 切换至【修改】命令面板，在【几何体】卷展栏中单击【附加多个】按钮，在弹出的【附加多个】对话框中按住 Ctrl 键选择如图 9-217 所示的对象，然后单击【附加】按钮。

(46) 附加完成后，切换至【修改】命令面板，在【修改器列表】中选择【挤出】修改器，在【参数】卷展栏中将【数量】设置为 2cm，为其指定材质并调整其位置，效果如图 9-218 所示。

(47) 在视图中选择如图 9-219 所示的对象，将选中的对象进行成组，并将组名称设置为"器械支架"。

(48) 成组完成后，对成组后的对象进行复制，并调整其位置，效果如图 9-220 所示。

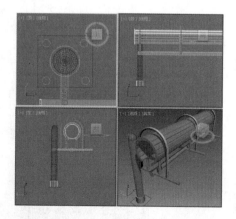

图 9-215　创建圆形并调整其位置

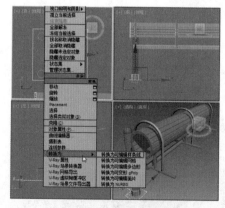

图 9-216　选择【转换为可编辑样条线】命令

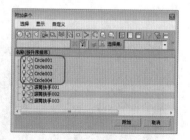

图 9-217　选择附加对象

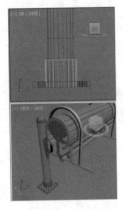
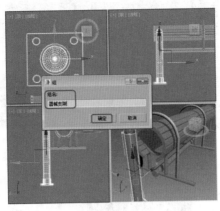
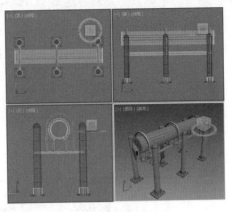

图 9-218　添加【挤出】修改器　　　图 9-219　选择对象并进行成组　　　图 9-220　复制对象并调整对象的位置

(49) 选择【创建】 | 【几何体】 | 【长方体】命令,将【名称】设置为"地面",在顶视图创建一个【长度】、【宽度】和【高度】分别为 206cm、319cm 和 1cm 的长方体，如图 9-221 所示。

(50) 继续选中该对象，右击鼠标，在弹出的快捷菜单中选择【对象属性】命令，在弹出的【对象属性】对话框中选中【透明】复选框，如图 9-222 所示。

(51) 单击【确定】按钮，继续选中该对象，按 M 键，打开【材质编辑器】对话框，在该对话框中选择一个材质样本球，将其命名为"地面"，单击 Standard 按钮，在弹出的对话框中选择【无光 / 投影】选项，如图 9-223 所示。

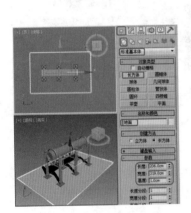
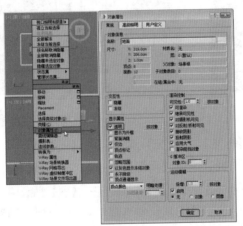
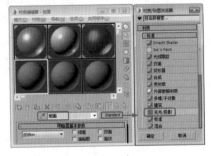

图 9-221　创建长方体　　　　图 9-222　选中【透明】复选框　　　图 9-223　选择【无光 / 投影】选项

(52) 单击【确定】按钮，将该材质指定给选定对象即可，按 8 键，弹出【环境和效果】对话框，在【公用参数】卷展栏中单击【无】按钮，在弹出的【材质 / 贴图浏览器】对话框中选择【位图】贴图，再在弹出的对话框中打开随书附带光盘中的 "户外背景 .jpg" 素材文件，如图 9-224 所示。

(53) 在【环境和效果】对话框中将环境贴图拖曳至新的材质样本球上，在弹出的【实例 (副本) 贴图】对话框中选中【实例】单选按钮,并单击【确定】按钮,然后在【坐标】卷展栏中将贴图设置为【屏幕】,如图 9-225 所示。

(54) 激活【透视】视图，按 Alt+B 组合键，在弹出的对话框中选中【使用环境背景】单选按钮，如图 9-226 所示。单击【确定】按钮，选择【创建】 | 【摄影机】 | 【目标】命令，在视图中创建摄影机，激活【透视】视图，按 C 键将其转换为【摄影机】视图，在其他视图中调整摄影机位置，效果如图 9-227 所示。

(55) 按 Shift+C 组合键隐藏场景中的摄影机，选择创建 | 【灯光】 | 【标准】 | 【目标聚光灯】命令，在【顶】视图中按住鼠标左键进行拖动，创建一盏目标聚光灯，然后调整灯光在场景中的位置，继续选择创建的目标

聚光灯，在【修改】命令面板中的【常规参数】卷展栏中，选中【阴影】区域下的【启用】复选框；在【聚光灯参数】卷展栏中将【聚光区/光束】、【衰减区/区域】分别设置为7、80，在【阴影参数】卷展栏中将【颜色】的 RGB 值设置为 141、141、141，【密度】设置为 0.2，如图 9-228 所示。

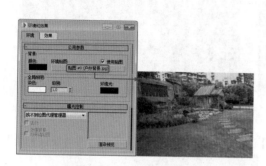

图 9-224　添加环境贴图

图 9-225　设置贴图

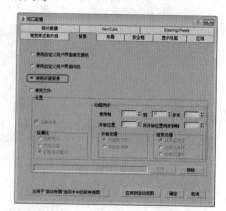

图 9-226　选中【使用环境背景】单选按钮

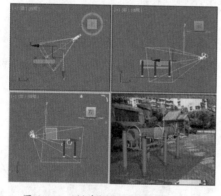

图 9-227　创建摄影机并调整其位置

图 9-228　创建目标聚光灯

(56) 选择创建 ※ |【灯光】 ◎ |【标准】|【泛光】命令，在【顶】视图中单击，创建一盏泛光灯并调整其在场景中的位置，在【修改器】命令面板中选中【阴影】复选框，将【倍增】设置为 0.5，如图 9-229 所示。

(57) 选择创建 ※ |【灯光】 ◎ |【标准】|【泛光】命令，在【顶】视图中单击，创建一盏泛光灯并调整其在场景中的位置，在【修改器】面板中选中【阴影】复选框，将【倍增】设置为 0.4，如图 9-230 所示。

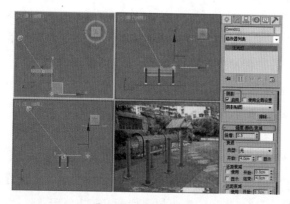

图 9-229　创建泛光灯

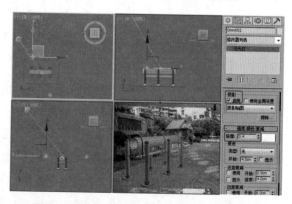

图 9-230　创建泛光灯

(58) 至此，户外健身器材就制作完成了，对完成后的场景进行渲染并保存即可。

第 10 章

建筑外观的表现

本章重点

- 使用挤出修改器制作廊架
- 使用线工具制作景观墙
- 使用附加命令制作凉亭【视频案例】
- 使用样条线绘制木桥【视频案例】

　　本章将讲解建筑外观的制作方法，在制作之前需要先对模型进行全面的分析，在制作时才能思路清晰，顺利地完成模型的创建。

案例精讲 096　使用挤出修改器制作廊架

廊架在园林小品中最为常见的，本例将讲解如何利用【挤出】修改器制作廊架，其中主要应用了【挤出】、【编辑样条线】和【阵列】工具进行制作，其中具体操作步骤如下，完成后的效果如图 10-1 所示。

> **案例文件：** CDROM \ Scenes\ Cha10 \ 使用挤出修改器制作廊架 OK.max
>
> **视频教学：** Cha10 \ 使用挤出修改器制作廊架 .avi

(1) 进入 3ds Max 软件后，选择 |【图形】|【样条线】|【圆】工具，在【顶】视图中创建一个【半径】为 1000 的圆，并将其命名为"参考圆"，在制作的过程中通过【参考圆】制作出廊架的大体结构，如图 10-2 所示。

(2) 选择【创建】|【图形】|【矩形】命令，在【左】视图中【参考圆】的一边创建一个【长度】、【宽度】和【角半径】分别为 20mm、100mm、10mm 的矩形，并将其命名为"座 01"，如图 10-3 所示。

(3) 选择上一步创建的矩形，并对其添加【挤出】修改器，在【参数】卷展栏中将【数量】设置为 20，并在【顶】视图中将其放置到【参考圆】的一边，如图 10-4 所示。

图 10-1　廊架效果

(4) 在【修改器列表】中选择【UVW 贴图】修改器，在【贴图】区域中选择【长方体】选项，将【长度】、【宽度】和【高度】均设置为 150，如图 10-5 所示。

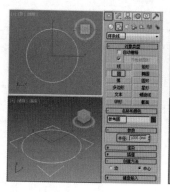

图 10-2　绘制圆

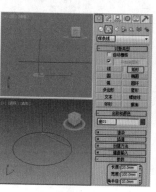

图 10-3　绘制矩形

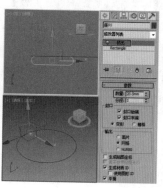

图 10-4　添加挤出修改器

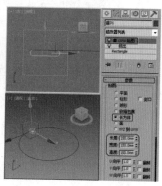

图 10-5　添加【UVW 贴图】修改器

(5) 按 M 键，打开【材质编辑器】对话框，选择一个新的材质样本球，并将其命名为"廊架座"，参照图 10-6 所示设置材质。在【明暗器基本参数】卷展栏中将阴影模式定义为 Blinn。在【贴图】卷展栏中单击【漫反射颜色】右侧的【无】贴图按钮，在弹出的【材质 / 贴图浏览器】对话框中选择【位图】贴图，单击【确定】按钮，再在打开的对话框中选择随书附带光盘中的 CDROM\Map\ 木 4.JPG 文件，单击【打开】按钮，进入漫反射颜色通道，如图 10-6 所示。单击【转到父对象】按钮，回到父级材质面板，并将材质指定给场景中的【座 01】对象。

(6) 在工具栏中右击【捕捉开关】按钮 ，在弹出的【捕捉和栅捕设置】对话框中选择【轴心】选项，然后关闭对话框，如图 10-7 所示。

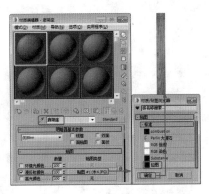

图 10-6　设置材质　　　　　　　　图 10-7 设置捕捉

(7) 在场景中选择【座 01】对象，进入【层次】面板，单击【轴】按钮，在【调整轴】卷展栏中单击【仅影响轴】按钮，在工具栏中选择【选择并移动】 ⊕ 工具，并单击 ³ₒ 按钮打开三维捕捉，在场景中将【座 01】对象的坐标轴拖动到【参考圆】对象的位置后会出现一个三维捕捉的形状，然后松开鼠标，可以看到坐标在【参考圆】的中心位置，如图 10-8 所示。

(8) 单击【仅影响轴】按钮，将其关闭，在场景中选择【座 01】对象，选择【顶】视图，在菜单栏中选择【工具】|【阵列】命令，在弹出的对话框中将【数量】下的 Z 轴【旋转】参数设置为 2，将【阵列维度】区域中的【数量】| 1D 参数设置为 20，单击【确定】按钮，如图 10-9 所示。

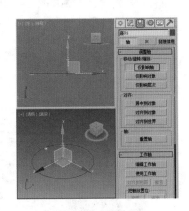

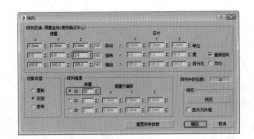

图 10-8　调整轴　　　　　　　　图 10-9　设置阵列

(9) 在场景中选择【参考圆】对象，按 Ctrl+V 组合键复制对象，在弹出的对话框中将【名称】命名为"支柱 01"，单击【确定】按钮，如图 10-10 所示。

(10) 选择【支柱 01】对象，在【修改器列表】中选择【编辑样条线】修改器，将当前选择集定义为【顶点】，在【几何体】卷展栏中单击【优化】按钮，在场景中为【支柱 01】对象上添加两个控制点，位置如图 10-11 所示。

(11) 关闭选择集，重新将选择集定义为【分段】，将除了添加的两点中间的线段以外部分全部选中，并按 Delete 键将其删除，如图 10-12 所示。

(12) 关闭选择集，将选择集重新定义为【样条线】，在【几何体】卷展栏中将其【轮廓】设置为 100 并按回车键，设置出其轮廓，如图 10-13 所示。

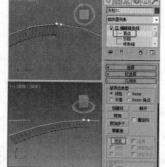
图 10-10　复制对象

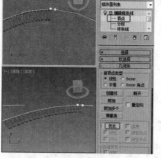
图 10-11　添加顶点图

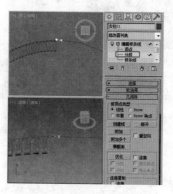
10-12　删除多余的线段

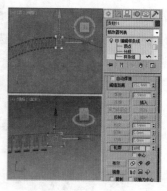
图 10-13　设置轮廓

(13) 关闭选择集，选择【修改器列表】中的【挤出】修改器，在【参数】卷展栏中将【数量】参数设置为 600，如图 10-14 所示。

(14) 在【修改器列表】中选择【UVW 贴图】修改器，在【参数】卷展栏中将【贴图】样式定义为【长方体】，将【长度】、【宽度】和【高度】均设置为 100，如图 10-15 所示。

(15) 打开【材质编辑器】对话框，选择一个新的材质样本球，将其命名为"支柱"。在【明暗器基本参数】卷展栏中将阴影模式定义为 Blinn。在【Blinn 基本参数】卷展栏中将【反射高光】区域中的【高光级别】和【光泽度】参数分别设置为 5、25。在【贴图】卷展栏中单击【漫反射】颜色通道右侧的无贴图按钮，在打开的【材质 / 贴图浏览器】对话框中选择【位图】贴图，再在弹出的对话框中选择随书附带光盘中的 CDROM\Map\BR027.JPG 文件，单击【打开】按钮，进入【漫反射颜色】通道，保持默认值，如图 10-16 所示。

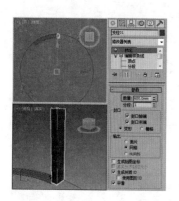
图 10-14　添加挤出修改器

图 10-15　添加修改器

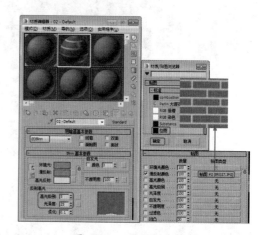
图 10-16　设置贴图参数

(16) 单击【转到父对象】按钮，返回父级材质，单击【漫反射颜色】通道后的【贴图类型】按钮，并将其拖曳到【凹凸】后面的【无】贴图按钮，在弹出的对话框中选中【实例】单选按钮，单击【确定】按钮，将【凹凸】通道右侧的【数量】参数设置为 30，将材质指定给如图 10-17 所示。

(17) 选择【创建】|【图形】|【弧】命令，在【顶】视图中【座】的位置处创建一个【半径】为 1020mm，【从】为 88，【到】为 135 的圆弧，将其命名为"廊架座底 01"，如图 10-18 所示。

(18) 选择创建的弧对其添加【编辑样条线】修改器,将当前选择定义为【样条线】,在【几何体】卷展栏中将【轮廓】设置为 60 并按回车键,设置出【廊架座底 01】的轮廓,如图 10-19 所示。

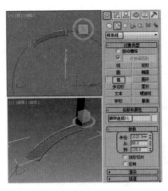

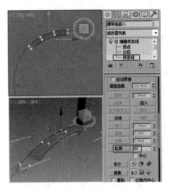

图 10-17 复制贴图   图 10-18 绘制弧   图 10-19 设置轮廓

||||▶提 示

　　创建弧形样条线时,可以使用鼠标在步长之间平移和环绕视口。要平移视口,请按住鼠标中键或鼠标滚轮进行拖动。要环绕视口,请同时按住 Alt 键和鼠标中键(或鼠标滚轮)进行拖动。

(19) 关闭选择集,选择【修改器列表】中的【挤出】修改器,在【参数】卷展栏中将【数量】设置为 20mm,选中【生成贴图坐标】复选框,将【廊架座】的材质赋予【廊架底座 01】,适当调整对象的位置,如图 10-20 所示。

(20) 选择【创建】|【几何体】|【长方体】命令,在【顶】视图中创建一个【长度】、【宽度】和【高度】分别为 45mm、75mm、120mm 的长方体,并将其命名为"座支架 01",将其颜色设置为白色,如图 10-21 所示。

(21) 在【顶】视图中选择【座支架 01】对象,在工具栏中使用【选择并移动】工具,在场景中将其调整到【廊架底座 01】的一边,再按住 Shift 键将其移动复制到【廊架底座 01】的另一边,并使用【选择并旋转】工具对其进行旋转,适当调整支柱 01 的位置,如图 10-22 所示。

(22) 选择【创建】|【图形】|【矩形】命令,在【左】视图中创建一个矩形,将其命名为"顶支架 01",然后进入【修改器】面板,选择【修改器列表】中的【编辑样条线】修改器,将当前选择集定义为【顶点】,并将其调整至如图 10-23 所示的形状。

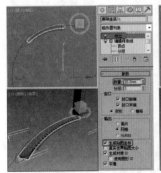

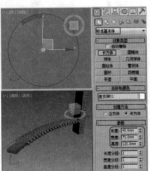

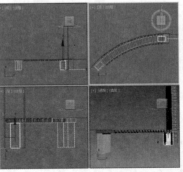

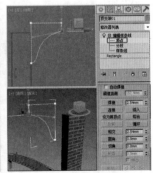

图 10-20 添加挤出修改器   图 10-21 绘制长方体   图 10-22 复制长方体   图 10-23 调整顶点

(23) 关闭选择集,并重新将选择集定义为【样条线】,在【几何体】卷展栏中将【轮廓】参数设置为 15 并按回车键,设置出【顶支架 01】的【轮廓】,并再对其修改,如图 10-24 所示。

(24) 关闭选择集，选择【修改器列表】中的【挤出】修改器，在【参数】卷展栏中将【数量】设置为20mm，然后在工具栏中选择【选择并旋转】工具，在【顶】视图中旋转【顶支架】的角度，如图 10-25 所示。

(25) 在【修改器列表】中选择【UVW 贴图】修改器，在【参数】卷展栏中将【贴图】样式定义为【长方体】，将【长度】、【宽度】和【高度】参数均设置为150mm，并将【廊架座】材质指定给场景中的【顶支架 01】对象，如图 10-26 所示。

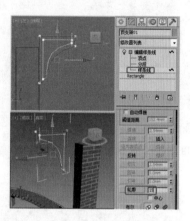
图 10-24　设置轮廓

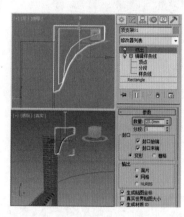
图 10-25　添加挤出修改器

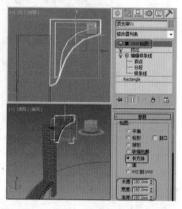
图 10-26　添加 UVW 贴图修改器

(26) 在场景中选择除【参考圆】以外的模型，在菜单栏中选择【组】|【成组】命令，在弹出的对话框中将【组名】命名为"廊架01"，单击【确定】按钮，如图 10-27 所示。

(27) 在场景中选择【廊架01】对象，进入【层次】面板，单击【轴】按钮，在【调整轴】卷展栏中单击【仅影响轴】按钮，然后在工具栏中选择【选择并移动】工具，并单击 3m 按钮，打开三维捕捉按钮，在【顶】视图中将坐标轴拖曳到【参考圆】的位置处时会出现捕捉松开鼠标，将坐标轴放置到【参考圆】的中心位置，如图 10-28 所示。

(28) 再次单击【仅影响轴】按钮，在菜单栏中选择【工具】|【阵列】命令，在弹出的对话框中将【数量】下的 Z 轴【旋转】参数设置为 48，将【阵列维度】区域中的【数量】下的 1D 参数设置为 4，如图 10-29 所示。

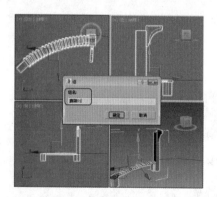
图 10-27　创建廊架01组

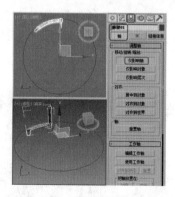
图 10-28　调整轴的中心点

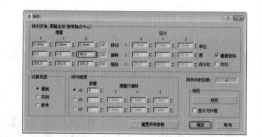
图 10-29　设置阵列

▶提 示

使用【阵列维度】组中的项可以创建一维、二维和三维阵列。例如，即使在场景中占用的是三维空间，五个对象排成一行也是一维阵列。五行三列的对象阵列是二维阵列，五行三列两层的对象阵列是三维阵列。

(29) 在场景中可以看到边上少一个【支柱】和【顶支架】对象，在场景中随便选择一个组，将其解组并在工具栏中选择【选择并旋转】工具,在场景中移动复制【支柱】和【顶支架】对象,并在工具栏中选择【选择并旋转】工具,旋转其角度,如图 10-30 所示的效果。

(30) 在场景中选择【参考圆】对象,按 Ctrl+V 组合键,复制对象,在弹出的对话框中将复制对象的【名称】命名为"廊架顶 01",单击【确定】按钮,如图 10-31 所示。

(31) 进入【修改器】命令面板,在【修改器列表】中选择【编辑样条线】修改器,将当前选择集定义为【顶点】,在【几何体】卷展栏中单击【优化】按钮,在如图 10-33 所示【廊架顶 01】的位置上添加调节点,如图 10-32 所示。

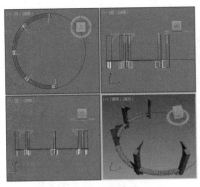
图 10-30　进行复制后的效果

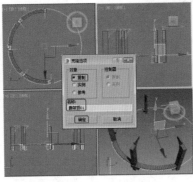
图 10-31　进行复制图

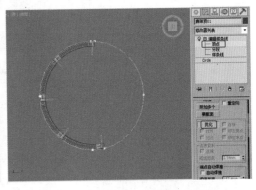
图 10-32　添加顶点

(32) 关闭选择集,将当前选择集定义为【分段】,在场景中将廊架上方以外的【廊架顶 01】对象的线段选中并删除,如图 10-33 所示。

(33) 关闭选择集,再重新将当前选择集定义为【样条线】,在【几何体】卷展栏中将【轮廓】设置为60,并按回车键,设置出【廊架顶 01】对象的【轮廓】,如图 10-34 所示。

(34) 关闭选择集,选择【修改器列表】中的【挤出】修改器,在【参数】卷展栏中将【数量】设置为150mm,在【左】视图中将【廊架顶 01】对象放置到【支柱】对象的上方,如图 10-35 所示。

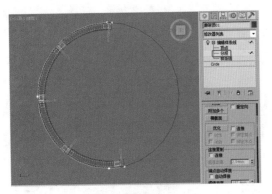
图 10-33　删除多余的分段

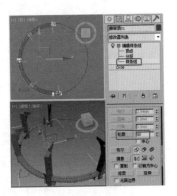
图 10-34　设置轮廓

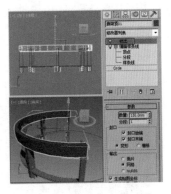
图 10-35　添加挤出修改器

(35) 选择【修改器列表】中的【UVW 贴图】修改器,在【参数】卷展栏中将【贴图】样式定义为【长方体】,将【长度】、【宽度】和【高度】参数均设置为200mm,如图 10-36 所示。

(36) 打开材质编辑器,选择一个新的材质样本球,并将其命名为"廊架顶"。在【明暗器基本参数】卷展栏中,将阴影模式定义为 Blinn。在【Blinn 基本参数】卷展栏中,将【反射高光】区域中的【高光级别】和【光泽度】参数分别设置为 5、25。在【贴图】卷展栏中单击【漫反射颜色】通道右侧的【无】按钮,在弹出的【材质 / 贴图浏览器】对话框中选择【位图】贴图,单击【确定】按钮,再在打开的对话框中选择随书附带光盘中的 CDROM\Map\ 砖墙 05.JPG 文件,单击【打开】按钮,进入漫反射通道,保持默认值,如图 10-37 所示。

(37) 单击【转到父对象】按钮，返回到父级材质面板，单击【漫反射颜色】通道右侧的【贴图类型】按钮，并将其拖曳到【凹凸】通道右侧的【无】贴图按钮，在弹出的对话框中选中【实例】单选按钮，单击【确定】按钮，并将【凹凸】的【数量】设置为30，最后单击【转到父对象】按钮，将材质指定给场景中的【廊架顶01】对象，如图 10-38 所示。

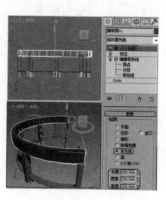

图 10-36　添加 UVW 贴图

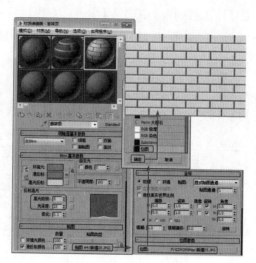

图 10-37　设置贴图

图 10-38　复制贴图

(38) 选择【创建】|【图形】|【弧】命令。在场景中【廊架顶01】对象的上方创建一个【半径】为957mm，【从】为86，【到】为280的弧，并将其命名为"廊架顶02"，如图 10-39 所示。

(39) 在修改器列表中选择【编辑样条线】修改器，将当前选择集定义为【样条线】，在【几何体】卷展栏中将【轮廓】参数设置为50并按回车键，设置【廊架顶02】对象的轮廓，如图 10-40 所示。

(40) 关闭选择集，选择【修改器列表】|【挤出】修改器，在【参数】卷展栏中将【数量】设置为70mm，如图 10-41 所示。

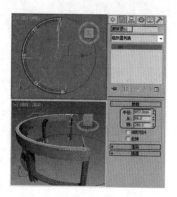

图 10-39　绘制弧

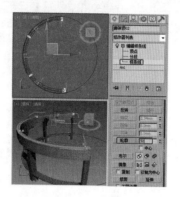

图 10-40　设置轮廓

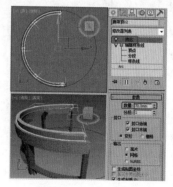

图 10-41　添加挤出修改器

(41) 在【修改器列表】选择【UVW 贴图】修改器，在【参数】卷展栏中将【贴图】样式定义为【长方体】，将【长度】、【宽度】和【高度】参数均设置为150mm，如图 10-42 所示。

(42) 打开材质编辑器，选择【廊架座】材质并将其指定给场景中的【廊架顶02】对象，并对其移动位置，完成后的效果如图 10-43 所示。

(43) 选择【创建】|【图形】|【矩形】命令，在【左】视图中创建一个【长度】和【宽度】分别为40mm、300mm的矩形，并将其命名为"顶03"，如图 10-44 所示。

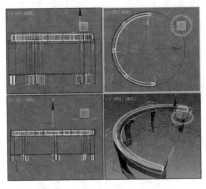

图 10-42　添加 UVW 贴图　　　　图 10-43　赋予材质并调整位置　　　　图 10-44　绘制矩形

(44) 在修改器列表中选择【编辑样条线】修改器，将当前选择集定义为【顶点】，在【几何体】卷展栏中单击【优化】按钮，在【顶 03】上添加一个点，并对其进行调整，如图 10-45 所示。

(45) 关闭【优化】按钮，并关闭选择集，选择【修改器列表】|【挤出】修改器，在【参数】卷展栏中将【数量】设置为 35mm，并在【顶】视图中将其调整到【顶支架】对象的位置处，如图 10-46 所示。

(46) 选择【UVW 贴图】修改器进行添加，在【参数】卷展栏中将【贴图】样式定义为【长方体】，将【长度】、【宽度】和【高度】参数均设置为 150mm，如图 10-47 所示。打开材质编辑器，选择【廊架座】材质，将其指定给场景中的【顶 01】对象。

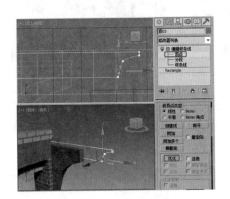
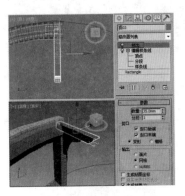
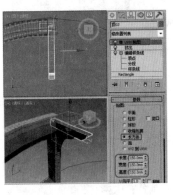

图 10-45　进行调整　　　　图 10-46　添加挤出修改器　　　　图 10-47　添加 UVW 贴图

(47) 在场景中选择【顶 03】对象，进入【层次】面板，单击【轴】按钮，在【调整轴】卷展栏中单击【仅影响轴】按钮，在工具栏中选择【选择并移动】工具，并单击 ³₆ 按钮打开三维捕捉，在场景中将坐标轴拖动到【参考圆】的位置处会出现捕捉中心点，松开鼠标，将坐标轴放置到【参考圆】的中心位置，如图 10-48 所示。

(48) 在菜单栏中选择【工具】|【阵列】命令，在弹出的对话框中将【数量】下的 Z 轴【旋转】参数设置为 7，将【阵列维度】区域中的【数量】下的 1D 参数设置为 29，单击【确定】按钮，如图 10-49 所示。

(49) 选择【创建】|【图形】|【弧】命令，在【顶】视图中的中间位置初创建一条【半径】为 797mm，【从】为 86，【到】为 284 的弧，并将其命名为"顶"，如图 10-50 所示。

(50) 选择【编辑样条线】修改器进行添加，将当前选择集定义为【样条线】，在【几何体】卷展栏中将【轮廓】参数设置为 40 并按回车键，设置出【顶】的轮廓，如图 10-51 所示。

(51) 关闭选择集，选择【修改器列表】|【挤出】修改器，在【参数】卷展栏中将【数量】设置为 30mm，在【左】视图中将其调整到【顶 03】对象的位置，如图 10-52 所示。

(52)选择【修改器列表】中的【UVW 贴图】修改器，在【参数】卷展栏中将【贴图】样式定义为【长方体】，将【长度】、【宽度】和【高度】参数均设置为 150mm，并对其赋予【廊架座】材质，如图 10-53 所示。

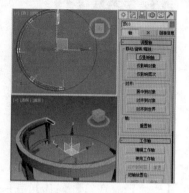

图 10-48　设置轴位置

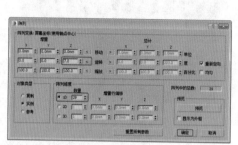

图 10-49　设置阵列

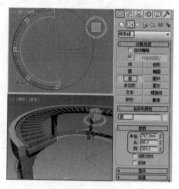

图 10-50　绘制弧

图 10-51　绘制矩形

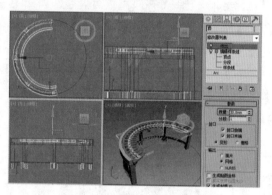

图 10-52　添加【挤出】修改器

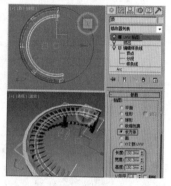

图 10-53　赋予材质

(53) 将参考线进行隐藏，选择所有的廊架对象进行编组，并将其命名为"廊架"，如图 10-54 所示。

(54) 将制作好的场景进行保存，并重置，打开随书附带光盘中的 CDROM \ Scenes \ Cha14 \ 廊架背景文件，如图 10-55 所示。

(55) 单击系统图标，在其下拉列表中选择【导入】|【合并】命令，如图 10-56 所示，弹出【合并】对话框，选择制作的廊架文件。

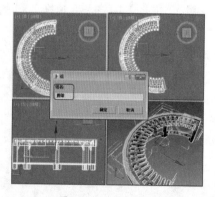

图 10-54　进行编组

图 10-55　打开背景素材

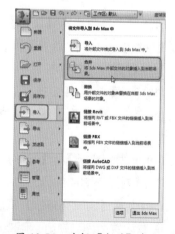

图 10-56　选择【合并】命令

(56) 在弹出的【合并】对话框中选择【廊架】对象，单击【确定】按钮，如图 10-57 所示。

(57) 选择导入的【廊架】对象，调整位置和角度，如图 10-58 所示。

(58) 激活【摄影机】视图，在工具选项栏中单击【渲染设置】按钮 ，弹出【渲染设置】对话框，将【时间输出】设置为【单帧】，将【要渲染的区域】定义为【视图】，对【摄影机】视图进行裁剪，然后单击【渲染】按钮进行渲染，如图 10-59 所示。

(59) 渲染完成后对场景文件进行另存。

图 10-57 选择合并对象

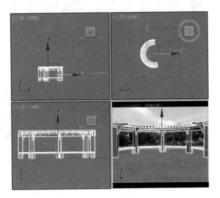

图 10-58 调整位置

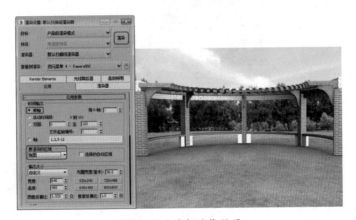

图 10-59 进行渲染设置

案例精讲 097　使用线工具制作景观墙

本例将介绍一个景观墙的制作方法。在本例的制作中，是由简单的几何体或线框经过编辑组合而成的，完成后的效果如图 10-60 所示。

案例文件：CDROM \ Scenes \ Cha10 \ 使用线工具制作景观墙 OK.max
视频教学：视频教学 \ Cha10 \ 使用线工具制作景观墙.avi

(1) 选择【创建】 ｜【图形】 ｜【矩形】命令，在【顶】视图中创建一个【长度】和【宽度】分别为 1000、5338 的矩形，将其命名为"基层墙体 001"，如图 10-61 所示。

图 10-60 景观墙

(2) 切换至【修改】命令面板，为其添加【编辑样条线】修改器，并将当前选择集定义为【样条线】，在【几何体】卷展栏中将【轮廓】设置为 150，并按回车键，如图 10-62 所示。

（3）关闭当前选择集，在【修改器列表】中选择【挤出】修改器，在【参数】卷展栏中将【数量】设置为260，如图 10-63 所示。

（4）继续添加【UVW 贴图】修改器，在【参数】卷展栏中将【贴图】样式定义为【长方体】，将【长度】、【宽度】和【高度】分别设置为 380、350、260，如图 10-64 所示。

图 10-61　绘制矩形

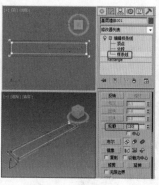
图 10-62　设置【轮廓】

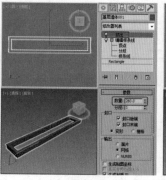
图 10-63　设置【挤出】

图 10-64　设置【UVW 贴图】

（5）选中创建的模型对象，按 M 键，打开【材质编辑器】对话框，选择一个新的材质样本球，将其命名为"基墙"。在【明暗基本参数】卷展栏中将【反射高光】区域中的【高光级别】和【光泽度】分别设置为 5、25。在【贴图】卷展栏中单击【漫反射颜色】通道右侧的【无】按钮，在弹出的【材质/贴图浏览器】对话框选择【位图】贴图，单击【确定】按钮，在打开的对话框中选择随书附带光盘中的 CDROM\Map\

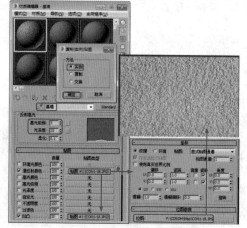
图 10-65　设置【基墙】材质

图 10-66　查看材质效果

CON1-18.JPG 文件，并进入漫反射颜色通道。然后单击【转到父对象】按钮，返回父级材质层级，选择【漫反射颜色】通道右侧的贴图，将其拖曳到【凹凸】通道右侧的【无】按钮上，在弹出的对话框中选中【实例】单选按钮，单击【确定】按钮，如图 10-65 所示。然后单击【将材质指定给选定对象】按钮，将设置好的材质指定给场景中的【基层墙体 001】对象，如图 10-66 所示。

（6）选择【创建】｜【图形】｜【矩形】命令，在【顶】视图中【基层墙体 001】位置处创建一个【长度】和【宽度】分别为 1140、5483 的矩形，将其命名为"基层墙体 002"，如图 10-67 所示。

（7）选中【基层墙体 002】对象，单击【对齐】按钮，然后选择【基层墙体 001】对象，在弹出的对话框中将【对齐位置（屏幕）】区域下的三个复选框全部选中，再选中【当前对象】和【目标对象】区域下的【中心】单选按钮，最后单击【确定】按钮，将【基层墙体 002】对象与【基层墙体 001】的中心对齐，如图 6-68 所示。

（8）选中【基层墙体 002】对象，切换至【修改】命令面板，为其添加【编辑样条线】修改器，并将当前选择集定义为【样条线】，在【几何体】卷展栏中将【轮廓】设置为 160 并按回车键，设置出【基层墙体 002】对象的轮廓效果，如图 10-69 所示。

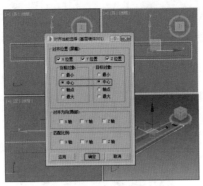
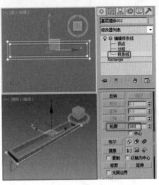

图 10-67　绘制矩形　　　　　　　　图 10-68　对齐矩形　　　　　　　　图 10-69　设置【轮廓】

(9) 退出当前选择集，添加【挤出】修改器，在【参数】卷展栏中将【数量】设置为 100，然后在【前】视图中将【基层墙体 002】对象移动到【基层墙体 001】对象的上方，如图 10-70 所示。

(10) 在【修改器列表】中选择【UVW 贴图】修改器，在【参数】卷展栏中将【贴图】样式定义为【长方体】，将【长度】、【宽度】和【高度】分别设置为 380、350、260，如图 10-71 所示。

(11) 打开【材质编辑器】对话框，选择【基墙】材质，并将其指定给场景中的【基层墙体 002】对象，效果如图 10-72 所示。

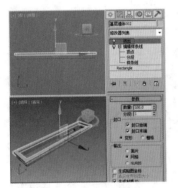
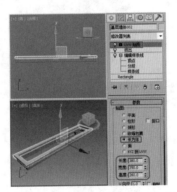

图 10-70　设置【挤出】并调整模型位置　　　图 10-71　设置【UVW 贴图】修改器　　　图 10-72　指定【基墙】材质

(12) 选择【创建】 |【图形】 |【矩形】命令，在【前】视图中基层墙体的中间位置创建一个【长度】和【宽度】分别为 2600、2000 的矩形，将其命名为"中墙"，如图 10-73 所示，并调整对象的位置。

(13) 取消选中【开始新图形】复选框，再次选择【矩形】工具，在【前】视图中创建一个【长度】和【宽度】均为 280 的矩形，如图 10-74 所示。

(14) 切换至【修改】命令面板，将当前选择定义为【样条线】，在工具栏中选择【选择并移动】 工具，在【前】视图中选择小矩形，并按住键盘上的 Shift 键移动复制 8 个小矩形，并调整小矩形的位置，如图 10-75 所示。

(15) 关闭选择集，添加【挤出】修改器，在【参数】卷展栏中将【数量】设置为 200，然后调整【中墙】对象的位置，如图 10-76 所示。

(16) 选中【中墙】对象，打开【材质编辑器】对话框，选择一个新的材质样本球，并将其命名为"中墙"。在【明暗基本参数】卷展栏中将【反射高光】区域中的【高光级别】和【光泽度】参数分别设置为 5、25。在【贴图】卷展栏中单击【漫反射颜色】通道右侧的【无】按钮，在弹出的【材质 / 贴图浏览器】对话框中选择【位图】贴图，单击【确定】按钮，在弹出的对话框中选择随书附带光盘中的 CDROM\Map\CON1.JPG 文件，单击【打开】按钮。并进入【漫反射颜色】贴图通道，在【坐标】卷展栏中将【瓷砖】下的 U、V 均设置为 5。然后单击【转到父对象】按钮 ，返回父级材质层级，选择【漫反射颜色】通道右侧的贴图，将其拖曳到【凹凸】通道右侧的【无】按钮上，在弹出的对话框中选中【实例】单选按钮，单击【确定】按钮，如图10-77所示。然后单击【将材质指定给选定对象】按钮，将设置好的材质指定给场景中的【中墙】对象，如图10-78所示。

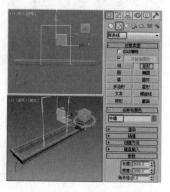

图 10-73　绘制矩形

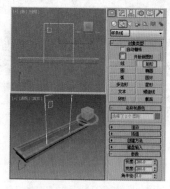

图 10-74　绘制矩形

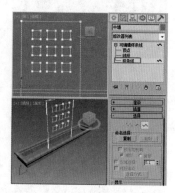

图 10-75　复制小矩形

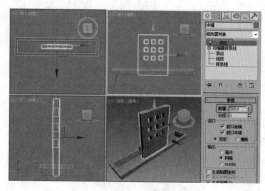

图 10-76　设置【挤出】并调整【中墙】对象位置

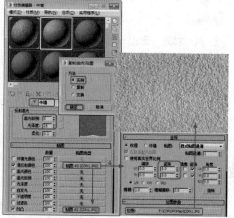

图 10-77　设置【中墙】材质

图 10-78　查看材质效果

　　(17) 选择【创建】|【图形】|【矩形】命令，在【前】视图中【中墙】对象的右侧创建一个【长度】和【宽度】分别为2280、2390的矩形，将其命名为"右侧铁丝网边001"，然后调整矩形的位置，如图10-79所示。

　　(18) 切换至【修改】命令面板，为其添加【编辑样条线】修改器，并将当前选择集定义为【顶点】，在【几何体】卷展栏中单击【优化】按钮，在【前】视图中为【右侧铁丝网边01】添加如图10-79所示的两个调节点，并右击左侧的三个点，在弹出的对话框中选择【角点】命令，如图10-80所示。

　　(19) 在【前】视图中调整顶点的位置，如图10-81所示。

图 10-79　绘制矩形并调整其位置

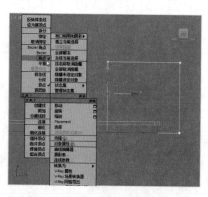

图 10-80　添加优化点并转换角点

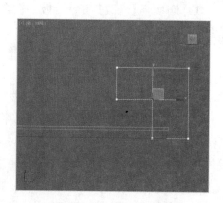

图 10-81　调整顶点位置

(20) 将当前选择集定义为【分段】，在【前】视图中选择如图 10-80 所示的两条线段并按 Delete 键将其删除，如图 10-82 所示。

(21) 将当前选择集定义为【样条线】，选中样条线，在【几何体】卷展栏中将【轮廓】参数设置为 70，并按回车键设置出【右侧铁丝网边 01】对象的【轮廓】，将其颜色设置为白色，如图 10-83 所示。

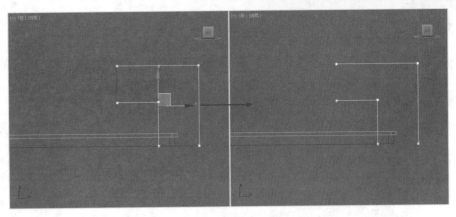

图 10-82 删除线段

(22) 退出当前选择集，在【修改器列表】中选择【挤出】修改器，在【参数】卷展栏中将【数量】设置为 50，然后调整其位置，如图 10-84 所示。

(23) 选择【创建】|【图形】|【矩形】命令，在【前】视图【右侧铁丝网边 001】对象内侧创建一个【长度】和【宽度】分别为 2018、2250 的矩形，将其命名为"右侧铁丝网边 002"，如图 10-85 所示。

图 10-83 设置【轮廓】

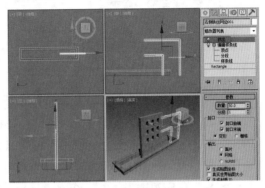

图 10-84 设置【挤出】并调整其位置

(24) 切换至【修改】命令面板，添加【编辑样条线】修改器，将当前选择集定义为【顶点】，在【几何体】卷展栏中单击【优化】按钮，参照前面的操作步骤，再为【右侧铁丝网边 002】矩形添加优化点，选择左下角的三个点并用鼠标右击，在弹出的对话框中选择【角点】命令，然后调整角点的位置，如图 10-86 所示。

(25) 通过对点的调整使其形成如图 10-82 所示的形状后，再将当前选择定义为【样条线】，在【几何体】卷展栏中将【轮廓】参数设置为 80，并按回车键确认，设置出【右侧铁丝网边 002】对象的轮廓，如图 10-87 所示。

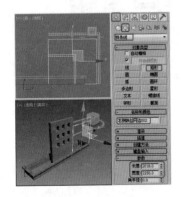

图 10-85 绘制矩形

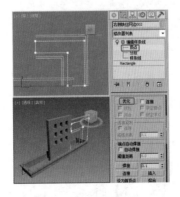

图 10-86 调整顶点

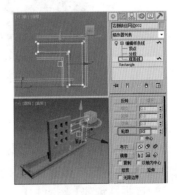

图 10-87 设置【轮廓】

(26) 退出选择集，在【修改器列表】中选择【挤出】修改器，在【参数】卷展栏中将【数量】设置为 50，然后在【顶】视图中将其放置到【右侧铁丝网边 001】对象的位置处，如图 10-88 所示。

(27) 将【右侧铁丝网边002】右侧的颜色色块的 RGB 颜色设置为255、255、0，如图 10-89 所示。

(28) 选择【创建】 ※ |【图形】 ◎ |【线】命令，在【前】视图【右侧铁丝网边002】对象内侧创建一条斜线，在【渲染】卷展栏中选中【在渲染中启用】和【在视口中启用】复选框，将【厚度】设置为20，并将其命名为"铁丝网"，如图 10-90 所示。

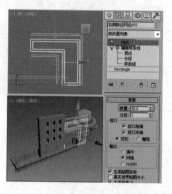

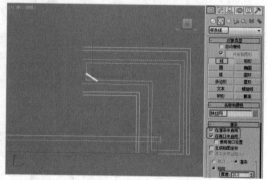

图 10-88 设置【挤出】并调整其位置　　　　图 10-89 设置颜色色块　　　　图 10-90 创建可渲染的线

(29) 取消选中【开始新图形】复选框，在【前】视图中创建多条如图 10-91 所示的可渲染的样条线。

(30) 选中【铁丝网】对象，打开【材质编辑器】对话框，选择一个新的材质样本球，并将其命名为"金属01"。在【明暗基本参数】卷展栏中将明暗器类型定义为【(M)金属】。在【金属基本参数】卷展栏中将【环境光】设置为 0、0、0；【漫反射】颜色设置为 255、255、255，【反射高光】区域中的【高光级别】和【光泽度】的参数分别设置为 130、89，如图 10-92 所示。

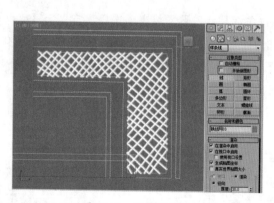

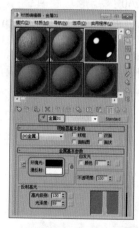

图 10-91 绘制铁丝网　　　　　　图 10-92 设置【铁丝网】材质

(31) 在【贴图】卷展栏中单击【反射】通道右侧的【无】按钮，在弹出的【材质/贴图浏览器】对话框中选择【位图】贴图，单击【确定】按钮，再在弹出的对话框中选择随书附带光盘中的 CDROM\Map\CHROMIC.JPG 文件，单击【打开】按钮，进入【漫反射颜色】通道，如图 10-93 所示。然后单击【将材质指定给选定对象】按钮 ，将设置好的材质指定给场景中的【铁丝网】对象，如图 10-94 所示。

(32) 选择【创建】 ※ |【几何体】 ◎ |【长方体】命令，在【顶】视图中创建一个【长度】、【宽度】和【高度】分别为 500、500、2280 的长方体，并将其命名为"立柱"，如图 10-95 所示。

(33) 选择【立柱】对象，切换至【修改】命令面板，添加【UVW 贴图】修改器，在【参数】卷展栏中将【贴图】样式定义为【长方体】，将【长度】、【宽度】和【高度】均设置为 800，如图 10-96 所示。

(34) 打开【材质编辑器】对话框，选择一个新的材质样本球，将其命名为"立柱"。在【Blinn 基本参数】卷展栏中将【反射高光】区域中的【高光级别】和【光泽度】参数分别设置为 5、25。在【贴图】区域中单击【漫反射颜色】通道右侧的【无】按钮，打开【材质 / 贴图浏览器】对话框，选择【位图】贴图，单击【确定】按钮，在打开的对话框中选择随书附带光盘中的 CDROM\Map\砖墙06.JPG 文件，进入【漫反射颜色】通道。然后单击【转到父对象】按钮 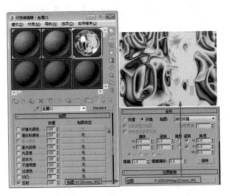，返回父级材质层级，选择【漫反射颜色】通道右侧的贴图，将其拖曳到【凹凸】通道右侧的【无】按钮上，在弹出的对话框中选中【实例】单选按钮，单击【确定】按钮，如图 10-97 所示。然后单击【将材质指定给选定对象】按钮 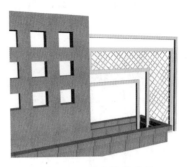，将设置好的材质指定给场景中的【立柱】对象，如图 10-98 所示。

图 10-93　设置【反射】贴图　　图 10-94　查看材质效果

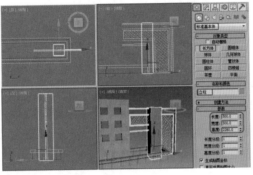

图 10-95　绘制长方体　　　图 10-96 设置【UVW 贴图】修改器

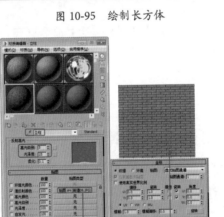

图 10-97　设置【立柱】材质

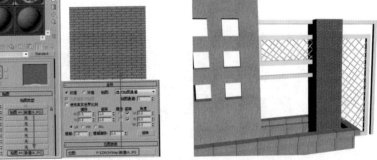

图 10-98　查看材质效果

(35) 选择【创建】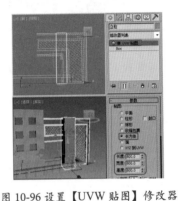|【几何体】|【长方体】命令，在【顶】视图中【立柱】的位置创建一个【长度】、【宽度】和【高度】分别为 380、380、400 的长方体，并命名为"立柱 001"，并将其颜色色块设置为白色，然后调整其位置，如图 10-99 所示。

(36) 选择【创建】|【几何体】|【长方体】命令，在【顶】视图中【立柱】的位置创建一个【长度】、【宽度】和【高度】分别为 500、500、300 的长方体，并将其命名为"立柱 002"，并将其颜色设置为白色，然后调整其位置，如图 10-100 所示。

(37) 选择【创建】|【几何体】|【长方体】工具，在【顶】视图中【立柱】的位置创建一个【长度】、【宽度】和【高度】分别为 600、50、1500 的长方体，将其命名为"立柱 003"，并将其颜色色块设置为白色，然后调整其位置，如图 10-101 所示。

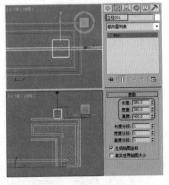

图 10-99　创建【立柱 001】

(38)选择【创建】 ![icon] |【几何体】 ![icon] |【长方体】命令,在【顶】视图中【立柱】的位置创建一个【长度】、【宽度】和【高度】分别为 500、500、50 的长方体,将其命名为"立柱 004",并将其颜色设置为白色,然后调整其位置,如图 10-102 所示。

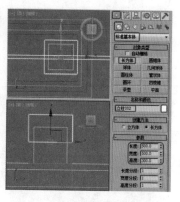
图 10-100　创建【立柱 002】

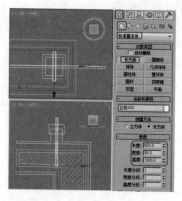
图 10-101　创建【立柱 003】

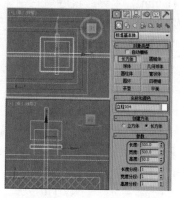
图 10-102　创建【立柱 004】

(39) 在场景中选择中墙体右侧的对象,然后在菜单栏中选择【组】|【组】命令,在弹出的对话框中将【组名】命名为"右侧墙体",单击【确定】按钮,如图 10-103 所示。

(40) 在【前】视图中选择【右侧墙体】对象,在工具栏中选择【镜像】工具 ![icon] ,在弹出的对话框中选择【镜像轴】为 X,将【偏移】设置为 -4450,在【克隆当前选择:】区域中选中【复制】单选按钮,单击【确定】按钮,如图 10-104 所示。

(41) 选择场景中的所有对象,在菜单栏中选择【组】|【组】命令,在弹出的对话框中将【名称】命名为"景观墙 002",单击【确定】按钮。在工具栏中选择【选择并移动】工具,在【前】视图中选择【景观墙 001】对象,并按住键盘上的 Shift 键,沿着 X 轴移动复制【景观墙 002】对象,如图 10-105 所示。

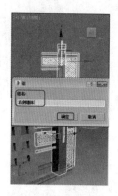
图 10-103　成组对象

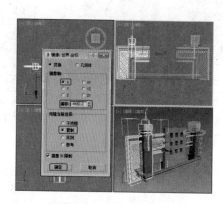
图 10-104　镜像对象

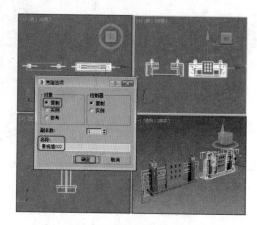
图 10-105　复制【景观墙 002】对象

(42) 选择【创建】 ![icon] |【图形】 ![icon] |【线】命令,在【渲染】卷展栏中选中【在渲染中启用】和【在视口中启用】复选框,将【厚度】参数设置为 50,在场景中景观墙之间创建多条如图 10-106 所示的直线。

(43) 选中创建的所有直线,打开【材质编辑器】对话框,选择一个新的材质样本球,将其命名为"金属02"。在【明暗器基本参数】卷展栏中将明暗器类型设置为【(M)金属】。在【金属基本参数】卷展栏中将【反射高光】区域中的【高光级别】和【光泽度】的参数均设置为 80。在【贴图】卷展栏中单击【反射】通道右侧的【无】按钮,在弹出的对【材质/贴图浏览器】对话框中选择【位图】贴图,单击【确定】按钮,然后再在打开的对话框中选择随书附带光盘中的 CDROM \ Map \ HOUSE.JPG 文件，单击【打开】按钮。进入【漫反射颜色】通道后，在【坐标】区域中将【模糊偏移】参数设置为 0.096，如图 10-107 所示。然后单击【将材质指定给选定对象】按钮，将设置好的材质指定给场景中的对象，如图 10-108 所示。

(44) 保存场景文件。选择随书附带光盘中的 CDROM \ Scences \ Cha10 \ 使用线工具制作景观墙 .max 文件，使用 |【导入】|【合并】命令，选择保存的场景文件，在弹出的对话框中单击【打开】按钮。在弹出的【合并】

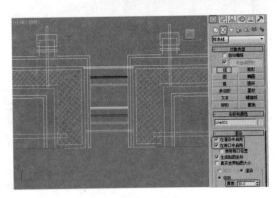

图 10-106　创建直线

对话框中选择所有对象，然后单击【确定】按钮，将场景文件合并，适当地调整景观墙的位置，如图 10-109 所示。最后将场景进行渲染，如图 10-110 所示，然后将渲染满意的效果和场景进行存储。

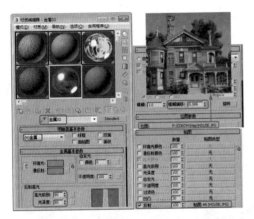

图 10-107　设置【金属 02】材质

图 10-108　查看材质效果

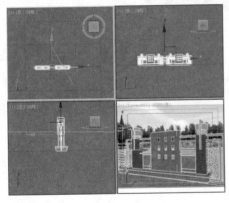

图 10-109　合并场景

图 10-110　查看渲染效果

实例精讲 098　使用附加命令制作凉亭【视频案例】

　　本例将介绍凉亭的制作，其主要是通过在多边形和矩形的基础上进行添加修改器而制作完成的，完成后的效果如图 10-111 所示。

图 10-111　凉亭效果

案例文件：CDROM \ Scenes \ Cha10 \ 使用附加命令制作凉亭 OK.max

视频文件：视频教学 \ Cha10 \ 使用附加命令制作凉亭.avi

案例精讲 099　使用样条线绘制木桥【视频案例】

本例将介绍如何使用样条线绘制木桥，利用【线】、【矩形】工具绘制桥的截面，然后利用【挤出】修改器制作三维效果，最后将设置好的材质指定给对象，效果如图 10-112 所示。

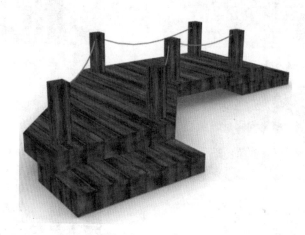

图 10-112　绘制木桥

案例文件：CDROM\Scenes\Cha10\ 使用样条线绘制木桥 OK.max

视频文件：视频教学 \ Cha10\ 使用样条线绘制木桥.avi

第11章

灯光与摄影机设置技法与应用

本章重点

- 灯光的模拟与设置
- 建筑日景灯光设置
- 建筑夜景灯光设置
- 室内摄影机的创建

- 室外摄影机的创建
- 室内日光灯的模拟
- 筒灯灯光的表现

　　光线是画面视觉信息与视觉造型的基础，没有光便无法体现物体的形状与质感。摄影机好比人的眼睛，通过对摄影机的调整可以决定视图中物体的位置和尺寸，影响到场景对象的数量级创建方法。本章将介绍灯光的技法与应用，其中包括散光眼的莫伊设置、景物灯光的模拟、建筑日景和夜景的设置以及摄影机的创建等。在本章中通过灯光的设置，用户可以掌握灯光的基本创建及调整技巧。

案例精讲 100　灯光的模拟与设置

本例将介绍灯光的模拟与设置的制作，本例通过使用【目光聚光灯】和【天光】来表现最终效果，完成后的效果如图 11-1 所示。

> 案例文件：CDROM \ Scenes\ Cha11 \ 灯光的模拟与设置 OK.max
>
> 视频文件：视频教学 \ Cha11 \ 灯光的模拟与设置.avi

　　(1) 启动 3ds Max 软件，选择【文件】|【打开】命令，在弹出的对话框中选择随书附带光盘中的 CDROM \ Scenes \ Cha11 \ 灯光的模拟与设置 .max 文件，如图 11-2 所示。

　　(2) 选择【创建】|【灯光】|【目标聚光灯】命令，在【顶】视图中创建一盏目标聚光灯，在【常规参数】卷展栏中选中【启用】复选框，将阴影模式定义为【光线跟踪阴影】，在【聚光灯参数】卷展栏中将【聚光区 / 光束】和【衰减区 / 区域】分别设置为 80 和 82，然后在场景中调整灯光的位置，如图 11-3 所示。

图 11-1　灯光的模拟与设置效果

知识链接

　　当添加目标聚光灯时，3ds Max 将自动为该摄影机指定注视控制器，灯光目标对象指定为【注视】目标。可以使用【运动】面板上的控制器设置将场景中的任何其他对象指定为【注视】目标。

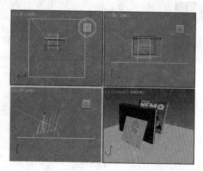

图 11-2　打开素材文件

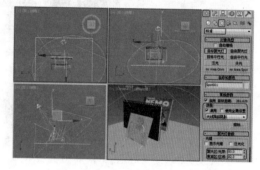

图 11-3　创建【目标聚光灯】

　　(3) 选择【天光】工具，在【顶】视图中创建天光，并在场景中调整灯光的位置，如图 11-4 所示。

　　(4) 至此灯光的模拟设置制作完成了，按 F9 键渲染场景，将完成后的场景文件和效果进行存储，如图 11-5 所示。

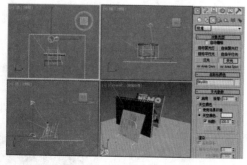

图 11-4　创建天光

图 11-5　完成后效果

案例精讲 101　建筑日景灯光设置

下面我们为大家介绍天光和目标聚光灯的结合应用，完成的建筑效果，如图 11-6 所示。

> 案例文件：CDROM \ Scenes \ Cha11 \ 建筑日景灯光设置 OK.max
>
> 视频文件：视频教学 \ Cha11 \ 建筑日景灯光设置 .avi

(1) 按 Ctrl+O 组合键，在打开的对话框中选择随书附带光盘的 CDROM \ Scene \ Cha11 \ 实例 181　建筑日景灯光设置 .max 文件，单击【打开】按钮，如图 11-7 所示。为打开的场景文件添加灯光。

(2) 选择【创建】|【灯光】|【标准】|【目标聚光灯】命令，在【顶】视图中创建一盏目标聚光灯，在【常规参数】卷展栏中选中【启用】复选框，将阴影模式定义为【mental ray 阴影贴图】，在【聚光灯参数】卷展栏中将【聚光区 / 光束】和【衰减区 / 区域】分别设置为 1.0 和 70.0；在【强度 / 颜色 / 衰减】卷展栏中将【倍增】值设置为 0.8，

图 11-6　建筑日景灯光效果

选中【近距衰减】选项组中的【显示】复选框，并将【结束】值设置为 250000，将【远距衰减】选项组中的【开始】和【结束】都设置为 500000；在【阴影参数】卷展栏中将颜色的 RGB 都设置为 146、146、146，然后在场景中调整灯光的位置，如图 11-8 所示。

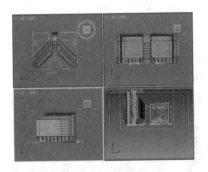

图 11-7　打开素材文件

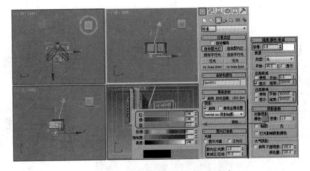

图 11-8　创建并调整目标聚光灯

(3) 选择【天光】工具，在【顶】视图中创建天光，如图 11-9 所示。

(4) 激活【摄影机】视图，按 F10 键，在弹出的对话框中选择【高级照明】选项卡，在【选择高级照明】卷展栏中将照明模式定义为【光跟踪器】，单击【渲染】按钮，如图 11-10 所示。

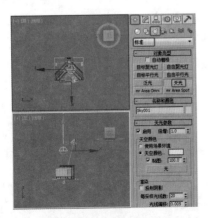

图 11-9　创建天光

图 11-10　添加照明模式

（5）至此建筑日景效果制作完成了，将完成后的场景文件和效果进行存储。

案例精讲 102　建筑夜景灯光设置

本例将通过多盏目标聚光灯与泛光灯的结合，通过设置参数在场景中产生夜景灯光效果，如图 11-11 所示。

> 案例文件：CDROM \ Scenes \ Cha11 \ 建筑夜景灯光设置 OK.max
> 视频文件：视频教学 \ Cha11 \ 建筑夜景灯光设置.avi

（1）打开随书附带光盘中的 CDROM \ Scenes \ Cha11 \ 建筑夜景灯光设置 .max 文件，单击【打开】按钮，打开场景文件，如图 11-12 所示。

（2）选择【创建】|【灯光】|【标准】|【目标聚光灯】命令，在【前】视图中创建一盏目标聚光灯，在【常规参数】卷展栏中选中【启用】复选框，在【聚光灯参数】卷展栏中将【聚光区 / 光束】和【衰减区 / 区域】分别设置为 0.5 和 40；在【强度 / 颜色 / 衰减】卷展栏中将【倍增】值设置为 1，将颜色的 RGB 参数设置为 123、116、255，然后在场景中调整灯光的位置，如图 11-13 所示。

图 11-11　建筑夜景灯光设置

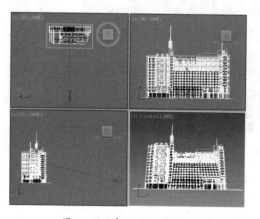

图 11-12　打开的场景文件

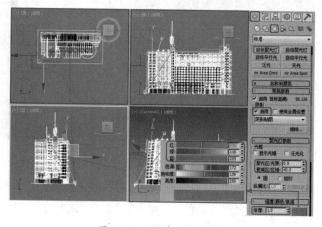

图 11-13　创建目标聚光灯

（3）选择【创建】|【灯光】|【标准】|【目标聚光灯】命令，在【前】视图中创建第二盏目标聚光灯，在【常规参数】卷展栏中取消选中【阴影】选项组中【启用】复选框；在【聚光灯参数】卷展栏中将【聚光区 / 光束】和【衰减区 / 区域】分别设置为 0.5 和 40；在【强度 / 颜色 / 衰减】卷展栏中将【倍增】值设置为 1，将颜色的 RGB 设置为 252、255、0，然后在场景中调整灯光的位置，如图 11-14 所示。

（4）选择【目标聚光灯】工具，在【前】视图中创建一盏目标聚光灯，在【常规参数】卷展栏中取消选中【阴影】选项组中【启用】复选框；在【聚光灯参数】卷展栏中将【聚光区 / 光束】和【衰减区 / 区域】分别设置为 0.5 和 40.0；在【强度 / 颜色 / 衰减】卷展栏中将【倍增】值设置为 1，将颜色的 RGB 设置为 255、170、170，然后在场景中调整灯光的位置，如图 11-15 所示。

（5）选择【目标聚光灯】工具，在【前】视图中创建一盏目标聚光灯，在【常规参数】卷展栏中选中【启用】复选框，在【聚光灯参数】卷展栏中将【聚光区 / 光束】和【衰减区 / 区域】分别设置为 0.5 和 40.0；在【强

度 / 颜色 / 衰减】卷展栏中将【倍增】值设置为 1，将颜色的 RGB 设置为 255、246、0；然后在场景中调整灯光的位置，如图 11-16 所示。

(6) 选择【泛光灯】工具，在【前】视图中创建泛光灯，在【常规参数】卷展栏中选中【启用】复选框，将阴影模式定义为【光线跟踪阴影】，然后在场景中调整泛光灯的位置，如图 11-17 所示。

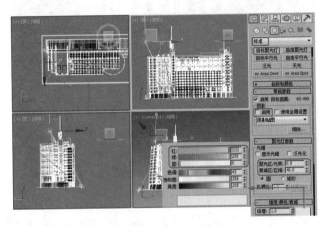

图 11-14　创建第二盏目标聚光灯

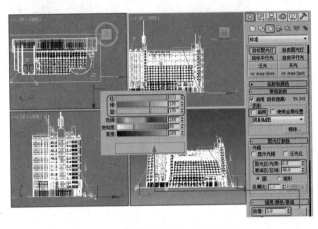

图 11-15　创建第三盏目标聚光灯

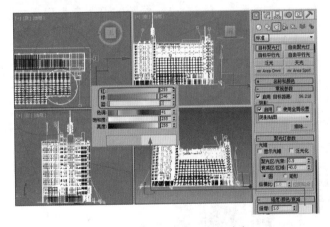

图 11-16　创建第四盏目标聚光灯

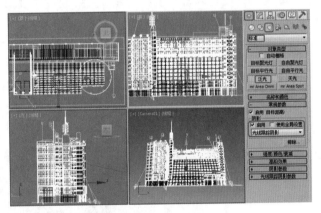

图 11-17　创建泛光灯

(7) 选择【泛光灯】工具，在【前】视图中创建第二盏泛光灯，在【常规参数】卷展栏中选中【启用】复选框，将阴影模式定义为【阴影贴图】，展开【强度 / 颜色 / 衰减】卷展栏，将【倍增】设置为 1，将其颜色的 RGB 设置为 255、255、255，然后在场景中调整泛光灯的位置，如图 11-18 所示。

(8) 选择【泛光灯】工具，在【顶】视图中创建第三盏泛光灯，在【常规参数】卷展栏中取消选中【阴影】选项组中【启用】复选框；在【强度 / 颜色 / 衰减】卷展栏中将【倍增】参数设置为 0.5，然后在场景中调整泛光灯的位置，如图 11-19 所示。

(9) 继续使用【泛光灯】工具，在【顶】视图中创建泛光灯，选中【常规参数】卷展栏中的【启用】复选框，

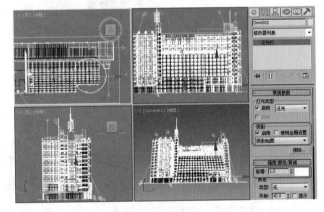

图 11-18　创建第二盏泛光灯

将【倍增】设置为 1，并在场景中调整灯光的位置，如图 11-20 所示。

(10) 选择【文件】|【另存为】命令，对设置灯光的场景进行保存。

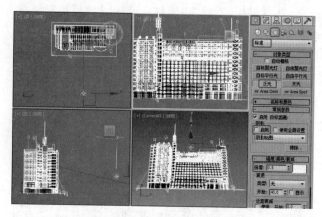

图 11-19　创建第三盏泛光灯

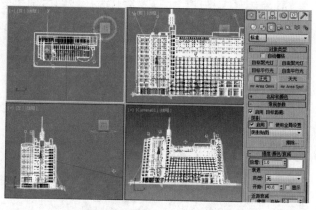

图 11-20　创建第四盏泛光灯

案例精讲 103　室内摄影机的创建

本例将介绍室内摄影机的创建，主要通过对【摄影机】的创建和对【摄影机】参数的设置来表现室内装修的整体效果，完成后的效果如图 11-21 所示。

| 案例文件：CDROM \ Scenes \ Cha11 \ 室内摄影机的创建 OK.max |
| 视频文件：视频教学 \ Cha11 \ 室内摄影机的创建 .avi |

图 11-21　室内摄影机效果

(1) 运行 3ds Max 软件后打开随书附带光盘的 CDROM \ Scenes \ Cha11 \ 室内摄影机的创建 .max 文件，如图 11-22 所示。

(2) 选择【创建】|【摄影机】|【目标】命令，在【顶】视图中创建摄影机，在场景中调整摄影机的位置，并将【透视】视图转换为【摄影机】视图，如图 11-23 所示。

知识链接

当添加目标聚光灯时，3ds Max 将自动为该摄影机指定注视控制器，灯光目标对象指定为【注视】目标。您可以使用【运动】面板上的控制器设置将场景中的任何其他对象指定为【注视】目标。

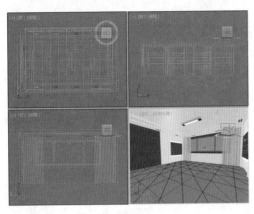

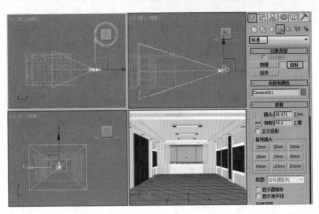

图 11-22　打开素材文件

图 11-23　创建摄影机

(3) 选择【摄影机】对象，单击【修改】按钮，进入【修改】命令面板，在【参数】卷展栏中将【镜头】参数设置为 20.373，并在场景中调整摄影机的位置，如图 11-24 所示。

(4) 至此室外摄影机添加完成了，激活【摄影机】视图，按 F9 键进行渲染，渲染效果如图 11-25 所示。并将完成后的场景文件和效果进行存储。

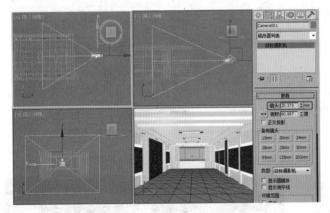

图 11-24　设置摄影机参数

图 11-25　渲染效果

案例精讲 104　室外摄影机的创建

本例将介绍室外摄影机的创建，主要通过对【摄影机】的创建和对【摄影机】参数的设置来表现室外建筑的整体效果，完成后的效果如图 11-26 所示。

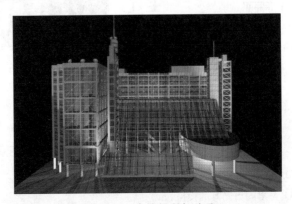

图 11-26　室外摄影机效果

📖 案例文件：CDROM \ Scenes\ Cha11 \ 室外摄影机的创建 OK.max

视频文件：视频教学 \ Cha11 \ 室外摄影机的创建 .avi

(1) 按 Ctrl+O 组合键，在打开的对话框中选择随书附带光盘中的 CDROM \ Scenes \ Cha11 \ 室外摄影机的创建 .max 文件，单击【打开】按钮，如图 11-27 所示，为打开的场景文件添加摄影机。

(2) 选择【创建】|【摄影机】|【目标】命令，在【顶】视图中创建摄影机，在场景中调整摄影机的位置，并将【透视】视图转换为【摄影机】视图，如图 11-28 所示。

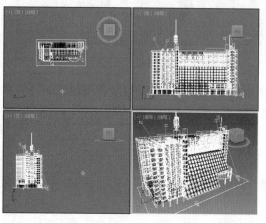

图 11-27 打开素材文件

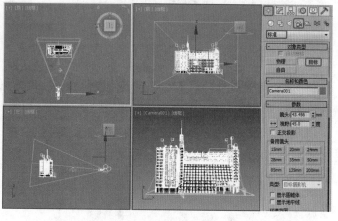

图 11-28 创建摄影机

(3) 选择【摄影机】对象，单击【修改】按钮，进入【修改】命令面板，在【参数】卷展栏中将【镜头】参数设置为 16.217，并在场景中调整摄影机的位置，如图 11-29 所示。

(4) 至此室外摄影机添加完成了，激活【摄影机】视图，按 F9 键进行渲染，渲染效果如图 11-30 所示。并将完成后的场景文件和效果进行存储。

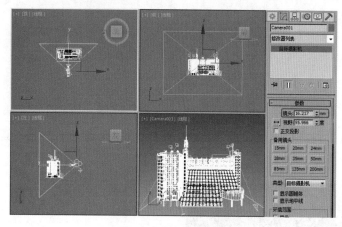

图 11-29 设置摄影机参数

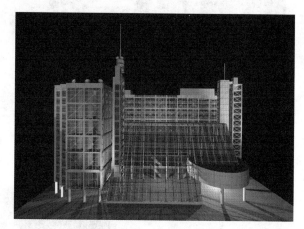

图 11-30 渲染效果

实例精讲 105 室内日光灯的模拟

本例主要是为一套简单的室内效果图场景进行日光效果的模拟，完成后的效果如图 11-31 所示。

📖 案例文件：CDROM \ Scenes \ Cha11 \ 室内日光灯的模拟 OK.max

视频文件：视频教学 \ Cha11 \ 室内日光灯的模拟 .avi

(1) 按 Ctrl+O 组合键，打开室内日光灯的模拟 .max 素材文件，如图 11-32 所示。

(2) 选择【创建】|【灯光】|【标准】|【目标聚光灯】命令，在【顶】视图中创建一盏目标聚光灯，切换到【修改】命令面板，在【常规参数】卷展栏中选中【阴影】选项组中的【启用】复选框，将阴影模式定义为【光线跟踪阴影】，在【强度 / 颜色 / 衰减】卷展栏中将【倍增】设置为 0.7，并将其右侧色块的 RGB 值设置为 201、201、201，并在场景中调整灯光的位置，如图 11-33 所示。

图 11-31　室内日光灯的模拟

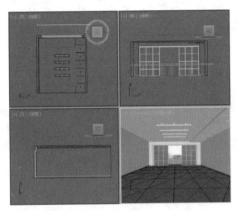

图 11-32　打开的素材文件

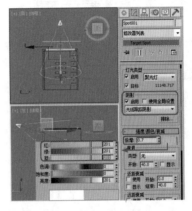

图 11-33　创建灯光并调整参数

(3) 在【聚光灯参数】卷展栏中将【聚光区 / 光束】和【衰减区 / 区域】分别设置为 0.5、62.4，如图 11-34 所示。

(4) 使用【目标聚光灯】工具，在【顶】视图中创建一盏目标聚光灯，切换到【修改】命令面板，在【强度 / 颜色 / 衰减】卷展栏中将【倍增】设置为 0.5，并将其右侧色块的 RGB 值设置为 211、211、211，在【聚光灯参数】卷展栏中将【聚光区 / 光束】和【衰减区 / 区域】分别设置为 0.5、31，并选中【矩形】单选按钮，将【纵横比】设置为 3.32，然后在场景中调整灯光的位置，如图 11-35 所示。

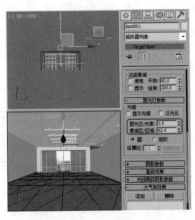

图 11-34　调整聚光灯参数

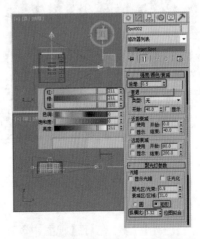

图 11-35　创建目标聚光灯并调整参数

(5) 继续在【顶】视图中创建目标聚光灯，切换到【修改】命令面板，在【强度/颜色/衰减】卷展栏中将【倍增】设置为 0.4，在【聚光灯参数】卷展栏中将【聚光区/光束】和【衰减区/区域】分别设置为 0.5、24.7，选中【矩形】单选按钮，将【纵横比】设置为 2.11，然后在场景中调整灯光的位置，如图 11-36 所示。

(6) 选择【创建】■|【灯光】■|【标准】|【泛光】命令，在【顶】视图中创建泛光灯，切换到【修改】命令面板，将【阴影模式】设置为【阴影贴图】，在【常规参数】卷展栏中单击【排除】按钮，弹出【排除/包含】对话框，在左侧列表框中选择【背景】、【推拉门左玻璃】、【推拉门左玻璃 01】和【阳台护栏玻璃】选项，单击≫按钮，即可排除选择对象的照射，然后单击【确定】按钮，如图 11-37 所示。

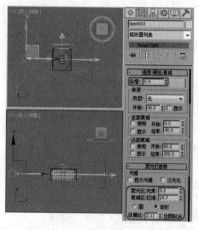

图 11-36　创建目标聚光灯并调整参数

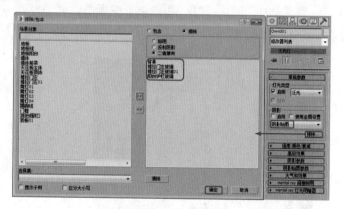

图 11-37　排除对象

(7) 在场景中调整泛光灯的位置，效果如图 11-38 所示。

(8) 使用【泛光】工具，在【顶】视图中创建泛光灯，切换到【修改】命令面板，在【常规参数】卷展栏中单击【排除】按钮，弹出【排除/包含】对话框，选中【包含】单选按钮，并在左侧列表框中选择【地板】、【地板线】、【地板阳台】、【推拉门左】和【推拉门左 01】选项，单击≫按钮，则灯光只照射选择的对象，然后单击【确定】按钮，如图 11-39 所示。

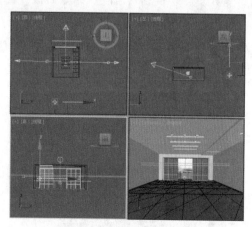

图 11-38　调整泛光灯位置

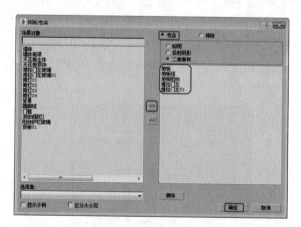

图 11-39　设置包含对象

(9) 在【强度/颜色/衰减】卷展栏中将【倍增】设置为 0.7，并将其右侧色块的 RGB 值设置为 255、255、255，然后在场景中调整灯光的位置，如图 11-40 所示。

(10) 使用【泛光】工具，在【顶】视图中创建泛光灯，切换到【修改】命令面板，在【常规参数】卷展栏中单击【排除】按钮，弹出【排除/包含】对话框，选中【排除】单选按钮，在列表框中选择【背景】、【推拉门左玻璃】和【推拉门左玻璃01】选项，单击>>按钮，即可排除选择对象的照射，然后单击【确定】按钮，如图11-41所示。

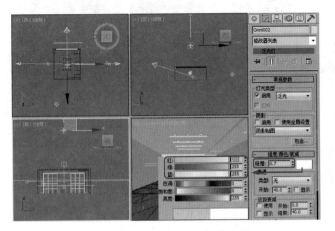

图11-40　调整倍增值和灯光颜色

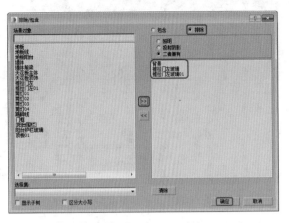

图11-41　设置排除对象

(11) 在【强度/颜色/衰减】卷展栏中将【倍增】右侧色块的RGB值设置为254、247、238，然后在场景中调整灯光的位置，如图11-42所示。

(12) 使用【泛光】工具，在【顶】视图中创建泛光灯，切换到【修改】命令面板，在【常规参数】卷展栏中单击【排除】按钮，弹出【排除/包含】对话框，在左侧列表框中选择【背景】、【推拉门左玻璃】、【推拉门左玻璃01】、【阳台护栏玻璃】和【[阳台围栏]】选项，单击>>按钮，即可排除选择对象的照射，然后单击【确定】按钮，如图11-43所示。

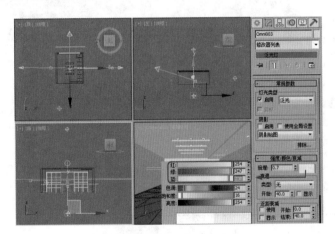

图11-42　调整灯光颜色

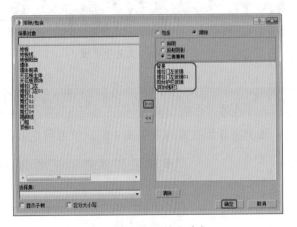

图11-43　设置排除对象

(13) 在【强度/颜色/衰减】卷展栏中将【倍增】设置为0.2，并将其右侧色块的RGB值设置为211、211、211，然后在场景中调整灯光的位置，如图11-44所示。

(14) 继续使用【泛光】工具在【顶】视图中创建泛光灯，切换到【修改】命令面板，在【常规参数】卷展栏中单击【排除】按钮，弹出【排除/包含】对话框，选中【包含】单选按钮，并在左侧列表框中选择【推拉门左玻璃】和【推拉门左玻璃01】选项，单击>>按钮，则灯光只照射选择的对象，然后单击【确定】按钮，如图11-45所示。

(15) 在【强度/颜色/衰减】卷展栏中将【倍增】设置为0.5，然后在场景中调整灯光的位置，如图11-46所示。

(16) 至此，室内日光灯效果制作完成了，对【摄影机】视图进行渲染，渲染完成后的效果如图11-47所示。然后将完成后的场景文件和效果进行存储。

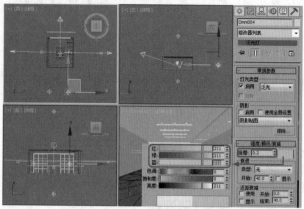

图 11-44　调整倍增值和灯光颜色

图 11-45　设置包含对象

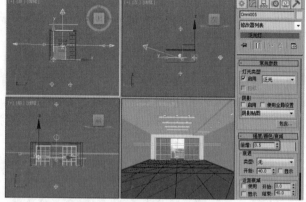

图 11-46　设置倍增值

图 11-47　室内日光灯效果

实例精讲 106　筒灯灯光的表现

本例将介绍在室内效果图中筒灯灯光照射及投影的制作方法，完成后的效果如图 11-48 所示。

图 11-48　筒灯灯光的表现

案例文件：CDROM \ Scenes \ Cha11 \ 筒灯灯光的表现 OK.max

视频文件：视频教学 \ Cha11 \ 筒灯灯光的表现 .avi

(1) 按 Ctrl+O 组合键，打开筒灯灯光的表现 .max 素材文件，如图 11-49 所示。

(2) 选择【创建】 |【灯光】 |【标准】|【泛光】命令，在【顶】视图中创建泛光灯，切换到【修改】命令面板，在【强度 / 颜色 / 衰减】卷展栏中将【倍增】设置为 1，并将其右侧色块的 RGB 值设置为 170、170、170，在【衰退】选项组中选中【显示】复选框，在【远距衰减】选项组中选中【使用】和【显示】复选框，将【开始】和【结束】分别设置为 40、500，在【高级效果】卷展栏中将【柔化漫反射边】设置为 50，如图 11-50 所示。

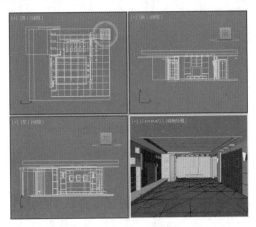

图 11-49　打开的素材文件

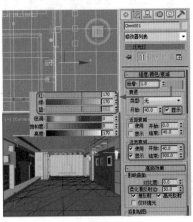

图 11-50　设置泛光灯参数

(3) 在场景中调整泛光灯的位置，如图 11-51 所示。

(4) 选择【创建】 |【灯光】 |【标准】|【目标聚光灯】命令，在【顶】视图中创建一盏目标聚光灯，切换到【修改】命令面板，在【常规参数】卷展栏中选中【阴影】选项组中的【启用】复选框，将阴影模式定义为【阴影贴图】，在【强度 / 颜色 / 衰减】卷展栏中将【倍增】右侧色块的 RGB 值设置为 100、100、100，在【衰退】选项组中将【开始】设置为 1016，并选中【显示】复选框，在【远距衰减】选项组中选中【使用】和【显示】复选框，将【开始】和【结束】分别设置为 40、76200，如图 11-52 所示、

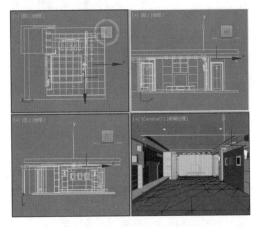

图 11-51　调整泛光灯位置

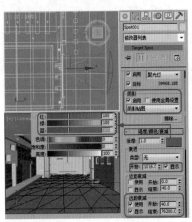

图 11-52　创建灯光并设置参数

(5) 在【聚光灯参数】卷展栏中将【聚光区 / 光束】和【衰减区 / 区域】分别设置为 0.5 和 75，在【高级效果】卷展栏中将【柔化漫反射边】设置为 50，在【阴影贴图参数】卷展栏中将【大小】设置为 800，【采样范围】设置为 15，然后在场景中调整灯光的位置，如图 11-53 所示。

(6) 在场景中选择创建的泛光灯和目标聚光灯，在【顶】视图中配合 Shift 键将其向下移动复制，在弹出的对话框中选中【实例】单选按钮，将【副本数】设置为 2，单击【确定】按钮，如图 11-54 所示。

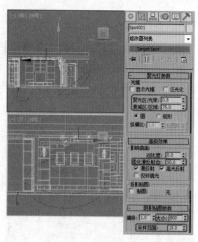

图 11-53 设置灯光参数

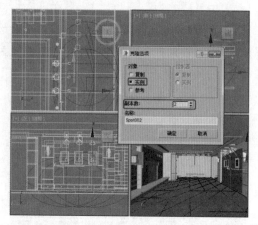

图 11-54 复制灯光

(7) 继续使用【目标聚光灯】工具，在【顶】视图中创建目标聚光灯，并在场景中调整灯光的位置，如图 11-55 所示。

(8) 选择新创建的目标聚光灯，在【顶】视图中配合 Shift 键将其向下移动复制，在弹出的对话框中选中【实例】单选按钮，将【副本数】设置为 2，单击【确定】按钮，如图 11-56 所示。至此，筒灯灯光效果就制作完成了，对【摄影机】视图进行渲染，然后将完成后的场景文件和效果进行存储。

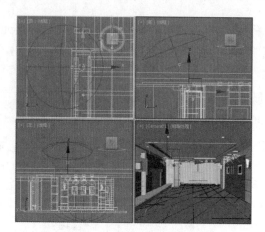

图 11-55 创建目标聚光灯

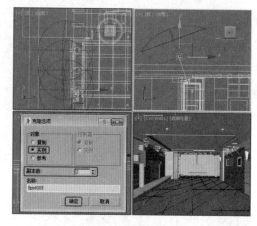

图 11-56 复制灯光

第 12 章

室外夜景效果图的后期处理

本章重点

- ✔ 创建灯光并输出图像
- ✔ 室外主体建筑后期处理
- ✔ 室外建筑配景的添加
- ✔ 夜景素材的添加与设置

　　本章将主要介绍室外夜景效果图的后期处理，首先在 3ds Max 中为建筑物添加灯光，然后利用 Photoshop 为建筑物添加配景，来衬托出夜景效果。

案例精讲 107　创建灯光并输出图像

本例将详细讲解如何制作室外日景效果，其中主要详细讲解了添加天空、抠取主体建筑、添加主体建筑以及调整主体建筑的亮度等，完成后的效果如图 12-1 所示。

> 案例文件：CDROM \ Scenes\ Cha12 \ 日景 OK.max
> 视频文件：视频教学 \ Cha12 \ 创建灯光并输出图像.avi

（1）启动 3ds Max 软件，选择【文件】|【打开】命令，在弹出的对话框中选择随书附带光盘的 CDROM \ Scenes \ Cha12 \ 日景 .max 文件，如图 12-1 所示。

（2）单击【打开】按钮，打开如图 12-2 所示的场景文件。

图 12-1　打开素材文件

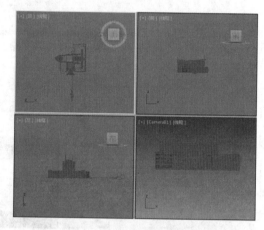

图 12-2　打开的场景文件

（3）选择【创建】|【灯光】|【标准】|【目标聚光灯】命令，在【顶】视图中创建一盏目标聚光灯，展开【常规参数】卷展栏，选中【启用】复选框，将【阴影模式】设置为【光线跟踪阴影】，在【聚光灯参数】卷展栏中将【聚光区 / 光束】和【衰减区 / 区域】参数分别设置为 0.5 和 45，其余使用默认参数，然后调整目标聚光灯的位置，如图 12-3 所示。

（4）调整完目标聚光灯后，激活【摄影机】视图，按 F9 键将选择的视图进行渲染，渲染后的效果如图 12-4 所示。

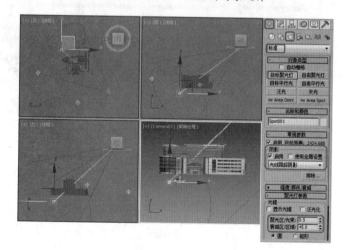

图 12-3　创建目标聚光灯

（5）选择【创建】|【灯光】|【标准】|【泛光】命令，在【顶】视图中创建一盏泛光灯，在场景中调整灯光的位置，将【阴影模式】设置为【光线跟踪阴影】，在【强度 / 颜色 / 衰减】卷展栏中将【倍增】参数设置为 0.6，然后如图 12-5 所示。

（6）创建完泛光灯后，激活【摄影机】视图，按 F9 键将选择的视图进行渲染，渲染后的效果如图 12-6 所示。

（7）继续选择【泛光】工具，在【顶】视图中创建第二盏泛光灯，将【阴影模式】设置为【光线跟踪阴影】，在【强度 / 颜色 / 衰减】卷展栏中将【倍增】参数设置为 0.6，然后在场景中调整灯光的位置，如图 12-7 所示。

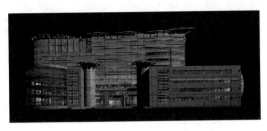

图 12-4　创建目标聚光灯后渲染的效果

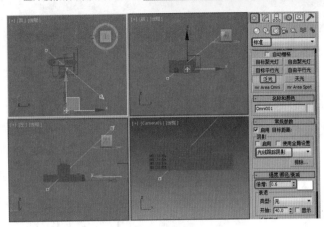

图 12-5　创建泛光灯

图 12-6　创建泛光灯后渲染的效果

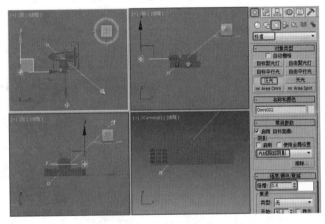

图 12-7　创建第二盏泛光灯

(8) 创建完泛光灯后，激活【摄影机】视图，按 F9 键将选择的视图进行渲染，渲染后的效果如图 12-8 所示。

(9) 渲染完成后单击左上角的■按钮，在弹出对话框中选择一个所要保存的路径，并将其命名为"建筑日景"，将【保存类型】定义为 Targa，单击【保存】按钮，再在弹出的对话框中使用默认选项即可，单击【确定】按钮，如图 12-9 所示。

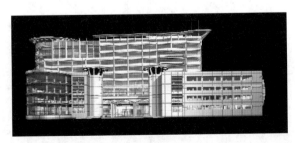

图 12-8　创建泛光灯后渲染的效果

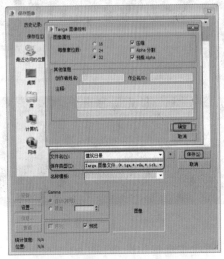

图 12-9　设置文件名和保存类型

案例精讲 108　室外主体建筑后期处理

本案例将介绍如何调整室外主体，其中包括添加天空、抠取主体建筑、添加主体建筑以及调整主体建筑的亮度等。

> 📖 案例文件：CDROM \ 场景 \ Cha12 \ 室外日景效果图的后期处理.psd
>
> 　　视频文件：视频教学 \ Cha12 \ 室外主体建筑后期处理.avi

(1) 启动 Photoshop CS6，按 Ctrl+N 组合键，在弹出的对话框中将【名称】设置为 "室外日景效果图的后期处理"，将【预设】设置为【自定】，将【宽度】、【高度】分别设置为 110 厘米、55 厘米，将【分辨率】设置为 72 像素 / 英寸，将【颜色模式】设置为 RGB 颜色，如图 12-10 所示。

(2) 设置完成后，单击【确定】按钮，按 Ctrl+O 组合键打开【背景天空.tif】素材文件，在工具箱中选择【移动】工具，按住鼠标将其拖曳至【室外建筑后期处理】场景中，并在文档中调整其大小和位置，如图 12-11 所示。

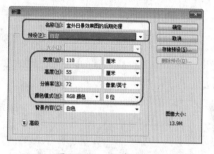

图 12-10　新建文档

图 12-11　调整素材的大小和位置

(3) 调整完成后，按 Ctrl+O 组合键，打开【建筑日景 TGA】素材文件，如图 12-12 所示。

(4) 在工具箱中选择【魔术橡皮擦】工具，在工具选项栏中将【容差】设置为 0，在文档中的白背景上单击鼠标，将背景进行擦除，如图 12-13 所示。

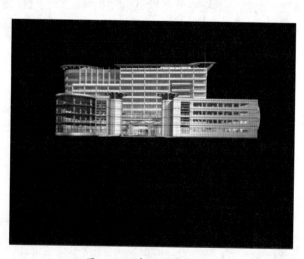

图 12-12　打开的素材文件

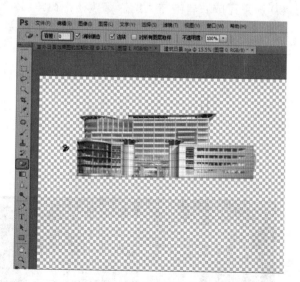

图 12-13　擦除背景

(5) 再在工具箱中选择【移动】工具，按住鼠标将其拖曳至【室外日景效果图的后期处理】场景文件中，在【图层】面板中将该图层命名为 "建筑"，并在文档中调整建筑的大小及位置，调整后的效果如图 12-14 所示。

(6) 在工具箱中选择【魔棒】工具，在工具选项栏中单击【添加到选区】按钮，将【容差】设置为 32，选中【消除锯齿】和【连续】复选框，在文档中选择如图 12-15 所示的区域。

图 12-14 添加素材文件并调整该素材的大小及位置

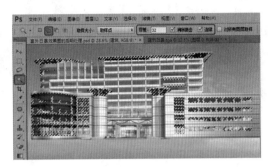

图 12-15 选择区域

(7) 选择完成后，在菜单栏中选择【图像】|【调整】|【亮度/对比度】命令，如图 12-16 所示。

(8) 在弹出的对话框中选中【使用旧版】复选框，将【亮度】和【对比度】分别设置为 44、23，如图 12-17 所示。

图 12-16 选择【亮度/对比度】命令

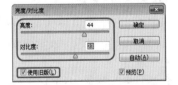

图 12-17 设置亮度/对比度参数

(9) 设置完成后，单击【确定】按钮，按 Ctrl+D 组合键取消选区，调整亮度/对比度后的效果如图 12-18 所示。

(10) 再次使用【魔棒】工具在文档中对文档进行选取，如图 12-19 所示。

(11) 在菜单栏中选择【图像】|【调整】|【亮度/对比度】命令，在弹出的对话框中将【亮度】和【对比度】分别设置为 65、43，如图 12-20 所示。

(12) 设置完成后，单击【确定】按钮，按 Ctrl+D 组合键取消选区，调整亮度后的效果如图 12-21 所示。

图 12-18　调整亮度／对比度后的效果

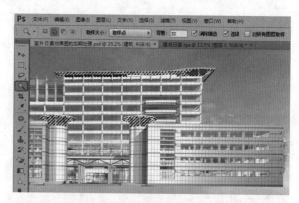

图 12-19　选取选区

图 12-20　设置亮度／对比度

图 12-21　调整亮度／对比度后的效果

(13) 在菜单栏中选择【图层】|【新建】|【组】命令，如图 17-22 所示

(14) 在弹出的对话框中将【名称】设置为"配景建筑"，【颜色】设置为【红色】，如图 17-23 所示。

(15) 设置完成后，单击【确定】按钮，将该组拖曳至【建筑】图层的底部。

图 17-22　选择【组】命令

图 17-23　设置组参数

案例精讲 109　室外建筑配景的添加

在后期环境中，为了营造真实的环境气氛，通常要使用大量的配景素材，如草地、花卉和树木等。使用这些配景素材时有一定的技巧，本案例将对其进行简单的讲解。

> 　案例文件：CDROM \ 场景 \ Cha12 \ 室外日景效果图的后期处理 .psd
>
> 　视频文件：视频教学 \Cha12\ 室外建筑配景的添加 .avi

(1) 按 Ctrl+O 组合键打开【建筑 02.psd】素材文件，如图 12-24 所示。

(2) 使用【移动】工具将对象拖曳至【室外建筑后期处理】场景中，按 Ctrl+T 组合键，在工具选项栏中将 W、H 都设置为 50%，如图 12-25 所示。

(3) 按回车键确认，在工具箱中选择【矩形选框】工具，选中右侧的建筑，按住 Ctrl+Shift 组合键向右水平移动，如图 12-26 所示。

图 12-24　打开素材文件

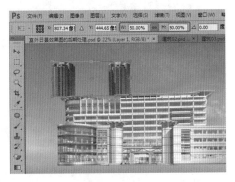

图 12-25　调整素材文件大小

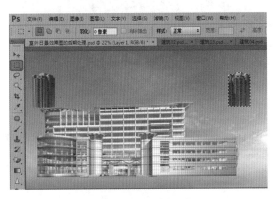

图 12-26　水平移动对象

||||▶提　示

在制作中应该注意的是，配景只是用来衬托主建筑的，不应该喧宾夺主。其表现需要精细、也应该有所节制，特别是需要与主体建筑统一考虑，做到与之相搭配，以确保整幅效果图的建筑空间感。

(4) 按 Ctrl+D 组合键取消选区，在【图层】面板中将其命名为"建筑配景01"，将【不透明度】设置为40%，并在文档中调整其位置，如图 12-27 所示。

图 12-27　调整对象位置及不透明度后的效果

(5) 按 Ctrl+O 组合键，打开"建筑 03.psd"素材文件，使用【移动】工具将其拖曳至【室外日景效果图的后期处理】场景中，按 Ctrl+T 组合键，在工具选项栏中将 W、H 都设置为 80%，如图 12-28 所示。

(6) 在【图层】面板中将该图层的名称设置为【建筑配景02】，将其【不透明度】设置为70%，如图 12-29 所示。

(7) 按 Ctrl+O 组合键，打开"建筑 03.psd"素材文件，使用【移动】工具将其拖曳至【室外建筑后期处理】场景中，按 Ctrl+T 组合键，在工具选项栏中将 W、H 分别设置为 109.73%、73.13%，如图 12-30 所示。

(8) 在该对象上右击鼠标，在弹出的快捷菜单中选择【水平翻转】命令，如图 12-31 所示。

图 12-28　添加素材并进行设置

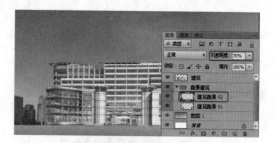

图 12-29　设置图层名称和不透明度

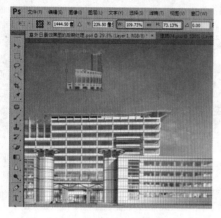

图 12-30　添加素材并设置其大小

图 12-31　选择【水平翻转】命令

(9) 按回车键确认，在文档中调整其位置，在【图层】面板中将该图层命名为"建筑配景 03"，如图 12-32 所示。

(10) 调整完成后，在【图层】面板中选择【配景建筑】组，按 Ctrl+O 组合键，打开【多棵及树群 .psd】素材文件，按住鼠标将其拖曳至【室外建筑后期处理】场景中，按 Ctrl+T 组合键，在工具选项栏中将 W、H 都设置为 36%，如图 12-33 所示。

图 12-32　调整对象的位置

图 12-33　添加素材并调整其大小

(11) 在【图层】面板中将该图层命名为"植物 01"，单击【添加图层蒙版】按钮，然后选择【渐变】工具，使用【前景色到背景色渐变】在文档中添加渐变，并调整该对象的位置，如图 12-34 所示。

(12) 使用同样的方法再将该素材进行添加，并对其进行相应的设置，效果如图 12-35 所示。

(13) 在工具箱中选择【多边形套索】工具，在【图层】面板中选择【建筑】图层，在文档中对建筑底部区域进行选取，按 Ctrl+J 组合键，将选区中的对象新建一个图层，在【图层】面板中按住 Ctrl 键，单击鼠标缩略图，选择像素，如图 12-36 所示。

(14) 将前景色设置为白色，按 Alt+Delete 组合键，填充白色；按 Ctrl+D 组合键，取消选区；按 Ctrl+O 组合键，打开"植物 01.psd"素材文件，使用【移动】工具将其拖曳至【室外日景效果图的后期处理】场景中，将其调整至【图层 2】的下方，然后调整其大小和位置，如图 12-37 所示。

图 12-34　添加蒙版并调整对象的位置

图 12-35　添加素材文件后的效果

图 12-36　选择建筑底部区域

图 12-37　添加素材并调整其大小和位置

(15) 按住 Ctrl+Alt 组合键对该对象进行复制、移动，并调整其大小，效果如图 12-38 所示。

(16) 按 Ctrl+O 组合键，打开"植物 02.psd"素材文件，将其添加至【室外建筑后期处理】场景文件中，并在该文件中调整其大小和位置，如图 12-39 所示。

(17) 根据前面所介绍的方法，对该对象进行复制，并调整其位置，调整后的效果如图 12-40 所示。

图 12-38　添加其他素材后的效果

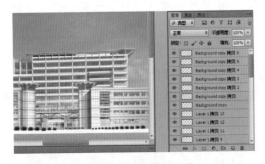

图 12-39　添加素材文件

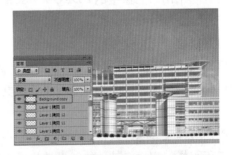

图 12-40　复制素材并调整其位置

(18) 按 Ctrl+O 组合键，打开 "地面 .psd" 素材文件，将其添加至【室外建筑后期处理】场景中，调整其大小和位置，并将其调整至【图层 2】的上方，如图 12-41 所示。

(19) 根据前面所介绍的方法添加其他对象，并对其进行相应的设置，如图 12-42 所示。

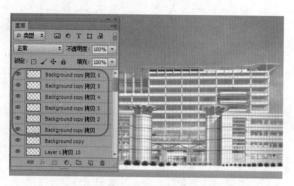

图 12-41　添加素材文件

图 12-42　添加其他对象后的效果

案例精讲 110　夜景素材的添加与设置

本章将详细讲解如何利用 Photoshop 软件制作夜景效果，其中主要详细讲解了添加天空、抠取主体建筑、添加主体建筑以及调整主体建筑的亮度等，完成后的效果如图 12-43 所示。

图 12-43　夜景完成效果图

案例文件：CDROM\Scenes\ Cha12 \ 室外夜景效果图的后期处理 .psd

视频文件：视频教学 \ Cha12 \ 室外夜景效果图的后期处理 .avi

(1) 启动 Photoshop 软件后，按 Ctrl+N 组合键，弹出【新建】对话框，在弹出的对话框中将【名称】设置为 "室外夜景效果图的后期处理"，将【预设】设置为【自定】，将【宽度】和【高度】分别设置为 110 厘米、50 厘米，如图 12-44 所示。

(2) 打开随书附带光盘中的 CDROM \ Scenes \ Cha12 \ 背景 .png 文件，将其拖曳至到文档中并调整位置，如图 12-45 所示。

(3) 打开【楼 .png】文件，将其拖曳到文档中，并调整位置，如图 12-46 所示。

(4) 打开【植物 1.png】文件，将其拖曳到文档中，调整位置，如图 12-47 所示。

(5) 打开随书附带光盘中的建筑夜景效果文件，将【楼】拖曳至到文档中，按 Ctrl+T 组合键调整其大小及位置，完成后的效果如图 12-48 所示。

(6) 打开【铺装 .png】文件拖曳至到文档中并调整位置，如图 12-49 所示。

(7) 使用同样的方法将其他的背景植物添加到文档中，如图 12-50 所示。

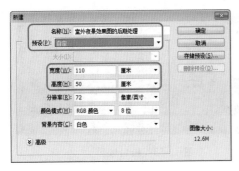

图 12-44　新建文档　　　　　　　　　图 12-45　添加背景素材

图 12-46　添加素材文件　　　　　　　　图 12-47　添加素材文件

图 12-48　添加夜景素材　　　　　　　　图 12-49　添加铺装素材

(8) 在工具箱中选择【移动】工具，在工具选项栏中选中【自动选择】复选框，并将其选择类型设置为【图层】，如图 12-51 所示。

图 12-50　添加其他配景　　　　　　　　图 12-51　设置自动选择

(9) 在场景中选择人物图层，在菜单栏中选择【图像】|【调整】|【亮度/对比度】命令，在弹出的【亮度/对比度】对话框中将【亮度】调整为 -70，如图 12-52 所示。

(10) 将人物和汽车所在的图层进行隐藏，然后在铺装图层上方新建一个图层，在工具箱中选择【多边形套索】工具，在工具选项栏中将【羽化】设置为 0，围绕铺装的区域绘制选区，如图 12-53 所示。

(11) 对创建的选区填充白色，如图 12-54 所示。

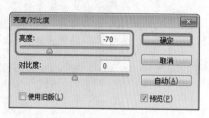

图 12-52　设置亮度

图 12-53　绘制选区

(12) 按 Ctrl+D 组合键取消选区的选择，继续选择【多边形套索】工具，在工具选项栏中将【羽化】设置为 10，在场景中绘制选区，然后按 Delete 键将选区填充的颜色删除，如图 12-55 所示。

图 12-54　填充白色

图 12-55　羽化对象

(13) 按 Ctrl+D 组合键取消选区，并将隐藏的图层显示。在【图层】面板中选择最上面的图层，按 Shift+Ctrl+Alt+E 组合键，进行盖印图层，打开【图层】面板，单击【创建新的填充和调整图层】按钮，在弹出的快捷菜单中选择【色彩平衡】选项，选择【色调】类型下的【阴影】选项，进行如图 12-56 所示的设置。

(14) 切换到【中间调】选项，进行如图 12-57 所示的设置。

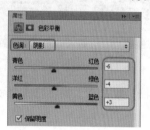

图 12-56　设置【色调】为阴影

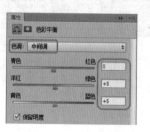

图 12-57　设置【中间调】

(15) 切换到【高光】选项，进行如图 12-58 所示的设置。

(16) 按 Shift+Ctrl+Alt+E 组合键，进行盖印图层，在【图层】面板中单击【创建新的填充和调整图层】按钮，在弹出的快捷菜单中选择【亮度/对比度】选项，将【亮度】和【对比度】分别设置为 -22、20，如图 12-59 所示。

(17) 设置完成后对场景文件进行保存即可。

图 12-58　设置【色调】为高光

图 12-59　设置亮度和对比度

第 13 章

建筑雪景的制作

本章重点

- 图像的编辑与处理
- 地面的编辑与处理
- 制作天空背景
- 雪地的表现
- 配景建筑的添加与编辑
- 配景植物的设置

- 人物的添加与处理
- 雪地植物阴影的设置
- 近景植物的制作
- 近景栅栏的设置
- 雪景的编辑与修改

本章将制作一个复杂的雪景效果图, 主要涉及了地面的处理、背景天空的设置、雪地的表现、远近景的植物的设置及调整等几个方面。在这个练习中读者可以掌握雪景效果图中的制作技巧与方法。

案例精讲 111　图像的编辑与处理

　　任何效果图在制作之前，都需要进行统一的规划和构思，同时也需要对图像文件进行编辑处理。在当前这幅雪景效果图中同样也离不开图像的编辑与处理。

 案例文件：无

视频教学：视频教学 \ Cha13\ 图像的编辑与处理 .avi

案例精讲 112　地面的编辑与处理

　　地面在效果图的制作中可以在 **3ds Max** 软件中直接创建，也可以在 **Photoshop CS6** 中使用素材来进行表现。相比较而言，在 **Photoshop CS6** 中直接使用素材来进行表现更加方便和灵活。

 案例文件：无

视频教学：视频教学 \ Cha13\ 地面的编辑与处理 .avi

案例精讲 113　制作天空背景

　　天空背景在效果图中起着举足轻重的位置，一幅好的天空背景素材可以为效果图增光添彩。

 案例文件：无

视频教学：视频教学 \ Cha13 \ 制作天空背景 .avi

案例精讲 114　雪地的表现

　　雪地的制作与表现属于雪景效果图中的重中之重，雪地的表现是与前面所设置的地面相结合才能够逼真地体现。

 案例文件：无

视频教学：视频教学 \ Cha13 \ 雪地的表现 .avi

案例精讲 115　配景建筑的添加与编辑

　　在室外建筑效果图的制作中，配景建筑的添加可以起到丰富画面以及调整图像景深的作用，所以收集和处理一些常用的建筑配景是非常有必要的。

 案例文件：无

视频教学：视频教学 \ Cha13 \ 配景建筑的添加与编辑 .avi

案例精讲 116　配景植物的设置

　　配景植物在效果图的制作中可以起到烘托环境的作用，同时配景植物在制作中也是最为烦琐的一项工作，因为在效果图场景中配景植物比较多，而且随着景深的递增，配景植物也会随之变化。在本例中主要介绍远景低矮植物、远景植物和装饰性植物的处理。

　　案例文件：无

　　视频教学：视频教学 \ Cha13 \ 配景植物的设置.avi

案例精讲 117　人物的添加与处理

　　在雪景效果图中人物的选择与添加与其他类型的效果图不同，因为雪景效果图中的人物必须是冬装、各种滑雪的人物。

　　案例文件：无

　　视频教学：视频教学 \ Cha13 \ 人物的添加与处理.avi

案例精讲 118　雪地植物阴影的设置

　　为了使效果图更加的真实，雪地植物阴影的设置和使用是应该考虑的一个要点。在本例中将为大家介绍学习植物阴影的设置以及方法。

　　案例文件：无

　　视频教学：视频教学 \ Cha13 \ 雪地植物阴影的设置.avi

案例精讲 119　近景植物的制作

　　通过前面的诸多操作已经完成了雪景效果图的大部分工作，在接下来的操作中我们将对近景植物进行制作与修改。

　　案例文件：无

　　视频教学：视频教学 \ Cha13 \ 近景植物的制作.avi

案例精讲 120　近景栅栏的设置

　　在图像近景的中心位置处还略显空旷，为了弥补这一空间，在接下来的操作中将打开并拖入一个木制的栅栏，这样可以使得场景中的图像信息更加的丰富。

　　案例文件：无

　　视频教学：视频教学 \ Cha13 \ 近景栅栏的设置.avi

案例精讲 121　雪景的编辑与修改

　　在本节中将采用 3ds Max 制作渲染的下雪的场景图像来进行添加，使得当前图像文件更加符合冬天雪景效果要求。

> 案例文件：CDROM\Scenes\Cha13\ 建筑雪景 . PSD
>
> 视频教学：视频教学 \ Cha13\ 雪景的编辑与修改 . avi

第14章

办公室效果图的表现

本章重点

- 设置物理摄影机
- 设置室外阳光照明和渲染器
- 设置隔断、柜子、天花和书架材质
- 设置柜子装饰材质
- 设置办公桌材质

- 设置黑色沙发材质和金属材质
- 设置茶几材质
- 设置食品、瓷盘、洋酒材质
- 办公室效果图后期处理

本章将制作一个办公室效果图，本节案例的空间构成大气，设计上提高了垂直距离的视觉落差，使空间看起来宽敞。

案例精讲 122　设置物理摄影机

为了获取更为自然的真实视觉角度，这里用到了物理摄影机的剪切功能。通过剪切功能，可以自由地调节摄影机在画面中的位置，寻求最佳的观赏角度。

案例文件：CDROM \ Scenes \ Cha14 \ 办公室效果图的表现 OK.max

视频文件：视频教学 \ Cha14 \ 设置物理摄影机.avi

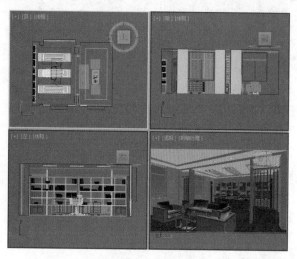

图 14-1　打开素材文件

(1) 启动 3ds Max 2016 软件，打开随书附带光盘中的 CDROM \ Senses \ Cha14 \ 办公室效果图设计 .max 文件，如图 14-1 所示。

(2) 选择【创建】|【摄影机】| VRay |【VR- 物理摄影机】命令，如图 14-2 所示。

图 14-2　选择【VR- 物理摄影机】命令

(3) 在【顶】视图中创建物理摄影机，选择【透视】视图，按 C 键转化为【摄影机】视图，切换至【修改】命令面板，展开【基本参数】卷展栏，将【胶片规格 (mm)】设置为 50，【焦距 (mm)】设置为 30，【垂直倾斜】设置为 -0.008，取消选中【光晕】复选框，将【白平衡】设置为【自定义】，【自定义平衡】设置为【白色】(255、255、255)，【快门速度 (s^-1)】设置为 16，【胶片速度 (ISO)】设置为 350，展开【其他】卷展栏，选中【剪切】复选框，将【近端裁剪平面】和【远端裁剪平面】分别设置为 1344、50000，然后在其他视图中调整摄影机的位置即可，如图 14-3 所示。

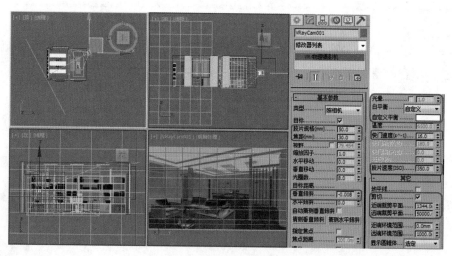

图 14-3　设置摄影机的参数并调整其位置

案例精讲 123　设置室外阳光照明和渲染器

本节采用目标平行光来模拟室外环境效果，目的是为了与室内阳光照明相配合，制作出更为真实的室内效果，然后使用 VRay 渲染器渲染效果，具体的操作步骤如下：

> 案例文件：案例文件：CDROM \ Scenes \Cha14\ 办公室效果图的表现 OK.max
>
> 视频文件：视频文件：视频教学 \ Cha14 \ 设置室外阳光照明和渲染器.avi

(1) 打开 3ds Max 2016 软件，切换至【显示】面板，取消选中【按类别隐藏】卷展栏中的【灯光】复选框，如图 14-4 所示。

(2) 选择【创建】|【灯光】|【标准】|【目标平行光】命令，如图 14-5 所示。

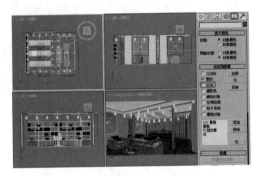

图 14-4　显示灯光后的效果

图 14-5　选择【目标平行光】命令

(3) 在【顶】视图中创建目标平行光，切换至【修改】命令面板，展开【常规参数】卷展栏，选中【阴影】选项组的【启用】复选框，将【阴影模式】设置为【VR-阴影】，展开【强度/颜色/衰减】卷展栏，将【倍增】设置为 2，将颜色的 RGB 值设置为 215、163、72，展开【平行光参数】卷展栏，将【聚光区/光束】和【衰减区/区域】分别设置为 3628、3630，展开【VRay 阴影参数】卷展栏，选中【区域阴影】复选框，将【U 大小】、【V 大小】和【W 大小】都设置为 500mm，将【细分】设置为 16，如图 14-6 所示。

(4) 选择【显示】选项卡，选中【灯光】复选框，将灯光进行隐藏。

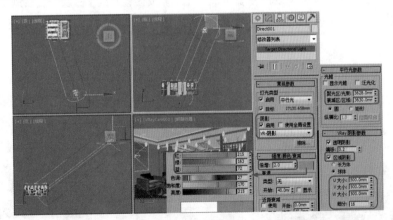

图 14-6　设置目标平行光的参数并调整其位置

(5) 按 F10 键，弹出【渲染设置】对话框，选择 V-Ray 选项卡，展开【图像采样器 (抗锯齿)】卷展栏，将【类型】设置为【自适应】，【最少着色速率】设置为 1，【过滤器】设置为 Mitchell-Netravali，【圆环化】设置为 0.333，【模糊】设置为 0.333，如图 14-7 所示。

(6) 选择 GI 选项卡，展开【全局照明 [无名汉化]】卷展栏，选中【启用全局照明 (GI)】复选框，将【首次引擎】设置为【BF 算法】，【二次引擎】设置为【灯光缓存】，展开【灯光缓存】卷展栏，选中【预滤器】复选框，将参数设置为 20，选中【使用光泽光线】复选框，如图 14-8 所示。

(7) 单击【渲染】按钮，对场景进行渲染，效果如图 14-9 所示。

图 14-7　设置图像采样器

图 14-8　设置全局照明和灯光缓存

图 14-9　观察灯光效果

案例精讲 124　设置隔断、柜子、天花和书架材质

设置隔断、柜子、天花和书架材质后的效果如图 14-10 所示。具体操作如下：

案例文件：CDROM \ Scenes \ Cha14\ 办公室效果图的表现 OK. max

视频文件：视频教学 \ Cha14 \ 设置隔断、柜子、天花和书架材质 .avi

(1) 按 M 键，弹出【材质编辑器】对话框，选择一个材质样本球，将名称更改为 "木质质感"，将【明暗器基本参数】的类型设置为 (P)Phong，展开【Phong 基本参数】卷展栏，将【反射高光】选项组中的【高光级别】、【光泽度】和【柔化】分别设置为 0、27、0.1，如图 14-11 所示。

(2) 展开【贴图】卷展栏，单击【漫反射颜色】右侧的【无】按钮，弹出【材质 / 贴图浏览器】对话框，选择【位图】贴图，单击【确定】按钮，在弹出的对话框中选择随书附带光盘中的 CDROM \ Map \ Anegre.jpg 贴图文件，如图 14-12 所示。

图 14-10　木质质感

图 14-11　设置明暗器基本参数

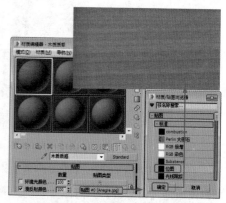

图 14-12　设置漫反射颜色贴图

(3) 进入【漫反射颜色】层级，保持默认设置，单击【转到父对象】按钮，将【反射】参数设置为30，单击右侧的【无】按钮，弹出【材质／贴图浏览器】对话框，选择【平面镜】贴图，单击【确定】按钮，如图 14-13 所示。

(4) 进入【反射】层级，在【平面镜参数】卷展栏中选中【应用于带 ID 的面】复选框，如图 14-14 所示。

(5) 单击【转到父对象】按钮，按 H 键，弹出【从场景选择】对话框，选择【隔断 1】、【隔断 2】、【柜子 1】、【柜子 2】、【书架 1】、【书架 2】、【天花 .01】、【天花 .03】、【天花 .04】、Object06、Object48、【组 06】对象，单击【确定】按钮，如图 14-15 所示。

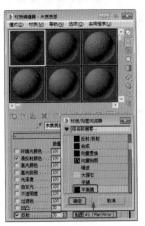
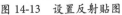

图 14-13　设置反射贴图

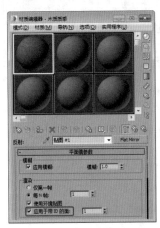

图 14-14　选中【应用于带 ID 的面】复选框

图 14-15　选择要指定材质的对象

(6) 在【材质编辑器】对话框中单击【将材质指定给选定对象】按钮　和【视口中显示明暗处理材质】按钮　，在【摄影机】视图中可以看到指定材质后的效果，如图 14-16 所示。

(7) 按 F9 键，进行渲染，渲染效果如图 14-17 所示。

图 14-16　指定材质

图 14-17　渲染效果

案例精讲 125　设置柜子装饰材质

设置柜子装饰材质后的效果如图 14-18 所示。具体操作如下：

案例文件：CDROM ＼ Scenes ＼ Cha14 ＼办公室效果图的表现 OK.max

视频文件：视频教学 ＼ Cha14 ＼设置柜子装饰材质 .avi

(1) 打开【材质编辑器】对话框，选择一个新的材质样本球，将名称更改为"柜子装饰"，单击 Standard 按钮，弹出【材质／贴图浏览器】对话框，选择 VRayMtl 贴图，单击【确定】按钮，如图 14-19 所示。

（2）展开【基本参数】卷展栏，将【漫反射】的颜色设置为223、160、51，【反射】的颜色设置为194、194、194，单击【高光光泽度】右侧的 L 按钮，将【高光光泽度】设置为0.6，【反射光泽度】设置为0.85，取消选中【菲涅耳反射】复选框，如图14-20所示。

图14-18　柜子装饰材质

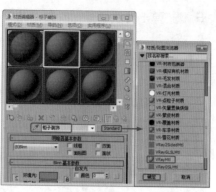

图14-19　选择 VRayMtl 贴图

图14-20　设置样本球的基本参数

（3）展开【双向反射分布函数】卷展栏，取消选中【修复较暗光泽边】复选框，将【各向异性(-1..1)】设置为0.5，如图14-21所示。

（4）按 H 键，弹出【从场景选择】对话框，选择【柜子装饰】和【柜子装饰2】对象，单击【确定】按钮，如图14-22所示。

（5）将制作好的柜子装饰材质指定给对象，单击【将材质指定给选定对象】按钮 和【视口中显示明暗处理材质】按钮 ，在【摄影机】视图中观察效果，如图14-23所示。

图14-21　设置【双向反射分布函数】

图14-22　选择要指定材质的对象

图14-23　观察效果

案例精讲 126　设置办公桌材质

设置办公桌材质后的效果如图14-24所示。具体操作如下：

> 案例文件：CDROM \ Scenes \ Cha14 \ 办公室效果图的表现 OK.max
>
> 视频文件：视频教学 \ Cha14 \ 设置办公桌材质.avi

（1）选择一个新的材质样本球，将名称设置为"木"，将【明暗器基本参数】的类型设置为【各向异性】，展开【各向异性基本参数】卷展栏，在【反射高光】选项组中将【高光级别】、【光泽度】、【各向异性】设置为50、25、30，如图14-25所示。

图 14-24　办公桌材质

图 14-25　设置【各向异性基本参数】

(2) 展开【贴图】卷展栏，单击【漫反射颜色】右侧的【无】按钮，弹出【材质/贴图浏览器】对话框，选择【位图】贴图，单击【确定】按钮，在弹出的对话框中选择随书附带光盘中的 CDROM \ Map \ WW-006.jpg 贴图文件，如图 14-26 所示。

(3) 进入【漫反射颜色】层级，单击【转到父对象】按钮，在场景中选择【桌面装饰】、【桌面】、【前面装饰】、【右装饰板】对象，将制作好的【木】材质指定给对象，单击【将材质指定给选定对象】按钮和【视口中显示明暗处理材质】按钮，如图 14-27 所示。

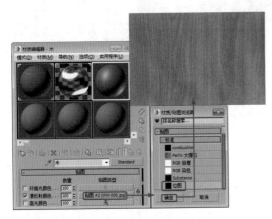

图 14-26　设置漫反射颜色的贴图

图 14-27　指定材质

(4) 选择一个新的材质样本球，将名称更改为"箱"，展开【Blinn 基本参数】卷展栏，将【环境光】和【漫反射】的颜色均设置为 0、0、0，将【反射高光】选项组的【高光级别】和【光泽度】分别设置为 40、25，如图 14-28 所示。

(5) 选择 Rectangle001、【左箱】、【右箱 01】、【右箱 002】对象，将制作好的【箱】材质指定给对象，单击【将材质指定给选定对象】按钮和【视口中显示明暗处理材质】按钮，如图 14-29 所示。

(6) 选择一个新的材质样本球，将名称设置为"支架"，将【明暗器基本参数】的类型设置为【(M) 金属】，展开【金属基本参数】卷展栏，取消【环境光】和【漫反射】的锁定，将【环境光】的颜色设置为 0、0、0，【漫反射】的颜色设置为 255、255、255，将【反射高光】选项组中的【高光级别】和【光泽度】分别设置为 91、62，如图 14-30 所示。

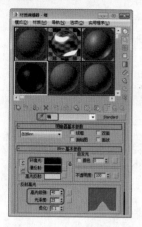

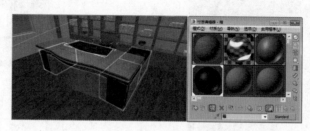

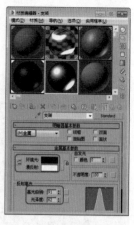

图 14-28　设置 Blinn 基本参数　　　　图 14-29　指定材质　　　　图 14-30　设置【明暗器基本参数】

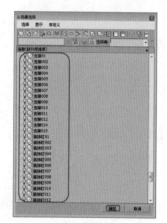

(7) 按 H 键，弹出【从场景选择】对话框，选择所有的支架和装饰钉，单击【确定】按钮，如图 14-31 所示。

(8) 将制作好的支架材质指定给对象，单击【将材质指定给选定对象】按钮 和【视口中显示明暗处理材质】按钮，如图 14-32 所示。

(9) 选择【摄影机】视图，按 F9 键进行渲染，效果如图 14-33 所示。

图 14-31　选择要指定材质的对象　　　图 14-32　指定材质　　　图 14-33　渲染效果

案例精讲 127　设置黑色沙发材质和金属材质

设置黑色沙发材质后的效果如图 14-34 所示。具体操作如下：

案例文件：CDROM ＼ Scenes ＼ Cha14 ＼办公室效果图的表现 OK.max

视频文件：视频教学 ＼ Cha14 ＼设置黑色沙发材质和金属材质.avi

(1)选择一个新的材质样本球，将名称更改为"沙发"，单击 Standard 按钮，弹出【材质/贴图浏览器】对话框，选择 VRayMtl 贴图，单击【确定】按钮，如图 14-35 所示。

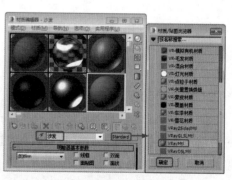

图 14-34　黑色沙发材质　　　　　　　图 14-35　选择 VRayMtl 贴图

（2）将【基本参数】卷展栏中的【漫反射】颜色设置为34、34、34，【反射】颜色设置为55、55、55，单击【高光光泽度】右侧的 L 按钮，将【高光光泽度】设置为0.54，【反射光泽度】设置为0.51，单击【菲涅耳反射】右侧的 L 按钮，将【菲涅耳折射率】设置为3，如图14-36所示。

（3）展开【双向反射分布函数】卷展栏，取消选中【修复较暗光泽边】复选框，如图14-37所示。

（4）选择黑色沙发材质，将制作好的沙发材质指定给对象，单击【将材质指定给选定对象】按钮🎱和【视口中显示明暗处理材质】按钮🖼，如图14-38所示。

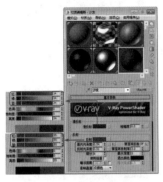 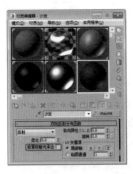 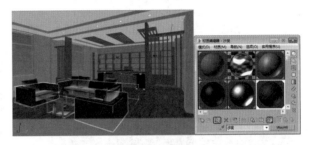

图14-36 设置漫反射和反射的参数　图14-37 设置双向反射分布函数　　　　图14-38 指定材质

（5）设置完成后的金属材质如图14-39所示。选择一个新的材质样本球，将名称更改为"金属"，单击 Standard 按钮，弹出【材质/贴图浏览器】对话框，选择 VRayMtl 贴图，单击【确定】按钮，如图14-40所示。

（6）在【基本参数】卷展栏中将【漫反射】颜色值设置为200、200、200，【细分】设置为16，取消选中【菲涅耳反射】复选框，如图14-41所示。

 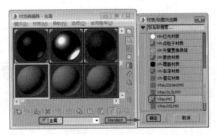 

图14-39 金属材质　　　　　图14-40 选择 VRayMtl 贴图　　　　图14-41 设置漫反射和反射的参数

（7）展开【双向反射分布函数】卷展栏，取消选中【修复较暗光泽边】复选框，如图14-42所示。

（8）展开【贴图】卷展栏，单击【反射】右侧的【无】按钮，弹出【材质/贴图浏览器】对话框，选择【衰减】贴图，单击【确定】按钮，如图14-43所示。

（9）进入【反射贴图】层级，在【衰减参数】卷展栏中将【前】的颜色块的颜色值设置为100、100、100，将【侧】的颜色块的颜色值设置为200、200、200，单击【背景】按钮，如图14-44所示。

（10）展开【混合曲线】卷展栏，单击【添加点】按钮🔘，在混合曲线上单击，添加一个点，右击鼠标，在弹出的快捷菜单中选择【Bezier-平滑】选项，如图14-45所示。

（11）单击【移动】按钮✥，移动控制柄，调整点的位置，然后单击【转到父对象】按钮，如图14-46所示。

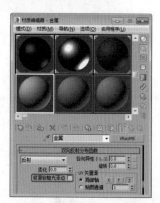

图 14-42　设置【双向反射分布函数】

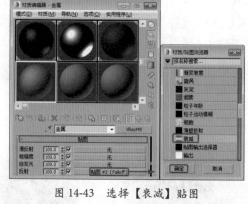

图 14-43　选择【衰减】贴图

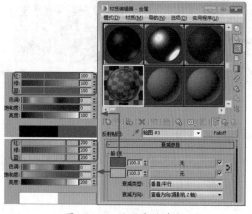

图 14-44　设置衰减参数

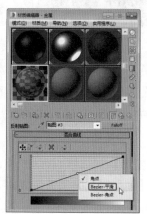

图 14-45　选择【Bezier-平滑】选项

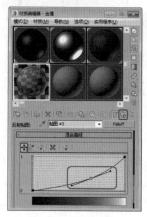

图 14-46　移动点

(12) 在视图中选择【金属】对象，将制作好的金属材质指定给对象，单击【将材质指定给选定对象】按钮 🔲 和【视口中显示明暗处理材质】按钮 🔲，如图 14-47 所示。

图 14-47　指定材质

案例精讲 128　设置茶几材质

设置茶几材质后的效果如图 14-48 所示。具体操作如下：

> 案例文件：CDROM ＼ Scenes ＼Cha14＼ 办公室效果图的表现 OK.max
>
> 视频文件：视频教学 ＼ Cha14＼ 设置茶几材质 .avi

(1) 选择一个新的材质样本球，将名称设置为"茶几"，单击 Standard 按钮，弹出【材质/贴图浏览器】对话框，选择 VRayMtl 贴图，单击【确定】按钮，如图 14-49 所示。

(2) 在【基本参数】卷展栏中取消选中【菲涅耳反射】复选框，如图 14-50 所示。

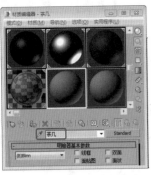

图 14-48　茶几材质　　　　图 14-49　选择 VRayMtl 贴图　　　图 14-50　取消选中【菲涅耳反射】复选框

(3) 在视图中选择【茶几】对象，将制作好的【茶几】材质指定给对象，单击【将材质指定给选定对象】按钮 ，和【视口中显示明暗处理材质】按钮 ，如图 14-51 所示。

图 14-51　指定材质

案例精讲 129　设置食品、瓷盘、洋酒材质

设置食品、瓷盘材质后的效果如图 14-52 所示。具体操作如下：

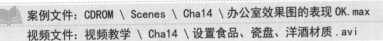

> 案例文件：CDROM \ Scenes \ Cha14 \ 办公室效果图的表现 OK.max
> 视频文件：视频教学 \ Cha14 \ 设置食品、瓷盘、洋酒材质.avi

(1) 选择一个新的材质样本球，将名称设置为"威化饼"，单击 Standard 按钮，弹出【材质/贴图浏览器】对话框，选择 VRayMtl 贴图，单击【确定】按钮，如图 14-53 所示。

(2) 展开【基本参数】卷展栏，将【漫反射】的颜色值设置为 16、7、2，【反射】设置为 30、22、14，单击【高光光泽度】右侧的 L 按钮，将【高光光泽度】设置为 0.57，【反射光泽度】设置为 0.8，取消选中【菲涅耳反射】复选框，如图 14-54 所示。

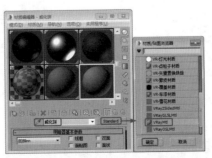

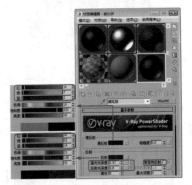

图 14-52　渲染效果　　　　　图 14-53　选择 VRayMtl 贴图　　　图 14-54　设置漫反射和反射参数

（3）展开【双向反射分布函数】卷展栏，取消选中【修复较暗光泽边】复选框，如图 14-55 所示。

（4）展开【贴图】卷展栏，将【高光光泽】设置为 20，【凹凸】设置为 60，【置换】设置为 10，如图 14-56 所示。

（5）在视图中选择食品对象，将制作好的威化饼材质指定给对象，单击【将材质指定给选定对象】按钮和【视口中显示明暗处理材质】按钮，如图 14-57 所示。

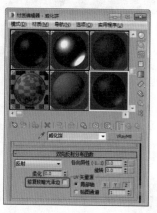

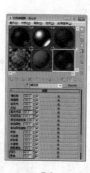

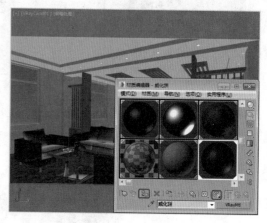

图 14-55　设置【双向反射分布函数】　　图 14-56　设置【高光光泽】、【凹凸】、【置换】参数　　　图 14-57　指定材质

（6）选择一个新的材质样本球，将其重命名为"裂纹玻璃"，单击右侧的 Standard 按钮，弹出【材质/贴图浏览器】对话框，选择 VRayMtl 贴图，单击【确定】按钮，如图 14-58 所示。

（7）将【基本参数】卷展栏中的【漫反射】的颜色值设置为 243、253、255，【反射】的颜色值设置为 200、200、200，单击【高光光泽度】右侧的 L 按钮，将【高光光泽度】设置为 0.75，【反射光泽度】设置为 0.8，【细分】设置为 10，如图 14-59 所示。

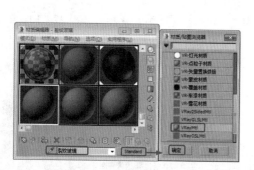

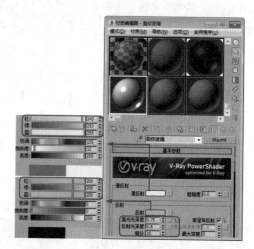

图 14-58　选择 VRayMtl 贴图　　　　　　　　图 14-59　设置【漫反射】和【反射】参数

（8）将【折射】的颜色值设置为 200、200、200，【光泽度】设置为 0.8，【细分】设置为 8，【折射率】设置为 1.57，【烟雾颜色】设置为 75、223、255，【烟雾倍增】设置为 0.7，如图 14-60 所示。

（9）展开【双向反射分布函数】卷展栏，取消选中【修复较暗光泽边】复选框，展开【选项】卷展栏，将【中止】设置为 0.01，取消选中【雾系统单位比例】复选框，如图 14-61 所示。

(10) 展开【贴图】卷展栏，单击【折射】右侧的【无】按钮，弹出【材质/贴图浏览器】对话框，选择【细胞】贴图，单击【确定】按钮，如图 14-62 所示。

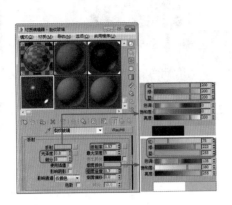

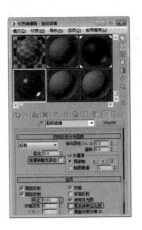

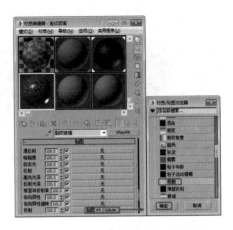

图 14-60　设置折射参数　　　　图 14-61　设置【双向反射分布函数】　　　图 14-62　添加【折射】贴图

和【选项】参数

(11) 进入【折射贴图】层级，将【瓷砖】的 X、Y、Z 都设置为 0.039，如图 14-63 所示。

(12) 展开【细胞参数】卷展栏，将【细胞颜色】设置为 200、200、200，【分界颜色】设置为 0、0、0，在【细胞特性】选项组中选中【碎片】单选按钮和【分形】复选框，将【大小】设置为 0.3，【扩散】设置为 0.2，【凹凸平滑】设置为 0.1，【迭代次数】设置为 5，【粗糙度】设置为 1，在【阈值】选项组中将【中】设置为 0.2，【高】设置为 1，如图 14-64 所示。

(13) 单击【转到父对象】按钮，将制作好的【裂纹玻璃】材质指定给瓷盘对象，单击【将材质指定给选定对象】按钮 和【视口中显示明暗处理材质】按钮 ，如图 14-65 所示。

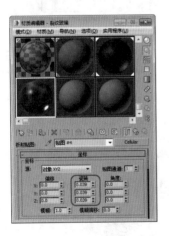

图 14-63　设置【瓷砖】参数　　　图 14-64　设置【细胞参数】　　　　图 14-65　指定材质

(14) 在场景中选择【洋酒】对象，在菜单栏中选择【组】|【解组】命令，选择 _05 对象，选择一个新的材质样本球，单击 Standard 按钮，弹出【材质/贴图浏览器】对话框，选择 VRayMtl 贴图，单击【确定】按钮，如图 14-66 所示。

(15) 展开【基本参数】卷展栏，将【漫反射】的颜色值设置为 120、120、120，【反射】设置为 200、200、200，【反射光泽度】设置为 0.65，【细分】设置为 18，取消选中【菲涅耳反射】复选框，如图 14-67 所示。

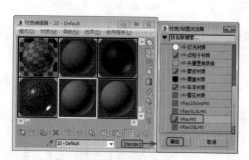

图 14-66　选择 VRayMtl 贴图

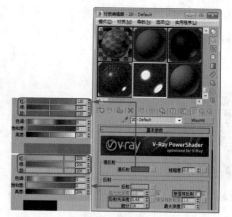

图 14-67　设置漫反射和反射参数

(16) 将制作的材质指定给选定对象，单击【将材质指定给选定对象】按钮 ，和【视口中显示明暗处理材质】按钮 ，如图 14-68 所示。

(17) 选择 1_03、1_04 对象，选择一个新的材质样本球，单击 Standard 按钮，弹出【材质/贴图浏览器】对话框，选择 VRayMtl 贴图，单击【确定】按钮，如图 14-69 所示。

图 14-68　指定材质

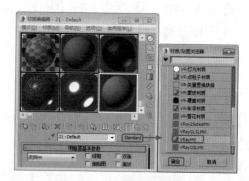

图 14-69　选择 VRayMtl 贴图

(18) 将【基本参数】卷展栏的【漫反射】的颜色值设置为 0、0、0，【反射】的颜色值设置为 253、253、253，【反射光泽度】设置为 0.98，【细分】设置为 3，取消选中【菲涅耳反射】复选框，如图 14-70 所示。

(19) 将【折射】的颜色值设置为 252、252、252，【光泽度】设置为 1，【细分】设置为 50，选中【影响阴影】复选框，将【折射率】设置为 1.517，【烟雾倍增】设置为 0.1，如图 14-71 所示。

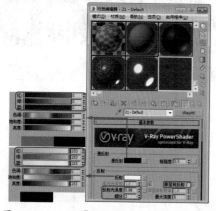

图 14-70　设置【漫反射】和【反射】参数

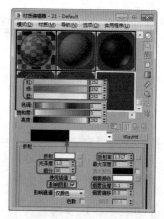

图 14-71　设置【折射】参数

(20) 展开【双向反射分布函数】卷展栏，取消选中【修复较暗光泽边】复选框，展开【选项】卷展栏，将【中止】设置为 0.01，取消选中【雾系统单位比例】复选框，如图 14-72 所示。

(21) 展开【贴图】卷展栏，单击【反射】右侧的【无】按钮，弹出【材质 / 贴图浏览器】对话框，选择【衰减】贴图，单击【确定】按钮，如图 14-73 所示。

(22) 进入【衰减】层级，单击【转到父对象】按钮，将制作好的材质指定给选定对象，单击【背景】按钮，如图 14-74 所示。

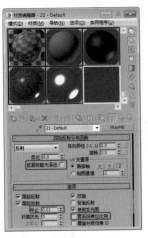

图 14-72　设置【双向反射分布函　　　图 14-73　添加【反射】贴图　　　　图 14-74　指定材质

　　数】和【选项】参数

(23) 选择 1_01 对象，选择一个新的材质样本球，单击右侧的 Standard 按钮，弹出【材质 / 贴图浏览器】对话框，选择【VR- 混合材质】贴图，单击【确定】按钮，如图 14-75 所示。

(24) 弹出【替换材质】对话框，选中【将旧材质保存为子材质？】单选按钮，单击【确定】按钮，展开【参数】卷展栏，单击【基本材质】右侧的 04-Default(Standard) 按钮，如图 14-76 所示。

(25) 进入【基础】层级，单击 Standard 按钮，弹出【材质 / 贴图浏览器】对话框，选择 VRayMtl 贴图，单击【确定】按钮，如图 14-77 所示。

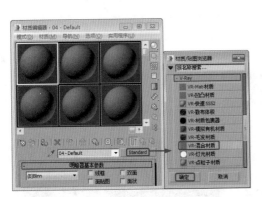

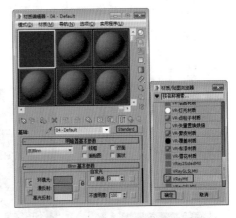

图 14-75　选择【VR- 混合材质】贴图　　图 14-76　替换材质　　　　图 14-77　选择 VRayMtl 贴图

(26) 将【漫反射】的颜色值设置为 0、0、0，【反射】的颜色值设置为 35、35、35，【反射光泽度】设置为 0.7，【细分】设置为 16，取消选中【菲涅耳反射】复选框，如图 14-78 所示。

(27) 展开【双向反射分布函数】卷展栏，取消选中【修复较暗光泽边】复选框，展开【选项】卷展栏，将【中止】设置为0.01，取消选中【雾系统单位比例】复选框，单击【转到父对象】按钮，如图14-79所示。

(28) 单击【混合数量】下方的【无】按钮，在弹出的对话框中选择【渐变坡度】选项，单击【确定】按钮，如图14-80所示。

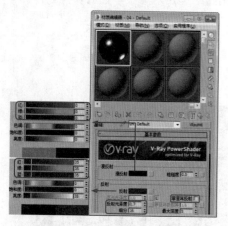

图14-78 设置漫反射和反射参数

图14-79 设置【双向反射分布函数】和【选项】参数

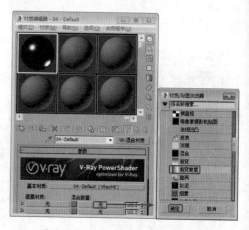

图14-80 选择【渐变坡度】选项

(29) 进入【混合】层级，展开【渐变坡度参数】卷展栏，在位置77处添加一个色标，将RGB值设置为0、0、0。在位置80处添加一个色标，将RGB值设置为255、255、255。在位置82处添加一个色标，将RGB值设置为255、255、255。在位置84处添加一个色标，将RGB值设置为0、0、0。在位置86处添加一个色标，将RGB值设置为0、0、0。在位置88处添加一个色标，将RGB值设置为255、255、255。在位置90处添加一个色标，将RGB值设置为255、255、255。在位置92处添加一个色标，将RGB值设置为0、0、0。选择位置100处的色标，将RGB值设置为0、0、0。单击【转到父对象】按钮，如图14-81所示。

(30) 将制作的材质指定给选定对象，单击【将材质指定给选定对象】按钮和【视口中显示明暗处理材质】按钮，如图14-82所示。

(31) 选择1_02对象，选择一个新的材质样本球，单击右侧的Standard按钮，弹出【材质/贴图浏览器】对话框，选择【VR-混合材质】选项，单击【确定】按钮，如图14-83所示。

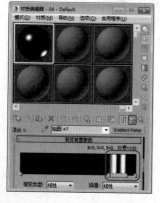

图14-81 设置【渐变坡度参数】

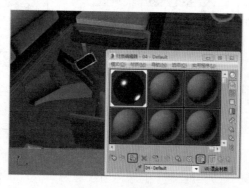

图14-82 指定材质

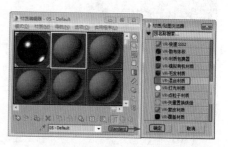

图14-83 选择【VR-混合材质】选项

(32) 在弹出的【替换材质】对话框中保持默认设置，单击【确定】按钮，单击【基本材质】右侧的 05-Default(VRayMtl)，进入【基础】层级，单击右侧的 Standard 按钮，弹出【材质 / 贴图浏览器】对话框，选择 VRayMtl 选项，单击【确定】按钮，如图 14-84 所示。

(33) 在【基本参数】卷展栏中将【反射光泽度】设置为 0.75，【细分】设置为 16，取消选中【菲涅耳反射】复选框，如图 14-85 所示。

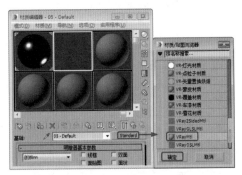

图 14-84 选择 VRayMtl 选项

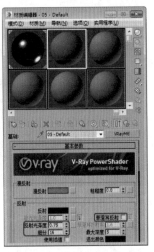

图 14-85 设置【反射】参数

(34) 展开【贴图】卷展栏，单击【漫反射】右侧的【无】按钮，弹出【材质/贴图浏览器】对话框，选择【位图】选项，单击【确定】按钮，在弹出的【选择位图图像文件】对话框中选择随书附带光盘中的 CDROM\Map\ 红酒贴图 .tif 文件，单击【打开】按钮，如图 14-86 所示。

(35) 单击 3 次【转到父对象】按钮，再单击【将材质指定给选定对象】按钮 和【视口中显示明暗处理材质】按钮，将制作好的材质指定给选定对象，如图 14-87 所示。

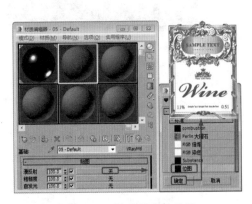

图 14-86 设置漫反射贴图

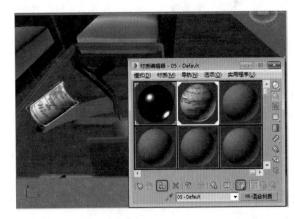

图 14-87 指定材质

案例精讲 130　办公室效果图后期处理

办公室效果图制作完成后，选择【摄影机】视图，按 F9 键进行渲染，渲染完成后，单击【保存】按钮 ，将保存类型设置为 Tif，将图形文件进行保存，最后在 Photoshop 里面作一下后期处理。

案例文件：CDROM \ Scenes \ Cha14 \ 办公室效果图的表现 OK.max

视频文件：视频教学 \ Cha14 \ 办公室效果图后期处理 .avi

(1) 启动 Photoshop CS6 软件，打开渲染保存后的效果图，如图 14-88 所示。

(2) 按 Ctrl+M 组合键，弹出【曲线】对话框，添加点，将【输出】设置为 150，【输入】设置为 60，如图 14-89 所示。

图 14-88　打开渲染后的效果图

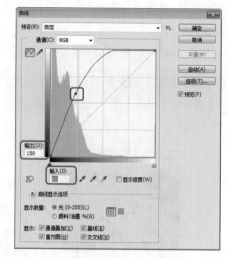

图 14-89　设置曲线

(3) 单击【确定】按钮，再单击【创建新图层】按钮 ，新建【背景副本】图层，如图 14-90 所示。

(4) 在菜单栏中选择【图像】|【调整】|【亮度对比度】命令，弹出【亮度/对比度】对话框，选中【使用旧版】复选框，将【亮度】设置为 21，【对比度】设置为 0，如图 14-91 所示。

(5) 调整完成后的效果如图 14-92 所示。

图 14-90　创建新图层

图 14-91　设置亮度对比度

图 14-92　最终效果